“先进化工材料关键技术丛书”（第二批）编委会

傅正义　武汉理工大学，中国工程院院士
高从堦　浙江工业大学，中国工程院院士
龚俊波　天津大学，教授
贺高红　大连理工大学，教授
胡迁林　中国石油和化学工业联合会，教授级高工
胡曙光　武汉理工大学，教授
华　炜　中国化工学会，教授级高工
黄玉东　哈尔滨工业大学，教授
蹇锡高　大连理工大学，中国工程院院士
金万勤　南京工业大学，教授
李春忠　华东理工大学，教授
李群生　北京化工大学，教授
李小年　浙江工业大学，教授
李仲平　中国工程院，中国工程院院士
刘忠范　北京大学，中国科学院院士
陆安慧　大连理工大学，教授
路建美　苏州大学，教授
马　安　中国石油规划总院，教授级高工
马光辉　中国科学院过程工程研究所，中国科学院院士
聂　红　中国石油化工股份有限公司石油化工科学研究院，教授级高工
彭孝军　大连理工大学，中国科学院院士
钱　锋　华东理工大学，中国工程院院士
乔金樑　中国石油化工股份有限公司北京化工研究院，教授级高工
邱学青　华南理工大学 / 广东工业大学，教授
瞿金平　华南理工大学，中国工程院院士
沈晓冬　南京工业大学，教授
史玉升　华中科技大学，教授
孙克宁　北京理工大学，教授
谭天伟　北京化工大学，中国工程院院士
汪传生　青岛科技大学，教授
王海辉　清华大学，教授
王静康　天津大学，中国工程院院士
王　琪　四川大学，中国工程院院士
王献红　中国科学院长春应用化学研究所，研究员

国家出版基金项目
NATIONAL PUBLICATION FOUNDATION

先进化工材料关键技术丛书（第二批）

中国化工学会 组织编写

高纯天然产物绿色生物制造关键技术

Key Technologies for Green Biological Manufacturing of High-Purity Natural Products

袁其朋 梁 浩 等著

中国化工学会 CIESC

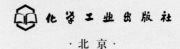

化学工业出版社
·北京·

内容简介

《高纯天然产物绿色生物制造关键技术》是“先进化工材料关键技术丛书”（第二批）的一个分册。

本书基于笔者二十余年的工作积累，是围绕高纯天然产物绿色生物制造关键技术开展科学研究和技术开发的系统总结。全书共十一章，包括绪论，石榴皮制备高纯度安石榴苷和鞣花酸，十字花科植物制备高纯度硫代葡萄糖苷和异硫氰酸酯，大豆皂苷和大豆异黄酮的制备工艺，玉米芯绿色制备低聚木糖、木糖和木糖醇，酶法制备黄芪甲苷和环黄芪醇，酶法制备阿可拉定，酶法制备薯蓣皂素，酶法制备甘油葡萄糖苷，高纯度光甘草定和甘草次酸制备工艺，典型芳香环植物功能因子的异源生物合成。本书所涉及的研究内容为相关领域国际学术前沿的热点，部分成果为原创。

《高纯天然产物绿色生物制造关键技术》是多项国家和省部级科技成果的系统总结，适合生物、化学、化工、材料领域，特别是对高纯天然产物绿色生物制造关键技术感兴趣的科学技术人员阅读，也可作为高等院校生物、化学、化工、材料及相关专业高年级本科生和研究生的教材使用。

图书在版编目（CIP）数据

高纯天然产物绿色生物制造关键技术/中国化工学会组织编写；袁其朋等著. 一北京：化学工业出版社，2023.3

（先进化工材料关键技术丛书. 第二批）

国家出版基金项目

ISBN 978-7-122-43115-8

Ⅰ.①高… Ⅱ.①中… ②袁… Ⅲ.①生物工程 Ⅳ.①Q81

中国国家版本馆CIP数据核字（2023）第042333号

责任编辑：马泽林　杜进祥

责任校对：宋　玮

装帧设计：关　飞

出版发行：化学工业出版社（北京市东城区青年湖南街13号　邮政编码100011）

印　　装：中煤（北京）印务有限公司

710mm×1000mm　1/16　印张22　字数429千字

2024年3月北京第1版第1次印刷

购书咨询：010-64518888　售后服务：010-64518899

网　　址：http://www.cip.com.cn

凡购买本书，如有缺损质量问题，本社销售中心负责调换。

定　　价：198.00元

作者简介

袁其朋，北京化工大学教授，博士生导师。教育部长江学者特聘教授。1992 年在清华大学获化学工程学士学位，1997 年在天津大学获生物化工博士学位。1999 年至 2000 年在澳大利亚新南威尔士大学作访问学者，2001 年至 2003 年赴香港理工大学从事中药方面的研究工作。1997 年至今在北京化工大学工作。主要研究领域为：合成生物学及代谢工程，高纯天然产物规模制备及应用基础研究。以第一或通讯作者在 *Nature Communications*、*Angewandte Chemie-International Edition*、*Metabolic Engineering*、*AIChE Journal*、*Chemical Engineering Science* 等期刊发表 SCI 论文 240 余篇，授权 PCT、中国发明专利 60 余项。在国内外率先实现了大豆异黄酮、鞣花酸、安石榴苷、莱菔硫烷、莱菔素、熊果苷、5- 羟基色氨酸等的工业生产，创造了良好的经济效益。以第一获奖人获国家科技进步二等奖 1 项，省部级科技进步特等奖 1 项、一等奖 2 项、二等奖 2 项。第十一届中国青年科技奖获得者，科技北京百名领军人才。兼任化工资源有效利用国家重点实验室副主任、科技部合成生物学专项项目组专家、中国化工学会生物化工专业委员会副主任委员、中国生物化学与分子生物学会工业专业分会副理事长、中国纺织工程学会化纤专业委员会副主任委员，享受国务院特殊津贴。

梁浩，北京化工大学教授，博士生导师。2002 年获北京化工大学生物化工学士学位，2007 年获北京化工大学生物化工博士学位。2014 年至 2016 年在加拿大滑铁卢大学作访问学者。2007 年至今在北京化工大学生命科学与技术学院工作，主要从事天然活性成分的生物合成与纳米增效研究。先后开发了莱菔硫烷、甘草次酸、阿克拉定、环黄芪醇和甘油葡萄糖苷等的酶法生产技术和虾青素、光甘草定、植物精油等纳米制剂，作为主要技术负责人参与建成了国内外高纯度莱菔硫烷的生产线。发表论文 80 余篇，授权中国发明专利 6 项。作为第二完成人获得教育部高等学校科学研究优秀成果奖（技术发明奖）二等奖 1 项、中国商业联合会科技进步奖一等奖 1 项。兼任中国生物发酵产业协会生物发酵美妆原料分会理事、中国药学会制药工程专委会青年委员、全国生物资源提取行业专家委员会委员、北京理化分析测试技术学会青年学术委员会常务理事。

丛书（第二批）序言

材料是人类文明的物质基础，是人类生产力进步的标志。材料引领着人类社会的发展，是人类进步的里程碑。新材料作为新一轮科技革命和产业变革的基石与先导，是“发明之母”和“产业食粮”，对推动技术创新、促进传统产业转型升级和保障国家安全等具有重要作用，是全球经济和科技竞争的战略焦点，是衡量一个国家和地区经济社会发展、科技进步和国防实力的重要标志。目前，我国新材料研发在国际上的重要地位日益凸显，但在产业规模、关键技术等方面与国外相比仍存在较大差距，新材料已经成为制约我国制造业转型升级的突出短板。

先进化工材料也称化工新材料，一般是指通过化学合成工艺生产的、具有优异性能或特殊功能的新型材料。包括高性能合成树脂、特种工程塑料、高性能合成橡胶、高性能纤维及其复合材料、先进化工建筑材料、先进膜材料、高性能涂料与黏合剂、高性能化工生物材料、电子化学品、石墨烯材料、催化材料、纳米材料、其他化工功能材料等。先进化工材料是新能源、高端装备、绿色环保、生物技术等战略新兴产业的重要基础材料。先进化工材料广泛应用于国民经济和国防军工的众多领域中，是市场需求增长最快的领域之一，已成为我国化工行业发展最快、发展质量最好的重要引领力量。

我国化工产业对国家经济发展贡献巨大，但从产业结构上看，目前以基础和大宗化工原料及产品生产为主，处于全球价值链的中低端。“一代材料，一代装备，一代产业。”先进化工材料因其性能优异，是当今关注度最高、需求最旺、发展最快的领域之一，与国家安全、国防安全以及战略新兴产业关系最为密切，也是一个国家工业和产业发展水平以及一个国家整体技术水平的典型代表，直接推动并影响着新一轮科技革命和产业变革的速度与进程。先进化工材料既是我国化工产业转型升级、实现由大到强跨越式发展的重要方向，同时也是保障我国制造业先进性、支撑性和多样性的“底盘技术”，是实施制造强国战略、推动制造业高质量发展的重要保障，关乎产业链和供应链安全稳定、绿色低碳发展以及民生福祉改善，具有广阔的发展前景。

“关键核心技术是要不来、买不来、讨不来的。”关键核心技术是国之重器，要靠我们自力更生，切实提高自主创新能力，才能把科技发展主动权牢牢掌握在自己手里。新材料是战略性、基础性产业，也是高技术竞争的关键领域。作为新材料的重要方向，先进化工材料具有技术含量高、附加值高、与国民经济各部门配套性强等特点，是化工行业极具活力和发展潜力的领域。我国先进化工材料领域科技人员从国家急迫需要和长远需求出发，在国家自然科学基金、国家重点研发计划等立项支持下，集中力量攻克了一批“卡脖子”技术、补短板技术、颠覆性技术和关键设备，取得了一系列具有自主知识产权的重大理论和工程化技术突破，部分科技成果已达到世界领先水平。中国化工学会组织编写的“先进化工材料关键技术丛书”（第二批）正是由数十项国家重大课题以及数十项国家三大科技奖孕育，经过 200 多位杰出中青年专家深度分析提炼总结而成，丛书各分册主编大都由国家技术发明奖、国家科技进步奖获得者及国家重点研发计划负责人等担纲，代表了先进化工材料领域的最高水平。丛书系统阐述了高性能高分子材料、纳米材料、生物材料、润滑材料、先进催化材料及高端功能材料加工与精制等一系列创新性强、关注度高、应用广泛的科技成果。丛书所述内容大都为专家多年潜心研究和工程实践的结晶，打破了化工材料领域对国外技术的依赖，具有自主知识产权，原创性突出，应用效果好，指导性强。

创新是引领发展的第一动力，科技是战胜困难的有力武器。科技命脉已成为关系国家安全和经济安全的关键要素。丛书编写以服务创新型国家建设，增强我国科技实力、国防实力和综合国力为目标，按照《中国制造 2025》《新材料产业发展指南》的要求，紧紧围绕支撑我国新能源汽车、新一代信息技术、航空航天、先进轨道交通、节能环保和“大健康”等对国民经济和民生有重大影响的产业发展，相信出版后将会大力促进我国化工行业补短板、强弱项、转型升级，为我国高端制造和战略性新兴产业发展提供强力保障，对彰显文化自信、培育高精尖产业发展新动能、加快经济高质量发展也具有积极意义。

中国工程院院士：薛群基

2023 年 5 月

前言

健康产业是国家重要发展方向之一，植物天然活性成分对保障人类健康发挥了重要作用，其规模生产面临着效率低、高纯产品生产困难等问题。

高纯天然功能因子为具有某种明确生理活性或功能天然产物的统称，在医药、食品、日化等重要领域有着广泛的应用。目前，国内外对天然功能因子，尤其是高纯天然功能因子的需求迅速增长。高纯天然产物的规模化高效制备也是药物、食品、日化等相关产品开发、活性机理研究的重要基础。然而，我国大多数生产企业技术落后、工艺粗放、环境污染严重，且无法大规模制备高纯度天然活性成分。少数企业虽然可以借助色谱技术进行少量高纯产品的制备，但是难以规模化生产。因而，高效、绿色、规模化制备高纯度天然功能因子是制约行业高质量发展的关键技术瓶颈。植物源天然产物因化学结构多样、杂质成分复杂，传统的化工分离技术缺少对这些天然产物的应用实例，单一的化工单元操作很难实现高纯产品制备。因此，开展生物、化学及工程学的多学科交叉研究，发展过程强化及系统集成技术，是实现高纯天然活性成分绿色、规模化制备的重要发展方向。

笔者团队二十年来在生物化工、现代分离技术、合成生物学等领域重点开展了以下研究工作：基于过程强化及耦合策略，建立了高纯度鞣花酸、安石榴苷、大豆异黄酮、大豆皂苷、光甘草定、硫代葡萄糖苷、莱菔硫烷、莱菔素等高质天然产物高效纯化工艺；基于基因组分析和结构相似性构建高性能糖苷水解酶库，建立了酶法制备环黄芪醇、阿克拉定、薯蓣皂素、甘草次酸的新工艺；基于合成元件理性挖掘和碳流重新分配构建了系列典型芳香环功能因子的生物合成平台，首次实现了熊果苷、红景天苷和 5- 羟基色氨酸的异源生物合成；依托上述理论和应用研究工作，在国内外率先建成了大豆异黄酮、低聚木糖、鞣花酸、硫代葡萄糖苷、莱菔硫烷、熊果苷、5- 羟基色氨酸工业生产线，创造了良好的经济效益，相关研究工作为高纯天然产物绿色高效工业规模化制备提供了有意义的范例。

本书结合笔者团队在高纯天然产物绿色生物制造理论和应用研究领域的成果和技术资料，涵盖了笔者团队近 20 年来承担的“863 计划”项目全酶法清洁生产木糖醇关键技术研究（2009AA02Z202）、啤酒酵母与果酒废渣资源化利用关键技术（2012AA021403），国家重点研发计划植物天然产物合成途径在微生物中的高效组装与适配性原理（2018YFA0901800）、可规模化应用的新型工业酶固定化技术（2021YFC2102800）、天然活性产物生物制造技术（2021YFC2101500）、工业菌种基因组人工重排技术（2021YFC2100800），国家重点研发计划政府间专项光果甘草关键组分的绿色生物制造和高值化开发（2021YFE0103500），教育部长江学者创新团队（IRT13045），山东省重大科技创新工程项目重要抗衰老关键中药组分生物制造关键技术与产品开发（2019JAAY121）。部分成果获得国家科学技术进步二等奖 1 项、教育部高等学校科学研究优秀成果奖（技术发明奖）二等奖 1 项、第十一届中国青年科技奖、中国商业联合会科学技术奖特等奖 1 项、中国分析测试协会科学技术奖（CAIA 奖）一等奖 1 项、中国商业联合会科学技术奖一等奖 1 项、北京市科技进步二等奖等。在此基础上，参阅了大量国内外科技文献，重点针对天然产物绿色生物制造的理论基础和应用研究完成本书编撰，以帮助科研和工程技术人员对该领域有一个系统的认知，为天然产物的绿色生物制造提供理论和应用指导。

本书共十一章，由袁其朋、梁浩负责全书的统稿、修改和定稿。第一章由袁其朋、梁浩、魏斌撰写；第二章由李庚、袁其朋撰写；第三章由田敏彤、梁浩、袁其朋撰写；第四章由李岳、袁其朋撰写；第五章由王琳，孙新晓撰写；第六章由郑安妮，程磊雨撰写；第七章由赵雨轩，刘芳撰写；第八章由魏斌，梁浩撰写；第九章由徐海畅，梁浩撰写；第十章由魏斌、齐昊乐、梁浩撰写；第十一章由陆亮宇、申晓林、孙新晓、王佳撰写。

在笔者团队学习的研究生们为本书的部分研究成果付出了辛勤的劳动，他们包括况鹏群、王田心、程立、田桂芳、蹇思翀、陆晶晶、王乐、范晓光、李向来、王晓蕾，宋丹、肖倩、胡晔、赵丽、贾乃堃、孟雷、肖正发、宋航彬、徐巧莲、刘宇文、宋汉臣、朱静、吴兴付、程艳、徐岩、吕姣、韦永琴、王立媛、张琪琪、刘赛星、吴建鹏等。本书还参考了大量国内外同行撰写的书籍和发表的论文资料，在此一并表示衷心感谢。

由于编写此书时间较为仓促，更由于笔者水平有限，疏漏之处在所难免，请读者不吝指正。

袁其朋　梁浩

2023 年于北京化工大学

目录

第四章

大豆皂苷和大豆异黄酮的制备工艺 091

第五章

玉米芯绿色制备低聚木糖、木糖和木糖醇 125

第七章

酶法制备阿可拉定 175

第八章

酶法制备薯蓣皂素 199

第十一章 典型芳香环植物功能因子的异源生物合成 289

索引 330

第一章

绪　论

第一节
天然产物简介

天然活性功能成分是从天然资源中获得的具有独特功能和生物活性的一类化合物的总称，是医药、化妆品、功能性食品及饲料添加剂的重要来源[1-5]。我国不仅具有丰富的药用植物资源，而且在其发现、使用和栽培方面有着悠久的历史。例如，早在春秋战国时已有与药用植物相关的文字记载，明代药学家李时珍的《本草纲目》中收载的植物类药多达1000多种。在19世纪，法国化学家F.泽尔蒂纳从鸦片中提取出吗啡，开启了国外科学家对药用动植物活性成分提取的先河。自那以后，全球范围内的研究人员对天然产物中的活性成分进行了广泛的研究。此后，英国细菌学家亚历山大·弗莱明对青霉素的发现开启了天然产物在医疗保健方面的大规模研究和应用。到目前为止，已经有超过23000个来源于细菌、真菌和植物的天然产物活性功能因子被表征[6]。近年来，人们逐渐更加注重自身健康。随着《中华人民共和国国民经济和社会发展第十四个五年规划和2035年远景目标纲要》提出要“全面推进健康中国建设”，一批具有活性好、生物相容性高和安全性好等独特优势的植物天然活性成分被越来越多地应用于健康产业。然而，在天然产物活性成分的制造过程中，尤其是高纯度天然活性成分，传统的制备方法如提取、酸碱水解等不仅费时费力，且受到原料的限制容易造成环境污染。当下，依托于蓬勃发展的生物技术，酶法转化以及从头合成技术是绿色高效制备高纯天然产物的主要趋势。

进入20世纪之后，天然产物的相关研究开始快速发展，大量来源于动物、植物、海洋生物和微生物的天然产物被提取分离和鉴定，很多具有良好生理活性的成分被开发成药物、保健品和化妆品等[7,8]。根据结构和功能不同，天然产物中的活性成分有多种分类。近二十年来，本书著者团队针对一些具有优异生理药理活性的天然功能活性因子，如多酚类[9-12]、硫代葡萄糖苷和异硫氰酸酯类化合物[13-15]、黄酮类化合物[16,17]、功能性低聚糖及糖醇类化合物[18-21]、糖苷类化合物[22-25]以及芳香环植物功能因子[26,27]的绿色生物制造关键技术开展了大量的研究工作，接下来将对这几种天然产物进行简要介绍。

1．多酚类化合物

多酚类化合物是天然存在于蔬菜、水果、谷物、茶、咖啡和其他植物性食物中的，具有多个酚基团的一类化合物[28]。迄今为止，已经发现的酚类化合物有8000多种，这些化合物以酚环为基本主体，具有多种复杂的结构[29-31]。安石榴苷是来源于石榴皮内的一种多酚类化合物，其在干石榴皮中的含量一般在 10% 左右。安石榴苷易溶于水，可溶于甲醇、乙醇等多种有机溶剂。安石榴苷毒性低，具有很好的抗氧化活性，且可以逐步依次降解为安石榴林、鞣花酸等物质，其结构及降解过程见图 1-1。安石榴苷降解产物之一的鞣花酸（ellagic acid）也是一类天然的多酚活性物质（图 1-1）。鞣花酸又被称作胡颓子酸或并没食子酸，在各种植物组织（如软果、坚果）中广泛存在。自 20 世纪 50 年代以来，鞣花酸在人体内、体外的抗氧化性不断被探索研究，越来越多的研究结果表明鞣花酸有很强的清除自由基和抗氧化能力。另外，鞣花酸还对不同的癌细胞具有优异的抑制作用。

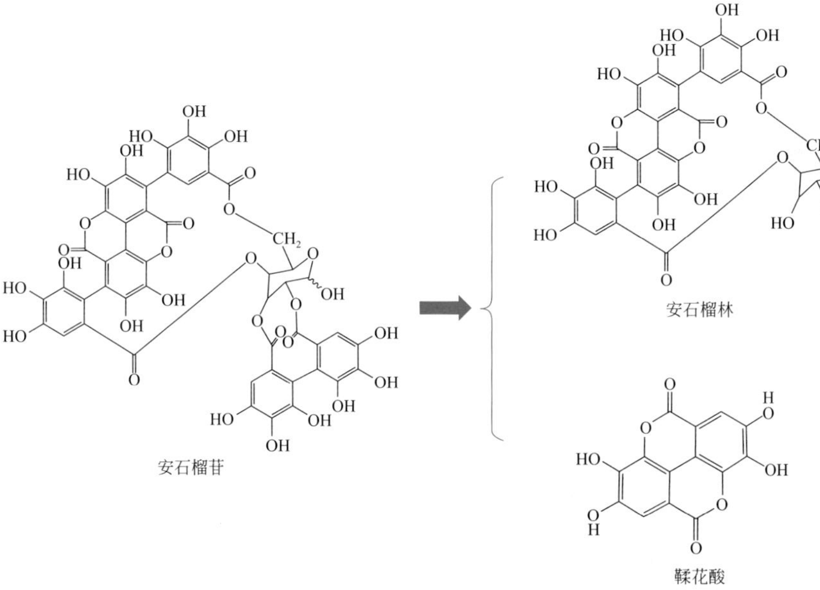

图1-1　安石榴苷降解示意图及其产物

2. 硫代葡萄糖苷和异硫氰酸酯类化合物

流行病学研究表明，十字花科植物具有显著的癌症化学预防效果，尤其是对肺癌、乳腺癌、结肠癌和膀胱癌等[32]。十字花科植物的抗癌活性主要归因于其所含的异硫氰酸酯类化合物。十字花科植物体内并不直接含有异硫氰酸酯类物质，而是含有其前体物质硫代葡萄糖苷。硫代葡萄糖苷是植物中一类重要的次级代谢产物，广泛存在于十字花科植物的根、茎、叶、嫩芽和种子中。硫代葡萄糖苷种类繁多，目前仅已经被报道研究过的硫代葡萄糖苷就有 120 多种。硫代葡萄糖苷是由 β-D- 硫代葡萄糖基、磺酸盐醛肟基团和一个来源于氨基酸的侧链组成，根据侧链氨基酸来源的不同，可将其分为三大类：芳香族硫代葡萄糖苷（侧链来源于苯丙氨酸和酪氨酸）、脂肪族硫代葡萄糖苷（侧链来源于甲硫氨酸、丙氨酸、缬氨酸、异亮氨酸、亮氨酸）及吲哚族硫代葡萄糖苷（侧链来源于色氨酸）。常见的硫代葡萄糖苷和异硫氰酸酯类化合物结构见表 1-1，其中莱菔硫烷、莱菔素、烯丙基异硫氰酸酯、苯乙基异硫氰酸酯研究较为广泛[13]。

表1-1 常见的硫代葡萄糖苷和异硫氰酸酯类化合物结构[13]

类别	名称	结构	母体结构	常见植物
脂肪族异硫氰酸酯	莱菔硫烷（sulforaphane）	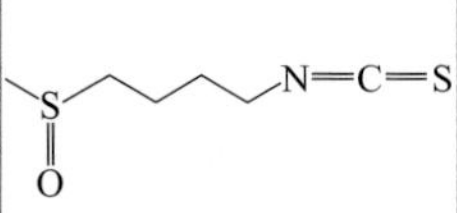	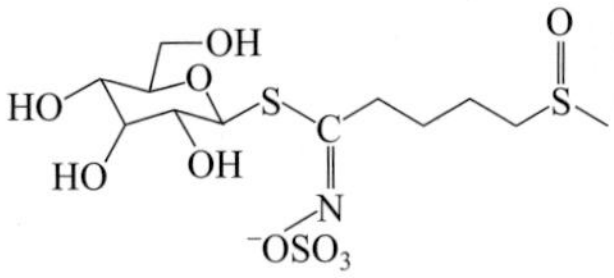	西兰花
	莱菔素（sulforaphene）	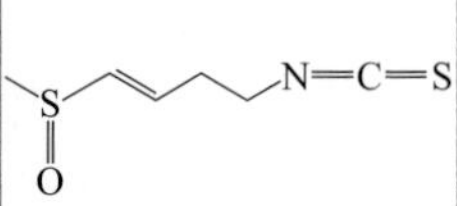	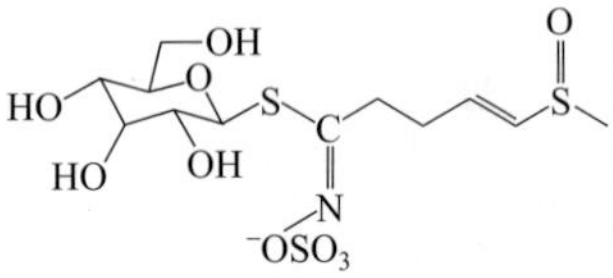	萝卜
	异硫氰酸烯丙酯（AITC）	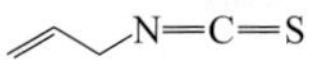	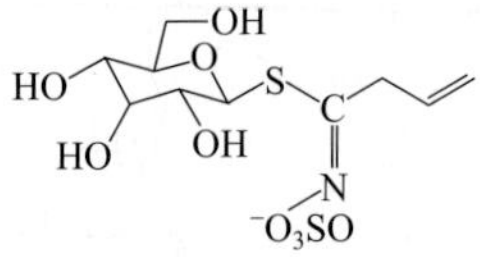	芥菜、山葵
	异硫氰酸-4-甲硫基丁酯（erucin）	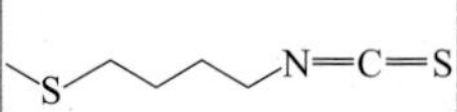	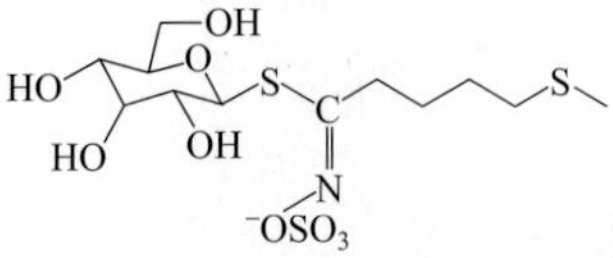	芝麻菜
芳香族异硫氰酸酯	异硫氰酸苯酯（PITC）	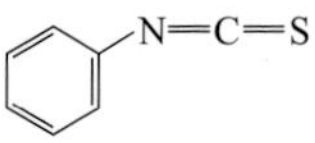	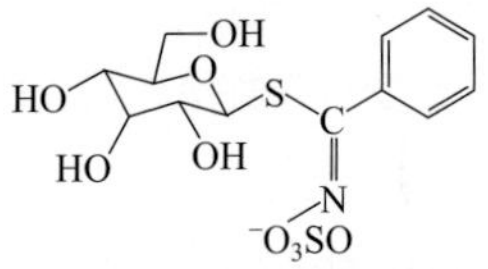	辣根
	异硫氰酸苄酯（BITC）	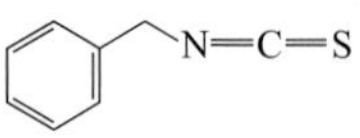	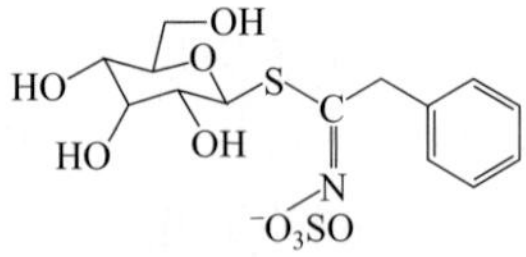	独行菜、木瓜
	异硫氰酸苯乙酯（PEITC）	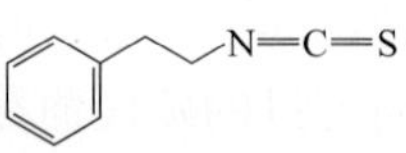	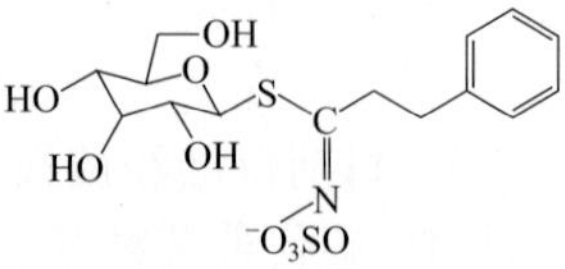	西洋菜

十字花科植物中往往含有多种硫代葡萄糖苷，植物不同部位硫代葡萄糖苷的种类和含量是不同的，种子中硫代葡萄糖苷的含量最高。然而，在十字花科植物种子发芽的过程中，硫代葡萄糖苷的含量呈下降的趋势，温度、光照等因素也会影响植物体内硫代葡萄糖苷的含量。植物体内硫代葡萄糖苷种类及含量差异将会引起异硫氰酸酯种类及含量的不同，从而导致其抗癌活性的不同。十字花科植物内存在能够催化硫代葡萄糖苷水解的酶，即黑芥子酶，黑芥子酶又称 *β*- 硫代葡萄糖苷水解酶，是一种很稳定的酶，以蛋白复合体的形式存在。在完整的十字花科植物中，硫代葡萄糖苷位于液泡中，而黑芥子酶则位于细胞内特定的蛋白体中，两者是分开存在的。当植物组织遭到破坏，如咀嚼、机械粉碎等，硫代葡萄糖苷便会与黑芥子酶接触，被其催化水解产生一分子葡萄糖和一个糖苷配基，糖苷配基极不稳定，随后重新排列生成多种水解产物，其中研究较多的为异硫氰酸酯和腈类化合物（见图 1-2）[13]。

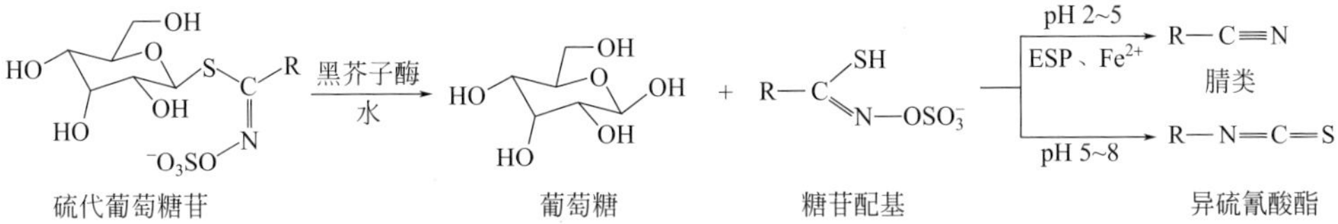

图1-2　硫代葡萄糖苷水解过程示意图（侧链R基团的类型包括：脂肪族硫苷，芳香族硫苷或吲哚族硫苷）[13]

3．黄酮类化合物

黄酮类化合物的基本结构特征是母核为 2- 苯基苯并［*α*］吡喃或黄烷核，配体的两个苯环通过杂环吡喃环连接而成[33]。几个世纪以来，黄酮类化合物一直是医学研究的主题，内外科医生常常以黄酮类化合物作为主要生理活性成分的制剂来治疗人类疾病[34,35]。据报道，黄酮类化合物具有许多优异的特性，包括抗炎活性、雌激素活性、抗菌活性[36]、抗过敏活性、抗氧化活性[37]和抗肿瘤活性等[38]。光甘草定是一种来源于光果甘草的典型黄酮类化合物，结构见图 1-3[39,40]。光甘草定具有优异的美白作用[41]，抗菌、抗炎作用[42,43]和抗氧化作用[44-46]，被广泛地用于化妆品和药品中。与这种典型的黄酮类化合物结构不同的还有通过将黄烷酮的 2- 苯基侧链异构化到 3 位，产生异黄酮和相关的异黄酮类化合物。如来源于大豆中的黄酮类化合物大豆异黄酮，大豆中天然存在的大豆异黄酮总共有 12 种（图 1-3），主要含有糖苷型和游离型两种形式混合物，包括大豆苷元大豆黄素（daidzein）、染料木黄酮（genistein）和黄豆黄素（glycitein）以及它们的葡萄糖配糖体。

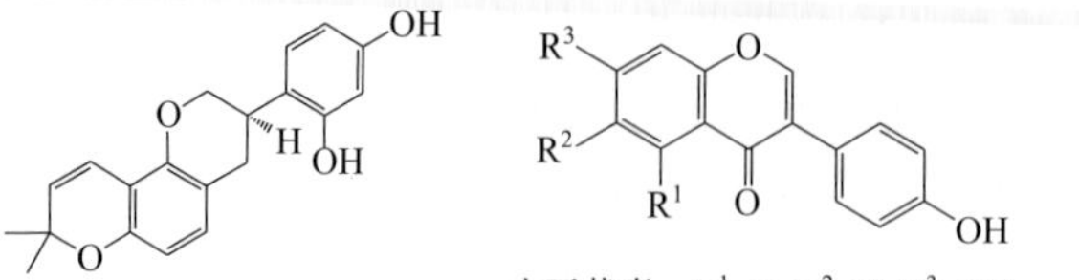

光甘草定

大豆黄素：R^1=H, R^2=H, R^3=OH
染料木黄酮：R^1=OH, R^2=H, R^3=OH
黄豆黄素：R^1= H, R^2=OCH_3, R^3=OH

图1-3　光甘草定和大豆异黄酮

4．功能性低聚糖及糖醇类化合物

低聚糖（oligosaccharide），又称寡糖，指由 2 ～ 10 个单糖通过糖苷键聚合而成的化合物，为一种新型功能性糖源。低聚糖包括功能性低聚糖和普通低聚糖，这两种低聚糖的共同特点是：难以被胃肠道消化吸收，甜度低，热量低，基本不增加血糖和血脂。低聚木糖是一种常见的低聚糖，又称木寡糖，是由 2 ～ 9 个木糖分子以 β-1,4 糖苷键结合而成的功能性聚合糖 [47]。低聚木糖具有较高的耐热和耐酸性能，与通常人们所用的大豆低聚糖、低聚果糖、低聚异麦芽糖等相比具有独特的优势。低聚木糖可以选择性地促进肠道双歧杆菌的增殖活性，其双歧因子功能是其他聚合糖类的 10 ～ 20 倍，也是双歧杆菌增殖所需用量最小的低聚糖。低聚木糖具有改善人体肠道功能、抗龋齿、提高免疫机能、促进钙的吸收、改善脂质代谢等功能 [48,49]。D- 木糖（D-xylose）是木聚糖的一个组分，可由木聚糖解聚而成。以木糖为原料经过催化加氢可以制备木糖醇（图 1-4），这种五碳糖醇味甜低热，口感清凉，甜度与蔗糖相当，具有优良的生理功能和广泛的应用价值 [18-20]，可以作为一种高效的功能性营养添加剂。

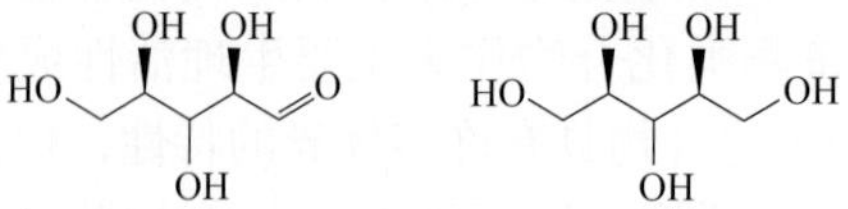

木糖　　木糖醇

图1-4　木糖及木糖醇化学结构式

5．糖苷类化合物

糖苷类化合物是糖或糖衍生物与另一非糖物质（苷元）通过糖基端碳原子连接而成的一类化合物。糖苷类化合物在自然界中的存在形式多样，但主要分为以下几类，如单糖糖苷、多糖糖苷以及皂苷类化合物等 [50]。糖苷类化合物中的非糖物质部分种类也比较丰富，如以香豆素为苷元的香豆素苷、以黄酮为苷元的黄酮苷以及以甾体化合物为苷元的皂苷等 [51]。此外，按照连接糖基和苷元的原子类型，可以将糖苷分为碳苷、氧苷以及硫苷等。目前在自然界中最为常见的糖苷类化合物中，主要是通过氧苷将糖基和非糖部分连接，根据异头碳构型可分为α苷和β苷，其中糖基侧链部分一般有葡萄糖、鼠李糖以及木糖等多种单糖类物质[52,53]。自然界中如植物体中原存在的糖苷类化合物被称为原级苷，而通过结构修饰脱去糖基分子从而发生结构变化的糖苷类化合物被称为次级苷。

糖苷类化合物在生物、医药、食品等领域均有着广泛的利用价值[54]。大量研究表明，糖苷类化合物在心血管、呼吸系统、神经系统等表现出重要的药理活性[55]，为研究、开发和生产药物候选化合物提供了丰富资源[56]。糖苷类化合物丰富的代表性中草药有甘草、黄芪、黄姜、淫羊藿等，主要糖苷为甘草酸、黄芪甲苷、薯蓣皂苷、淫羊藿苷[57]（图1-5）等。

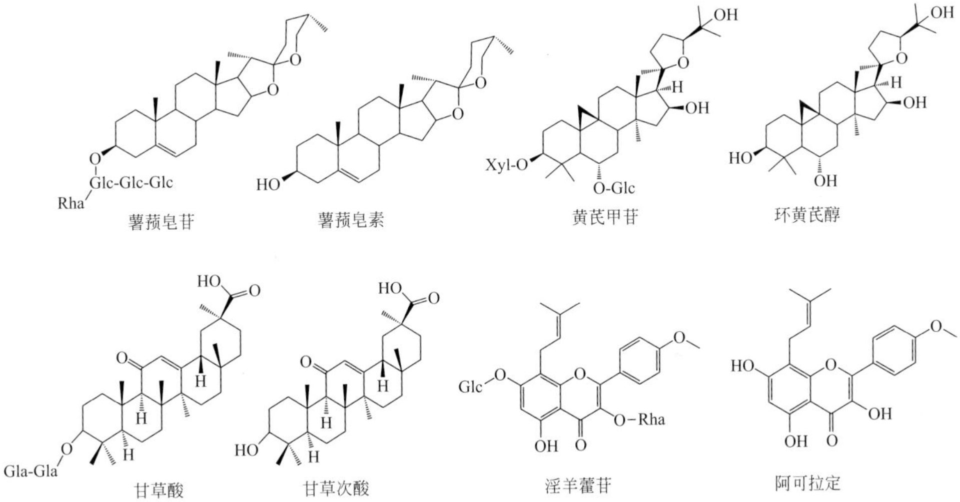

图1-5 代表性天然皂苷及其活性苷元（Glc：葡萄糖；Xyl：木糖；Rha：鼠李糖；Gla：葡萄糖醛酸）

6．芳香环植物功能因子

芳香环植物功能因子在结构上是苯环的氢被其他取代基取代的一类芳香族化合物。此类化合物广泛存在于蔬菜、豆类、咖啡、茶中[58]。芳香环植物功能因子具有抗氧化、抗炎症、抗衰老和抗菌活性等诸多生物活性[59-61]，以及具有非常广泛的药理作用，如防治癌症、骨质疏松和心血管病[62]，保护皮肤、大脑和心脏。因此，芳香环植物功能因子在近年来备受关注。熊果苷（图1-6）是一种典型的芳香环植物功能因子，又称4-羟苯基-*β*-D-吡喃葡萄糖苷，是对苯二酚的糖基化产物。熊果苷存在于可食用浆果、咖啡和茶中。由于熊果苷具有温和、安全、可以抑制酪氨酸酶活性的生物活性，以及抗炎、抗菌、抗氧化和抗肿瘤等特性，被广泛地应用在化妆品行业以及医药领域中。另一种常见的芳香环植物功能因子为红景天苷（图 1-6），又名对羟基苯乙基 -*β*-D- 葡萄糖苷，是中药材红景天的主要有益成分。研究指出，红景天苷具有抗衰老、抗缺氧、抗炎、抗疲惫、防辐射等作用，能够抑制癌细胞繁殖周期以及生长，并在治疗结肠癌、胶质瘤、乳腺癌、膀胱癌以及肺癌等多种癌症中起着诱导细胞凋亡的作用[63]。5- 羟基色氨酸（5-hydroxytryptophan，5-HTP）（图 1-6）是一种天然的非蛋白质氨基酸，可以作为神经递质 5- 羟色胺的合成前体。由于 5-HTP 口服吸收好且很容易穿过血脑屏障，增加大脑中 5- 羟色胺的合成，因此能有效治疗抑郁、失眠、慢性头疼以及肥胖等。

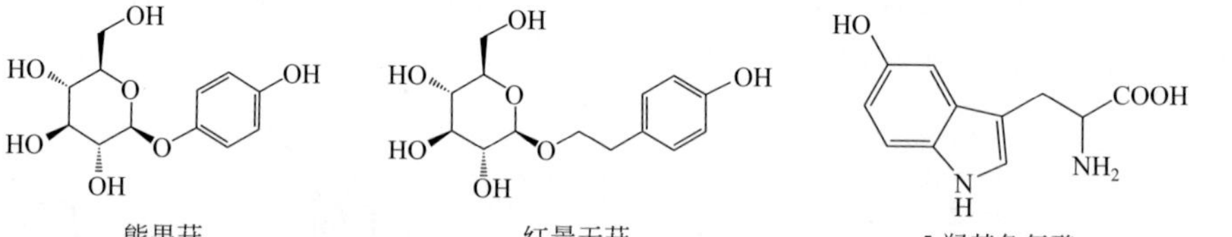

图1-6　熊果苷及红景天苷化学结构

第二节
天然产物的绿色生物制造技术发展历程

一、天然产物分离纯化技术

1．传统提取技术

在早期的天然产物制备过程中，人们以天然植物、动物或者矿物资源为原材料，以水、简单有机溶剂为提取剂，直接从原料中富集天然活性因子。

（1）浸渍和渗漉　浸渍[64]是一种非常简单的提取方法，提取溶剂多为水或有机溶剂，但是存在提取时间长、提取效率低的缺点，常用于提取不耐热组分。渗漉[65]比浸渍更有效，它是一个连续的过程，其中饱和溶剂不断被新鲜溶剂取代。由于提取过程往往不需要加热，同样适用于热不稳定性物质的提取。

（2）煎煮　煎煮法是中药有效成分的传统提取方法之一[66]，提取剂多为水相，主要利用高温来提高有效成分的渗透和溶出效率。与其他辅助提取法的得率相差不大，同时避免了有机溶剂的大量消耗，更加环保。但是，煎煮法提取耗时长、产生大量的废渣需要填埋处理，会对周边环境产生影响。煎煮法工业化应用后，高温条件往往需要大量的能量消耗，并且高温条件存在安全生产的风险，也可能会影响一些产物的稳定性，降低产率。

2．现代提取技术

传统提取法中存在的提取的过程中需要耗费大量的酸、碱、有机溶剂等化学试剂及提取率低等问题使得这种制备工艺存在成本高，能耗高，而且容易造成环境污染等问题。因此，在20世纪90年代初期，国内外研究学者对绿色化学产生了极大的研究兴趣。2012年，Chemat等[67]提出了“天然产物绿色提取”的概念，可用绿色溶剂作为替代来解决酸碱的大量使用产生的环境污染。因此，许多制造业工厂一直尝试转变为更加绿色环境友好的提取手段。一些更绿色环保的制备方法逐渐被人们开发，如酶辅助提取（enzyme assisted extraction，EAE）、离子液体（ionic liquids，ILs）辅助提取和深共熔溶剂（deep eutectic solvents，DES）提取等。

（1）酶辅助提取技术　天然活性因子，如萜类化合物、生物碱和酚类物质等，由于它们是细胞内化合物，需要破坏外部植物基质以促进它们的提取。然而，植物细胞壁由纤维素和淀粉基质组成，具有较强的刚性[68,69]。常规提取过程中这些成分会影响天然活性因子的浸出以及造成产物纯度低等问题。EAE利用酶的水解特性，降解细胞壁，从而将代谢物释放到外部环境中[70]。应用较多的水解酶有纤维素酶和果胶酶，这些酶更容易破坏细胞壁的组分，且提取条件温和，产量和提取率高[71,72]。

（2）离子液体提取技术　离子液体是一种完全由离子组成的低熔点有机溶剂。许多ILs的热稳定性高达250℃，可以溶解多种有机和无机化合物[73]。有趣的是，ILs能够溶解许多不溶于传统溶剂的聚合物，如纤维素[74]、甲壳素[75]、壳聚糖[76]等。由于这些原因，在过去的20年里，离子液体作为传统有机溶剂的绿色替代品得到了广泛的研究。

（3）深共熔溶剂提取技术　近年来，DES作为一种绿色溶剂在有价值化合物的提取中的应用受到越来越多的关注。尽管DES和离子液体具有相似的物理特性，例如低挥发性、高黏度、化学和热稳定性以及不可燃性，但DES不完全由离子化合物组成，可以由非离子化合物制备。此外，与离子液体相比，DES通常更安全，表现出优异的生物降解性，多以天然化合物为原料，因此制备起来更具成本效益[77]。

3．天然活性因子的分离手段

采用提取法得到的提取物通常化学成分复杂，由多组分化合物组成，需要进一步分离纯化才能获得纯度较高的天然产物。目前研究较多且普遍采用的分离纯化方法有大孔树脂吸附法、制备固液色谱法、高速逆流色谱法、结晶法、纳滤膜分离法等[13]。

（1）大孔树脂吸附法　大孔树脂吸附法是采用大孔树脂从中药及其提取物中有选择地吸附有效成分、去除无效成分的一种提取精制的新工艺。它具有选择性好、吸附容量大、再生处理方便、吸附迅速、解吸容易、操作简单等优点。本书著者团队采用大孔树脂吸附法制备了大豆异黄酮，并对从大豆糖蜜中使用絮凝精制两步分离大豆异黄酮的工艺进行了研究与优化[78]，得到纯度为63.51%的大豆异黄酮。

（2）制备固液色谱法　色谱是迄今人类掌握的分离复杂混合物的效率最高的一种方法。本书著者团队[79]建立了固相萃取和制备型高效液相色谱联用制备莱菔硫烷的工艺。使用己烷/乙酸乙酯［v（己烷）:v（乙酸乙酯）=8:2］作为萃取剂，经制备型高效液相色谱法进一步纯化后所得到的莱菔硫烷产品纯度可达95%以上。

（3）高速逆流色谱法　高速逆流色谱法是一种新型的、连续高效的液液分离色谱技术。本书著者团队[80]研究了利用高速逆流色谱法纯化异硫氰酸酯的工艺，并取得了一定的成果。溶剂系统的选择是影响高速逆流色谱分离效率的关键因素。通过对多种溶剂系统进行筛选，选定正己烷/乙酸乙酯/甲醇/水［v（正己烷）:v（乙酸乙酯）:v（甲醇）:v（水）=1:5:1:5］作为色谱分离体系从西兰花种子水解液中分离莱菔硫烷，产品纯度高于97%。

（4）结晶法　通过蒸馏分离沸点接近的混合物非常困难且成本高。为了克服这个缺点，另一种被广泛应用的分离技术是结晶法[81]。在过去的40年里，结晶法得到了长足的发展[82]。它可以满足产品纯度和环保的严格要求，被认为是一种绿色且具有潜力的分离技术，已实际用于分离异构化合物或共沸混合物。

（5）纳滤膜分离法　纳滤是介于反渗透（RO）与超滤（UF）之间的一种以压力为驱动的新型膜分离过程，与传统的蒸发浓缩相比，纳滤浓缩工艺能耗低、生产成本低、不产生任何环境污染问题。本书著者团队[83]对桑白皮提取液进行了纳滤浓缩有效成分的研究，桑白皮提取液浓缩到原液的1/10时，桑根酮C的截留率为85%。

二、天然活性因子绿色生物制造技术

在过去几十年中，提取法被大范围应用于天然活性因子的制备。随着研究的深入，研究人员发现一大批性质优异的化合物，如黄酮、糖苷类化合物的苷元等。但是，这些天然功能因子在植物中含量极低，大多以前体形式存在，这极大限制了使用提取法制备此类化合物在工业上的大规模应用。尽管通过化学法水解，如高温酸水解 / 碱水解等，可以获得这一类活性因子的活性成分，但反应条件苛刻，水解周期长，产物结构容易破坏，造成产量和纯度偏低等问题。此外，化学水解法带来大量含酸碱或高盐废水也对环境造成了巨大的破坏。因此，随着生物技术的蓬勃发展，绿色温和的生物酶法逐渐成为天然活性因子绿色生物制造技术的首选。与此同时，随着 20 年代初期合成生物学技术的出现，以葡萄糖、甘油等为原料从头合成一系列天然活性因子的手段也为高效生产具有生物活性和高价值的化学品提供了替代方法。

1．酶催化制备糖苷类化合物

（1）新酶挖掘及基因组测序　酶工业始于 19 世纪，到目前为止，酶已被广泛应用于多个领域，如食品、纺织、造纸、皮革加工、生物燃料、洗涤剂、饲料和制药等 [84]。随着基因工程技术的发展，生物催化加速了传统化学工艺的技术进步和升级换代 [85]。此外，随着工业上对可持续生产过程需求的不断增长，对具有更高的活性或更好的选择性的新型生物催化剂的需求也不断增加 [86]。目前大多数的生物酶都是基于微生物群的数据挖掘而发现的 [87]，下一代测序、晶体解析和质谱等生物技术的发展则加速了新型催化剂的发现 [88]。

微生物中酶的发掘主要依赖于微生物资源、环境样品、单一生物或纯培养物以及蛋白质数据库等 [86]。研究人员首先通过发酵法获得细胞提取物，进一步对提取物进行分级分离纯化，并将纯化回收的酶进行胰蛋白酶消化和质谱分析（LC-MS/MS 或 MALDI-TOF）以解密短氨基酸序列，结合基因组 DNA 或基因组数据集以检索相应序列。目前采用这一策略已经发现了多种重要功能的新型催化剂，如发现了一种新型细胞色素 P450 家族蛋白 $OleT_{JE}$（脂肪酸脱羧酶）[89]。

利用微生物资源进行新酶挖掘是新酶发现的重要策略之一，而基因组测序技术是新型催化剂发现的基础 [88]。对微生物进行全基因组测序并进行组装和基因注释可为新酶挖掘提供一个特异性的蛋白质库，以便后续特异性酶的挖掘。基因组测序技术始于 1975 年，并在过去的 40 多年中从第一代 Sanger 测序（双脱氧末端终止法）逐渐发展到如今主流的第二代测序。目前，人类正逐步步入第三代测序技术时代。第一代 Sanger 测序原理主要是：由于 ddNTP（带有荧光标记的 A、G、C、T）的 2′ 和 3′ 不含羟基，其在 DNA 的合成过程中不能形成磷酸二酯键，可用于 DNA 合成反应的中断，而在 DNA 合成体系中加入一定比例的 ddNTP（带有荧光标记），然后利用凝胶电泳和放射自显影则可根据条带位置确定 DNA 序列。第一代 Sanger 测序的读长虽然达到 1000bp，然而测序成本较高，通量较低，已然不适于当今暴增的高通量测序需求 [14]。

随着技术的进步，诞生了以 Roche 公司的 454 技术、Illumina 公司的 Solexa/Hiseq 技术和 ABI 公司的 SOLID 技术为代表的第二代测序技术。以 Illumina 公司的 Hiseq 测序技术为例，其核心原理主要包括 DNA 文库构建、Flowcell 锚定、桥式 PCR 扩增与变性和光信号读取与转化。第二代测序技术虽然在序列读长方面比起第一代测序技术要短很多，但是前者的测序速度更快、测序成本更低，且准确性高，是目前应用最广泛的基因组测序技术。第三代测序技术是基于纳米孔的单分子读取技术，数据读取速度更快，其应用潜力远远大于第二代测序技术。目前已有表观遗传修饰检测的全基因组 DNA 甲基化修饰测序 [22]，以免疫沉淀为前提的染色质免疫沉淀测序 ChIP-seq[23]、RNA 免疫沉淀测序 RIP-seq[24]，研究染色体空间结构的 Hi-C 技术 [25]，以及实现无 PCR 的单细胞的测序 [26] 等。

（2）糖苷类化合物的生物转化　天然活性糖苷不易透过肠壁黏膜，且在肠内与菌群作用方式复杂，因此往往会导致其在生物体内活性低。利用糖苷酶催化水解糖苷类物质得到稀有或自然界不存在的化合物是新药发现的重要策略之一 [90]。与反应条件剧烈的化学法相比，选择性强、催化活性和收率高、反应条件温和、设备简单、能耗低、几乎无污染的生物转化法逐渐成为应用更加广泛的化合物制备方法。得益于酶挖掘以及鉴定技术的飞速发展，当前已有多种糖苷酶被报道用于天然糖苷类药物的生物转化，在次级苷及苷元的绿色生产方面具有重要的应用价值 [22,91,92]。

本书著者团队通过研究黄芪甲苷类似物人参皂苷的水解，合成并表达了 10 种具有潜在转化黄芪甲苷能力的糖苷酶，使用黄芪甲苷以及 6-*O*- 葡萄糖环黄芪醇进行实验，发现来源于 *Phycicoccus* sp. Soil748 的糖苷酶 BglSK4 和来源于 *Sanguibacter keddieii* DSM,10542 的糖苷酶 BglSK0 对黄芪甲苷和 6-*O*- 葡萄糖环黄芪醇有转化作用，成功实现了环黄芪醇的绿色清洁生产工艺 [22]。另外，以薯蓣皂苷和朝藿定 C 为研究目标，本书著者团队通过微生物筛选发现一株可水解甾体皂苷 C3 位置的末端鼠李糖苷键以及葡萄糖苷键得到皂素的微生物，且该微生物还可高效将朝藿定 C 的 C7 位置的葡萄糖苷键和 C3 位置的鼠李糖苷键水解断裂得到产物阿可拉定 [23,24]。经过水解酶分离鉴定与异源表达，通过两步水解反应分别实现了薯蓣皂素和阿可拉定的高效制备，得率高达 98.5% 和 98.8%（图 1-7、图 1-8）。

2．天然活性因子异源生物合成

当前，大部分天然产物的工业化制备过程可以采用提取法直接从原料中获得天然产物，避免了长时间的条件严苛的有机合成。但是，研究人员逐渐意识到从植物资源中获得天然产物需要大量的土地、水和时间投资，而且由于害虫或极端天气容易导致作物产量发生变化，也给供应链带来了不稳定性 [93]。因此，以简单化合物为原料的生物合成已成为化学品制造的重要方式 [94]。理论上，途径已知的任何化学品都可通过生物合成由廉价碳源实现生产。

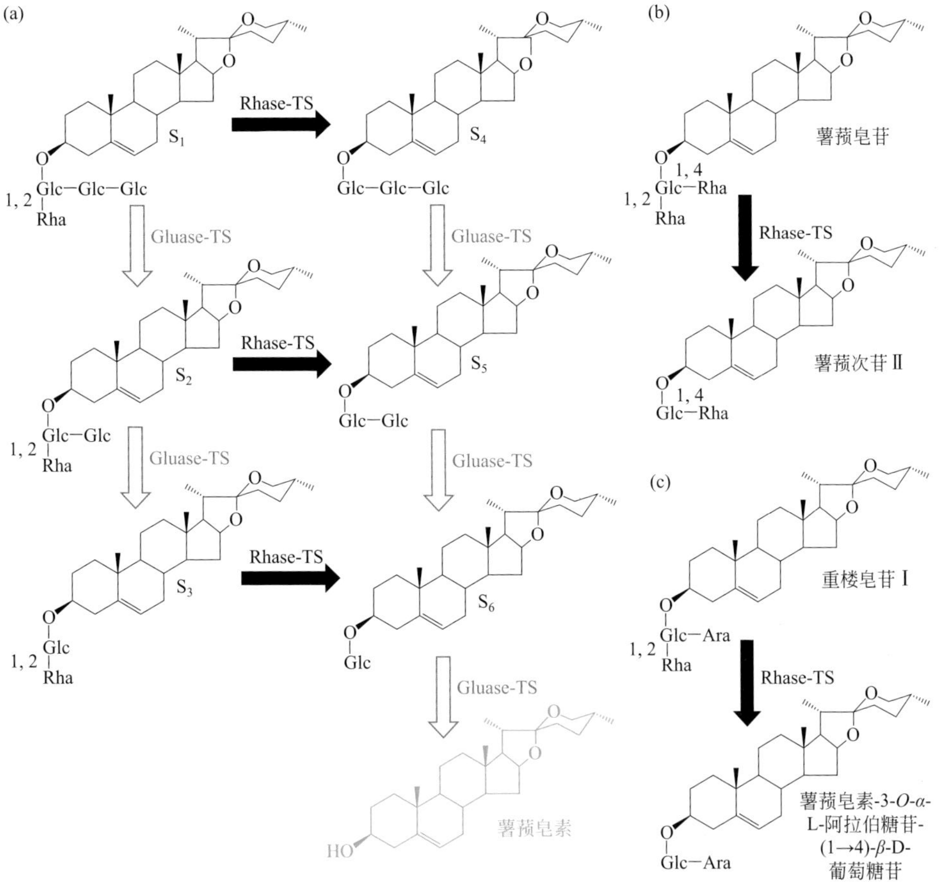

图1-7　薯蓣皂素[23]的酶法制备

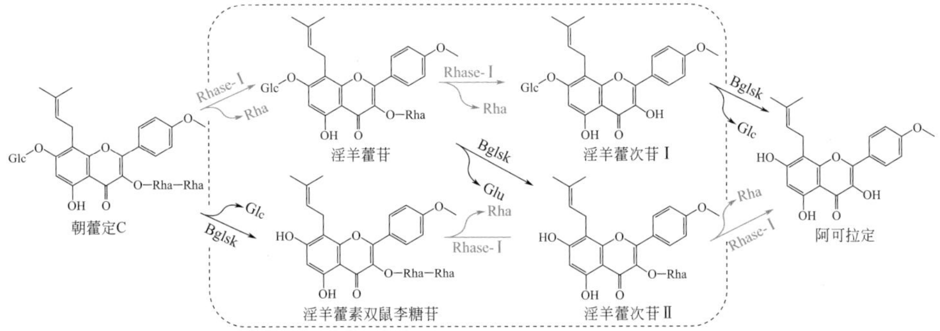

图1-8　阿可拉定[24]的酶法制备

由于大多数天然产物中的活性分子结构过于复杂，早期无法通过全化学合成进行生产。随着 21 世纪初期合成生物学时代的出现，人们逐渐选择以生物技术替代复杂的化学合成。最初，这包括将编码具有功能特征的生物合成酶的基因从植物转移到遗传易处理的宿主（例如大肠埃希菌、酿酒酵母或本氏烟草叶）中，以异源产生相应代谢产物[95-97]。在过去的15年里，这一总体战略得到了进一步完善，这得益于基因组测序、基因组工程、植物途径发现和代谢工程方面的技术和科学巨大进步，引发了大量关于重要植物天然活性成分异源合成的开创性研究。从21世纪初开始，虽然这些例子最初很少见，但生产不断多样化，尤其是随着分子工具包的改进，包括CRISPR/Cas9基因组编辑[98,99]，大量的植物天然活性成分如萜烯、紫杉烷、木质素、吲哚生物碱、阿片类药物、大麻素等被成功合成[100-104]。

例如，本书著者团队开发了一个新的人工途径，以实现在大肠埃希菌中利用葡萄糖从头合成*β*-熊果苷（图1-9）[27]。通过在大肠埃希菌中过度表达两个异源酶，即来自*C.parapsilosis* CBS604的4-羟基苯甲酸酯1-羟化酶和来自*R.serpentina*的熊果苷合成酶，结合莽草酸途径工程，在摇瓶水平下以葡萄糖为原料高效生产*β*-熊果苷，滴度超过4g/L。

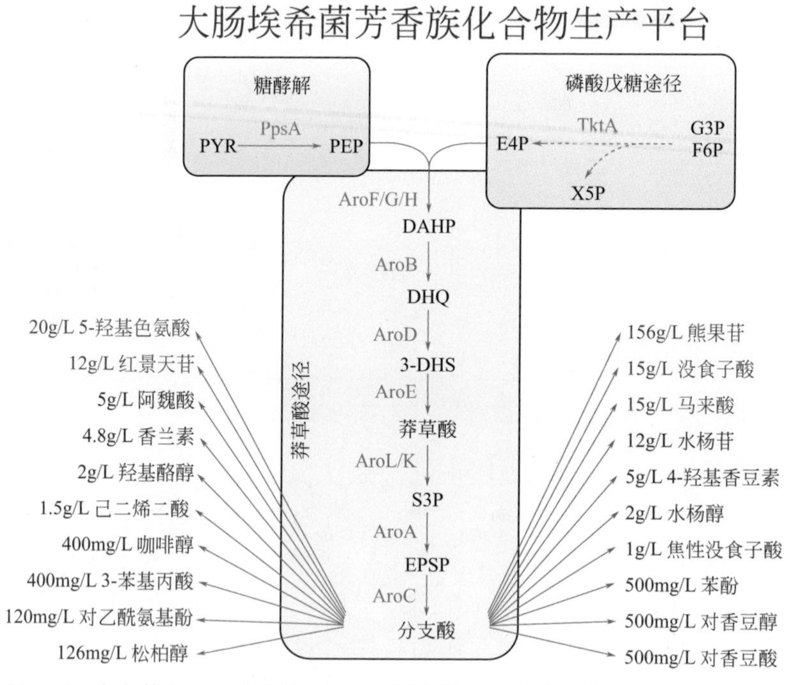

图1-9　本书著者团队所开发的大肠埃希菌芳香族化合物生产平台

PYR—丙酮酸；PEP—磷酸烯醇式丙酮酸；E4P—赤藓糖-4-磷酸；G3P—3-磷酸甘油醛；F6P—6-磷酸果糖；X5P—5-磷酸木酮糖；DAHP—3-脱氧-D-阿拉伯糖基-7-磷酸；PpsA—磷酸烯醇式丙酮酸合酶；TktA—转酮酶；AroF/G/H—磷酸-2-脱氢-3-脱氧庚酸醛缩酶；AroB—3-脱氢奎宁酸合酶；DHQ—3-脱氢奎宁酸；AroD—3-脱氢奎尼酸脱水酶；3-DHS—3-脱氢莽草酸；AroE—莽草酸脱氢酶；AroL/K—莽草酸激酶；S3P—莽草酸-3-磷酸；AroA—3-磷酸莽草酸1-羧基乙烯基转移酶；EPSP—5-烯醇丙酮酰莽草酸-3-磷酸；AroC—分支酸合酶

此外，本书著者团队还构建了以酪氨酸为中间体的共培养生物合成红景天苷路径（图 1-9），并证明了所设计的新型互利共生平台相比于中立型、偏利共生型共培养更具稳定性和生产性。共培养从头生物合成红景天苷达到了 1550mg/L 的摇瓶产量，并在规模化生产中进一步在 84h 内生产 12.52g/L 的红景天苷，产率为 0.12g/g 总碳源 [105]。通过连续传代培养，本书著者团队又证明了所设计的互利共生共培养体系在长期发酵生产中的优良鲁棒性。在连续 10 天的连续传代中，共培养的生长和种群比例都维持在恒定的范围，而红景天苷的产量甚至随着传代次数的增加而略微增长。

第三节
天然产物绿色生物制造未来发展的技术展望

由于天然活性功能因子优异的生理药理活性，自古以来就广泛地被应用于药品、保健品、化妆品和功能性食品中。健康是人类全面发展的必然要求，也是经济高质量发展的基础条件。随着国内外人民生活水平的日益提升，保持健康更成为了追求的目标。当前，国内外消费者对天然活性功能因子，尤其是高纯天然活性功能因子的需求迅速增长。尽管有许多的合成提取手段已经被用于天然产物的制造，但是仍然不能够完全满足庞大的市场需求。另外，产率低、工艺粗放、污染严重等难题一直是制约我国植物天然产品大规模可持续开发应用的壁垒。因此，更加高效的绿色的天然活性功能因子制备手段可以从以下几个方面开展深入研究与探索。

一、新型绿色溶剂的研究

首先，需要开发更环保的提取技术，这一点尤其体现在制药、保健品和化妆品制造行业中。与传统技术相比，离子液体和深共熔溶剂作为传统有机溶剂的绿色替代品得到了广泛的研究。然而，在世界范围内，仍然需要更广泛地寻找绿色溶剂的新类型和开发新应用。

深共熔溶剂（DES）在天然产物应用中受限的两个特性是它们的高黏度和挥发性。如果能够在这些问题上进行改进，对 DES 的应用会有重要意义。此外，需要进一步研究以确认 DES 是否对环境和生物体无毒，以避免分离的天然产物中残留的 DES 造成损害。还需要考虑如果 DES 不能够在自然界中完全降解，残余物是否会对人类和环境造成压力 [106]。

对于离子液体（ILs）而言，同样存在以上问题。另外，一些生物基 ILs 的合成会消耗大量对环境不友好和不可再生的试剂，需要进行更深入的研究以减少这些化学品在生物基和传统离子液体合成中使用。木质素降解产物合成的生物基离子液体的例子也很少被报道，在这一领域留下了广阔的研究空间[107]。

针对以上方面进行进一步的研究对于绿色溶剂在天然产物的绿色制造方面具有重要意义，同时也是促进 ILs 和 DES 进一步应用于医学和生物学领域的前提之一。

二、糖苷酶的理性改造与设计

对基于酶的生物转化而言，过去研究人员大多基于美国国家生物技术信息中心（National Center for Biotechnology Information，NCBI）序列比对、微生物挖掘等方法筛选具有高特异性和优异水解活性的糖苷酶类用于苷元的绿色生产。通过蛋白质工程手段提升酶的热、酸碱稳定性，并研究了酶的固定化工艺。然而，与自然界中存在的酶相比，被发现的酶只占很少一部分。随着技术的进步，未来酶发现策略还可结合不同的“Omics”技术，例如宏基因组学[108]、元转录组学[109]、蛋白质组学[109]和代谢组学[110]，以充分利用复杂微生物群的潜力和多样性。此外，还可以利用基于生物信息学策略进行新酶挖掘，例如计算机数据挖掘[88]、Catalophore TM 方法[111]和从头酶设计[112]等。

为解决游离酶无法重用、稳定性差等问题，大量的载体被开发用于酶的固定化。然而，如何设计出制备程序更加简单、载量更高、能够简单地再生重用的固定化载体仍然是未来研究的重点。另外，糖苷酶的催化活性会受到副产物糖类的严重抑制，如何筛选具有高底物耐受性的糖苷酶，或者利用基因工程手段对酶进行改造，得到在高副产物浓度下仍能具有良好的催化活性的酶制剂，会是今后的研究重点。本书著者团队在研究中还发现了固定化后糖苷酶的副产物耐受性明显提升的现象，因此猜测这是由于固定化导致的限域效应或是载体分子与蛋白表面氨基酸的作用力抑制了其与副产物糖类的相互作用。在今后的研究中可以重点关注不同的固定化载体表面分子，力求实现人为设计固定化载体的组成，为天然活性因子的高效工业化制备提供理论和实践基础。

三、天然产物生物合成中的共培养和动态调控

随着合成生物学的发展，微生物共培养已逐渐成为化学品生物合成的新方法之一。利用该方法，不仅可以减轻代谢负担，实现复杂化合物的合成，还可以充分发挥不同物种的优势和能力，利用低劣生物质以提高目标产品经济性。微生物共培养的发展今后将受益于合成生物学相关技术的进展，包括基因组工程、宏蛋

白质组学、宏代谢组学以及 CRISPR/Cas 工具等。微生物共培养未来发展的一个方向是更广泛地兼容多物种共培养，以利用不同物种的生物合成能力。这对于植物和真菌的天然产物生物合成具有特别意义 [113]。

近年来，随着动态调控机制研究的深入以及核糖开关、生物传感器和蛋白降解标签等一系列调控元件的出现，对细胞生长和产品合成代谢流进行精确分配的代谢物响应、群体感应响应、环境响应和蛋白水平调控的动态调控策略已经成功应用于生物合成途径的优化。将来应该首先基于高通量筛选和底物相似性策略拓宽启动子或转录因子响应的底物谱和阈值，进一步拓宽传感器的种类；其次，利用基于计算机模拟和理性设计的蛋白质工程方法开发在不同浓度和强度范围内自由响应的感应器，有利于探索更多精确调节的时间和节点，调节感应器响应阈值的范围。这些策略都有助于动态调控体系在代谢工程领域进一步发展和应用 [114]。

天然产物优异的生理药理活性为其在食品、药品和保健品方面带来了广阔的应用前景，研究开发出绿色高效制备高纯度天然活性功能因子的工艺在工业应用领域具有重要的意义。本书第二至第十一章将系统介绍代表性天然产物制造的关键技术，包括鞣花酸、异硫氰酸酯、大豆异黄酮的提取分离，甘草次酸、薯蓣皂素、阿可拉定、环黄芪醇等的酶催化制备以及熊果苷、红景天苷等产物的生物合成的研究与进展。

参考文献

[1] Singla K R, Kumar R, Khan S, et al. Natural Products: Potential Source of DPP-Ⅳ Inhibitors [J]. Current Protein & Peptide Science, 2019, 20(12): 1218-1225.

[2] Demain A L. Importance of microbial natural products and the need to revitalize their discovery [J]. Journal of Industrial Microbiology and Biotechnology, 2014, 41(2): 185-201.

[3] Giddings L A, Newman D J. Microbial natural products: Molecular blueprints for antitumor drugs [J]. Journal of Industrial Microbiology & Biotechnology, 2013, 40(11): 1181-1210.

[4] Newman D J, Cragg G M, Snader K M. The influence of natural products upon drug discovery [J]. Natural Product Reports, 2000, 17(3): 215-234.

[5] Newman D J, Cragg G M. Natural products as sources of new drugs over the 30 years from 1981 to 2010 [J]. Journal of Natural Products, 2012, 75(3): 311-335.

[6] Bérdy J. Thoughts and facts about antibiotics: Where we are now and where we are heading [J]. Journal of Antibiotics, 2012, 65(8): 385-395.

[7] Lang X L, Luan X D, Gao C M, et al. Recent Progress of Acridine Derivatives with Antitumor Activity [J]. Progress in Chemistry, 2012, 24(8): 1497-1505.

[8] Zhang Y, Liang Y, He C. Anticancer activities and mechanisms of heat-clearing and detoxicating traditional

Chinese herbal medicine [J]. Chinese Medicine, 2017, 12(1): 20.

[9] 袁其朋，任梦宁. 一种利用蒸汽爆破制备石榴皮中鞣花酸的方法 [P]. CN106565736A. 2016-11-13.

[10] Hou X D, Yuan Q P, Tian H Y, et al. Optimization of polyphenols separation from pomegranate seeds by macroporous resins and study on antioxidant activity of the extraction [J]. Food Science and Technology, 2010, 35(1): 194-198.

[11] 袁其朋，程艳，张倩. 一种以石榴皮为原料酶法制备鞣花酸的方法 [P]. CN101481714A. 2009-07-15.

[12] Zhou H, Lv J, Yuan Q. Preparative isolation and purification of punicalin from pomegranate husk by high-speed countercurrent chromatography [J]. Separation and Purification Technology, 2010, 72(2): 225-228.

[13] 梁浩，李瑞敏，袁其朋. 天然活性异硫氰酸酯类化合物的研究进展 [J]. 北京化工大学学报：自然科学版，2015, 42(2): 1-12.

[14] 梁浩，袁其朋，东惠茹，等. 十字花科植物种子中莱菔硫烷含量的比较 [J]. 中国药学杂志，2004, 39(12): 898-899, 909.

[15] Hu Y, Liang H, Yuan Q, et al. Determination of glucosinolates in 19 Chinese medicinal plants with spectrophotometry and high-pressure liquid chromatography [J]. Natural Product Research, 2010, 24(13): 1195-205.

[16] 徐岩，张清溪，袁其朋，等. 响应面法优化超声提取光果甘草中光甘草定的工艺研究 [J]. 食品科技，2009, 34(12): 235-239.

[17] Xu Y, Yuan Q, Hou X, et al. Preparative Separation of Glabridin from *Glycyrrhiza glabra* L. Extracts with Macroporous Resins [J]. Separation Science and Technology, 2009, 44(15): 3717-3734.

[18] 袁其朋，王文雅，张宏嘉，等. 一种利用螺杆造压闪蒸喷爆的方法生产 D- 木糖的清洁工艺 [P]. CN103467532B. 2015-04-29.

[19] 袁其朋，王乐，范晓光，等. 农林废弃物为原料联产木糖，木糖醇和阿拉伯糖清洁工艺 [P]. CN102268490B. 2013-03-13.

[20] Fan X, Li M, Zhang J, et al. Optimization of SO_2-catalyzed hydrolysis of corncob for xylose and xylitol production [J]. Journal of Chemical Technology & Biotechnology, 2014, 89(11): 1720-1726.

[21] Zhang H J, Fan X G, Qiu X L, et al. A novel cleaning process for industrial production of xylose in pilot scale from corncob by using screw-steam-explosive extruder [J]. Bioprocess and Biosystems Engineering, 2014, 37(12): 2425-2436.

[22] Cheng L, Zhang H, Cui H, et al. Efficient production of the anti-aging drug cycloastragenol: Insight from two glycosidases by enzyme mining [J]. Applied Microbiology and Biotechnology, 2020, 104(23): 9991-10004.

[23] Cheng L Y, Zhang H, Cui H Y, et al. Efficient enzyme-catalyzed production of diosgenin: Inspired by the biotransformation mechanisms of steroid saponins in Talaromyces stollii CLY-6 [J]. Green Chemistry, 2021, 23(16): 5896-5910.

[24] Cheng L, Zhang H, Cui H, et al. A novel α-L-rhamnosidase renders efficient and clean production of icaritin [J]. Journal of Cleaner Production, 2022, 341: 130903.

[25] Wei B, Xu H, Cheng L, et al. Highly Selective Entrapment of His-Tagged Enzymes on Superparamagnetic Zirconium-Based MOFs with Robust Renewability to Enhance pH and Thermal Stability [J]. ACS Biomaterials Science & Engineering, 2021, 7(8): 3727-3736.

[26] 袁其朋，申晓林，陈昕，等. 生产 β- 熊果苷的工程菌及其构建方法和应用 [P]. CN112646761A. 2021-04-13.

[27] Shen X L, Wang J, Wang J, et al. High-level *de novo* biosynthesis of arbutin in engineered *Escherichia coli* [J]. Metabolic Engineering, 2017, 42: 52-58.

[28] 侯晓丹，袁其朋，田海源. 大孔吸附树脂法分离石榴籽中总多酚及其抗氧化活性研究 [J]. 食品科技，2010, 35(1):194-198.

[29] Ma G, Chen Y. Polyphenol supplementation benefits human health *via* gut microbiota: A systematic review via

meta-analysis [J]. Journal of Functional Foods, 2020, 66: 103829.

[30] Ashwin K, Pattanaik A K, Howarth G S. Polyphenolic bioactives as an emerging group of nutraceuticals for promotion of gut health: A review [J]. Food Bioscience, 2021, 44: 101376.

[31] Guo Q, Xiao X, Lu L, et al. Polyphenol-Polysaccharide Complex: Preparation, Characterization, and Potential Utilization in Food and Health [J]. Annual Review of Food Science and Technology, 2022, 13: 59-87.

[32] Latté K P, Appel K E, Lampen A. Health benefits and possible risks of broccoli-an overview [J]. Food and Chemical Toxicology, 2011, 49(12): 3287-3309.

[33] Havsteen B. Flavonoids, a class of natural products of high pharmacological potency [J]. Biochemical Pharmacology, 1983, 32(7): 1141-1148.

[34] Martins B T, Correia da Silva M, Pinto M, et al. Marine natural flavonoids: Chemistry and biological activities [J]. Natural Product Research, 2019, 33(22): 3260-3272.

[35] Zhang Z, Yang L, Hou J, et al. Molecular mechanisms underlying the anticancer activities of licorice flavonoids [J]. Journal of Ethnopharmacol, 2021, 267: 113635.

[36] Górniak I, Bartoszewski R, Króliczewski J. Comprehensive review of antimicrobial activities of plant flavonoids [J]. Phytochem Rev, 2019, 18(1): 241-272.

[37] Baldim J L, de Alcântara B G V, Domingos O D S, et al. The Correlation between Chemical Structures and Antioxidant, Prooxidant, and Antitrypanosomatid Properties of Flavonoids [J]. Oxid Med Cell Longev, 2017, 2017: 3789856.

[38] Attari F, Keighobadi F, Abdollahi M, et al. Inhibitory effect of flavonoid xanthomicrol on triple-negative breast tumor via regulation of cancer-associated microRNAs [J]. Phytochemistry Reviews, 2021, 35(4): 1967-1982.

[39] 李晓婷，邸多隆. 大孔吸附树脂对光甘草定吸附行为的研究 [J]. 离子交换与吸附，2022, 38(2): 106-117.

[40] 胡艳萍，廖朗坤，廖士季，等. 光甘草定包合物缓释微针的制备及其体内外释药性能评价 [J]. 中国新药杂志，2022, 31(5): 455-463.

[41] Wei Y, Zhang J, Zhou Y, et al. Characterization of glabridin/hydroxypropyl-beta-cyclodextrin inclusion complex with robust solubility and enhanced bioactivity [J]. Carbohydrate Polymers, 2017, 159: 152-160.

[42] Han G, Xudong P, Lu Z, et al. The role of glabridin in antifungal and anti-inflammation effects in *Aspergillus Fumigatus* keratitis [J]. Experimental Eye Research, 2022, 214: 108883.

[43] 赵伟，宋歌. 光甘草定对金黄色葡萄球菌生物被膜形成的影响 [J]. 畜牧兽医科学，2017, (7): 6-8.

[44] 木合布力•阿布力孜，热娜•卡斯木，马淑燕，等. 甘草中光甘草定的提取和抗氧化活性研究 [J]. 天然产物研究与开发，2007, 19(4): 675-677, 682.

[45] Lv J, Liang H, Yuan Q, et al. Preparative Purification of the Major Flavonoid Glabridin from Licorice Roots by Solid Phase Extraction and Preparative High Performance Liquid Chromatography [J]. Separation Science and Technology, 2010, 45(8): 1104-1111.

[46] 阳天舒，韩晓乐，孙嘉彬，等. 光甘草定醇质体制备及其生物活性评价 [J]. 中草药，2020, 51(18): 4646-4653.

[47] 张小爱. 低聚木糖的生产及应用研究进展 [J]. 中国食品添加剂，2009, (S1): 261-266.

[48] Hong C, Corbett D, Venditti R, et al. Xylooligosaccharides as prebiotics from biomass autohydrolyzate [J]. LWT- Food Science and Technology, 2019, 111: 703-710.

[49] Patel S, Goyal A. Functional oligosaccharides: Production, properties and applications [J]. World Journal of Microbiology and Biotechnology, 2011, 27(5): 1119-1128.

[50] 黄红卫，刘艳丽，李春. 糖苷酶的研究及其改造策略 [J]. 生物技术通报，2010, (5): 55.

[51] Veitch N C, Grayer R J. Flavonoids and their glycosides, including anthocyanins [J]. Nat Prod Rep, 2008, 25(3): 555-611.

[52] 范冬冬，匡艳辉，向世勰，等. 绞股蓝化学成分及其药理活性研究进展 [J]. 中国药学杂志，2017, 5(52): 20-30.

[53] 王宇. 生物转化法制备人参皂苷 F1 及 Rh1 的研究 [D]. 大连：大连工业大学，2015.

[54] 刘欣，崔昱，杨凌. 糖苷酶与药物研发 [J]. 天然产物研究与开发，2005, 17(2): 223-228.

[55] Mochizuki M, Yoo Y C, Matsuzawa K, et al. Inhibitory effect of tumor metastasis in mice by saponins, ginsenoside-Rb2, 20(*R*)- and 20(*S*)-ginsenoside-Rg3, of red ginseng [J]. Biological Pharmaceutical Bulletin, 1995, 18(9): 1197-1202.

[56] 史清文，李力更，霍长虹，等. 天然药物化学研究与新药开发 [J]. 中草药，2010, 41(10): 1583-1589.

[57] Markham K R . Flavones, Flavonols and their Glycosides[J]. Methods in Plant Biochemistry, 1989, 1:197-235.

[58] Del Rio D, Rodriguez-Mateos A, Spencer J P, et al. Dietary (poly) phenolics in human health: Structures, bioavailability, and evidence of protective effects against chronic diseases [J]. Antioxidants & Redox Signaling, 2013, 18(14): 1818-1892.

[59] Afaq F, K Katiyar S. Polyphenols: Skin photoprotection and inhibition of photocarcinogenesis [J]. Mini-reviews in Medicinal Chemistry, 2011, 11(14): 1200-1215.

[60] Bhullar K S, Rupasinghe H. Polyphenols: Multipotent therapeutic agents in neurodegenerative diseases [J]. Oxidative Medicine and Cellular Longevity, 2013, 2013: 891748.

[61] Li A N, Li S, Zhang Y J, et al. Resources and biological activities of natural polyphenols [J]. Nutrients, 2014, 6(12): 6020-6047.

[62] Scalbert A, Johnson I T, Saltmarsh M. Polyphenols: Antioxidants and beyond [J]. American Journal of Clinical Nutrition, 2005, 81(1): 215S-217S.

[63] Liu X, Li X B, Jiang J, et al. Convergent engineering of syntrophic *Escherichia coli* coculture for efficient production of glycosides [J]. Metabolic Engineering, 2018, 47: 243-253.

[64] Ćujić N, Šavikin K, Janković T, et al. Optimization of polyphenols extraction from dried chokeberry using maceration as traditional technique [J]. Food Chemistry, 2016, 194: 135-142.

[65] 张慧，王伟，付志明，等. 渗漉法提取与回流法提取裙带菜中岩藻黄质的比较研究 [J]. 中国食品添加剂，2014, 25(9):91-95.

[66] Li S L, Lai S F, Song J Z, et al. Decocting-induced chemical transformations and global quality of Du-Shen-Tang, the decoction of ginseng evaluated by UPLC-Q-TOF-MS/MS based chemical profiling approach [J]. Journal of Pharmaceutical and Biomedical Analysis, 2010, 53(4): 946-957.

[67] Chemat F, Vian M A, Cravotto G. Green Extraction of Natural Products: Concept and Principles [J]. International Journal of Molecular Sciences, 2012, 13(7): 8615-8627.

[68] Shitan N. Secondary metabolites in plants: Transport and self-tolerance mechanisms [J]. Bioscience, Biotechnology, and Biochemistry, 2016, 80(7): 1283-1293.

[69] Broxterman S E, Schols H A. Interactions between pectin and cellulose in primary plant cell walls [J]. Carbohydrate Polymers, 2018, 192: 263-272.

[70] Cheng X, Bi L W, Zhao Z D, et al. Advances in Enzyme Assisted Extraction of Natural Products [C]// Proceedings of the 3rd International Conference on Material, Mechanical and Manufacturing Engineering. Amsterdam: Atlantis Press, 2015: 371-375.

[71] Puri M, Sharma D, Barrow C J. Enzyme-assisted extraction of bioactives from plants [J]. Trends in Biotechnology, 2012, 30(1): 37-44.

[72] Habeebullah S F K, Alagarsamy S, Sattari Z, et al. Enzyme-assisted extraction of bioactive compounds from brown seaweeds and characterization [J]. Journal of Applied Phycology, 2020, 32(1): 615-629.

[73] Kobe K A. Encyclopedia of Chemical Technology (Kirk, Raymond E.) [J]. Journal of Chemical Education, 1958, 35(6): A284.

[74] Swatloski R P, Spear S K, Holbrey J D, et al. Dissolution of cellose with ionic liquids [J]. Journal of the American Chemical Society, 2002, 124(18): 4974-4975.

[75] Stolarska O, Pawlowska-Zygarowicz A, Soto A, et al. Mixtures of ionic liquids as more efficient media for cellulose dissolution [J]. Carbohydrate Polymers, 2017, 178: 277-285.

[76] Xiao W, Chen Q, Wu Y, et al. Dissolution and blending of chitosan using 1,3-dimethylimidazolium chloride and 1H-3-methylimidazolium chloride binary ionic liquid solvent [J]. Carbohydrate Polymers, 2011, 83(1): 233-238.

[77] Kudłak B, Owczarek K, Namieśnik J. Selected issues related to the toxicity of ionic liquids and deep eutectic solvents—a review [J]. Environmental Science and Pollution Research, 2015, 22(16): 11975-11992.

[78] 孟雷，袁其朋. 利用大孔树脂从大豆糖蜜中回收大豆异黄酮 [J]. 大豆科学，2007, 26(3): 435-438.

[79] Liang H, Li C, Yuan Q, et al. Separation and Purification of Sulforaphane from Broccoli Seeds by Solid Phase Extraction and Preparative High-Performance Liquid Chromatography [J]. Journal of Agricultural and Food Chemistry, 2007, 55(20): 8047-8053.

[80] Liang H, Li C, Yuan Q, et al. Application of High-Speed Countercurrent Chromatography for the Isolation of Sulforaphane from Broccoli Seed Meal [J]. Journal of Agricultural and Food Chemistry, 2008, 56(17): 7746-7749.

[81] Li C, Zhou Y, Su W, et al. Research Progress of Hybrid Distillation/Crystallization Technology [J]. Chemical Engineering & Technology, 2018, 41(10): 1894-1904.

[82] Ulrich J, Jones M J. Industrial crystallization - Developments in research and technology [J]. Chemical Engineering Research & Design, 2004, 82(A12): 1567-1570.

[83] 张晶晶，袁其朋. 桑白皮提取液的纳滤浓缩工艺研究 [J]. 食品科技，2010, 35(12):180-185.

[84] Prasad S, Roy I. Converting enzymes into tools of industrial importance [J]. Recent Patents on Biotechnology, 2018, 12(1): 33-56.

[85] Sheldon R A, Woodley J M. Role of biocatalysis in sustainable chemistry [J]. Chemical Reviews, 2018, 118(2): 801-838.

[86] Wiltschi B, Cernava T, Dennig A, et al. Enzymes revolutionize the bioproduction of value-added compounds: From enzyme discovery to special applications [J]. Biotechnology Advances, 2020, 40: 107520.

[87] Medema M H. Computational genomics of specialized metabolism: From natural product discovery to microbiome ecology [J]. Msystems, 2018, 3(2).

[88] Jeffries J W, Dawson N, Orengo C, et al. Metagenome mining: A sequence directed strategy for the retrieval of enzymes for biocatalysis [J]. Chemistry Select, 2016, 1(10): 2217-2220.

[89] Rude M A, Baron T S, Brubaker S, et al. Terminal olefin (1-alkene) biosynthesis by a novel P450 fatty acid decarboxylase from Jeotgalicoccus species [J]. Applied Environmental Microbiology, 2011, 77(5): 1718-1727.

[90] 贺赐安，余旭亚，孟庆雄，等. 生物转化对天然药物进行结构修饰的研究进展 [J]. 天然产物研究与开发，2012, 24(5): 843-847.

[91] Schmid A, Dordick J S, Hauer B, et al. Industrial biocatalysis today and tomorrow [J]. Nature, 2001, 409(6817): 258-268.

[92] Fryszkowska A, Devine P N. Biocatalysis in drug discovery and development [J]. Current Opinion in Chemical Biology, 2020, 55: 151-160.

[93] Cravens A, Payne J, Smolke C D. Synthetic biology strategies for microbial biosynthesis of plant natural products [J]. Nature Communication, 2019, 10(1): 2142.

[94] Sun X, Shen X, Jain R, et al. Synthesis of chemicals by metabolic engineering of microbes [J]. Chemical Society Reviews, 2015, 44(11): 3760-3785.

[95] Nielsen J. Cell factory engineering for improved production of natural products [J]. Natural Product Reports, 2019, 36(9): 1233-1236.

[96] Kotopka B J, Li Y, Smolke C D. Synthetic biology strategies toward heterologous phytochemical production [J]. Natural Product Reports, 2018, 35(9): 902-920.

[97] Li S, Li Y, Smolke C D. Strategies for microbial synthesis of high-value phytochemicals [J]. Nature Chemistry, 2018, 10(4): 395-404.

[98] Jinek M, Chylinski K, Fonfara I, et al. A programmable dual-RNA-guided DNA endonuclease in adaptive bacterial immunity [J]. Science, 2012, 337(6096): 816-821.

[99] Deltcheva E, Chylinski K, Sharma C M, et al. CRISPR RNA maturation by trans-encoded small RNA and host factor RNase Ⅲ [J]. Nature, 2011, 471(7340): 602-607.

[100] Szczebara F M, Chandelier C, Villeret C, et al. Total biosynthesis of hydrocortisone from a simple carbon source in yeast [J]. Nature Biotechnology, 2003, 21(2): 143-149.

[101] Ro D K, Paradise E M, Ouellet M, et al. Production of the antimalarial drug precursor artemisinic acid in engineered yeast [J]. Nature, 2006, 440(7086): 940-943.

[102] Trantas E, Panopoulos N, Ververidis F. Metabolic engineering of the complete pathway leading to heterologous biosynthesis of various flavonoids and stilbenoids in Saccharomyces cerevisiae [J]. Metabolic Engineering, 2009, 11(6): 355-366.

[103] Farhi M, Marhevka E, ben-Ari J, et al. Generation of the potent anti-malarial drug artemisinin in tobacco [J]. Nature Biotechnology, 2011, 29(12): 1072-1074.

[104] Ajikumar P K, Xiao W H, Tyo K E, et al. Isoprenoid pathway optimization for taxol precursor overproduction in *Escherichia coli* [J]. Science, 2010, 330(6000): 70-74.

[105] Li X, Zhou Z, Li W, et al. Design of stable and self-regulated microbial consortia for chemical synthesis [J]. Nature Communication, 2022, 13(1): 1554.

[106] Huang J, Guo X, Xu T, et al. Ionic deep eutectic solvents for the extraction and separation of natural products [J]. Journal of Chromatography A, 2019, 1598: 1-19.

[107] Hulsbosch J, De Vos D E, Binnemans K, et al. Biobased Ionic Liquids: Solvents for a Green Processing Industry？ [J]. ACS Sustainable Chemistry & Engineering, 2016, 4(6): 2917-2931.

[108] Handelsman J. Metagenomics: Application of genomics to uncultured microorganisms [J]. Microbiology Molecular Biology Reviews, 2004, 68(4): 669-685.

[109] Verberkmoes N C, Russell A L, Shah M, et al. Shotgun metaproteomics of the human distal gut microbiota [J]. ISME Journal, 2009, 3(2): 179-189.

[110] Dunn W B, Erban A, Weber R J, et al. Mass appeal: Metabolite identification in mass spectrometry-focused untargeted metabolomics [J]. Metabolomics, 2013, 9(1): 44-66.

[111] Steinkellner G, Gruber C C, Pavkov-Keller T, et al. Identification of promiscuous ene-reductase activity by mining structural databases using active site constellations [J]. Nature Communications, 2014, 5(1): 1-9.

[112] Baker D. An exciting but challenging road ahead for computational enzyme design [J]. Protein Science: A Publication of the Protein Society, 2010, 19(10): 1817.

[113] 李向来，申晓林，王佳，等. 微生物共培养生产化学品的研究进展 [J]. 合成生物学，2021, 2(6):876-885.

[114] 于政，申晓林，孙新晓，等. 动态调控策略在代谢工程中的应用研究进展 [J]. 合成生物学，2020, 1(4):14.

第二章

石榴皮制备高纯度安石榴苷和鞣花酸

石榴又名安石榴、天浆等，原产伊朗和阿富汗等中亚地区。目前，石榴是我国重点发展的水果之一，种植面积正规模化发展，到 2020 年，全国石榴栽培总面积达 175 万亩，年产石榴约 100 万吨。而作为占石榴质量 20% ～ 30% 的石榴皮还没有充分利用起来，大部分都被废弃，造成严重的资源浪费。

本书著者团队从石榴皮原料出发，开发了制备高纯度安石榴苷和鞣花酸的工艺路线。一方面对从石榴皮中提取总单宁的工艺进行了研究，开发了用高速逆流色谱、制备色谱和柱色谱 - 结晶法从石榴皮提取液中分离纯化出高纯度安石榴苷 [1-5]。另一方面，开发了多种以石榴皮为原料制备鞣花酸的方法，并以石榴皮制备的粗品鞣花酸为原料通过酸沉碱溶法或甲醇重结晶法进一步纯化得到高纯鞣花酸。

在生理活性的研究方面，本书著者团队通过多种不同的化学方法对鞣花酸和安石榴苷的抗氧化性进行评价，并对两者的构效关系进行研究，以期为探讨多酚化合物抗氧化、防衰老的保健功能提供理论依据。另外，通过动物实验研究了安石榴苷的抗糖尿病活性，首次尝试采用口服灌胃方式对链脲佐菌素（STZ）诱导的糖尿病小鼠给药，对其空腹血糖及血液的其他理化指标进行测定，并对小鼠相关脏器进行病理学分析，证明了安石榴苷具有一定的降糖效果 [6-13]。

对石榴皮进行开发利用，使其变废为宝，不仅可以提高当地农民的收入，更可以带动我国石榴种植产业的发展，为社会增加更多的财富。对以石榴皮为原料制备鞣花酸和安石榴苷的生产工艺的开发，推动了我国单宁化学的研究进展以及在这一方面知识产权的自主创新。

第一节
安石榴苷和鞣花酸简介

一、安石榴苷

1. 安石榴苷概述

安石榴苷（punicalagin，PUN）是石榴皮内的主要活性成分，在干石榴皮中的含量一般在 10% 左右。安石榴苷分子式为 $C_{48}H_{27}O_{30}$，一般呈棕黄色粉末，易溶于水，可溶于甲醇、乙醇等多种有机溶剂，化学结构式如图 2-1。安石榴苷作为石榴皮多酚的主要活性成分，研究表明安石榴苷具有抗炎和免疫抑制活性、抗癌活性、抗氧化活性，并且能够在治疗和预防糖尿病、肥胖症和动脉粥样硬化中发挥作用[14]。

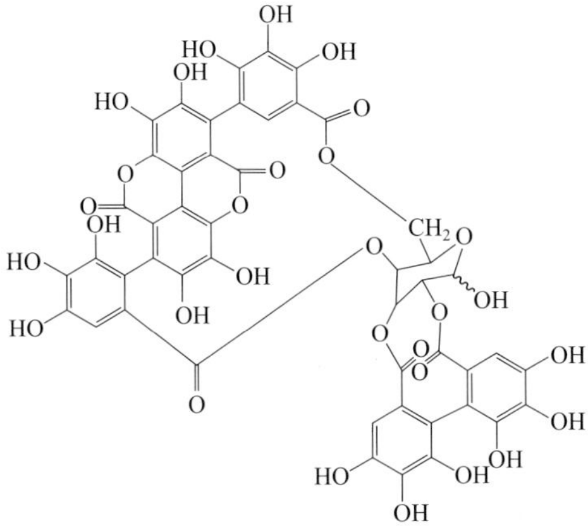

图2-1
安石榴苷化学结构式

2．安石榴苷的生理活性

（1）抗炎和免疫抑制活性　在自身免疫性疾病中，活化的 T 细胞会浸润炎症组织，并在病理的发生和发展中发挥直接作用，因此控制致病性 T 细胞的活化是开发自身免疫性疾病治疗方法的重要策略。有研究发现石榴果实中分离的安石榴苷（PUN）可以作为 T 细胞活性强效免疫抑制剂，PUN 下调了来自抗 CD3/ 抗 CD28 刺激的小鼠脾 $CD4^+$ T 细胞的白细胞介素 -2 mRNA 和可溶性蛋白表达，体内实验中也证明了 PUN 可以抑制 PMA 诱导的小鼠慢性耳水肿和减少了炎症组织的 $CD3^+$ T 细胞浸润[15]。

炎症是宿主防御的关键保护性机制，以去除有害的刺激并启动愈合过程，但急性炎症已被认为是导致组织损伤、脓毒症、癌症和休克的主要原因之一。多项研究结果表明，石榴皮中的 PUN 能够抑制细菌脂多糖（LPS）诱导的 RAW264.7 巨噬细胞的炎症反应[16-18]。研究发现 PUN 可以通过抑制 TLR4 介导的 MAPKs 和 NF-κB 信号通路的激活，抑制对细菌 LPS 诱导的 RAW264.7 巨噬细胞中 NO、PGE2、IL- 1β、IL-6、TNF-α 等促炎因子和细胞因子的释放。此外，PUN 还可能通过 FoxO3a/ 自噬信号通路抑制 LPS 诱导的巨噬细胞炎症反应[18]。

（2）抗癌活性　癌症是危害人类生命健康的主要杀手。有多项研究表明，石榴皮中的活性成分 PUN 可通过线粒体途径促进癌细胞凋亡[19-22]。具体来说，PUN 可以呈剂量 - 时间依赖性地下调细胞周期蛋白 A 和 B1、上调细胞周期蛋白 E 的表达，从而导致细胞周期停滞在 S 期，并通过下调抗凋亡蛋白 Bcl-xl，促使线粒体将细胞色素 c 释放到胞质，激活起始物 Caspase-9 和效应物 Caspase-3，经内在途径触发癌细胞的凋亡。

除了通过线粒体途径促进癌细胞凋亡外，PUN 还可以通过 LKB1-AMPK-p27 信号通路诱导人胶质瘤细胞的细胞自噬 [20]、通过抑制 β-catenin 信号通路和 NF-κB 信号通路对人宫颈癌起到化学预防和化疗作用 [21-23]。

（3）抗氧化活性　氧化应激是指自由基产生和清除之间的失衡，会导致潜在的氧化损伤，并与人类的多种疾病和综合征有关，包括慢性或急性炎性疾病、心血管疾病、中枢神经系统疾病和衰老。PUN 具有大量的酚羟基和内酯的结构，可以分别作为氢供体和受体来清除 O_2^-•、HO•、ONOO•、CCl_3OO•和 H_2O_2 等自由基和过氧化物。Sun 等 [24] 研究通过不同的抗氧化实验（铁还原抗氧化能力和脂质过氧化）或自由基清除实验（DPPH 和 O_2^-•）证实了石榴皮中存在的三种抗氧化活性成分 PUN、PL（安石榴林）和 EA（鞣花酸）都具有很强的抗氧化能力，差异可能与不同的聚合度和不饱和双键的数量有关。类似地，Wang 等 [25] 对从石榴皮中分离得到的高纯度 PUN 进行了体外抗氧化测试，发现 PUN 清除 DPPH 和 HO•的能力比维生素 C 强得多。在另一项研究中，Anand 等 [26] 更加深入地研究了 PUN 的抗氧化能力，他们发现 PUN 的抗氧化能力除了直接清除自由基外，还可以通过与 Fe^{2+} 和 Cu^{2+} 络合生成还原性的金属络合物，对超氧自由基进行清除。PUN 在通过肠道时，会被肠道细菌代谢为尿石素，而尿石素被证明是一种抗氧化活性显著的物质 [27]。此外，PUN 还能够与牛血清蛋白结合，说明 PUN 能够通过体液循环而增强机体总抗氧化能力。

（4）其他生理活性　环磷酰胺（CYP）是一种烷基化氮芥，常用作抗癌和免疫抑制剂，但由于 CYP 具有肝毒性而限制了其用途。有研究表明，PUN 可以作为 CYP 治疗时一种潜在保肝药 [28,29]。Fouad 等 [28] 研究发现，PUN 能够显著且剂量依赖性地降低血清丙氨酸转氨酶、肝核因子-κBp65、肿瘤坏死因子-α、白细胞介素-1β、丙二醛和一氧化氮的水平，并且使诱导型一氧化氮合酶、Caspases-3 和 Caspases-9 活性降低，PUN 通过这些方式防止了肝脏总抗氧化能力的降低。PUN 还能减轻组织病理学肝组织损伤，并且在接受环磷酰胺治疗的大鼠中环氧化酶-2 在肝中的表达下降。总的来说，PUN 可以通过抑制氧化/亚硝化应激、炎症和细胞凋亡，保护大鼠肝脏免受环磷酰胺毒性。

另外，PUN 对治疗糖尿病、肥胖症和动脉粥样硬化也同样具有活性。在抗糖尿病和肥胖症方面，PUN 及其代谢物尿石素对与碳水化合物和甘油三酯代谢相关的酶（如 α-GLU、DPP-4 和脂肪酶）具有抑制作用 [30]。PUN 还能通过使乙酰/丙二酰转移酶和 β-酮酰基合酶结构域失活，而对脂肪酸合酶 FAS 产生抑制作用 [31]。在抗动脉粥样硬化方面，PUN 的肠道代谢物尿石素能够减轻 THP-1 单核细胞对人脐静脉内皮细胞的黏附，减少细胞黏附分子（sVCAM-1）和促炎细胞因子（IL-6）的分泌，减少 THP-1 衍生巨噬细胞中胆固醇的蓄积 [32]。

二、鞣花酸

1．鞣花酸概述

鞣花酸（ellagic acid，EA）又称并没食子酸、胡颓子酸，分子式为 $C_{14}H_6O_8$，结构式如图 2-2 所示。EA 是广泛存在于各种软果、坚果等植物组织中的一种天然多酚组分，它是一种多酚二内酯，为没食子酸的二聚衍生物。EA 虽然在自然界中分布很广泛，但游离形态的 EA 却很少，大多数以单宁的形态存在。EA 结构中的两个内酯环和四个酚羟基有亲水性，四个环具有亲脂性，这独特的结构导致其亲水性和亲脂性均较差。EA 在与三氯化铁的显色反应中呈蓝色，遇硫酸呈黄色，Greiss-Meger 反应呈阳性，它还易与金属阳离子如 Ca^{2+}、Mg^{2+} 结合。EA 具有抗癌、抗氧化、抗炎、美白、促凝血、降压、治疗酒精肝和抗菌等活性，安全性高，在欧、美、日等发达国家和地区广泛应用于药品、保健品及化妆品行业。

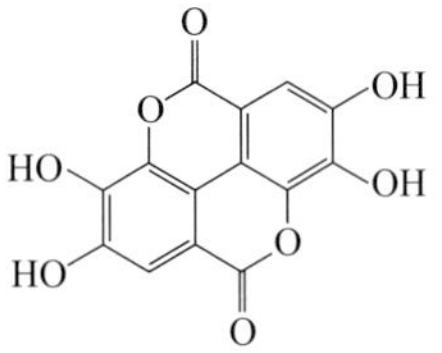

图2-2
鞣花酸的化学结构式

2．鞣花酸的生理活性

（1）抗氧化活性　自 20 世纪 50 年代以来，EA 在人体内和体外的抗氧化活性不断被探索研究，越来越多的研究结果表明鞣花酸有很强的抗氧化能力，能够清除自由基和抑制脂质过氧化。

在清除自由基方面，EA 同时含有酚羟基和内酯的结构，可以分别作为氢供体和受体来清除 O_2^-·、HO·、ONOO·、CCl_3OO·和 H_2O_2 等自由基和过氧化物。自由基和活性氧在生物体内积累过量时就会引起氧化应激反应，导致生物体组织中蛋白等过氧化，并进一步导致高胆固醇血症、动脉粥样硬化、糖尿病等疾病的发生[33]。Yu 等[34]在新西兰白兔的一次动物实验中，发现高胆固醇对照组兔子细胞的氧化应激比正常饲喂组高，而在补充 EA 后，对照组兔子细胞的氧化应激有明显下降。李小萍等[35]测试了红树莓来源 EA 的清除自由基能力，通过邻二氮菲 -Fe^{2+} 氧化还原指示剂检测发现 3mg/mL EA 提取物对 HO·的清除效率达 74.8%。赵鑫丹[36]通过乙酸乙酯在核桃种皮中萃取得到富含 EA 的抗氧化成分，发现 EA 对 DPPH 清除能力（半抑制浓度 IC_{50}=1.36μg/mL）是 Vc（IC_{50}=4.70μg/mL）的 3.46 倍。

在抑制脂质过氧化方面，EA被认为是微粒体NADPH依赖的脂质过氧化起始阶段的最有效的抑制剂。Sabhiya等[37]研究发现，在小鼠肝微粒体中加入EA可以对NADPH依赖的脂质过氧化起到稳定增长的抑制作用。在Priyadarsini等[38]的研究中，发现EA即使在微摩尔浓度的条件下也可以有效地抑制大鼠肝微粒体内由伽马辐射诱导的脂质过氧化。此外EA还能够促进肝脏脂质代谢，Xu等[39]在饲粮中加入3%的EA喂养小鼠14天后，明显提高了其肝脏中高密度脂蛋白的活性，说明EA很好地促进了小鼠肝脏脂质的代谢，维持肝脏健康。

（2）抗炎和抑菌活性　自身免疫性肝炎是自身免疫反应介导的慢性肝脏炎症，有研究表明肝巨噬细胞中的TLRs-MyD88信号通路在Con A诱导的肝损害中起关键作用[40]。研究表明，经EA预处理可显著降低肝组织中TLR2、TLR4 mRNA和蛋白的表达水平，阻碍蛋白激酶JNK、ERK1/2、p38的磷酸化，通过阻断TLR和丝裂原活化蛋白激酶（MAPK）信号通路可使细胞免受Con A介导的肝炎损伤[41]。对于细菌脂多糖诱导的炎症，EA同样有效，经EA处理后，RAW264.7细胞中NO、PGE-2、IL-6的产量明显降低，说明EA可预防很多急性和慢性的炎症的发生[42]。

EA还对多种细菌有明显的抑制作用，杨光等[43]发现随着EA浓度增大，对枯草芽孢杆菌和大肠埃希菌的抑制作用增强，当EA浓度达0.25mg/mL时，对两种细菌的抑菌圈直径达12.33mm、12.17mm，比氨苄青霉素钠抑菌效果更好。EA还可以剂量依赖性地抑制幽门螺杆菌和金黄色葡萄球菌中芳胺*N*-乙酰转移酶（NAT）的活性和基因的表达，从而抑制NAT对外源性药物的降解和清除，对于细菌感染引起的消化性溃疡有很好的防治效果[44,45]。变异链球菌是引起龋齿等口腔疾病的主要病原菌，闫莉等[46]发现50mg/mL的EA对变异链球菌的抑菌圈直径可达22.33mm，与阳性对照复方氯已定含漱液的抑菌效果相当。

（3）抗癌活性　鞣花酸对不同癌细胞的抗癌作用及其机制不断被研究，表2-1列出了近20余年来鞣花酸在抗癌方面的研究进展。

表2-1　鞣花酸的抗癌作用

实验对象	作用机理	文献
Caco-2、MCF-7、Hs 578T和DU 145	降低癌细胞内ATP水平，降低癌细胞的生存能力，对癌细胞有选择性细胞毒性和抗增殖作用	[47]
肺肿瘤细胞	增加还原型谷胱甘肽的含量，同时降低NADPH和Vc依赖的脂质过氧化	[48]
人宫颈癌细胞	激活CDK抑制蛋白p21，诱导人宫颈癌细胞在48h内发生G1期阻滞，72h内凋亡	[49]
人成神经瘤细胞	诱导细胞分离，DNA链断裂，降低瘤细胞生存能力	[50]
乳腺癌细胞	下调乳腺癌细胞内人雌性激素受体端粒酶逆转录酶（hTERT）α+β+ mRNA表达	[51]

续表

实验对象	作用机理	文献
恶性肿瘤细胞	抑制人重组GSTs A1-1、A2-2、M1-1、M2-2和P1-1过度表达，从而消除癌细胞的抗药性	[52]
人结肠Caco-2癌细胞	诱导半胱天冬酶-3的产生，诱导细胞周期停滞，降低细胞数量，从而诱导结肠癌细胞凋亡	[53,54]
癌细胞	直接清除终致癌物（BPDE）来阻止DNA加合物形成	[55]
结肠癌细胞	下调抗凋亡蛋白Bcl-xl，激活起始物Caspase-9和效应物Caspase-3，触发癌细胞凋亡	[19]

（4）其他生理活性　酪氨酸酶是一种含铜蛋白，参与生物体内黑色素的合成，抑制其活性可有效降低黑色素积累，以达到皮肤美白的效果。研究表明，EA 可以与酪氨酸酶活性部位的铜发生特异性反应，从而抑制其活性，当局部使用 EA 时，可以显著抑制紫外线诱导的棕色豚鼠皮肤的色素沉着[56]，口服含 90% EA 的石榴提取物时，可以达到和口服 L- 抗坏血酸相当的美白效果[57]。

阿尔茨海默病（AD）为患者家庭及社会造成很大的困扰，通常认为其发病机制与氧化应激、Aβ 沉积等有关。仲丽丽等[58]对阿尔茨海默病小鼠给予 EA 灌胃，发现在 EA 的作用下，小鼠脑组织中抗氧化酶 SOD 和 GSH-PX 表达量提高，MDA、Aβ1-40、Aβ1-42、Caspase-3 表达量降低，显著减少了其脑组织中氧化应激反应和 Aβ 沉积，改善了小鼠的学习和记忆能力。除此之外，EA 还具有诸多生物活性，例如促凝血、镇静、通过抗氧化和再生干细胞来缓解四氯化碳引起的中毒性肝损伤等，还可以有效抑制人脂肪干细胞的增殖分化，在预防肥胖方面具有潜在的应用价值。

第二节
高纯度安石榴苷制备关键技术

安石榴苷在石榴皮中含量在 10% 左右。根据文献所示，安石榴苷仅从石榴皮、使君子科榄仁树的叶（0.48%）、诃子等少数植物中分离得到，为石榴皮中较为特异性的成分。自 1985 年，安石榴苷和安石榴林的分子结构被确定后，安石榴苷在石榴皮中的高含量以及其高抗氧化活性让研究者更加关注如何制备高纯度的安石榴苷。前人文献报道的从石榴皮中分离安石榴苷大多采用多步柱色谱分离，分离纯化步骤繁琐，收率低。本书著者团队以石榴皮为原料，研究了多种石榴皮单宁提取方式，通过对工艺参数的优化，给出了石榴皮单宁提取的工艺方法。另一方面，本书著者团队研究了多种制备高纯度安石榴苷的工艺方法，成功从石榴皮单宁提取物中分离出高纯度安石榴苷，为其后续生理活性研究和产品开发奠定了基础。

一、石榴皮总单宁提取

单宁又称鞣质（Tannins），属于多元苯酚类的复杂化合物，是植物的次生代谢物。单宁类化合物呈黄、红、棕色的颗粒小体，常分布于叶、周皮、维管组织的细胞以及未成熟果实的果肉等细胞的细胞质、液泡或细胞壁中。石榴富含可水解单宁类成分，结构形式较多，没食子酸单宁和鞣花单宁都有，但在不同部位单宁化合物分布明显不同。

本书著者团队研究了从石榴皮中提取总单宁的工艺条件，主要对提取方式、石榴皮粒径、溶剂的选择等参数进行了研究。通过对提取出的产品质量、得率和生产成本等方面进行比较，最终确定了一条比较理想的工艺路线。另外研究了国内不同产地十六个品种的石榴皮，通过对提取出的粗单宁产品进行研究分析，初步探索了我国主要石榴产地所产石榴皮中单宁的含量特征[1,2]。

1．不同提取方式的选择

目前文献报道对石榴皮单宁提取的研究主要集中在提取条件的优化上。随着现代科技的发展，提取设备也在不断更新，根据作用场力的不同，除了用传统的索氏提取器提取外，现在又开发出了超声波辅助提取、微波辅助提取等设备。本书著者团队选取了 6 种不同的提取方式提取石榴皮总单宁，分别为回流法、超声提取法、微波提取法、酶法、半仿生提取法和双螺杆挤压法。通过考察石榴皮单宁的得率，并通过扫描电子显微镜观察提取前后石榴皮细胞的变化，确定最佳的提取方式。从表 2-2 中可以看出，以半仿生方式提取，提取物中单宁含量以及总单宁的得率最高，微波提取法次之。酶法提取得率最低，不同于文献报道中天然产物用酶法提取得率较高的结论。

表2-2　不同提取方式单宁含量及得率

提取方式	回流	超声	微波	酶法	半仿生	双螺杆挤压
粗提物单宁含量/%	52.9	57.2	56.8	36.5	59.4	53.7
单宁得率/（g/100g石榴皮）	25.0	27.9	37.4	13.1	43.2	30.3

图 2-3 是未经过任何处理的石榴皮细胞扫描电镜图片。从图中可以看出，石榴皮细胞之间有大量的纤维、果胶等物质，因此不利于提取溶剂向细胞内渗透扩散，也不利于单宁随提取溶剂向细胞外扩散。

酶法提取的原理是利用酶反应的高度专一性，将细胞壁的组成成分水解或降解，破坏细胞壁，从而提高有效成分的提取率。但是从图2-4中所示的结果来看，石榴皮细胞周围仍有很厚的果胶层，说明果胶酶和纤维素酶对石榴皮细胞的破坏作用不是很大。主要是因为单宁酸可以与蛋白质相结合，是酶的抑制剂。石榴皮单宁酸与溶液中的果胶酶和纤维素酶结合后，酶的活性丧失。同时，单宁酸与酶结合成为沉淀物不溶于液体中，导致测定得到的单宁酸得率很低。因此，酶法提取石榴皮中单宁类物质是不适合的。

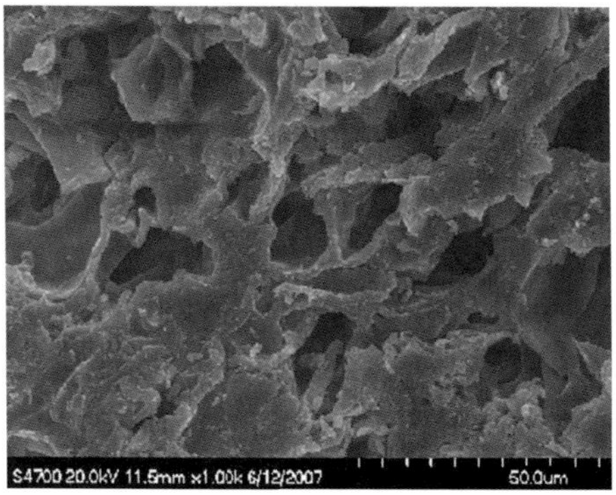

图2-3　未经处理石榴皮扫描电镜图

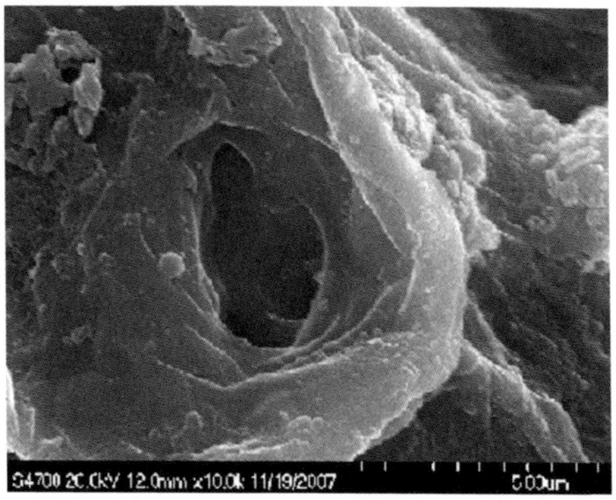

图2-4　酶法提取后石榴皮扫描电镜图

螺杆挤压技术是借助于螺杆和机筒对物料的摩擦、挤压和熔融作用来达到输送、压缩、破碎、混合、膨化和聚化物料的目的，广泛用于食品原料的膨化等方面。石榴皮粉末在螺杆的驱动输送和流动时受到高强度的剪切作用，石榴皮细胞壁纤维经膨化得到疏松。但是这一过程温度高达100～200℃，而高温对于石榴皮中单宁类物质有一定的降解破坏作用。因此经过螺杆挤压的石榴皮粉末提取得到的粗提物中单宁含量比半仿生法、超声法、微波法得到的产品单宁含量都要低。

超声萃取就是利用超声波辅助或强化萃取的技术。在提取的固-液萃取过程中，超声空化产生的强大剪切力能使植物细胞壁破裂，使细胞更容易释放内容物；而微扰效应促进溶剂进入提取物细胞，加速成分进入溶剂，从而使天然产物有效成分提取更充分。从表2-2中可以看出，超声萃取获得的粗提物中单宁含量比传统回流提取工艺提高近10%，提取时间缩短近2/3。从图2-5中可以清楚看到经过超声提取后的石榴皮细胞骨架，其周围的果胶等组织已经被破坏。

天然植物中的有效成分往往包埋在有表皮保护的内部薄壁细胞或液泡内，破壁非常困难。微波加热导致细胞内的极性物质尤其是水分子吸收微波能，产生大量的热量，使胞内温度迅速升高，液态水汽化产生的压力将细胞膜和细胞壁冲破，形成微小的孔洞，进一步加热，导致细胞内部和细胞壁水分减少，细胞收缩，表面出现裂纹。孔洞或裂纹的存在使胞外液容易进入细胞内，溶解并释放胞内产物。因此微波加热特别适于植物细胞胞内物质的提取。从图 2-6 中可以清楚看到，石榴皮细胞壁间明显变薄，并在多处出现孔洞，这些改变显著提升了粗提物的单宁得率。

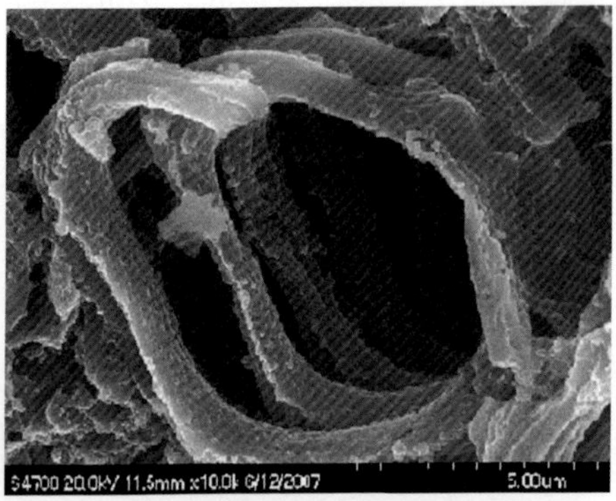

图2-5　超声提取后石榴皮扫描电镜图

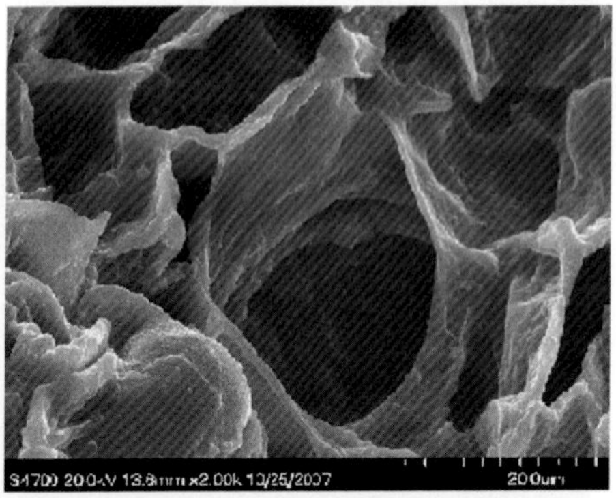

图2-6　微波提取后石榴皮扫描电镜图

半仿生提取法（简称 SBE）是近几年提出的新方法。它是从生物药剂学的角度，将整体药物研究法与分子药物研究法相结合，模拟口服药物经胃肠道转运吸收的环境，采用活性指导下的导向分离方法，是经消化道口服给药的制剂设计的一种新的提取工艺。将植物原料先用一定 pH 的酸水提取，继以一定 pH 的碱水提取，提取液分别滤过、浓缩，制成制剂。从实验结果看，半仿生提取是一种很好的天然产物活性成分提取方式。从图 2-7 中可以看出明显的孔在细胞壁上，说明半仿生提取对石榴皮细胞的破坏程度最深。单宁酸的提取率同石榴皮细胞的破坏程度是成正相关的。

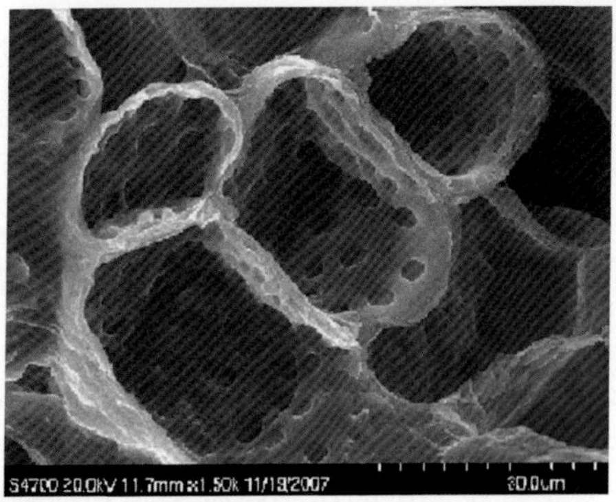

图2-7　半仿生提取后石榴皮扫描电镜图

超声波和微波装置现在尚未能实现大规模的工业化应用；在实验室小试时，液固比选择在 20∶1，而工业化过程中由于提取罐容积的限制，液固比只能达到 5∶1 ～ 6∶1，液固比降低。在半仿生提取过程中，提取液黏度很大，因此也不利于放大应用。考虑到工厂实际生产情况，因此，选择传统的有机溶剂回流提取方法最佳。

2．溶剂的选择

对于单宁提取溶剂的选择文献报道已经很多了，但是考虑到单宁来源不同，因此选择一些常用的低毒性溶剂对石榴皮进行提取。称取 5.0g 石榴皮粉末，分别用水及不同浓度的乙醇、丙酮、甲醇溶液等溶剂，以料液比 1∶20 的比例，用回流法提取。用络合滴定法测定所得产品中单宁含量及得率，结果如表 2-3 所示。

表2-3　回流法提取所得粗提物中单宁含量和得率

序号	溶剂	粗品单宁含量/%	得率/（g/100g石榴皮）	色泽和状态
1	水	55.2	22.5	棕黄粉末
2	20%乙醇	55.6	22.9	棕色粉末
3	40%乙醇	53.7	26.2	棕色粉末
4	60%乙醇	59.9	18.0	棕色粉末
5	80%乙醇	56.8	26.2	深棕颗粒
6	50%丙酮	61.1	19.6	棕色粉末
7	乙醇-丙酮（3∶1）	56.0	22.5	棕色颗粒
8	水-甲醇-乙酸（5∶14∶1）	56.8	29.0	深棕颗粒
9	水-乙醇-乙酸（1∶10∶1）	52.9	26.1	深棕颗粒

水虽然是植物单宁的良溶剂，但并非最适合单宁的提取。因为单宁在植物体内通常与蛋白质、多糖以氢键和疏水键形成稳定的分子复合物，单宁分子之间也是如此。这种现象对于分子量大、羟基数量多的植物单宁尤为突出，所以在单宁提取时溶剂不仅要求对单宁具有很好的溶解性，而且须具有氢键断裂作用。根据表 2-3 中数据，有机溶剂和水复合体系与水相比更适合单宁的提取，有机溶剂的提取能力顺序为：丙醇＜乙醇＜甲醇＜丙酮。

上述结果表明 60% 乙醇和 50% 丙酮提取出的产品中单宁的含量较高，分别为 59.9% 和 61.1%。就单宁得率而言，用水 - 甲醇 - 乙酸（5∶14∶1）和 40% 或 80% 乙醇作溶剂时，单宁得率较高，分别为 29.0g/100g 石榴皮、26.2g/100g 石榴皮。综合考虑单宁的纯度和收率以及工业操作的成本、溶剂的回收和丙酮的毒性高于乙醇，因此确定 40% 乙醇为最佳的提取溶剂。

3. 石榴皮粒度的选择

无论是从药店购买、果汁厂收购还是食用后晾干得到的石榴皮都是块状的，大小不等。在提取过程中，由于溶剂的浸泡，体积会变大，给后续的分离等过程都带来一定的难度，因此用粉碎机将石榴皮磨成较小的颗粒或粉状，再用不同目数的筛网筛选出粒径相对一致的石榴皮粉末进行实验，不同粒度石榴皮粉末提取比较如表2-4。

表2-4 不同粒度石榴皮粉末提取后单宁得率

石榴皮粒度	40目	80目
单宁得率/（g/100g石榴皮）	20.0	27.4

从表2-4可以看出，粉碎后石榴皮粒度小，单宁酸提取率高。植物药材的粒度越小，则单位质量药材的比表面积越大，有利于溶剂的渗透及溶质向主体传递，粒度小还会缩短药材浸润时间，加大对流传质在颗粒内传质中所占的比重，这些都有利于提高提取效率。从图2-8中大小粒度石榴皮提取后的扫描电镜图比较来看，石榴皮细胞外部有很厚的细胞壁和果胶，粒度减小有利于溶剂的渗透和溶质的传递。因此，适当减小石榴皮的粒度对提高单宁的提取率也有很大的促进作用。

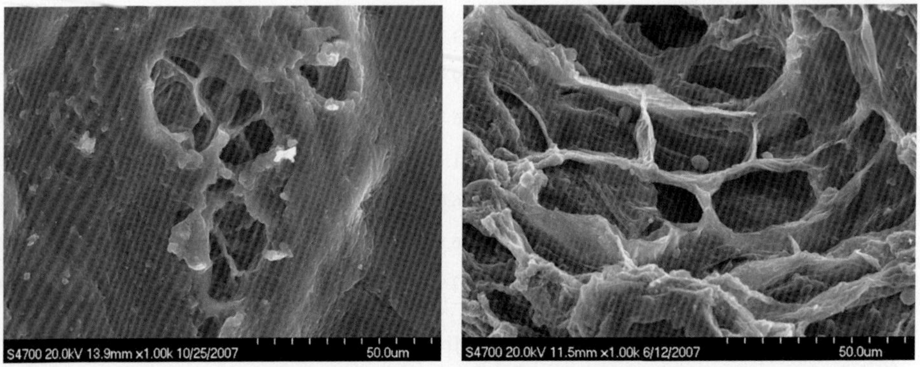

图2-8 大粒度（左）和小粒度（右）石榴皮提取后扫描电镜图

4. 不同产地石榴皮总单宁含量的测定

我国石榴的主要分布区划分为8个栽培区。分别是：豫鲁皖苏栽培区，陕晋栽培区，金沙江中游栽培区，滇南栽培区，三江栽培区，三峡栽培区，太湖栽培区，新疆叶城、喀什栽培区。每个地区所产石榴由于土壤、气候、品种等原因从产量到果实大小、从外观颜色到口味都不一样。同样，不同产地、不同品种的石榴皮中单宁的含量也是有差异的。

本书著者团队对我国石榴主要产区的石榴皮总单宁含量进行测定分析。从表2-5中数据可以看出，不同产地、品种的石榴皮中总单宁含量差别比较大，最低仅为最高的 47.5%。其中安徽石榴皮中单宁含量平均都是最高的，可以作为我国南方石榴产区的代表；新疆两种石榴皮单宁含量平均在 23% 以上，属于第二梯队，可以作为我国西北石榴产区的代表；而四川、湖南和广东的石榴皮中单宁含量较低，这些地区的石榴皮相对来说不适合单宁的提取。不同产地的石榴皮中单宁含量存在的这种差异与其生长的环境气候是密切联系的。

表2-5 各产地石榴皮中单宁含量测定结果

产地/品种	石榴皮总单宁含量/%	产地/品种	石榴皮总单宁含量/%
云南蒙自	13.91	四川会理	14.74
云南大理	23.76	四川攀枝花	14.63
安徽亳州	26.75	山东滨州	17.41
陕西红宝石	18.39	山东泰山	21.66
陕西凤翔	22.20	湖南长沙	14.72
陕西临潼	17.50	西部软籽	19.83
新疆黑石榴	23.13	广东	12.69
新疆白皮	23.63	安徽怀远	26.54

二、高纯度安石榴苷的制备

安石榴苷作为一种天然活性成分，具有低毒性、抗氧化活性和免疫学功能，如何高效、大量地获得高纯度的安石榴苷对其后续生理活性研究和产品开发非常重要。在前面的研究中，我们探索了不同的石榴皮单宁的提取方法，确定了以 40% 乙醇为提取剂的回流提取法作为后续工业化的提取方法，得到了石榴皮单宁的粗提物。石榴皮中单宁以安石榴苷最为丰富，约占石榴皮总单宁的 40%，但如何高效地从石榴皮粗提物中分离得到高纯度安石榴苷仍是我们需要研究解决的问题。本书著者团队开发了以下三种制备高纯度安石榴苷的方法[3-6]。

1．高速逆流色谱纯化安石榴苷

逆流色谱结合了液液萃取和分配色谱的优点，是一种不用任何固态载体或支撑的液液分配色谱技术。二十世纪七八十年代出现的高速逆流色谱（HSCCC）可以在短时间内实现高效分离。分离效率可以与 HPLC 相媲美，且制备量大，是一种理想的制备分离技术。

选择合适的溶剂分配体系是高速逆流色谱技术分离的关键。安石榴苷极性较大，易溶于水、甲醇等溶剂，因此本书著者团队选择以正丁醇 - 水、乙酸乙酯 - 水为基础体系，加入甲醇、丙酮、三氟乙酸等溶剂并调节各溶剂之间比例，得到以下 6 个备选体系，并通过实验计算得出安石榴苷在不同溶剂体系中的分配系数，结果如表 2-6 所示，其中 K_1 和 K_2 分别代表安石榴苷两种天然异构体（α- 安石榴苷和 β- 安石榴苷）的分配系数。

表2-6 不同溶剂体系安石榴苷分配系数

溶剂体系（体积比）	K_1	K_2
正丁醇-三氟乙酸-水（100∶1∶100）	0.29	0.32
正丁醇-三氟乙酸-水（50∶1∶50）	0.18	0.2
正丁醇-异丙醇-水（2∶1∶3）	0.32	0.36
正丁醇-丙酮-水（7∶2∶11）	0.6	0.5
乙酸乙酯-甲醇-水（10∶1∶10）	0.15	0.04
正丁醇-乙酸乙酯-水（4∶1∶5）	0.23	0.28

从表 2-6 可以看出，正丁醇 - 丙酮 - 水（7∶2∶11）体系最符合逆流色谱体系选择的标准（$0.5<K<2$），但是因为正丁醇 - 水体系为极性体系，这类体系固定相保留值较低。实际操作过程中，当流动相与固定相达到平衡后，计算正丁醇 - 丙酮 - 水体系（7∶2∶11）固定相保留值不到 5%，分离效果很差。最终确定用正丁醇 - 三氟乙酸 - 水（100∶1∶100）这一体系，体系固定相保留率为 20.8%。

根据上述中选择的溶剂体系进行安石榴苷的分离，图 2-9 给出了逆流色谱分离前样品 HPLC 色谱图，图 2-10 给出了逆流色谱图及阴影区 HPLC 色谱图。根据图 2-9，分离前样品中主要有没食子酸和安石榴苷两种物质，其中没食子酸含量为 32%，安石榴苷含量为 41%。如图 2-10 所示，样品经过逆流色谱分离，过程中出现 2 个明显的大峰，接收后用 HPLC 测定，分别为安石榴苷和没食子酸。二者在逆流色谱与 HPLC 中出峰顺序相反，是因为正丁醇 - 三氟乙酸 - 水 100∶1∶100（体积比）这一体系平衡后上相体积大于下相体积，为了节省溶剂，选择下相作为固定相，上相作为流动相。因此，极性较大的没食子酸在逆流分离

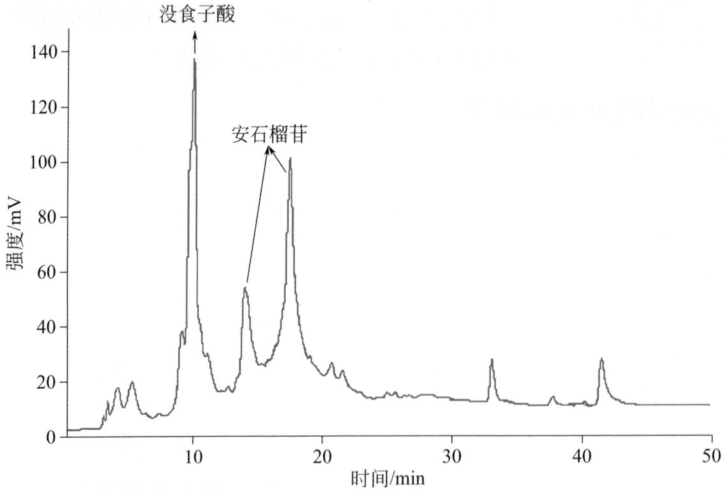

图2-9 逆流色谱分离前样品HPLC色谱图（254nm）

过程中在安石榴苷后面分离出来。经过 HPLC 测定，没食子酸纯度为 75%，质量为 80mg；安石榴苷纯度为 92%，质量为 105mg。

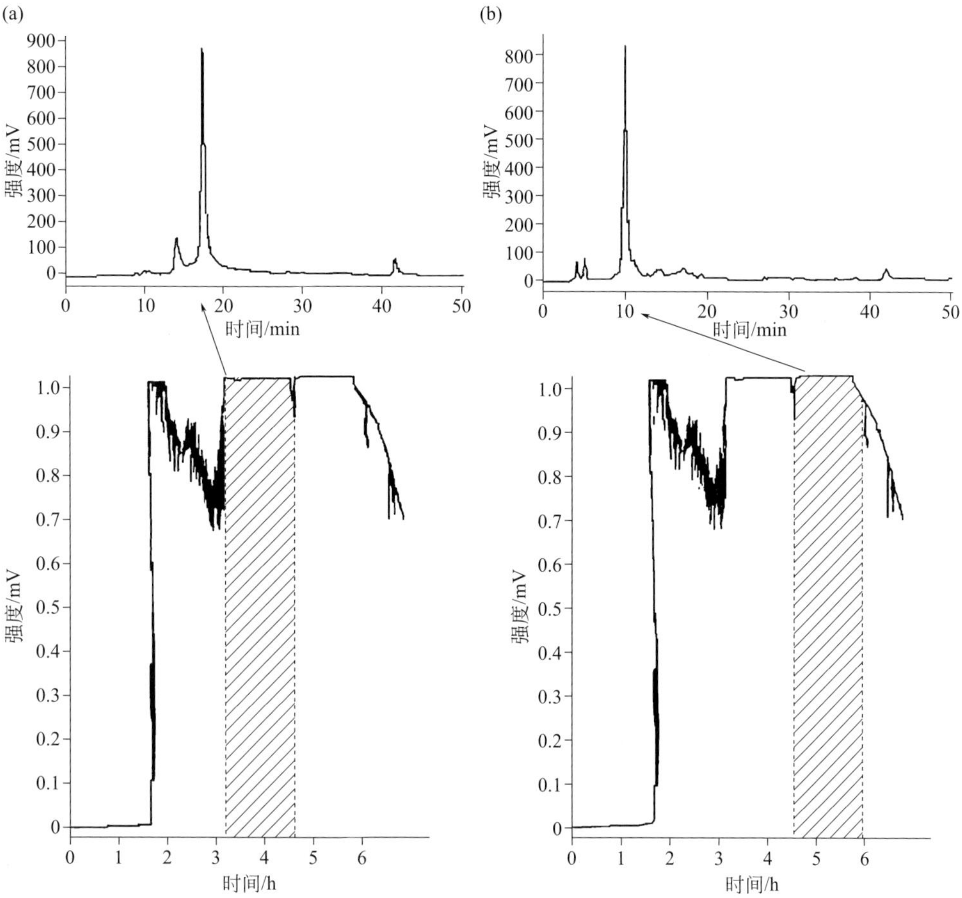

图2-10 逆流色谱及HPLC图（254nm）：（a）安石榴苷；（b）没食子酸

2. 高压制备色谱纯化安石榴苷

制备型高效液相色谱通过使用高压、大流量液体输送系统在高分辨率、大内径、高载量分离柱上进行样品高纯度分离。应用该方法分离的产品在纯度、回收率、分离效率等方面远远优于传统的制备方法，因此在生物制品和药物研究、生产领域得到广泛应用。

在制备分离中，人们总是希望在尽可能短的时间里得到尽可能多的纯组分。欲达到上述结果则必须以分离效果为代价，即在保持最低分辨率的前提下，使柱子超载以得到最大的物料通过量。制备型高效液相色谱的分离取决于分离速度和分离度，对某一个分离参数进行优化往往会影响到其他分离参数，例如增加洗脱液流速会降低分离度，分离度也会因为进样量的增加而下降。本书著者团队设计一个3因素4水平的正交实验，确定了高压制备色谱在制备过程中影响产品纯度和收率的参数的最优条件，正交实验结果见表2-7，其中流动相A为纯甲醇，流动相B为0.1%（*v/v*）的三氟乙酸。

表2-7　正交实验结果

流动相A∶B（体积比）	流速/（mL/min）	上样量/mg	产品质量/mg	纯度/%	收率/%
10∶90	8	300	52.12	97.81	66.71
	6	500	93.07	96.31	71.21
	12	200	43.17	97.58	82.47
	10	400	70.20	95.49	70.77
12∶88	8	500	114.52	96.62	88.05
	6	300	66.08	94.36	84.17
	12	400	88.18	95.14	83.45
	10	200	36.78	96.11	69.67
14∶86	8	200	43.23	97.44	81.17
	6	400	98.45	97.87	94.69
	12	300	81.70	98.05	98.80
	10	500	122.65	96.12	94.48
16∶84	8	400	105.61	94.87	101.20
	6	200	58.44	93.92	105.49
	12	500	128.70	95.12	99.30
	10	300	73.82	95.08	94.84

根据表2-7中所示结果，确定最优分离条件为：流动相配比甲醇0.1%（*v/v*）三氟乙酸=14∶86，上样量300mg，流速12mL/min。按照最优分离条件的制备色谱图如图2-11所示，制备色谱依次在15min、25min和50min左右出峰，对应物质分别为安石榴林和安石榴苷的两种异构体（α-安石榴苷和β-安石榴苷），该条件下重复进样5次，得到安石榴苷产品纯度均为98.05%，收率为98.80%，分离过程耗时60min。本书著者团队通过正交实验优化制备色谱参数，重点在于确定制备色谱中影响产品纯度和收率的显著性因素，进而确定流动相的最优配比、流速和进样量的选择，从而获得较高的回收率和高纯度的产品。

3．柱色谱分离－结晶法

高速逆流色谱和制备型HPLC虽然分离和纯化效率高，但设备贵、溶剂消耗大，不利于大规模工业生产。因而，开发更高效、简便的大规模制备高纯度安石榴苷技术非常关键。本书著者团队建立了低压柱色谱分离结合重结晶制备高纯度安石榴苷的方法。

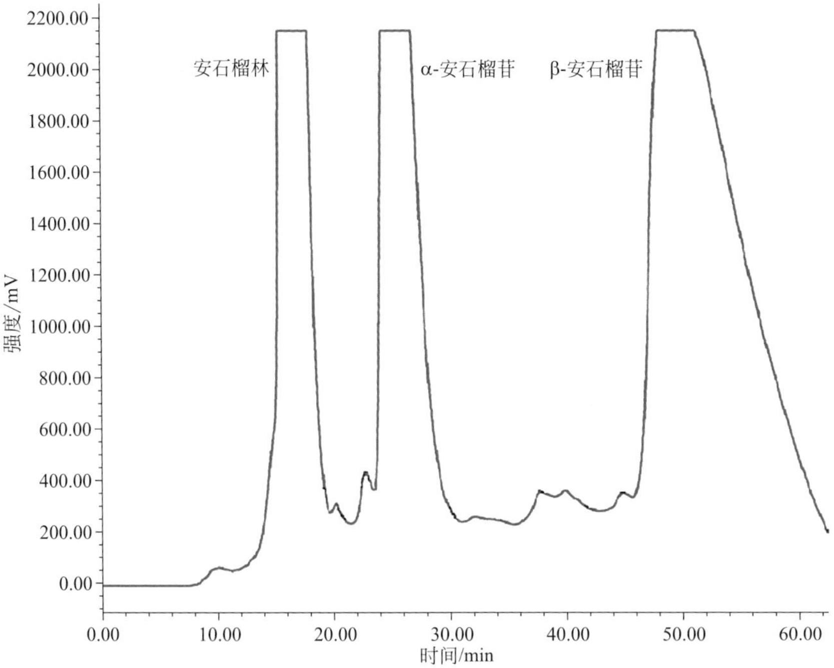

图2-11 安石榴苷制备色谱图（378nm）

柱色谱分离 - 结晶法首先是利用柱色谱法对粗品安石榴苷进行初步分离纯化，其关键是在于选择合适的填料。传统的 ODS 填料在高水性流动相中，C_{18} 链密集折叠，显示很弱的亲酯性，对安石榴苷等极性化合物无法保留。本书著者团队通过实验在多种填料中筛选出适合安石榴苷柱色谱分离的 AQ 填料。研究发现 AQ 填料为刷型 C_{18} 链，具有很好的亲酯性，对极性化合物有很强的保留性。除了良好的分离极性化合物的性能外，AQ 填料重复使用性能较好，可以显著降低生产成本。

表 2-8 为 AQ 填料对安石榴苷柱色谱分离的中试放大实验结果，最终可以得到纯度为 70% ～ 80% 的安石榴苷，是初始纯度的 1.72 倍，纯度提高了约 72.1%，回收率为 80% 左右。通过中试放大不仅验证和完善了放大生产后工艺可行性，同时也证明了 AQ 填料具有良好的分离安石榴苷的性能和反复利用性，容易实现大规模分离的线性放大。

表2-8 安石榴苷柱色谱纯化中试放大

填料	上样液纯度/%	上样量/g	洗脱剂	产品质量/g	产品纯度/%	纯化收率/%
AQ	43	30	5%乙醇	14±3	74±5	80±6

经过柱色谱分离，安石榴苷的纯度从 43% 提高至 70% ～ 80%，如果继续通过柱色谱分离的方法再次提高安石榴苷的纯度到 90% 以上，则会大大降低

收率，而且费时费力。所以本书著者团队采用结晶法进一步提高安石榴苷的纯度，主要过程为将经过 AQ 填料纯化得到的安石榴苷溶于一定量的丙酮中，离心得到的上清液再加入一定体积的三氯甲烷进行除杂，离心分离得到的上清液在低温环境中静置析出晶体，最后将上清液中析出的安石榴苷结晶粉末离心烘干（图 2-12）。

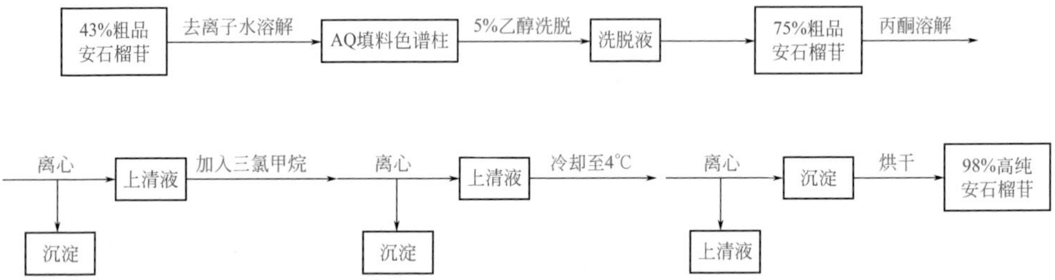

图2-12　安石榴苷柱色谱分离-结晶法纯化工艺

通过图 2-12 所示的结晶法对柱色谱纯化得到的 43% 纯度安石榴苷进行进一步纯化，结晶烘干后能够得到纯度 98% 左右的高纯度安石榴苷。图 2-13 为制备的高纯度安石榴苷液质联用图，液相和质谱结果与安石榴苷标准品一致。

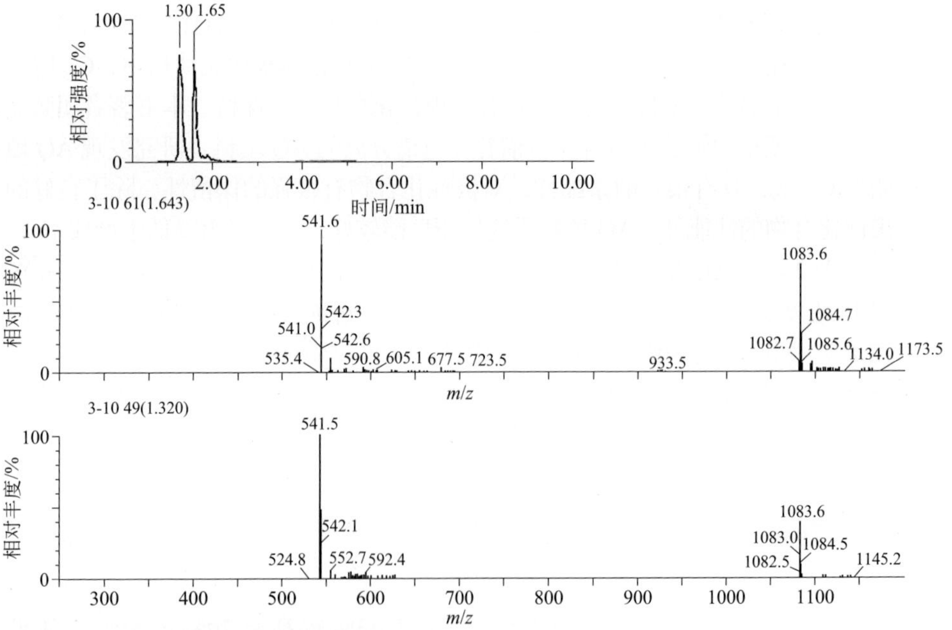

图2-13　制备的安石榴苷液质联用图

第三节
高纯度鞣花酸制备关键技术

鞣花酸具有抗氧化、抗癌、美白等生理活性，应用领域广阔。然而，直接从植物中提取的鞣花酸价格过高，五倍子虫瘿来源的鞣花酸难以为国际市场所接受。本书著者团队以石榴皮为原料作为出发点，选择适合的鞣花酸生产工艺并对其参数进行优化，开发了生产鞣花酸的新工艺。

一、以石榴皮为原料制备鞣花酸

石榴皮中富含大量鞣花单宁，其中以安石榴苷最为丰富，其结构是酚酸和多元醇通过苷键或酯键形成的，这些苷键和酯键可以被酸催化水解，使鞣花单宁转化为鞣花酸。安石榴苷水解生成鞣花酸如图 2-14 所示。本书著者团队目前开发了 2 种以石榴皮为原料制备鞣花酸的工艺方法，即溶剂提取水解法和直接水解法[7-11]。

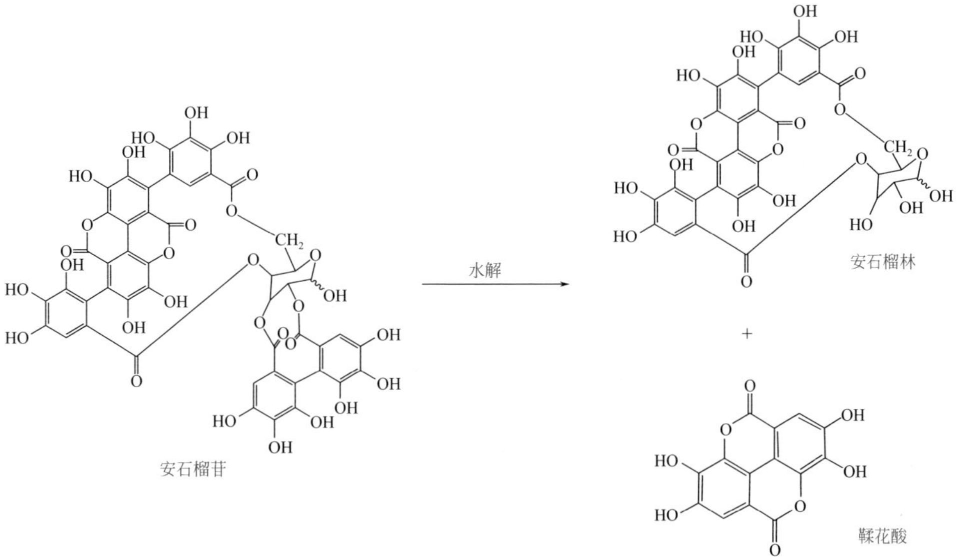

图2-14　安石榴苷水解

1．溶剂提取水解法

溶剂提取水解法大致过程为：首先将石榴皮磨成一定粒度的粉末，加入 40% 乙醇作为提取剂将石榴皮粉末中的鞣花酸前体鞣花单宁提取出来，得到的提取液浓缩后加入硫酸溶液，随后持续加热回流进行水解，水解生成的鞣花酸形成沉淀，过滤出的沉淀用去离子水洗涤干燥得鞣花酸粗品。

本书著者团队通过对水解过程中影响鞣花酸纯度和得率的几个主要因素进行单因素分析，确定了提取液浓缩倍数为 3 倍、反应时间为 5.5h 和硫酸浓度为 5%（*v/v*）的最优条件，建立了以石榴皮为原料制备鞣花酸的工艺，工艺流程如图 2-15 所示。

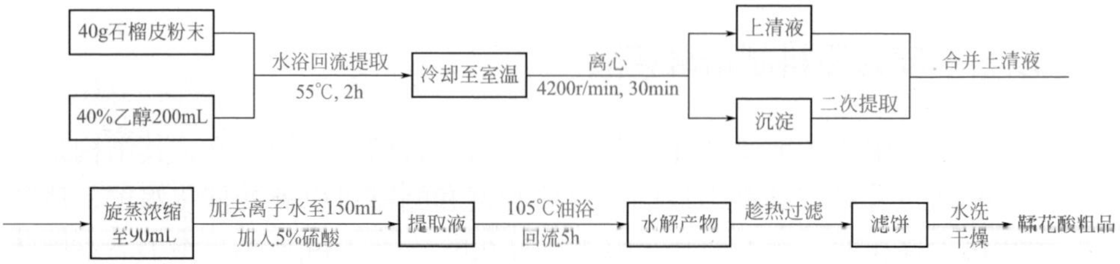

图2-15　溶剂提取水解法制备鞣花酸工艺流程

通过上述工艺流程，100g 石榴皮最终可以得到纯度为 43% 的鞣花酸 11.7g，得率为 4.5%。该工艺路线采用石榴皮为原料，制备得到的鞣花酸为天然产物，令欧美等国家和地区可以接受其作为口服保健品的功能成分之一。整个工艺流程易于工业化放大，且只用了可以回收利用的乙醇作为溶剂，是国内外生产鞣花酸的先进工艺之一。

2．直接水解法

直接水解法与先提取后水解法先比，同样是在酸的作用下将石榴皮中的鞣花单宁水解成鞣花酸，不同在于前者省去了从石榴皮中提取鞣花单宁的过程，直接将硫酸溶液与石榴皮粉末混合后加热水解，反应后的滤渣洗涤干燥后即为鞣花酸粗品。

为了建立鞣花酸制备的最佳条件，本书著者团队对反应时间、硫酸浓度、反应温度、料液比 4 个因素进行正交实验，以鞣花酸的纯度为指标进行考察，对正交实验的结果进行直观分析，得到最佳提取条件组合，即使用 3%H_2SO_4，反应时间为 13h、反应温度为 110℃，料液比为 1∶15（*v/v*）。石榴皮直接水解法制备鞣花酸工艺流程如图 2-16 所示。

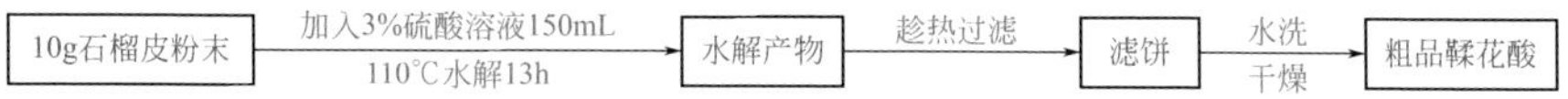

图2-16 直接水解法制备鞣花酸工艺流程

通过上述工艺流程，10g石榴皮粉末最终可以得到纯度为24%的鞣花酸3.5g，得率为8.4%。直接水解法相较于溶剂提取水解法能够在简化工艺的同时大幅度提高产品收率，而且对设备的要求较低，更易于工业化。但该方法制备的鞣花酸产品的纯度较低，对后续分离纯化工艺的要求更高。

二、高纯度鞣花酸的制备

高纯度鞣花酸主要用于药品、保健食品及化妆品的添加剂，作为抗氧化、对人体免疫缺陷病毒抑制、皮肤增白等功能因子。但是直接从植物中提取的鞣花酸价格昂贵，而由五倍子制得的鞣花酸因其原料为动物源而不为国外厂家所接受。因此，选择价格低廉的植物原料是关键，建立易于工业化生产的鞣花酸生产工艺流程是重点，得到高纯度的鞣花酸产品是我们研究的最终目的。本书著者团队开发了以下 2 种以石榴皮制备的鞣花酸粗品为原料，制备高纯度鞣花酸的工艺路线[7-11]。

1．碱溶酸沉法

鞣花酸结构中的两个内酯环和四个酚羟基有亲水性，四个环具有亲脂性，这独特的结构导致其亲水性和亲脂性均较差，在水中的溶解度极小。但鞣花酸在碱性环境中会发生结构变化而使得其溶解性随 pH 值的升高而增大，在酸性条件下又可沉淀复性。根据鞣花酸的这种性质可以采用碱溶酸沉法对鞣花酸进行纯化。

碱溶酸沉法主要过程为：首先称取由石榴皮水解得到的粗品鞣花酸，溶解于一定浓度的 NaOH 溶液中，然后过滤除去不溶性的杂质，随后向滤液中加入盐酸滴定至一定 pH 值，反应一段时间，使得之前碱溶的鞣花酸复性而沉淀下来，最后通过过滤、水洗和烘干得到纯化的鞣花酸。

本书著者团队对纯化过程中影响鞣花酸产品纯度和得率的主要因素即 NaOH 浓度、碱溶时间、酸沉 pH 值进行单因素分析，以确定碱溶酸沉法的最适工艺条件。首先是 NaOH 浓度影响，研究发现，低 NaOH 浓度下碱溶时鞣花酸不能完全溶解使收率降低，过高的 NaOH 浓度虽然能彻底溶解鞣花酸，但会致使鞣花酸内酯键形成不可修复的断裂。实验结果表明，NaOH 浓度在 1.1% ～ 1.2% 时纯化效果最好。在碱溶过程中，碱溶时间也和 NaOH 浓度一样产生类似的影响，因为延长溶解时间虽然可以增加其溶解量，但鞣花酸在碱性环境中的稳定性差，过长的溶解时间会降低产品的纯度和反应的收率。通过实验确定，碱溶时间选择 90min 时鞣花酸的纯度和收率较好。酸沉过程中主要控制的因素是酸沉 pH，过高或过低的 pH 都会严重影响鞣花酸纯度，酸沉 pH 值在 4.4 ～ 4.5 时为最佳，所得的产品纯度能达 88% 以上。

经过上述单因素分析，确定最佳工艺条件为：1.1% 的氢氧化钠溶液溶解粗品鞣花酸 90min，然后加入 10% 的盐酸调节 pH 至 4.4，充分沉淀 60min，工艺流程如图 2-17 所示。经过实验验证，该方法能够将粗品鞣花酸纯度由 20% 提高至 88%，收率 90% 左右。

图2-17　碱溶酸沉法工艺流程

2．甲醇重结晶法

重结晶法是依靠不同物质在溶剂中的溶解度差异的一种纯化方法，也是目前工业生产中应用较为广泛的纯化方法。本书著者团队通过甲醇重结晶法对以石榴皮为原料制备的鞣花酸粗品进行纯化，得到了高纯度、高品质的鞣花酸产品。

该方法主要步骤为：在鞣花酸粗品中加入甲醇，在 70 ～ 80℃下萃取 3 ～ 9h，得到的鞣花酸萃取液浓缩至饱和后降至室温结晶，结晶水洗干燥后得到纯度 95% 以上的淡黄色鞣花酸粗品。鞣花酸粗品中鞣花酸含量只有 40% 左右，因此选择合适的溶剂用量以及对鞣花酸粗品提取的次数都是重要的纯化参数。我们分别考察甲醇用量以及甲醇提取次数对结晶后的鞣花酸纯度和收率以及粗品中残留的鞣花酸的影响，确定最适宜甲醇重结晶法的条件。

在常温条件下，鞣花酸在甲醇中溶解度仅为 671μg/mL，甲醇用量少，鞣花酸呈饱和状态。但是随着甲醇用量的增加，除了鞣花酸还有其他杂质的溶解量也增加，导致鞣花酸纯度下降。通过实验，综合考虑对鞣花酸纯度、收率的需求以及工业化成本，我们确定了最佳甲醇用量为 20mL/g 粗品鞣花酸。另一方面，增加提取次数有利于鞣花酸分批次溶解到甲醇中。但是提取次数增加至 4 次后，由于杂质的溶解，产品中鞣花酸收率和纯度反而会降低。考虑到实际生产过程中，增加提取次数要耗费更多的溶剂、提取时间以及蒸汽，增加了生产成本，且甲醇毒性较大，因此最终确定提取 2 次。

通过对甲醇用量和提取次数的探究，确定最适宜甲醇重结晶法的条件：称取 1g 粗品鞣花酸，用 20mL 甲醇提取两次后合并提取液，提取液浓缩后在室温下结晶析出，水洗干燥后得到 0.75g 纯度 95% 以上鞣花酸产品。该方法制备的鞣花酸纯度比碱溶酸沉法制备的纯度更高、外观更好。通过红外光谱和质谱鉴定（图 2-18），制备的高纯鞣花酸与标准品一致。

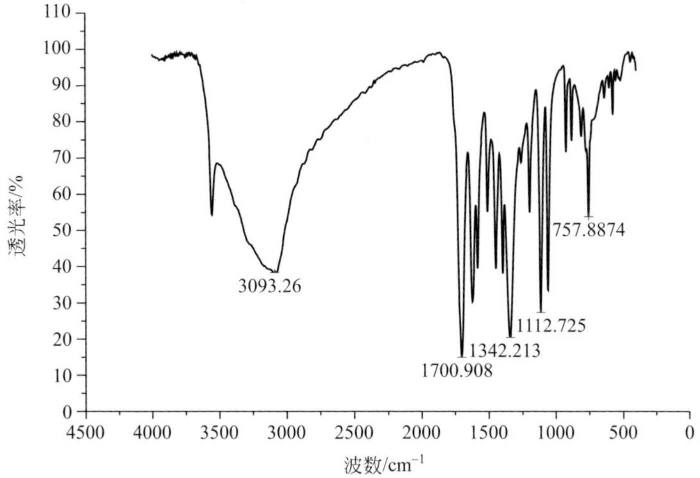

(a) 红外光谱

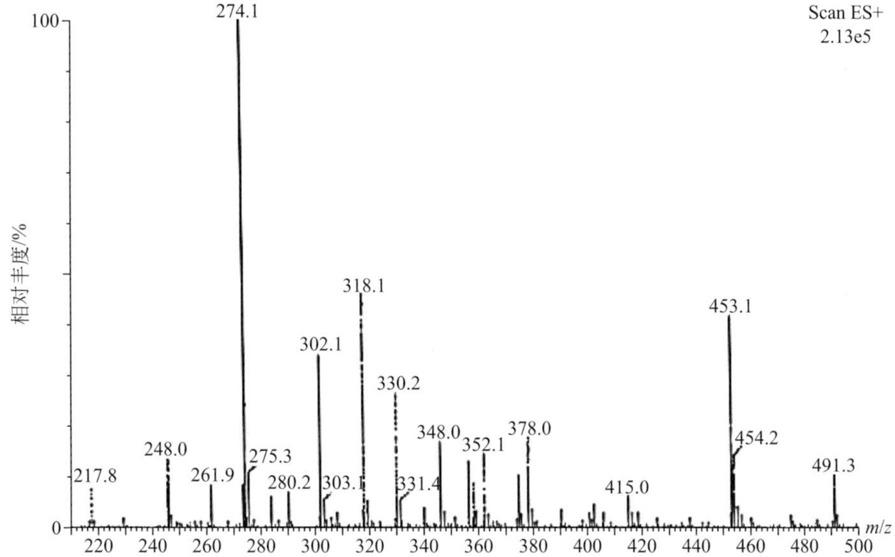

(b) 质谱

图2-18　鞣花酸样品的鉴定

第四节
鞣花酸和安石榴苷活性研究

一、鞣花酸和安石榴苷的抗氧化活性研究

天然抗氧化剂的保健功能，随着自由基与疾病、衰老关系的理论研究不断深入，抗氧化剂的应用价值日益受到重视。植物源天然抗氧化剂的兴起，标志着“新维生素”时代的到来，利用天然抗氧化剂防病治病已成为一种新的趋势。植物抗氧化剂的深入研究，给人类延缓衰老、抵御各种疾病带来新的希望。

石榴皮提取物有抗氧化功能，可减轻自由基对人体造成的伤害。抗氧化活性与多酚含量正相关。石榴皮中多酚含量远高于石榴其他部位以及龙眼、葡萄、菠萝等水果中多酚含量，是生产新型天然抗氧化剂的理想原料。本书著者团队用多种不同的化学方法对石榴皮中分离得到的几种多酚物质的抗氧化活性进行评价，并对其构效机制进行研究，以期为探讨多酚化合物抗氧化、防衰老的保健功能提供理论依据[2]。

图 2-19（a）是对石榴皮各多酚的总抗氧化能力测定。实验采用商品总抗氧化试剂盒测定，将不同浓度的样品溶液和 Vc 对照液以及试剂盒中试剂按顺序先后加入试管，反应后在 520nm 测定其吸光度值并计算出总抗氧化能力（U）。从图中可以看出，在 0.05 ～ 0.5mmol/L 范围内，它们的总抗氧化能力强度依次为安石榴苷＞安石榴林＞鞣花酸。鞣花酸由于其溶解度的关系，总抗氧化能力较低。Vc 的总抗氧化力在低摩尔浓度时没有明显的优势，只有在大于 0.5mmol/L 时，其总抗氧化能力随摩尔浓度的增加而迅速增加。

图 2-19（b）是对石榴皮各多酚的对羟基清除率测定。实验以 Vc 为对照品，采用邻二氮菲 -Fe^{2+} 氧化法进行测定。安石榴苷、安石榴林和鞣花酸的对羟基半数清除浓度（EC_{50}）分别是 0.061、0.072 和 0.085mmol/L，而 Vc 的 EC_{50} 是 3.2mmol/L，这三种物质都表现出很强的清除羟基的作用。

图 2-19（c）是对石榴皮各多酚的 DPPH 清除率测定。从图中可以看出，安石榴苷、安石榴林和鞣花酸的 DPPH 清除率都比 Vc 强。安石榴苷和安石榴林的 DPPH 半数清除率均为 0.024mmol/L（26.02μg/mL，18.77μg/mL），而 EA 和 Vc 分别为 0.036mmol/L（10.87μg/mL）和 0.134mmol/L（23.6μg/mL）。安石榴苷和安石榴林的最大 DPPH 清除率可达 96%，鞣花酸最大 DPPH 清除率也可达到 90% 以上，Vc 在达到 90% 以上的 DPPH 清除率时，摩尔浓度是其他三种的 2 倍。

由此可见安石榴苷、安石榴林和鞣花酸的 DPPH 清除能力都高于 Vc。

图 2-19（d）是对石榴皮各多酚的总还原力测定。Fe（Ⅲ）的还原常常作为电子供体指示剂，是一种重要的多酚抗氧化机制，和其他的抗氧化活性密切相关。实验采用 $FeCl_3$ 作为氧化剂、铁氰化钾作为指示剂，测定各样品反应后在 700nm 的吸光度来衡量总还原力。实验表明，在 0 ～ 0.25mmol/L 时，安石榴苷、安石榴林与鞣花酸所得曲线基本呈线性。在整个浓度范围内，相同浓度下，安石榴苷、安石榴林还原力要远远高于 Vc，只有浓度高于 1.0mmol/L 时，Vc 的还原力才超过鞣花酸。

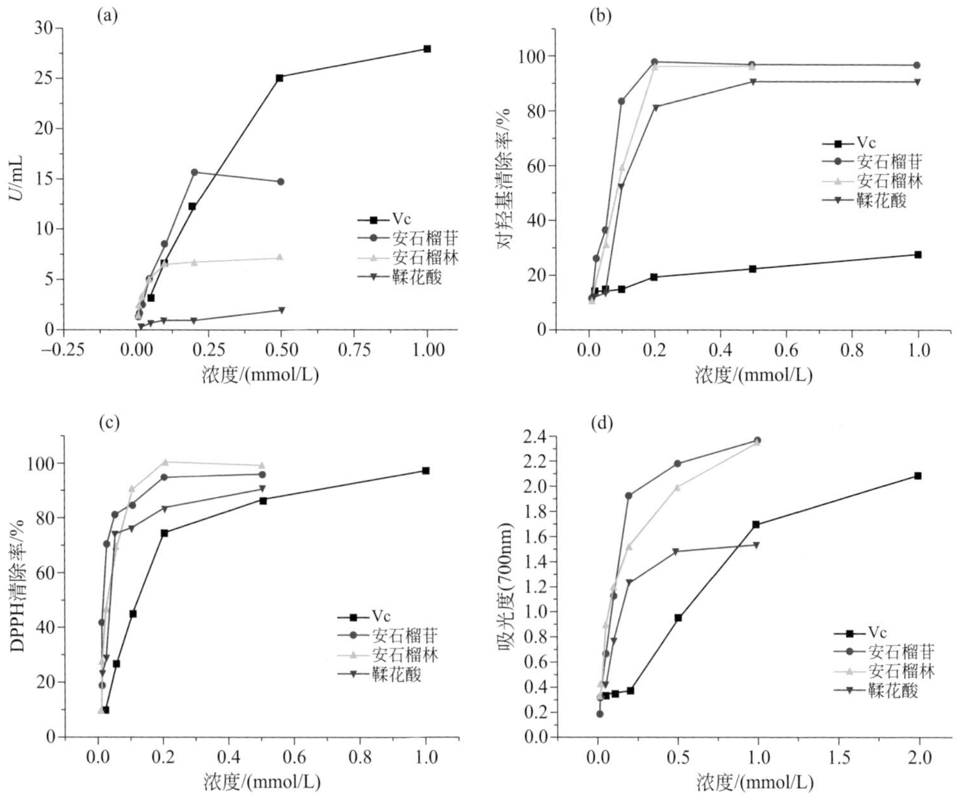

图2-19 石榴皮各多酚抗氧化能力测定：（a）总抗氧化能力；（b）对羟基清除率；（c）DPPH 清除率；（d）总还原力

虽然安石榴苷、安石榴林的总抗氧化能力在高摩尔浓度时低于 Vc，但是在低摩尔浓度时都表现出很强的抗氧化性。总抗氧化性的大小与三条途径有关：①消除自由基和活性氧；②分解过氧化物、阻断过氧化链；③去除起催化作用的金属离子。而安石榴苷和安石榴林对清除羟自由基和 Fe（Ⅲ）的能力都高于

Vc，因此初步推测安石榴苷和安石榴林是因为对过氧化物的不稳定而分解造成总抗氧化能力低于 Vc。

总体看来，石榴皮各多酚成分抗氧化能力依次为安石榴苷＞安石榴林＞鞣花酸。说明多酚抗氧化活性大小与其分子量有关，分子量大，所含酚羟基多，其抗氧化活性越强。因为，多酚的酚羟基在发生抽氢反应后，与另一个酚羟基形成分子内氢键，产生的邻苯醌共振结构可以使苯氧自由基更稳定，而苯氧自由基越稳定，清除自由基的活性越强。另外与其溶解性有关，鞣花酸由于其水溶性较差，只能用甲醇作为溶剂，影响了其在高浓度时抗氧化能力的测定。

二、安石榴苷的抗糖尿病活性研究

糖尿病已经成为影响人类健康的现代流行病，是一种与血糖代谢异常有关的疾病，具有慢性非传染性的特点。糖尿病患者除了血糖增加，往往还伴有多种并发症。已有研究表明，石榴提取物能抑制葡萄糖苷酶活性，改善糖尿病患者的氧化应激，提高抗氧化活性以及抗炎性。但是对于石榴治疗糖尿病效果的研究大多采用石榴汁或石榴皮提取物，而高纯度的安石榴苷等单一石榴功能因子抗糖尿病的研究较少。

本书著者团队以 STZ 诱导的糖尿病鼠为实验模型，采用口服高纯度安石榴苷给药方式研究其治疗糖尿病的效果[6]。

（1）小鼠空腹血糖和糖耐量变化　由图 2-20（a）可知，给药之前正常小鼠的空腹血糖值在 4 ～ 7mmol/L。通过腹腔注射链脲佐菌素（STZ）以及高脂饲料饲喂小鼠造模，成功造模后分组得到的每组糖尿病小鼠的初始血糖都在 14mmol/L 左右。阳性对照二甲双胍给药组小鼠空腹血糖 9 周后变为 13.92mmol/L，血糖又降回了初始值附近，但在给药初期空腹血糖小幅升高，与模型组之间差异显著。同时安石榴苷给药组也有不错的降糖表现，给药 7 周后血糖与给药前初始值相差不大，与模型组糖尿病鼠之间差异显著。安石榴苷高低剂量组的空腹血糖数据比较无明显差异，表明较高纯度的安石榴苷在较低剂量（150mg/kg）就有一定的降糖功效。

图 2-20（b）描述了实验小鼠禁食五小时后，服用葡萄糖后 120min 内，对小鼠尾静脉取血测定其空腹血糖的变化。从图中可以看出，各组小鼠在糖耐量实验中的前 30min 内血糖明显升高，120min 后血糖趋于初始水平，也验证了小鼠葡萄糖耐量实验模拟了人进食后短期的血糖变化。二甲双胍阳性对照组与糖尿病模型组对比其葡萄糖耐量下降了 20.77%。安石榴苷高低剂量组与糖尿病模型组对比分别下降了 28.15% 和 24.53%，结果表明安石榴苷对改善糖尿病鼠的糖耐量有一定的效果。

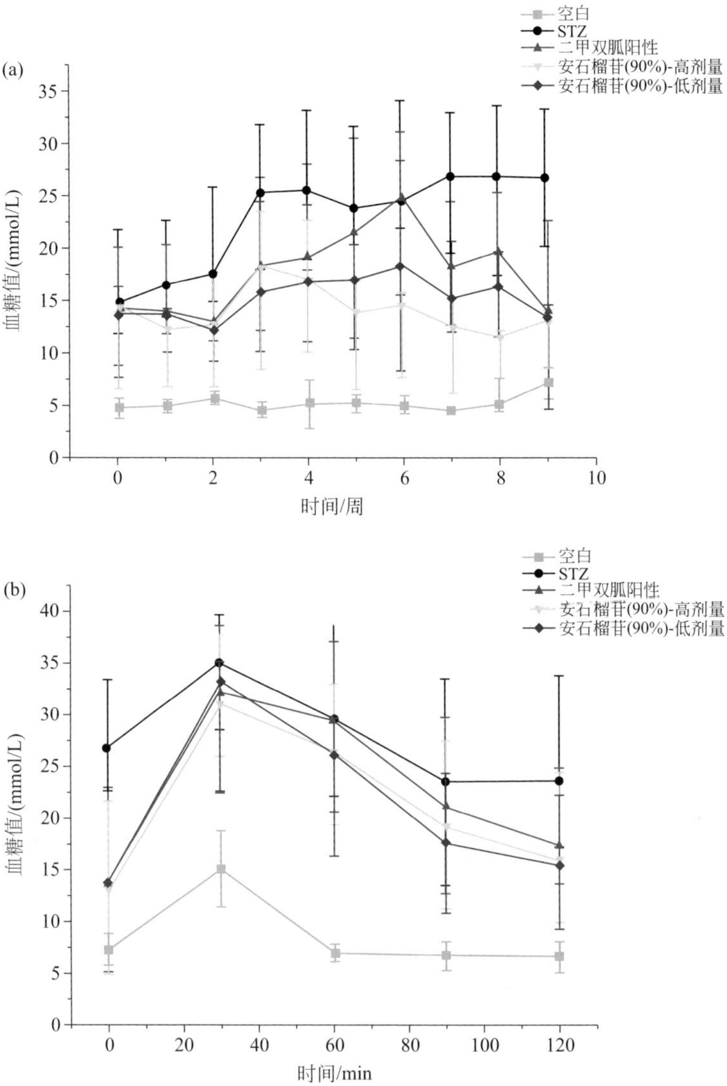

图2-20 小鼠空腹血糖（a）和耐糖量（b）的变化

（2）小鼠胰岛素的变化 小鼠血清胰岛素和小鼠胰岛素抵抗指数的变化见表 2-9。给药后胰岛素水平有所升高，糖尿病模型组与空白组相比分泌的胰岛素减少。说明服用安石榴苷后，可以一定程度改善糖尿病小鼠的胰岛素水平。对于胰岛素抵抗指数的比较，糖尿病模型组有所上升，而其他给药组都使得胰岛素抵抗有所下降，而且阳性对照组和安石榴苷高低剂量组差别不大。

通过分析胰岛素水平和胰岛素抵抗指数，灌胃给药九周后，安石榴苷高低剂量组都能使胰岛素分泌增多，从而使胰岛素抵抗指数降低。

表2-9　小鼠胰岛素的变化

组别	血清胰岛素含量/μIU・mL^{-1}	胰岛素抵抗指数
空白组	21.24±15.05	3.64±1.7
模型组	8.91±3.45	14.3±6.3
阳性对照组	13.62±2.5	5.26±2.04
安石榴苷高剂量组	15.75±7.82	6.18±1.96
安石榴苷低剂量组	14.36±8.98	6.89±2.08

（3）小鼠糖化血红蛋白的变化　当血液中糖浓度过高时，血红蛋白会与糖发生不可逆的结合，从而形成糖化血红蛋白，随着血糖浓度的增加，生成的糖化血红蛋白也越多，因此可以根据血糖和糖化血红蛋白（HbA1c）的关系，通过测定小鼠的糖化血红蛋白来评估小鼠一段时间的血糖变化。由图 2-21 可知，与健康小鼠相比，糖尿病模型组小鼠的糖化血红蛋白显著升高。灌胃给药 9 周后，各灌胃组小鼠的糖化血红蛋白水平都有一些下降，阳性对照组和安石榴苷高低剂量组与糖尿病模型组相比糖化血红蛋白水平分别降低了 19.56%、23.79% 和 20.36%，这验证了安石榴苷对 STZ 诱导的糖尿病小鼠有降糖效果。

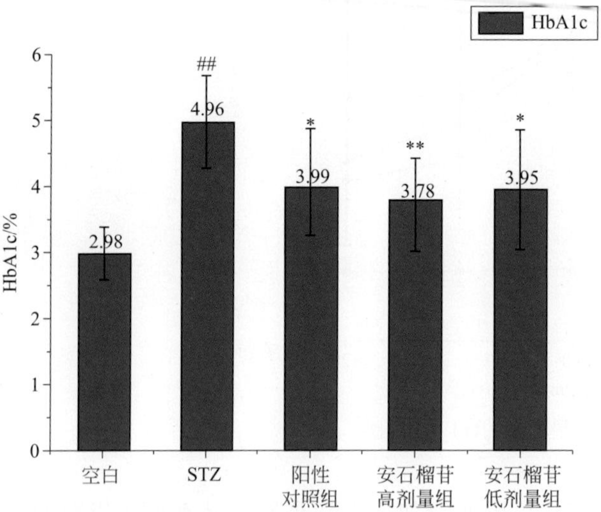

图2-21　小鼠糖化血红蛋白的变化

（4）小鼠血脂的变化　高脂血症是促进糖尿病的因素之一，又因为糖代谢与脂肪代谢有密切的联系，因此反过来，糖尿病患者也可引发高脂血症。总胆固醇（TC）和甘油三酯（TG）是血脂的主要成分，而低密度脂蛋白（LDL）负责把胆固醇运到细胞，但其易被氧化，当氧化的低密度脂蛋白过量时，血管壁就容易积累其携带的胆固醇，引发动脉粥样硬化。因此应使低密度脂蛋白维持在较低水平，这对防治动脉粥样硬化有一定的积极作用。测定胆固醇、甘油三酯和低密度脂蛋白能评估小鼠的血脂水平。

由表 2-10 可知，糖尿病模型组小鼠的 TC、TG 和 LDL 显著高于空白组。灌胃给药九周后，糖尿病小鼠的 TC、TG 和 LDL 都显著下降，阳性对照组和安石榴苷高低剂量组与糖尿病模型组之间差异显著。安石榴苷高剂量组对小鼠血脂的控制效果最好，计算得到阳性对照组与糖尿病模型组比较总胆固醇（TC）下降了 42.79%，甘油三酯（TG）下降了 83.04%，低密度脂蛋白（LDL）下降了 26.49%。综上可以看出，安石榴苷对于 STZ 诱导的糖尿病小鼠的血脂改善有一定的效果，尤其是在胆固醇和甘油三酯方面效果比较显著。

表2-10　小鼠血脂的变化

组别	总胆固醇（TC）/（mmol/L）	甘油三酯（TG）/（mmol/L）	低密度脂蛋白（LDL）/（mmol/L）
空白组	2.16±0.41	0.31±0.03	2.75±0.69
模型组	9.02±4.32	1.12±0.64	6.04±1.36
阳性对照组	5.16±1.46	0.19±0.09	4.44±1.1
安石榴苷高剂量组	4.36±1.05	0.18±0.09	4.22±0.17
安石榴苷低剂量组	4.57±1.96	0.3±0.12	4.44±1.32

（5）小鼠肝脏和肾脏功能变化　图 2-22 给出了小鼠谷丙转氨酶（ALT）和谷草转氨酶（AST）的变化。检测谷丙转氨酶和谷草转氨酶是反映肝脏功能的常用方法之一，当肝细胞受损时，血液中这两种酶的量就会上升。由图 2-22 可知，糖尿病模型组（STZ）谷丙转氨酶（ALT）显著高于空白组健康小鼠，灌胃 9 周后，安石榴苷高剂量组与糖尿病模型组小鼠差异显著，谷丙转氨酶明显降低，说明服用安石榴苷后对糖尿病小鼠的肝脏损伤有一定的缓解效果。而阳性对照组和安石榴苷低剂量组的谷丙转氨酶与糖尿病模型组比较差异均不显著。对于谷草转氨酶（AST）水平，给药组均无显著性差异。通过给药组与模型组对比的数据可以知道安石榴苷高剂量对于小鼠的肝脏的损伤有改善作用。

图 2-23 给出了小鼠肌酐（CR）和尿素（UREA）的变化。CR 是常用来了解肾功能的指标，是可经肾小球滤过的小分子物质，其浓度由肾小球滤过率决定，两者成反比。当 CR 值高于正常值时，一定程度上说明肾脏受损。肾脏过滤代谢终产物为尿素（UREA），肾脏受损时，无法使尿素（UREA）顺利排出，UREA 浓度自然就会升高。因此肌酐（CR）和尿素（UREA）的浓度能在一定程度上反映肾脏受损状况。由图 2-23 中显示的数据可知，糖尿病模型组小鼠（STZ）与空白组健康小鼠比较 CR 和 UREA 的浓度都显著升高，说明经 STZ 诱导的糖尿病小鼠对肝脏造成了一定程度损伤。灌胃给药九周后，各个给药组的 CR 和 UREA

浓度与糖尿病模型组比较都显著降低，说明安石榴苷对于 STZ 诱导的糖尿病小鼠所造成的肾脏损伤有一定的改善作用。

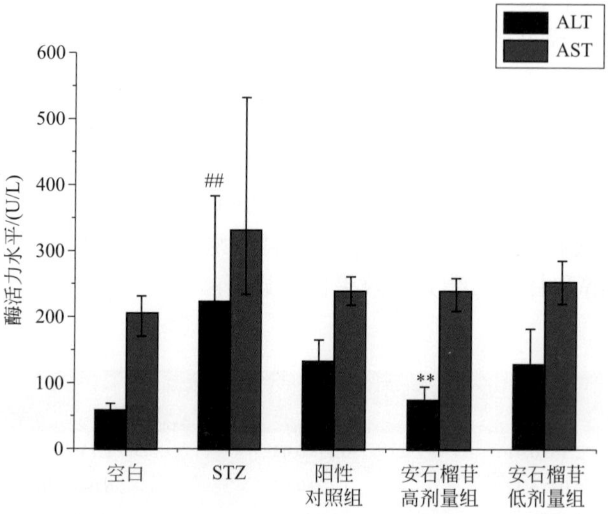

图2-22
小鼠谷丙转氨酶和谷草转氨酶的变化

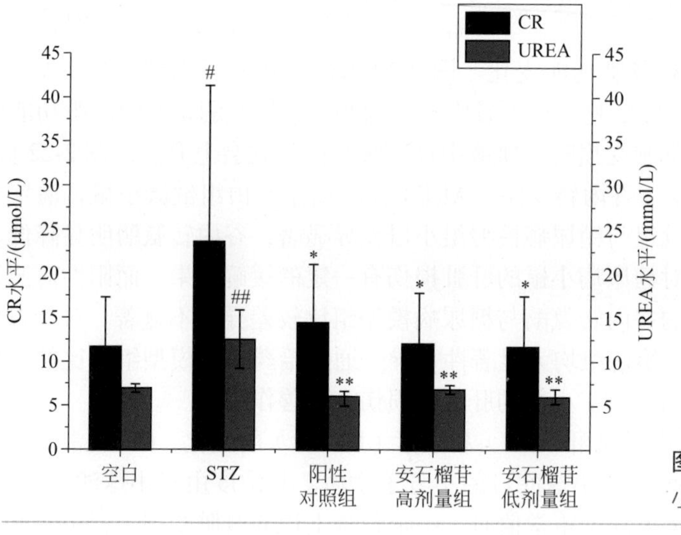

图2-23
小鼠肌酐和尿素的变化

（6）安石榴苷的抗糖尿病活性研究总结　本书著者团队为探究安石榴苷改善糖尿病的作用，通过 STZ 诱导加上饲喂小鼠高脂饲料结合的方法使 Balb/c 小鼠患病，再通过灌胃安石榴苷进行治疗。灌胃九周后与糖尿病模型组相比给药组的情况得到了改善，小鼠的空腹血糖、葡萄糖耐量和糖化血红蛋白水平有所降低，说明安石榴苷在一定程度上可以控制糖尿病小鼠的血糖。给药组的血脂三项（总胆固醇、甘油三酯、低密度脂蛋白）也有所降低，尤其是在 TC 和 TG 方面，说明安石榴苷对糖尿病小鼠的血脂改善有一定的作用。这些数据都表明了安石榴苷具有一定的抗糖尿病活性，安石榴苷不仅能降低糖尿病小鼠的血糖，同时能减轻糖尿病带来的肝脏和肾脏损伤。虽然实验结果表明了安石榴苷在治疗糖尿病方面的积极作用，但其活性还没有达到能够治愈糖尿病小鼠的程度。

第五节 小结与展望

近年来的研究表明，疾病和衰老的发生均与氧自由基有关。植物多酚具有很强的自由基清除能力，在医药、食品和日化领域具有广泛的应用前景。在人们不断找寻新的植物多酚的来源过程中，石榴以其提取物的高抗氧化性能越来越受到人们的关注和宠爱。

国外对石榴皮提取物的抗氧化活性研究处于领先水平，但对安石榴苷、鞣花酸等单一物质其生理活性的研究则刚刚起步，主要受限于无法以低廉的价格获得高纯度的产品。因此，利用现代高效分离纯化技术，开发安石榴苷、鞣花酸的制备工艺，为其生理学研究以及作为功能性食品等的应用都有重要的意义。

我国是石榴生产大国，石榴品种丰富，为石榴皮多酚的研究与产品开发提供了丰富的资源。本书著者团队从石榴皮原料出发，开发了制备高纯度安石榴苷和鞣花酸的工艺路线。一方面对从石榴皮中提取总单宁的工艺进行了研究，开发了用高速逆流色谱、制备色谱从石榴皮提取液中分离纯化出高纯度安石榴苷，开创了利用柱色谱和结晶法结合制备高纯度安石榴苷的方法。另一方面，成功建立了以石榴皮为原料制备鞣花酸粗品的方法，并通过碱溶酸沉和甲醇重结晶进一步得到了高纯度鞣花酸。

在生理活性的研究方面，本书著者团队通过多种不同的化学方法对鞣花酸和安石榴苷的抗氧化活性进行评价，并对其构效机制进行研究，以期为探讨多酚化合物抗氧化、防衰老的保健功能提供理论依据。另外，本书著者团队通过动物实验研究了安石榴苷的抗糖尿病活性，首次尝试采用口服灌胃方式对 STZ 诱导的糖尿病小鼠给药，对其空腹血糖及血液的其他理化指标进行测定，并对小鼠相关脏器进行病理学分析，证明了安石榴苷具有一定的降糖效果。

近年来，国外以鞣花酸为原料生产的功能性食品销量日增，利用鞣花酸的抗氧化活性将其应用到化妆品行业也已有报道。目前在药品和保健食品领域尚未发现此种药理及功效的产品，近期鞣花酸市场也发展较快。我国虽然是石榴生产大国，但对石榴皮的开发利用非常有限，仅有少部分石榴皮作为中药材被药店收购，其余均被视为废弃物抛弃，造成极大的资源浪费。对废弃的石榴皮充分利用，开发出高附加值的药品、保健品和护肤品，不仅可以带动我国石榴产业的发展，更可以促进国内对天然产物的研究和应用。

参考文献

[1] 陆晶晶，朱静，袁其朋. 石榴皮单宁提取的研究 [J]. 现代化工，2008, 28(S2):289-292.

[2] 陆晶晶. 石榴皮中抗氧化多酚成分研究 [D]. 北京：北京化工大学，2010.

[3] Lu J J, Wei Y, Yuan Q P. Preparative separation of punicalagin from pomegranate husk by high-speed countercurrent chromatography[J]. Chromatogr B, 2007, 857(1): 175-179.

[4] Lu J J, Ding K, Yuan Q P. One-step purification of punicalagin by preparative HPLC and stability study on punicalagin[J]. Sep Sci Technol, 2010, 46: 147-154.

[5] 袁其朋，徐巧莲，李思彤. 一种制备高纯度安石榴苷结晶粉末的方法 [P]. CN108250256A, 2018 07 06.

[6] 徐巧莲. 安石榴苷的纯化及其治疗糖尿病的研究 [D]. 北京：北京化工大学，2018.

[7] Lu J J, Yuan Q P. A new method for ellagic acid production from pomegranate husk[J]. Journal of Food Process Engineering, 2008, 31: 443-454.

[8] 袁其朋，陆晶晶，吕苗苗. 一种石榴皮制备鞣花酸的方法 [P]. CN1803801, 2006-07-19.

[9] 吴兴付. 以石榴皮、石榴叶为原料制备鞣花酸 [D]. 北京：北京化工大学，2008.

[10] 宋汉臣. 石榴中多酚物质的提取研究 [D]. 北京：北京化工大学，2011.

[11] 刘宇文. 鞣花酸的生产制备工艺研究 [D]. 北京：北京化工大学，2015.

[12] 袁其朋，程艳，张倩. 一种以石榴皮为原料酶法制备鞣花酸的方法 [P]. CN101481714, 2009-07-15.

[13] 程艳. 石榴皮为原料酶法生产鞣花酸 [D]. 北京：北京化工大学，2008.

[14] Venusova E, Kolesarova A, Horky P, et al. Physiological and Immune Functions of Punicalagin.[J]. Nutrients,2021, 13(7): 2150.

[15] Lee S I, Kim B S, Kim K S, et al. Immune-suppressive activity of punicalagin via inhibition of NFAT activation[J]. Biochem Biophys Res Commun, 2008, 371: 799-803.

[16] Xu X L, Yin P, Wan C R, et al. Punicalagin inhibits inflammation in LPS-induced RAW264.7 macrophages via the suppression of TLR4-mediated MAPKs and NF-κB activation[J]. Inflammation, 2014, 37(3): 956-965.

[17] BenSaad L A, Kim K H, Quah C C, et al. Anti-inflammatory potential of ellagic acid, gallic acid and punicalagin A&B isolated from *Punica granatum*[J]. BMC Complementary and Alternative Medicine, 2017, 17(1): 1-10.

[18] Cao Y, Chen J, Ren G, et al. Punicalagin prevents inflammation in lps-induced raw 264.7 macrophages by inhibiting foxo3a/autophagy signaling pathway (Article)[J]. Nutrients, 2019, 11(11): 2794.

[19] Larrosa M, Tomás-barberán F A, Espín J C. The dietary hydrolysable tannin punicalagin releases ellagic acid that induces apoptosis in human colon adenocarcinoma Caco-2 cells by using the mitochondrial pathway[J]. Journal of Nutritional Biochemistry, 2006, 17(9): 611-625.

[20] Wang X G, Huang M H, Li J H, et al. Punicalagin induces apoptotic and autophagic cell death in human U87MG

glioma cells[J]. Acta Pharmacologica Sinica, 2013, 34: 1411-1419.

[21] Zhang L, Arunachalam C, Sulaiman A A, et al. Punicalagin promotes the apoptosis in human cervical cancer (ME-180) cells through mitochondrial pathway and by inhibiting the NF-kB signaling pathway[J]. Saudi Journal of Biological Sciences, 2020, 27(4): 1100-1106.

[22] Deeba N S, Arshi M, Naghma H, et al. Photochemopreventive effect of pomegranate fruit extract on UVA-mediated activation of cellular pathways in normal human epidermal keratinocytes[J]. Photochemistry and Photobiology, 2006, 82(2): 398-405.

[23] Tang J, Li B, Hong S, et al. Punicalagin suppresses the proliferation and invasion of cervical cancer cells through inhibition of the β-catenin pathway[J]. Molecular Medicine Reports, 2017, 16: 1439-1444.

[24] Sun Y Q, Tao X, Men X M, et al. In vitro and in vivo antioxidant activities of three major polyphenolic compounds in pomegranate peel: Ellagic acid, punicalin, and punicalagin[J]. Integr Agric, 2017, 16: 1808-1818.

[25] Wang Y, Zhang H, Liang H, et al. Purififcation, antioxidant activity and protein-precipitating capacity of punicalin from pomegranate husk[J]. Food Chem, 2013, 138: 437-443.

[26] Anand P K, H S Mahal, S Kapoor, et al. *In vitro* studies on the binding, antioxidant, and cytotoxic actions of punicalagin[J]. Journal of Agricultural and Food Chemistry, 2007, 55(4): 1491-1500.

[27] Bialonska D, Kasimsetty S G, Khan S I, et al. Urolithins, Intestinal Microbial Metabolites of Pomegranate Ellagitannins, Exhibit Potent Antioxidant Activity in a Cell-Based Assay[J]. Agric Food Chem, 2009, 57: 10181-10186.

[28] Fouad A A, Qutub H O, Al-Melhim W N. Punicalagin alleviates hepatotoxicity in rats challenged with cyclophosphamide[J]. Environ Toxicol Pharmacol, 2016, 45: 158-162.

[29] Foroutanfar A, Mehri S, Marzyeh K, et al. Protective effect of punicalagin, the main polyphenol compound of pomegranate, against acrylamide-induced neurotoxicity and hepatotoxicity in rats[J]. Phytother Res, 2020, 34: 3262-3272.

[30] Les F, Arbonés Mainar J M, Valero M S, et al. Pomegranate polyphenols and urolithin A inhibitα-glucosidase, dipeptidyl peptidase-4, lipase, triglyceride accumulation and adipogenesis related genes in 3T3-L1 adipocyte-like cells[J]. Ethnopharmacol, 2018, 220: 67-74.

[31] Wu D, Ma X, Tian W. Pomegranate husk extract, punicalagin and ellagic acid inhibit fatty acid synthase and adipogenesis of 3T3-L1 adipocyte[J]. Funct Foods, 2013, 5: 633-641.

[32] Mele L, Mena P, Piemontese A, et al. Antiatherogenic effects of ellagic acid and urolithins *in vitro*[J]. Arch Biochem Biophys, 2016, 599: 42-50.

[33] Nugroho A, Rhim T J, Choi M Y, et al. Simultaneous analysis and peroxynitrite-scavenging activity of galloylated flavonoid glycosides and ellagic acid in *Euphorbia supina* [J]. Archives of Pharmacal Research, 2014, 37(7): 890-898.

[34] Yu Y M, Chang W C, Wu C H, et al. Reduction of oxidative stress and apoptosis in hyperlipidemic rabbits by ellagic acid[J]. J Nutr Biochem, 2005, 16: 675- 681.

[35] 李小萍，梁琪，辛秀兰，等. 红树莓果中鞣花酸提取物的抗氧化性研究 [J]. 食品科技，2010, 35(5): 182-185.

[36] 赵鑫丹. 核桃内种皮抗氧化成分的提取分离及其活性研究 [D]. 杨凌：西北农林科技大学，2021.

[37] Sabhiya M, Krishan L K, Rajnder K, et al. Influence of ellagic acid on antioxidant defense system and lipid peroxidation in mice[J]. Biochem Pharmacol, 1991, 42(7): 1441-1445.

[38] Priyadarsini I K, Khopde M S, Kumar S S, et al. Free radical studies of ellagic acid, a natural phenolic antioxidant[J]. J Agric Food Chem, 2002, 50: 2200-2206.

[39] Xu Q Y, Li S W, Tang W J, et al. The effect of ellagic acid on hepatic lipid metabolism and antioxidant activity in mice [J]. Frontiers in Physiology, 2021, 12: 751501-751508.

[40] Ojiro K, Ebinuma H, Nakamoto N, et al. MyD88-dependent pathway accelerates the liver damage of concanavalin A-induced hepatitis [J]. Biochemical and Biophysical Research Communications, 2010, 399(4): 744-749.

[41] Lee J H, Won J H, Choi J M, et al. Protective effect of ellagic acid on concanavalin A-induced hepatitis via toll-like receptor and mitogen-activated protein kinase/nuclear factor κB signaling pathways [J]. Journal of Agricultural and Food Chemistry, 2014, 62(41): 10110-10117.

[42] Bensaad L A, Kim K H, Quah C C, et al. Anti-inflammatory potential of ellagic acid, gallic acid and punicalagin A&B isolated from Punica granatum [J]. BMC Complementary and Alternative Medicine, 2017, 17(1): 47-56.

[43] 杨光，包晓玮，陈勇，等. 6 种酚类化合物及胡桃醌的体外抑菌活性 [J]. 动物营养学报，2018, 30(9): 3710-3719.

[44] Chung J G. Inhibitory actions of ellagic acid on growth and arylamine *N*-acetyltransferase activity in strains of *Helicobacter pylori* from peptic ulcer patients [J]. Microbios, 1998, 93(375): 115-127.

[45] Lu H F, Tsou M F, Lin J G, et al. Ellagic acid inhibits growth and arylamine *N*-acetyltransferase activity and gene expression in *Staphylococcus aureus* [J]. In Vivo (Athens, Greece), 2005, 19(1): 195-199.

[46] 闫莉，周晓英. 鞣花酸对变异链球菌的体外抑菌作用及机制研究 [J]. 中国药房，2020, 31(5): 607-611.

[47] Losso N J, Bansode R R, Trappey A, et al. In vitro anti-proliferative activities of ellagic acid [J]. Nutr Biochem, 2004, 15: 672-678.

[48] Khanduja K L, Gandhi R K, Pathania V, et al. Prevention of *N*-nitrosodiethylamine- induced lung tumorigenesis by ellagic acid and quercetin in mice[J]. Food Chem Toxicol, 1999, 37: 313-318.

[49] Bhagavathi A N, Otto G, Mark C W, et al. p53/p21(WAF1/CIP1) expression and its possible role in G1 arrest and apoptosis in ellagic acid treated cancer cells[J]. Cancer Letters, 1999, 136: 215-221.

[50] Christina F, Eewa N. Effect of ellagic acid on proliferation, cell adhesion and apoptosis in SH-SY5Y human neuroblastoma cells [J]. Biomed Pharmacother, 2009, 63: 254-261.

[51] Strati A, Papoutsi Z, Lianidou E, et al. Effect of ellagic acid on the expression of human telomerase reverse transcriptase (hTERT) α+β+ transcript in estrogen receptor-positive MCF-7 breast cancer cells [J]. Clinical Biochemistry, 2009,42: 1358-1362.

[52] Hayeshi R, Mutingwende I, Mavengere W,et al. The inhibition of human glutathione *S*-transferases activity by plant polyphenolic compounds ellagic acid and curcumin [J]. Food Chem Toxicol, 2007, 45: 286-295.

[53] Susanne U, Mertens T, Lee J H, et al. Induction of cell death in Caco-2 human colon carcinoma cells by ellagic acid rich fractions from muscadine grapes[J]. Agric Food Chem, 2006, 54: 5336-5343.

[54] Larrosa M, Thomás Barberán F A, Espín J C. The dietary hydrolysable tannin punicalagin releases ellagic acid that induces apoptosis in human colon adenocarcinoma Caco-2 cells by using the mitochondrial pathway [J]. Nutr Biochem, 2006, 17(9):611-625.

[55] Philippe H, Nasim M, Janez M. Reaction between ellagic acid and an ultimate carcinogen [J]. Chem Inf Model, 2005, 45: 1564-1570.

[56] Shimogak H, Tanaka Y, Tamai H, et al. In vitro and in vivo evaluation of ellagic acid on melanogenesis inhibition [J]. International Journal of Cosmetic Science, 2000, 22(4): 291-303.

[57] Yoshimura M, Watanabe Y, Kasai K, et al. Inhibitory effect of an ellagic acid-rich pomegranate extract on tyrosinase activity and ultraviolet-induced pigmentation [J]. Bioscience Biotechnology and Biochemistry, 2005, 69(12): 2368-2373.

[58] 仲丽丽，于颖，易娅静，等. 鞣花酸对阿尔茨海默病小鼠学习和记忆能力的影响及其分子机制 [J]. 山东医药，2020, 60(35): 38-41.

第三章

十字花科种子制备高纯度硫代葡萄糖苷和异硫氰酸酯

流行病学研究表明，十字花科植物具有显著的化学预防癌症的作用。十字花科植物显著的癌症预防功效与其含有硫代葡萄糖苷及酶解产物异硫氰酸酯类化合物密切相关。莱菔素、莱菔硫烷、异硫氰酸烯丙酯、异硫氰酸苄酯等都是异硫氰酸酯家族中的“明星”化合物，其中莱菔硫烷是目前公认的防癌和抗癌效果最好的天然产物之一。本章将主要介绍本书著者团队在高纯异硫氰酸酯及其前体物质硫代葡萄糖苷绿色制备及活性研究方面做出的重要贡献。

第一节 硫代葡萄糖苷和异硫氰酸酯简介

一、十字花科植物

十字花科植物，因花冠呈十字形而得名，是植物王国中种类最为繁盛的科之一，下分类约有 338 个属，3700 余种。我国十字花科植物现有 95 个属，400 余种，全国各地均有分布。十字花科植物中的芸薹属和萝卜属是我国蔬菜作物的主要来源，包括甘蓝、萝卜、西兰花、白菜、芥菜、花椰菜、卷心菜等。十字花科植物不仅可为人类提供丰富的营养物质，如矿物质、维生素、多糖、植物性蛋白和膳食纤维等，还可为人类提供大量具有抗氧化、抗心血管疾病和抗癌等功效的天然活性物质，如类胡萝卜素、黄酮、花青素、硫代葡萄糖苷和叶酸等。流行病学研究表明，十字花科植物具有显著的化学防癌作用，十字花科植物的摄入量与多种癌症的发病率呈显著的负相关性。Murillo 等 [1] 通过体内外肿瘤模型证实了十字花科植物释放出的化学防癌化合物可显著抑制癌变过程中启动和促进阶段肿瘤的形成，流行病学和临床实验也证实了这一点。Giovannucci 等 [2] 通过医学统计分析前列腺癌患者的饮食结构，发现十字花科植物的摄入量与早期型前列腺癌的发生具有明显的负相关性。Kristal 等 [3] 更是通过医学统计分析，证实了芸薹属植物的高摄入量可降低前列腺癌的发病风险。Voorrips 等 [4] 通过医学统计分析荷兰肺癌患者的植物和水果摄入量，发现芸薹属植物的高摄入量与肺癌发病率呈现显著的负相关性。2- 氨基 -1- 甲基 -6- 苯基咪唑并［4,5-*b*］吡啶（PhIP）是一种红肉制品中含量较高的杂环胺类致癌物质，Walters 等 [5] 通过临床研究发现，十字花科植物的摄入可诱导人体内 PhIP 的Ⅰ相和Ⅱ相代谢过程，大量食用十字花科植物可显著加快 PhIP 的代谢并促使代谢产物快速随尿排出，因而十字花科植物的摄入量与结肠癌发病率呈现显著的负相关性。Liu 等 [6] 通过检索分析 PubMed 数据库中涉及十字花科植物摄入量与乳腺癌发病率之间关系的文献数据，发现十字花科植物的高摄入量与乳腺癌发病率之间存在显著的负相关性，说明大量摄入十字花科植物可降低人体患乳腺癌的风险。

二、硫代葡萄糖苷

植物化学和药理学研究表明，十字花科植物之所以具有化学预防癌症的功效，是由于十字花科植物中含有大量的硫代葡萄糖苷（glucosinolates，GLs）和黑芥子酶（myrosinase，MYR）。在十字花科植物被加工和食用的过程中，黑芥子酶会快速水解硫代葡萄糖苷并释放出具有高效抗癌活性的异硫氰酸酯类化合物。硫代葡萄糖苷是植物中的一类含硫的葡萄糖苷类次级代谢产物，其基本化学结构见图 3-1，一般以磺酸盐的形式存在。目前已经从植物中发现了至少 120 种硫代葡萄糖苷，Fahey 等 [7] 总结大量文献报道，依据硫代葡萄糖苷侧链 R 基化学结构的不同，将其分成脂肪族、芳香族和吲哚族三大类，并对每个族中硫代葡萄糖苷的具体化学结构和植物中的分布进行了汇总，发现硫代葡萄糖苷主要分布于十字花科植物中，特别是芸薹属和萝卜属中的十字花科植物，且每种十字花科植物中都含有硫代葡萄糖苷，有些品种含有多达十几种的硫代葡萄糖苷，但大多数十字花科植物品种都只含有特定的几种硫代葡萄糖苷。

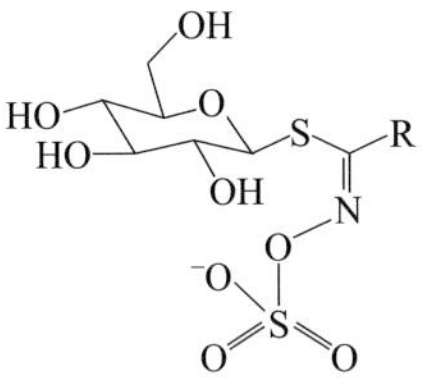

图3-1
硫代葡萄糖苷的结构通式图

何洪巨等 [8] 采用分析型高效液相色谱法对芸薹属中的白菜类、芥菜类和甘蓝类植物中的硫代葡萄糖苷种类和含量进行了分析测定，发现这三类十字花科植物中的硫代葡萄糖苷种类和含量都存在显著差异。小白菜中主要含 3- 丁烯基硫代葡萄糖苷和 1- 甲氧基 -3 吲哚基甲基硫代葡萄糖苷；包心芥菜中主要含烯丙基硫代葡萄糖苷，且含量约为硫代葡萄糖苷总含量的 90%；小叶芥菜中主要含 3- 丁烯基硫代葡萄糖苷，且含量约为硫代葡萄糖苷总含量的 70%；羽衣甘蓝中主要含 3- 吲哚基甲基硫代葡萄糖苷和 3- 甲基亚磺酰基丙基硫代葡萄糖苷；散叶甘蓝中主要含 2- 羟基 -3- 丁烯基硫代葡萄糖苷、烯丙基硫代葡萄糖苷和 3- 吲哚基甲基硫代葡萄糖苷，且三者含量约为硫代葡萄糖苷总含量的 60%；硫代葡萄糖苷总含量由高到低依次为散叶甘蓝、卷心菜、包心芥菜、芥蓝和小白菜。

McNaughton 等[9] 通过总结文献报道的十字花科植物中硫代葡萄糖苷种类和含量的数据，发现水芹中硫代葡萄糖苷总含量最高，可达 389mg • $100g^{-1}$ 湿重；而大白菜中硫代葡萄糖苷总含量最低，为 20mg • $100g^{-1}$ 湿重；同时发现，在烹饪过程中，十字花科植物中的硫代葡萄糖苷平均损失约 36%。Ciska 等[10] 系统性分析测定了两年内同一地区不同气候条件下栽培的十字花科植物中硫代葡萄糖苷的种类和含量，发现所有被检测的萝卜属植物中都含有最高含量的脂肪族硫代葡萄糖苷，并且发现气候条件可以显著影响十字花科植物中硫代葡萄糖苷总含量，但硫代葡萄糖苷的种类变化不明显。

West 等[11] 系统性分析检测了西兰花、甘蓝、萝卜、花椰菜、卷心菜、羽衣甘蓝和球芽甘蓝等种子中的 4- 甲基亚磺酰基丁基硫代葡萄糖苷（glucoraphanin，GRA）和 4- 羟基吲哚 -3- 甲基硫代葡萄糖苷（4-hydroxyglucobrassicin，4OHGB）的含量，发现相比于十字花科植物组织，十字花科植物种子中含有较高含量的 4- 甲基亚磺酰基丁基硫代葡萄糖苷和 4- 羟基吲哚 -3- 甲基硫代葡萄糖苷，是大量获取这两种硫代葡萄糖苷的理想原料。

本书著者团队[12] 研究了 7 科共 19 种传统中药植物中硫代葡萄糖苷含量，用分光光度法测定硫代葡萄糖苷总含量。其中十字花科、山柑科和大戟科部分草本植物的硫代葡萄糖苷总含量较高，而茜草科草本植物的硫代葡萄糖苷总含量较低。此外，用高效液相色谱法测定了 9 种中药材中的 8 种硫代葡萄糖苷含量，发现不同物种硫代葡萄糖苷的种类及其含量存在不同程度的差异，其中白萝卜籽、白芥子和余甘子中的抗癌活性物质含量最高。

三、异硫氰酸酯

异硫氰酸酯类化合物是一类具有“—N═C═S”基团结构的小分子化合物的统称。十字花科植物中存在大量的硫代葡萄糖苷和黑芥子酶，且黑芥子酶分布于特定的蛋白体中，硫代葡萄糖苷则分布于细胞液中。在植物细胞完好的情况下，黑芥子酶与硫代葡萄糖苷不能相互接触，硫代葡萄糖苷可稳定存在。硫代葡萄糖苷 - 黑芥子酶体系（glucosinolate-myrosinase system）是广泛存在于十字花科植物中的一种用于植物自身抗虫的防御机制。当昆虫食用十字花科植物或其他方式导致植物组织破坏后，分布在细胞液中的 GLs 随着细胞破碎后会与原本存在于液泡中的黑芥子酶相接触，硫代葡萄糖苷被快速水解，形成不稳定的糖苷配基。在不同水解条件下，新生成的糖苷配基通过非酶催化的分子内重排反应，转化生成环硫腈（epithionitrile）、腈类（nitriles）、异硫氰酸酯类（isothiocyanates）、硫氰酸酯类（thiocyanates）和噁烷二酮（oxazolidine-thione）等化合物[13]。硫代葡萄糖苷在不同反应条件下的水解产物见表 3-1，具体水解反应过程见图 3-2。

表3-1　不同反应条件下的硫代葡萄糖苷水解产物

反应条件	主要产物
酸性	腈类化合物
中性和偏碱性	异硫氰酸酯类化合物
中性水解	异硫氰酸酯类化合物（少量的唑烷二酮）
亚铁离子存在	腈类化合物
环硫腈特异蛋白（ESP）	环硫腈或腈类化合物
加热（无黑芥子酶）	腈类和少量的异硫氰酸酯类化合物
肠道微生物	腈类和少量的异硫氰酸酯类化合物

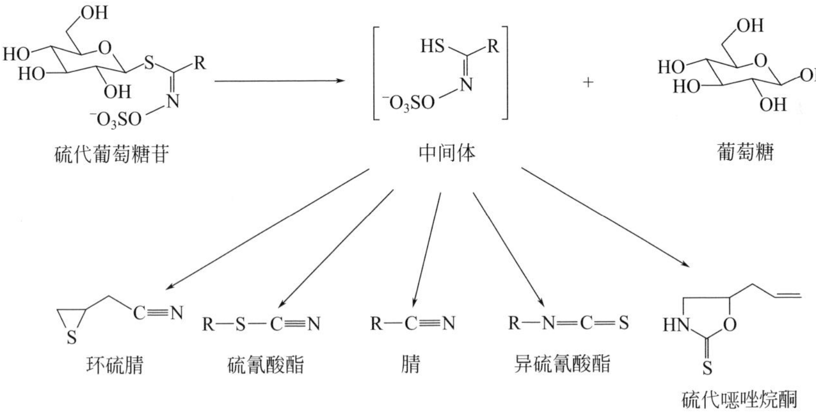

图3-2　黑芥子酶水解硫代葡萄糖苷的反应过程

Vaughn等[14]研究发现，在酸性水解条件下，黑芥子酶水解硫代葡萄糖苷主要生成腈类化合物，而在中性和偏碱性水解条件下，主要生成异硫氰酸酯类化合物。Bones等[15]研究发现，在中性水解条件下，黑芥子酶水解硫代葡萄糖苷主要生成异硫氰酸酯类化合物，并有少量的唑烷二酮产生；在酸性或亚铁离子存在的水解条件下，黑芥子酶水解硫代葡萄糖苷主要生成腈类化合物。在无黑芥子酶的条件下，硫代葡萄糖苷能够发生化学降解和热降解反应，主要生成腈类和少量的异硫氰酸酯类化合物。同时，哺乳动物的胃肠道中存在某些可降解硫代葡萄糖苷的微生物，降解产物主要为腈类化合物，但也有少量的异硫氰酸酯类化合物生成。Williams等[16]研究发现，环硫腈特异蛋白（epithiospecifier proteins，ESP）可以将黑芥子酶水解硫代葡萄糖苷生成的糖苷配基快速转化生成环硫腈或腈类化合物，且亚铁离子可显著提高ESP的活性，因而在亚铁离子和ESP共同存在的条件下，黑芥子酶水解硫代葡萄糖苷主要生成环硫腈或腈类化合物。

研究表明，硫代葡萄糖苷被黑芥子酶水解或自身降解产生的环硫腈、腈类、异硫氰酸酯类、硫氰酸酯类和唑烷二酮等化合物中，仅有异硫氰酸酯类化合物具有显著诱导Ⅱ相解毒酶的能力和抗癌活性[17]。Matusheski 等[18]研究发现 2.5μmol/L 莱菔硫烷与 2000μmol/L 莱菔硫烷腈对Ⅱ相解毒酶的诱导能力相当，说明莱菔硫烷潜在的抗癌活性显著高于莱菔硫烷腈。Nastruzzi 等[19]研究发现五种硫代葡萄糖苷水解获得异硫氰酸酯类化合物抑制人红白血病细胞 K562 生长增殖的效果显著高于这些硫代葡萄糖苷对应的腈类水解产物，说明异硫氰酸酯类化合物的抗癌活性较强。

目前，研究发现并证实具有诱导Ⅱ相解毒酶能力和抗癌活性的异硫氰酸酯类化合物有 20 余种，其中，天然的并被科学家广泛关注的异硫氰酸酯类化合物有 3 种，分别为莱菔硫烷（sulforaphane，SFA）、异硫氰酸苄酯（benzyl isothiocyanate）和异硫氰酸苯乙酯（phenethyl isothiocyanate）[20]。莱菔硫烷是 4- 甲基亚磺酰基丁基硫代葡萄糖苷转化生成的一种异硫氰酸酯类化合物。本书著者团队[21]对多种十字花科植物种子中的莱菔硫烷含量进行比较，发现莱菔硫烷含量在不同种植物种子中存在显著性差异，其中西兰花种子中莱菔硫烷含量最高，是制备莱菔硫烷的优良原材料。同时，本书著者团队也建立了一种简便、准确的二氯甲烷萃取 - 反相高效液相色谱法测定莱菔硫烷的方法[22]。流行病学、细胞和动物实验以及临床实验结果一致表明，莱菔硫烷可以高效诱导Ⅱ相解毒酶活性和抗癌活性，在癌症的预防和治疗等方面具有很高的价值[23]。莱菔素（sulforaphene，SFE）是黑芥子酶水解主要来源于萝卜中的 4- 甲基亚磺酰基 -3- 丁烯基硫代葡萄糖苷（glucoraphenin，GRE）转化生成的一种异硫氰酸酯类化合物，其是莱菔硫烷的结构类似物，两者仅在一个碳碳键上存在差异，推测莱菔素可能具有与莱菔硫烷相似的药理活性，特别是在诱导Ⅱ相解毒酶活性和抗癌活性等方面，针对莱菔素的一些研究结果也证实了这一推测[24,25]。如何绿色制备高纯莱菔素和莱菔硫烷以及各自的硫代葡萄糖苷前体，是本书著者团队长期关注的重点问题。

第二节
硫代葡萄糖苷制备工艺

硫代葡萄糖苷不仅自身具备一定的生物活性，还是制备天然活性产物异硫氰酸酯类化合物的重要前体物质。相比于异硫氰酸酯，硫代葡萄糖苷的稳定性更好，规模化制备的难度较低，可以作为异硫氰酸酯类物质的天然储存载体。2017年，GRA 含量 13% ～ 20% 的西兰花水提物获批我国新资源食品，而 GRE 含量丰富的萝卜籽则是“药食同源”的典型原材料，制备一定纯度的硫代葡萄糖苷具有广阔的食品、药品应用市场。常见的硫代葡萄糖苷制备方法有化学合成法、生物合成法和天然产物提取法。

一、化学合成法和生物合成法

1．化学合成法

Mavratzotis 等[26]通过化学合成法制备出具有非氧化型硫的硫代葡萄糖苷（图 3-3），转化率可达到 60% ～ 80%。但操作过程溶剂消耗大，耗能多，副产物复杂，硫代葡萄糖苷的生产种类受到限制。

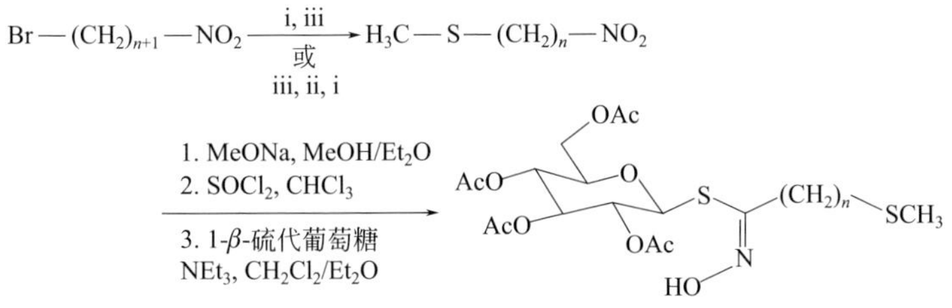

i—$NaNO_2$, DMSO, 室温；ii— NaI, 丙酮, 回流；iii—CH_3SNa, 甲醇, 回流

图3-3　硫代葡萄糖苷的化学合成路线

2．生物合成法

硫代葡萄糖苷的最终来源是一些氨基酸，包括丙氨酸、亮氨酸、蛋氨酸、苯丙氨酸、色氨酸。生物合成的步骤主要可以分为以下三个方面：①氨基酸侧链的延伸，通过亚甲基的添加来完成。②氨基酸类似物侧链结构与硫代葡萄糖苷主核结构的连接。③之后的氧化和侧链修饰过程[27]。现阶段，主要的研究方向是侧链的延伸，因为侧链的延长对于硫代葡萄糖苷的抗虫性和抗癌活性具有显著性的影响[28]。

侧链延伸过程需要通过合成放射性前体[29,30]和采用同位素标记的稳定性好的示踪剂来实现[31]，同时在合成过程中需要对中间代谢产物进行分离鉴定。结果表明，氨基酸类似物侧链的延伸过程与氨基酸以及其 2- 氧代酸衍生物三步延伸环紧密相关[32]，具体过程如图 3-4 所示。

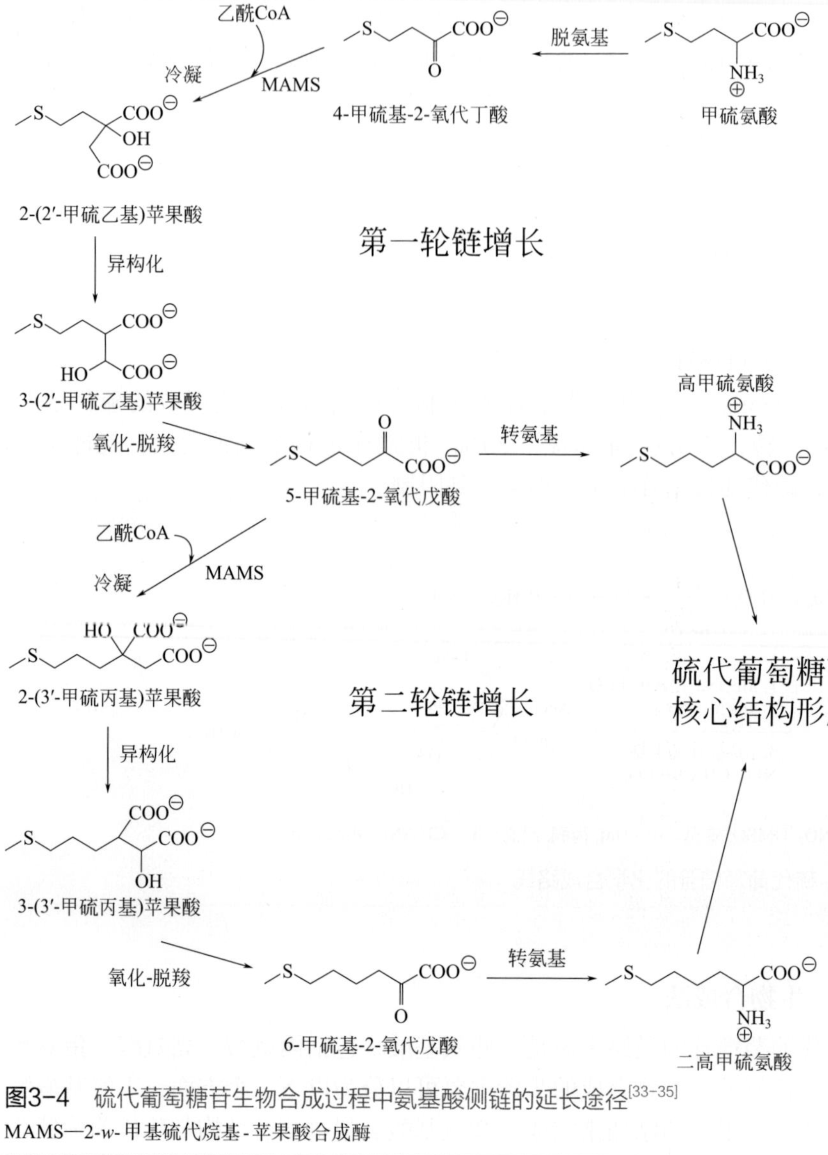

图3-4 硫代葡萄糖苷生物合成过程中氨基酸侧链的延长途径[33-35]

MAMS—2-*w*-甲基硫代烷基-苹果酸合成酶

二、天然产物提取法

硫代葡萄糖苷因其主体结构含有葡萄糖环和磺酸根基团，表现出极强的水溶性，强极性和强水溶性为硫代葡萄糖苷的分离纯化增加了难度。最近几十年，国内外科研人员通过改变实验操作设备、筛选分离介质、调节流动相极性等方法，总结出一系列用于分离纯化硫代葡萄糖苷的新方法和新技术。

1. 传统工艺方法

（1）凝胶色谱法　吴谋成等[36]以甘蓝和芥菜作为目标植物样本，采用DEAE Sephadex A-25葡聚糖凝胶和高效液相色谱方法联用，纯化出硫代葡萄糖苷，但工艺繁杂、成本过高。周锦兰等[37]在常规实验条件下，采用酸性氧化铝和正相硅胶柱联用的方式，分离纯化菜籽中的硫代葡萄糖苷，效果显著。Charpentier等[38]采用酸性氧化铝分离纯化硫代葡萄糖苷，经0.1mol/L硝酸钾对含量为2%的上样液进行洗脱，获得富含硫代葡萄糖苷的洗脱部分，回收率为93%，含量由原料中的7%提升到29%。

（2）制备型高效液相色谱法　Rochfort等[39]采用制备型高效液相色谱分离纯化西兰花中的硫代葡萄糖苷，并优化了操作条件。分别采用2%（体积比）CH_3OH-0.05mol/L TMAB（四甲基溴化铵）、2%（体积比）CH_3OH-0.05mol/L NaH_2PO_4（pH 3.2）和1%（体积比）乙腈-0.1%甲酸作为流动相，比较三者的分离效果和后续除杂的难度。最终从西兰花种子中分离得到纯的GRA，并首次提出了不采用盐类的流动相。但制备型高效液相色谱的缺点就是固相基质对样品的处理量小，样品回收率低。

（3）逆流色谱法　Fahey等[40]对于来自不同植物材料的硫代葡萄糖苷采用高速逆流色谱进行分离。在分离过程中，使用一种高盐高极性的溶剂正丙醇-乙腈-饱和硫酸铵-水溶液（1∶0.5∶1.2∶1，体积比），混合分相后的有机相作为流动相，水相作为固定相。从约7g的含量10%硫代葡萄糖苷的甲醇提取浸膏中分离得到了4-甲基亚磺丁基、3-甲基亚磺丙基、4-甲基硫代丁基、2-丙烯基和4-鼠李糖苄基硫代葡萄糖苷，产品纯度高、通量大、回收率好。多次注射进样后（5～6次），系统仍保持良好的固定相保留率。对西兰花种子的萃取物进行连续分离操作，最终可生产出大约2g GRA。

高速逆流色谱可以用于分离多种硫代葡萄糖苷类化合物。但是对分离设备要求高，操作过程中，逆流色谱转速极快，增加了操作过程的难度和危险系数。因此Du等[41]考虑采用低速逆流色谱制备硫代葡萄糖苷，实验结果表明油菜籽的脱油菜粕萃取物中的3-丁烯基硫代葡萄糖苷（G1）和2-羟基-3-丁烯基硫代葡萄糖苷（G2）可以通过低速逆流色谱进行分离。实验采用的溶剂体系为正丁醇-乙腈-10%$(NH_4)_2SO_4$水溶液（1∶0.5∶2，体积比）。在37.5h的连续操作下，50g的萃取液粗品可以通过配有22L的逆流柱的低速逆流色谱装置，生产0.91g的G1和3.57g的G2。两种化合物的纯度大于95%。

（4）强离子交换离心分配色谱法　硫代葡萄糖苷Sinalbin和GRA可以通过强离子交换离心分配色谱的方式进行纯化。Toribio等[42]发现最优的分离条件是采用双相溶剂体系，其中包括乙酸乙酯 - 正丁醇 - 水（3∶2∶5，体积比），在有机相中加入脂溶性的阴离子交换剂 Aliquat 336 作为固定相，碘化钠溶液作为置换剂溶解于水相中作为流动相。最后分别从 12g 芥末和 25g 西兰花种子的提取物中，2.5 ～ 3.5h 一次分离得到高达 2.4g Sinalbin 和 2.6g GRA。

（5）膜分离法　采用膜法分离硫代葡萄糖苷快速、简单、廉价、不需要特别的有机试剂和复杂的操作。整个操作过程在水溶液中进行，因此简单安全。Szmigielska 等 [43] 采用具有离子交换官能基团的膜，洗脱液采用 1mol/L 硝酸钾，在膜设备中让样品以及洗脱液进行错流吸附解吸，硫代葡萄糖苷收率为 80%。

2．本书著者团队开发的绿色制备工艺

针对传统硫代葡萄糖苷纯化工艺成本高、工艺复杂、设备昂贵等问题，本书著者团队开发了一系列经济绿色高效纯化硫代葡萄糖苷的制备工艺，适合大规模工业化生产食品级、保健品级硫代葡萄糖苷，具有良好的推广前景。

（1）低压柱色谱联合纳滤膜分离或甲醇沉淀法　由于十字花科植物多为油料作物，较高的含油量不仅会降低硫代葡萄糖苷的纯度，还会增加分离过程的难度。同时由于黑芥子酶的存在，分离过程中硫代葡萄糖苷会水解成异硫氰酸酯、硫氰酸酯、腈类等物质，约造成 30% 的损失。因此在硫代葡萄糖苷的分离纯化前，需要高温处理灭活黑芥子酶，并使用正己烷或石油醚等脱除油质。本书著者团队 [44] 采用 100 ～ 200 目的酸性氧化铝作为填料吸附高温提取萝卜中硫代葡萄糖苷粗品，并使用氯化钾洗脱。使用沸甲醇或商用 NF270-400 纳滤膜脱盐，所得硫代葡萄糖苷纯度分别可达 80.3% 和 91.5%，收率分别为 83.2% 和 89.0%，其中纳滤膜过滤对氯化钾的脱除率高达 99.5%。

（2）超声辅助萃取法　在植物化学领域，超声波辅助处理被认为是一种简单而快速的辅助溶剂提取的方法。超声波的应用极大提高了提取效率，减少了溶剂使用，并保护了不稳定的生物活性化合物。超声促进的萃取作用归因于空化气泡破裂导致细胞壁的破裂、颗粒尺寸的减小和细胞内容物的传质增强。本书著者团队 [45] 通过响应面法优化了使用乙醇溶剂提取烯丙基硫代葡萄糖苷的条件，见图 3-5（a）。结果发现 60%（体积分数）乙醇溶液，提取温度 80℃，提取时间 60min，固液比 1∶20，提取一次时的提取效果最优，硫代葡萄糖苷的最优产率的实际值是 3.84%。同时，细胞壁外覆盖的果胶等成分极大影响了硫代葡萄糖苷的提取率，使用有机溶剂或超声辅助溶剂处理等，可以有效去除表面果胶层。脱脂原料、常规水提取、有机溶剂处理和超声辅助溶剂处理的扫描电子显微镜图见图 3-5（b），可以直观看出后两种方法能够去除细胞壁上覆盖的果胶，使杂质成分果胶的含量降低 25% ～ 37%，进而使硫代葡萄糖苷的产率提高 22.3% ～ 71.0%。

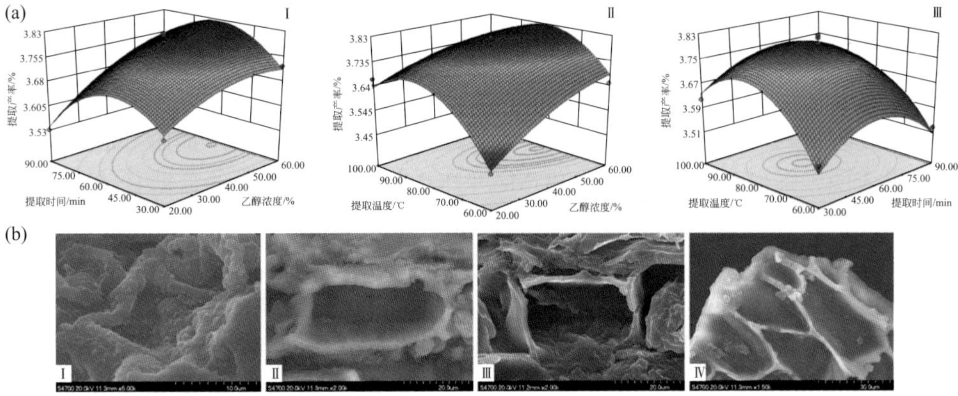

图3-5 （a）乙醇浓度、提取时间和提取温度对产率的响应面图；（b）不同处理方法得到样品的扫描电镜图

（3）大孔离子交换树脂法　大孔离子交换树脂吸附/解吸过程是一种高效的一次分离浓缩方法，已广泛应用于食品、医药、环境等领域。大孔离子交换树脂具有永久性的、发育良好的孔结构及其官能团，强化了大孔离子交换树脂对极性溶液中离子化目标分子的吸附，非常适合于带电的亲水性硫代葡萄糖苷。本书著者团队[46]研究比较了多种大孔离子交换树脂对水提物（粗提物）的吸附和解吸性能。结果表明，D261树脂对脂肪族硫代葡萄糖苷的吸附和解吸性能最好，其吸附数据最符合Freundlich等温式。经D261树脂一次处理后，硫代葡萄糖苷的纯度由3.75%提高到58.37%，回收率为79.82%，提高了15.57倍。与中压液相色谱联用[47]可以得到纯度超过95%的硫代葡萄糖苷，收率76.03%，高纯硫代葡萄糖苷的液相色谱图见图3-6。

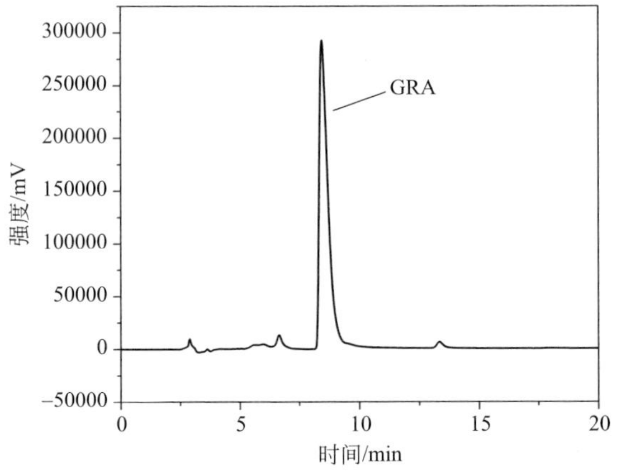

图3-6 高纯硫代葡萄糖苷的液相色谱图

此外，本书著者团队[48]制备了聚甲基丙烯酸环氧丙酯（PGMA）及其胺（乙二胺、二乙胺、三乙胺）修饰的大孔交联共聚物吸附剂［扫描电镜图见图 3-7（a）］，并将其用于从十字花科植物芝麻菜粗提物中分离纯化硫代葡萄糖苷。本书著者团队比较了四种吸附剂对植物粗提物中硫代葡萄糖苷的吸附 / 脱附和脱色性能，结果表明，强碱性三乙胺改性 PGMA（PGMA-Ⅲ）对硫代葡萄糖苷的吸附和解吸性能最好，其吸附数据符合 Freundlich 等温线和准二级动力学，而 PGMA 的脱色性能最好，表现出不逊于商用脱色填料的脱色性能，见图 3-7（b）。因此本书著者团队继续进行了动态吸附 / 解吸实验，以优化提纯工艺，通过图 3-7（c）所示的策略将两个玻璃柱串联起来，分别用 PGMA 和 PGMA-Ⅲ吸附树脂湿法填充，可一步实现硫代葡萄糖苷的脱色和分离。与氯化钾溶液相比，氨水是一种较好的解吸溶剂，克服了脱盐效率低、残留甲醇和运行成本高的问题。结果表明，经 10% 氨水解吸后，分离得到的硫代葡萄糖苷纯度为 74.39%，回收率为 80.63%，经 PGMA 吸附脱色后，硫代葡萄糖苷外观改善，纯度提高 11.30%。采用串联玻璃柱，湿法填充 PGMA 和 PGMA-Ⅲ，可以为十字花科植物中硫代葡萄糖苷的纯化提供一种简单、低成本且有效的方法。

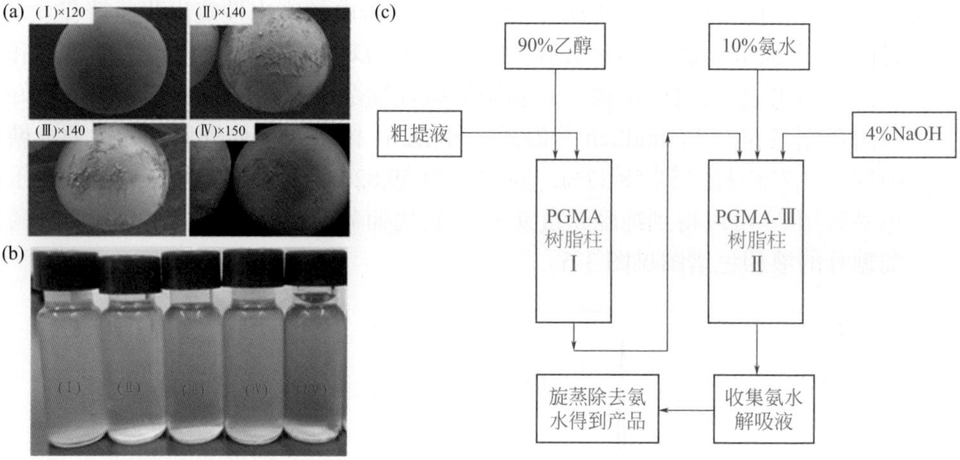

图3-7 （a）（Ⅰ）PGMA、（Ⅱ）PGMA-Ⅰ、（Ⅲ）PGMA-Ⅱ、（Ⅳ）PGMA-Ⅲ微球的扫描电镜图；（b）树脂脱色处理后粗提液颜色的变化：（Ⅰ）原液的颜色、（Ⅱ）活性炭脱色后、（Ⅲ）PGMA-Ⅱ脱色后、（Ⅳ）D290树脂脱色后、（Ⅴ）PGMA脱色后；（c）串联树脂柱分离纯化硫代葡萄糖苷的工艺路线

（4）活性炭吸附洗脱法　除了植物组织自身含有的一些无机盐离子外，包括离子交换树脂、中低压柱色谱，甚至一些离子交换膜过滤手段在内的多种工艺均需要以无机盐溶液作为洗脱液收集硫代葡萄糖苷。即便对盐用量进行了反复优

化，体系中残留的无机盐仍是影响硫代葡萄糖苷纯度的重要部分。甲醇 / 乙醇沉淀法对于氯化钾等无机盐的脱除效果有限，会存在溶剂残留，并且较高浓度的甲醇 / 乙醇也会使得硫代葡萄糖苷沉淀。除了纳滤膜过滤外，本书著者团队 [49] 开发了一种利用活性炭脱除无机盐杂质的工艺方法。按照活性炭 : 硫代葡萄糖苷的质量比为 1000 : 60 ～ 80 确定活性炭用量，在室温条件下搅拌吸附，过滤得到吸附有硫代葡萄糖苷的活性炭滤饼。使用氨水调节 pH=10 的 10% 乙醇水溶液进行多次洗脱，产品纯度较沸水提取的硫代葡萄糖苷粗品可提高 2.5 ～ 3.0 倍，亦可与上述几种方法联用，进一步提高硫代葡萄糖苷的纯度。

第三节
高纯异硫氰酸酯制备工艺

异硫氰酸酯类化合物具有抗菌、抗肿瘤、抗氧化等多种重要生理活性，实现其规模化绿色制备具有广阔的生物医药应用前景。然而，异硫氰酸酯在十字花科植物中含量很低，传统分离纯化方法难以有效去除杂质，获得高纯度的产品。本书著者团队重点开发了两条制备高纯异硫氰酸酯的工艺路线：一是直接利用十字花科植物中的内源黑芥子酶水解生成异硫氰酸酯，由于水解反应复杂，后续纯化工作难度较大；二是先制备高纯硫代葡萄糖苷，再经过外源黑芥子酶水解得到异硫氰酸酯，减少纯化过程中的损失。此外，硫代葡萄糖苷水解生成异硫氰酸酯的同时，会生成葡萄糖和硫酸，导致获得的异硫氰酸酯产品纯度较低。想要获得高纯度的异硫氰酸酯产品，对水解产物进行进一步的纯化是无可避免的焦点问题。目前，研究较多且普遍采用的分离纯化方法有溶剂萃取法、大孔树脂吸附法、低压柱色谱法、制备色谱法等。

一、异硫氰酸酯的制备

1．化学合成法

早在 1948 年，莱菔硫烷最早的化学合成路线便由 Schmid 和 Karrer[50] 公布，该方法反应过程简单，但由于是通过硫醚基团氧化得到莱菔硫烷分子中的亚砜基团，氧化过程没有选择性，所合成的莱菔硫烷为外消旋体。之后，有研究人员 [51] 又开发出了手性合成的方法，制备出了与天然莱菔硫烷一样的 L 型莱菔硫烷，但是产率低、副产物多、分离纯化困难等缺点限制了其进一步的应用。图 3-8 展示了一条莱菔硫烷的合成路径 [52]，反应过程复杂且条件苛刻。

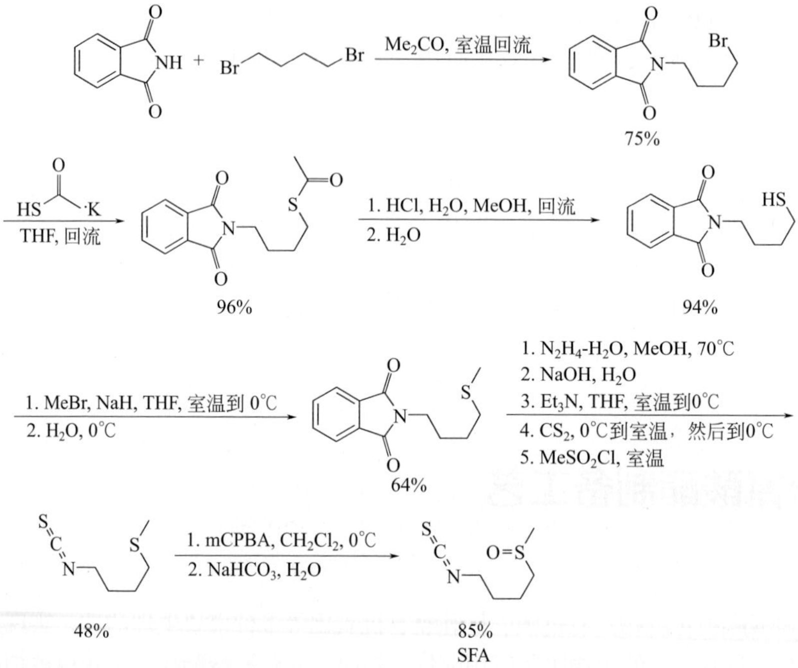

图3-8　一种化学合成法制备SFA的途径

THF—四氢呋喃；mCPBA—间氯过氧苯甲酸

化学合成法也可以与生物法相结合，首先通过化学合成或植物提取的方法获得目标硫代葡萄糖苷的类似物，再通过生物法，如酶法、微生物法等将其转化为最终产物。Holland 等[53]以芝麻菜种子中廉价易得的硫代葡萄糖苷为原料，氧化得到硫代葡萄糖苷 GRA，再经过黑芥子酶水解生成莱菔硫烷，如图 3-9。类似的方法虽然成本低廉，但涉及的化学、生物过程较为繁琐，其规模化生产仍有许多技术问题要解决。

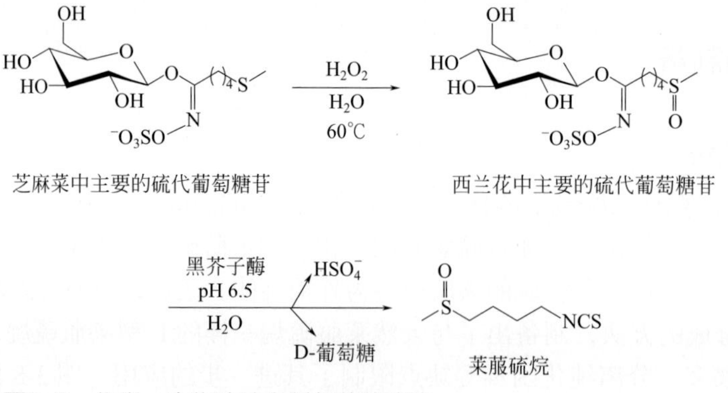

图3-9　化学、生物法结合制备莱菔硫烷

2．天然产物提取法

天然产物提取法即是模仿自然界中异硫氰酸酯的生成过程，利用植物自身的黑芥子酶（或者真菌、昆虫和哺乳动物细胞）水解硫代葡萄糖苷生成异硫氰酸酯为主的化合物，再使用化学工程方法，利用萃取、色谱等方法进行纯化，从而得到高纯度的异硫氰酸酯类化合物。天然产物提取法中最初得到的是硫代葡萄糖苷几种水解产物的混合物，其中腈类物质有一定的毒性，必须进行去除。值得一提的是，本书著者团队利用外源黑芥子酶水解高纯硫代葡萄糖苷的思路，经过对硫代葡萄糖苷和黑芥子酶的分别纯化，有利于减少腈类物质的生成。同时，本书著者团队对硫代葡萄糖苷生成异硫氰酸酯的水解条件进行了优化。

（1）pH 对水解反应的影响　pH 值对酶促反应速率的影响是复杂的，但主要从影响酶分子的构象，酶和底物的解离等方面影响酶的活力。水解时 pH 值的高低直接影响产物中异硫氰酸酯和腈的比率。本书著者团队[54]选取 Na_2HPO_4- 柠檬酸缓冲溶液（pH 3 ～ 6）和 Tris-HCl 缓冲溶液（pH 7 ～ 9）保持水解体系具有恒定的 pH 值，并恒定反应温度为 25℃。结果表明莱菔硫烷的含量随着水解体系中 pH 值的降低而降低，当 pH 值为 3 时，莱菔硫烷的含量达到最低值，与中性条件下（pH 7.2）相比减少了 34%。水解的最适 pH 值为 7.2，莱菔硫烷的含量达到 14.586mg/g 脱脂种子。而后 pH 值升高到碱性条件时同样表现出对莱菔硫烷形成的抑制作用。所以 pH 值为中性附近时对莱菔硫烷的生成最为有利。然而随着反应的进行，副产物硫酸积累，反应体系的 pH 值也会随之下降。因而，为了最大限度增加莱菔硫烷的产量，应采取诸如使用 pH 缓冲液或加入难溶碱性盐等方法维持反应体系的 pH 值在 6 ～ 7 之间。对于与莱菔硫烷结构相似的莱菔素来说，可以选择相同的水解 pH。

（2）金属离子对水解反应的影响　本书著者团队[55]通过在西兰花种子水解体系中外源添加金属离子的方式，研究了 6 种金属离子（Zn^{2+}、Cu^{2+}、Mg^{2+}、Fe^{2+}、Fe^{3+}、Ca^{2+}）对莱菔硫烷生成及黑芥子酶活性的影响，结果表明 Cu^{2+}、Mg^{2+} 能减少莱菔硫烷的生成，对黑芥子酶的活性也有一定的抑制作用。Fe^{3+} 和 Fe^{2+} 的存在能显著降低莱菔硫烷的生成量，Williams 等[16]发现 Fe^{2+} 是 ESP 发挥活性的关键因素，有利于腈类物质的生成。Ca^{2+} 能提高黑芥子酶活性，但是也能抑制糖苷配基中间体生成莱菔硫烷。只有 Zn^{2+} 既能够提高黑芥子酶的活性，也能够促进糖苷配基生成莱菔硫烷。因此，在硫代葡萄糖苷的水解过程中通过添加 Zn^{2+} 或者金属离子螯合剂去除其他金属离子的影响是提高异硫氰酸酯产量的有效途径。

（3）温度对水解反应的影响　温度是酶促反应过程中的重要参数，酶促反应同其他大多数化学反应一样，受温度的影响较大，合适的温度有利于维持酶的活性并提高反应速率。为了排除 pH 值对水解反应的影响，实验采用缓冲溶液恒定反应的 pH 值。随着水解温度的提高，脱脂种子中莱菔硫烷的含量基本上呈现出线性下降的趋势。当水解温度为 25℃时莱菔硫烷的产量最大，50℃时莱菔硫烷的产量就有比较明显的降低，莱菔硫烷的含量减少可能是因为温度升高导致黑芥子酶活性降低。同时由于 ESP 比黑芥子酶的热稳定性差[56]，适宜温度及时间加热处理西兰花可能会使其中 ESP 失活而保留黑芥子酶的活性，从而抑制腈类物质的生成。Wang 等[57]研究了水煮、蒸汽、微波 3 种传统的热处理方式对西兰花中主要硫代葡萄糖苷 GRA 的 2 种水解产物莱菔硫烷和莱菔硫烷腈类产量的影响，结果表明蒸汽处理西兰花芽苗 1 ～ 3min 是最优的方式，莱菔硫烷的含量较新鲜西兰花中的含量得到显著提高。此外，本书著者团队研究发现，莱菔素水解的最适温度与莱菔硫烷大致相似。

（4）不同来源黑芥子酶对水解反应的影响　由于黑芥子酶是一类同工酶，并且每种植物自身含有的黑芥子酶也不是单一结构，所含有 ESP 含量也有不同，本书著者团队[58]研究发现西兰花种子、莱菔子与油菜籽来源的黑芥子酶对硫代葡萄糖苷 GRE 的水解活性明显高于其他品种十字花科植物的黑芥子酶，分别可达到 $2.87U \cdot g^{-1}$、$2.89U \cdot g^{-1}$、$2.98U \cdot g^{-1}$。猜测其原因是具本身含有的硫代葡萄糖苷与 GRE 结构相同或类似，这符合植物进化的一般规律。对于西兰花中含量丰富的硫代葡萄糖苷 GRA，这三种种子也能发挥良好的黑芥子酶活性，所以可以作为外源酶水解途径中优良的黑芥子酶来源。

3．黑芥子酶固定化

固定化酶技术在生物技术、生物医学和化工生产等方面具有广泛的应用，对各种环境、临床和工业样品的研究有着深远的意义。与其他并行技术相比，固定化酶技术体现出更加经济环保且易于使用等优势。对于外源黑芥子酶水解反应而言，实现黑芥子酶的固定化能够非常方便地分开酶和产物，减少产物溶液中酶的残留，维持较久的不间断装柱和多批次反应，降低生产成本，维持酶的性质和活性稳定。国内外进行了诸多黑芥子酶固定化相关的研究，以下介绍本书著者团队的两个研究实例。

（1）Fe_3O_4@SiO_2-ConA 纳米微球固定化黑芥子酶　本书著者团队[59]使用 $FeCl_3 \cdot 6H_2O$ 与 $FeCl_2 \cdot 4H_2O$ 制备 Fe_3O_4 纳米球，包覆氨基修饰的 SiO_2，共价交联能够吸附糖类的刀豆球蛋白（Concanavalin A，Con A），制备了 Fe_3O_4@SiO_2-ConA 纳米微球，能够选择性吸附较多糖基化的黑芥子酶，示意图如图 3-10。

由于黑芥子酶本身表面有很多氨基酸残基，当负载的酶量过大后会因为蛋白质之间的静电作用造成颗粒结块，将大量黑芥子酶包裹在内部，影响其与底物的接触，降低水解效果。因此本书著者团队筛选出了刀豆球蛋白：黑芥子酶粗酶

液中蛋白质量 =1∶100 的最优添加量，同时可以使用戊二醛进一步交联，提高固定化黑芥子酶的结构稳定性。由于异硫氰酸酯的热稳定性较差，很难评估固定化酶的热稳定性提升，但经过固定化后，在最适 pH 条件下，黑芥子酶的酶活由 63.2U/g 提升到了 181.2U/g。该方法将黑芥子酶的纯化与固定化结合于一体，大大减少了黑芥子酶的纯化难度，提高了固定化效率，同时不吸附 ESP，使得硫代葡萄糖苷转化生成异硫氰酸酯的转化率大大增加。

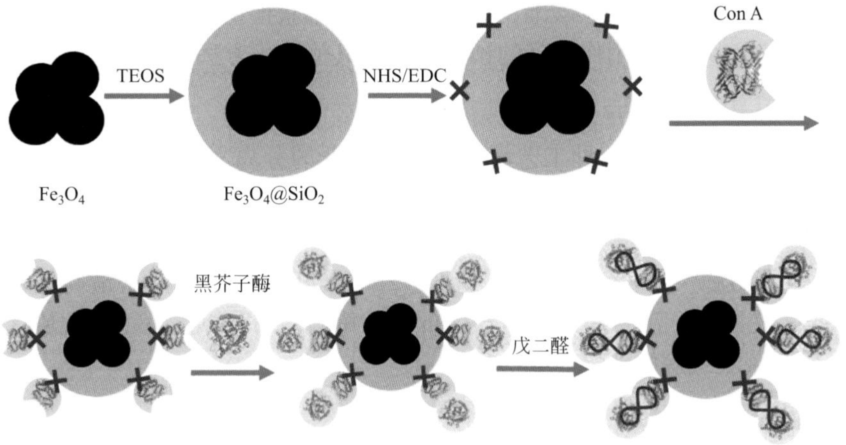

图3-10　$Fe_3O_4@SiO_2$纳米微球固定化黑芥子酶示意图

TEOS—正硅酸乙酯；NHS—*N*-羟基琥珀酰亚胺；EDC—可溶于水的碳二亚胺

（2）环氧树脂固定化黑芥子酶　本书著者团队[60]开发了一种利用环氧树脂 LX1000EP 作为载体的黑芥子酶固定化工艺，示意图如图 3-11。由于环氧树脂是通过环氧丙基与蛋白质的氨基共价结合的方式实现酶的固定化，对不同蛋白的选择性不强，需要在固定化前对黑芥子酶进行盐析、透析等处理。酶活力为 0.1U/mL 的酶液中添加的载体量达到 0.6g/mL 时，其固载率达到 84.5%。在循环使用 10 次之后，固定化黑芥子酶酶活力虽略有下降，仍然可以达到初始酶活力的 80% 以上，这大大降低了莱菔素生产中黑芥子酶的成本。

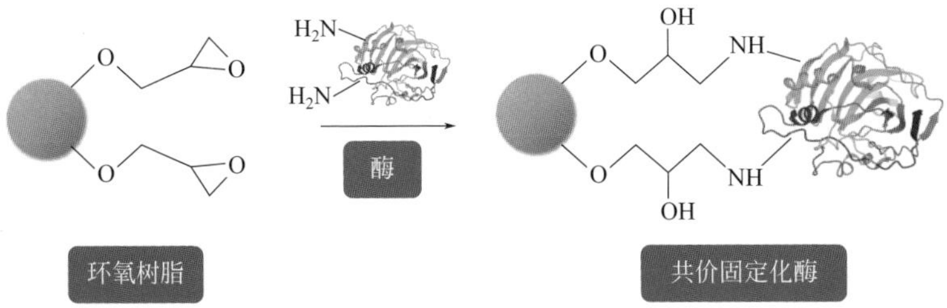

图3-11　环氧树脂固定化酶示意图

二、异硫氰酸酯的纯化

1．有机溶剂萃取法

有机溶剂萃取法是利用化合物在 2 种互不相溶的溶剂中溶解度不同，使化合物从一种溶剂转移到另一种溶剂中，经过多次萃取后，不断富集目标产物。异硫氰酸酯的萃取通常采用二氯甲烷或乙酸乙酯。但值得注意的是一种十字花科植物中通常会得到多种异硫氰酸酯，溶剂萃取法很难获得单一高纯异硫氰酸酯。所以，有机溶剂萃取法常用作样品的预处理，是其他纯化方法的基础。

2．大孔树脂吸附法

大孔树脂吸附法是一种工艺简单、成本较低的分离方法。本书著者团队[61]对采用大孔树脂吸附法从西兰花种子水解液中分离莱菔硫烷的工艺进行了研究与优化。首先对 4 种大孔树脂的吸附和解吸性能进行了研究，发现 SP850 树脂能有效分离莱菔硫烷，上样流速 5BV/h，温度 25℃，pH 2 时，吸附率最高；采用乙醇 - 水作为洗脱液，洗脱液的流速 6BV/h 时，解吸效果达到最好。在此最优的条件下，所得莱菔硫烷纯度可达 85.9%。

3．低压柱色谱法

本书著者团队[62]利用低压硅胶柱色谱法采用梯度洗脱的方式成功从西兰花种子水解液中纯化得到莱菔硫烷，莱菔硫烷纯度大于 90%，与纯化前液相色谱图对比如图 3-12。用低压柱色谱法纯化异硫氰酸酯的突出优点为成本较低，但是这种方法也存在一个较大的问题，硅胶色谱属于正相色谱，硅胶易吸附强极性的物质，洗脱过程中这些强极性的物质很难被洗脱下来，重复使用时柱效有所降低。

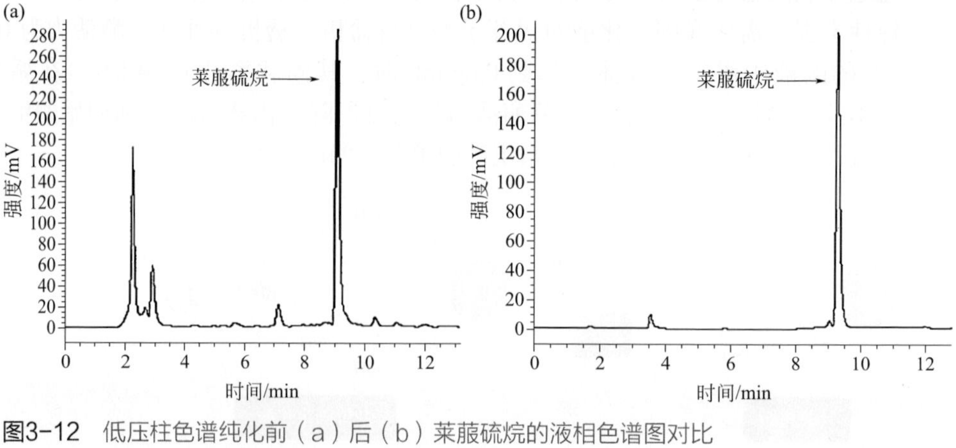

图3-12　低压柱色谱纯化前（a）后（b）莱菔硫烷的液相色谱图对比

4．制备型高效液相色谱法

制备型高效液相色谱是制备异硫氰酸酯的一种重要方法。Kore 等 [63] 先采用凝胶过滤法纯化样品，之后采用制备型高效液相色谱成功分离出了西兰花中主要硫代葡萄糖苷的几种主要水解产物。Matusheski 等 [64] 先后采用二氯甲烷萃取和制备型高效液相色谱法纯化出了西兰花种子中的莱菔硫烷和莱菔硫烷腈。该工艺采用二氯甲烷萃取法来初步纯化样品，取得了很好的效果，但是二氯甲烷萃取法耗时较长，且需消耗大量有机溶剂。在此基础上本书著者团队 [65] 建立了固相萃取和制备型高效液相色谱联用制备莱菔硫烷的工艺，所得到的莱菔硫烷产品纯度可达 95% 以上。固相萃取是基于固液萃取原理，先将西兰花种子提取物溶于己烷 - 乙酸乙酯溶液中，后转移至固相萃取柱中，用乙酸乙酯淋洗去除杂质后，用乙醇洗脱，再用制备型高效液相色谱法进一步纯化。固相萃取法可同时完成样品的富集与净化，能除去大量的干扰组分，操作简单，节约溶剂，为制备型高效液相色谱的高效分离准备了很好的基础。图 3-13 依次为粗提取、液液萃取、固相萃取、制备色谱所得样品中莱菔硫烷的液相色谱图。

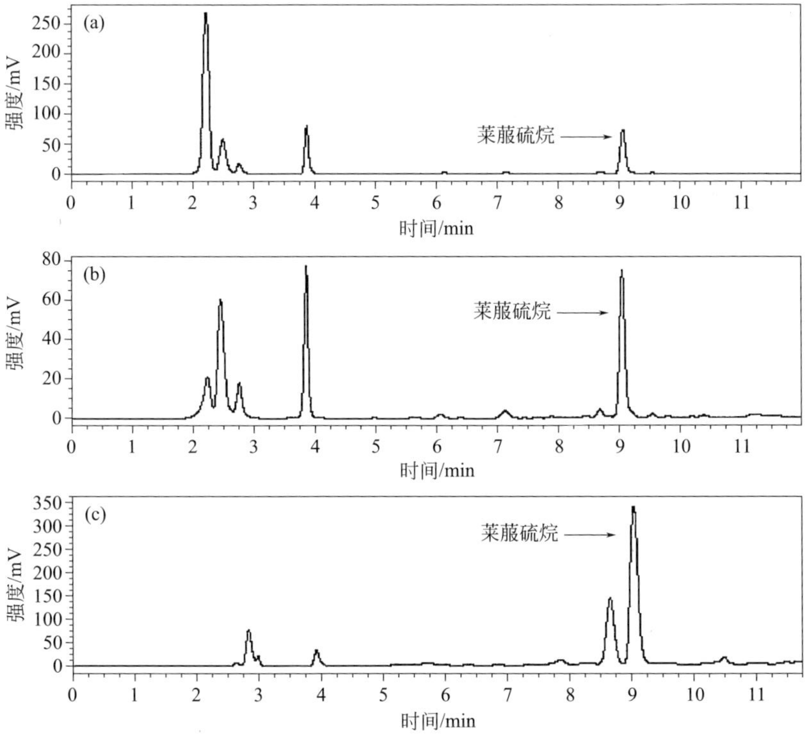

图3-13

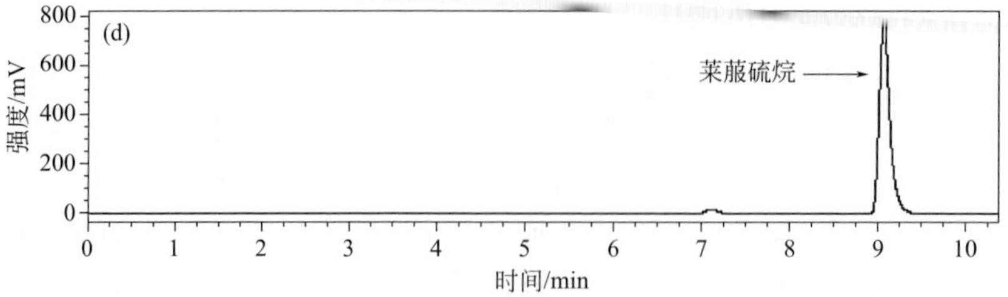

图3-13　不同样品中莱菔硫烷的液相色谱图

经过固相萃取，莱菔硫烷与粗提液中的其他组分得到了很好的分离，再经过制备色谱可以获得纯度 95% 以上的莱菔硫烷。同时，本书著者团队[54]为了提高制备效率，采用了浓度过载上样的方法，但色谱峰前后两端会与杂质峰重叠，因此引入了中心切割技术对色谱峰进行分隔，收集中心区域产品同样可以获得 95% 以上的莱菔硫烷，且两端样品可以回收浓缩进行进一步纯化，制备效率大大提高。此外，本书著者团队[66]还开发了大孔树脂吸附和制备型高效液相色谱联用的方法用于从莱菔子水解液中纯化莱菔素，该法可使莱菔素得到较好的分离，产品纯度可达到 96.5%。

5．高速逆流色谱法

高速逆流色谱法是一种连续高效的液液分配色谱技术，是建立在单向性流体动力平衡体系之上的一种逆流色谱分离方法。本书著者团队[67]研究了利用高速逆流色谱法纯化异硫氰酸酯的工艺，并取得了一定的成果。溶剂系统的选择是影响高速逆流色谱分离效率的关键因素。通过对多种溶剂系统的筛选，选定正己烷 / 乙酸乙酯 / 甲醇 / 水（体积比为 1∶5∶1∶5）系统用于分离西兰花种子水解液中的莱菔硫烷，产品的纯度高于 97%，纯化前后莱菔硫烷的纯度变化如图 3-14。

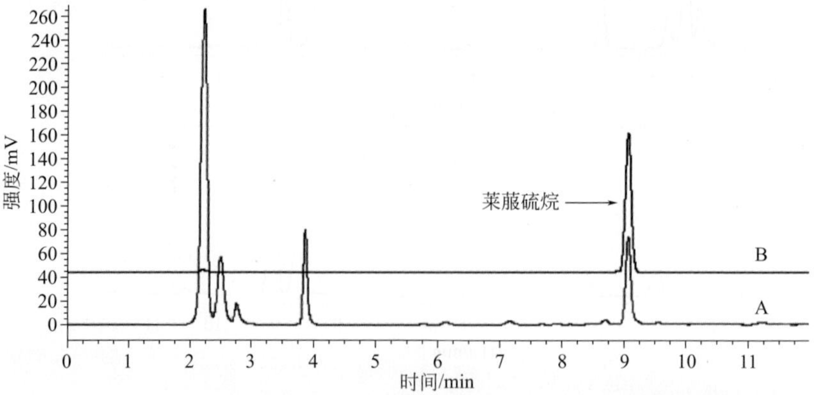

图3-14　高速逆流色谱纯化前（A）；和纯化后（B）莱菔硫烷的纯度对比

高速逆流色谱法也被本书著者团队成功用于莱菔素的纯化中[68]，以莱菔子为原料制备得到的莱菔素纯度达到96.9%。

第四节
异硫氰酸酯的稳态化和活性研究

一、异硫氰酸酯的稳定性

异硫氰酸酯中异硫氰酸基团的中心碳原子亲电性极强，容易受到亲核试剂的进攻，导致异硫氰酸酯类化合物的稳定性普遍较差。在提取莱菔素的过程中，本书著者团队[69]发现，体系中会产生大量的硫化氢，并能与莱菔素反应生成一种环状物，且此反应不可逆。这不仅影响了莱菔素产品的质量、药效，而且有很大的安全隐患。本书著者团队对异硫氰酸酯家族中莱菔硫烷和莱菔素的稳定性进行了深入研究。

1. 莱菔硫烷的稳定性[70]

（1）温度对莱菔硫烷稳定性的影响　在50℃时加热9h内莱菔硫烷含量基本无变化，9h以后开始分解，并且随加热时间延长莱菔硫烷保存率降低，70℃以上加热时分解更为明显，但42℃以下莱菔硫烷保存率几乎不受加热温度及时间的影响，所以在生产过程中应避免较高温度处理。值得注意的是，黑芥子酶的最适温度一般能达到40～50℃，并且反应速率通常与温度正相关。因此，在生产过程中，可在莱菔硫烷的温度耐受范围内适当提升反应温度，有助于提高反应效率。

（2）pH对莱菔硫烷稳定性的影响　本书著者团队研究发现，在体温环境下0～4h内莱菔硫烷受pH值影响不大，4h以后在pH 1.0～1.8及pH 7.4环境下莱菔硫烷保存率随时间延长有稍许降低。在pH 8.0的碱性环境中莱菔硫烷降解迅速，而在酸性和中性条件下莱菔硫烷较稳定，6h内保存率随pH变化不超过10%，pH 3.0时最稳定。考虑到人体消化道内生理pH值，莱菔硫烷以口服形式进入消化道后均处于酸性及近中性环境，不会因pH产生明显降解。尽管偏酸性的环境有利于莱菔硫烷的保存，但在生产过程中pH过低会使黑芥子酶活性降低并加剧腈类物质的生成，还需要根据实际生产需求来选择合适的 pH 条件。

（3）光照对莱菔硫烷稳定性的影响　有些化合物因为其部分化学键键能较低，仅光照提供的能量便足以使其化学键断裂，从而影响化合物的稳定性。结果表明，莱菔硫烷的含量随光照时间增长而变化的幅度很小，光照 10 天后其保存率仍有 97.75%，因此可以认为莱菔硫烷是一种光稳定的物质。

2．莱菔素的稳定性

（1）温度对莱菔素稳定性的影响[71]　莱菔素在水溶液中的降解速率随着储存温度的升高而加快。莱菔素水溶液在 26℃，37℃，50℃和 90℃分别放置 12h 后，莱菔素的残留率分别为 98.64%、93.51%、78.43% 和 63.13%。结果表明莱菔素在水溶液中的稳定性较差，实际储存及应用过程中应尽量避免莱菔素与水的接触。同时，本书著者团队发现，将高纯莱菔素置于 −80℃冰箱或液氮（−196℃）条件下，可以至少保持 13 周内完全不分解。实验结果表明温度是影响莱菔素含量的重要因素，在提取制备过程中应该严格控制操作温度，尤其是最后旋转蒸发除去多余水分的步骤，温度不能超过 50℃，并且时间不宜过长。

（2）pH 对莱菔素稳定性的影响[71]　通过研究莱菔素水溶液在 26℃不同 pH 值中的稳定性情况，可以得出莱菔素在水溶液中的稳定性受 pH 值影响较大。储存 6h 时，莱菔素在 pH 值为 3.0、4.0、5.0、6.0、7.0 和 8.0 水溶液中的残留率分别为 96.86%、96.22%、93.95%、90.69%、87.53% 和 85.04%。随着水溶液 pH 值的增大，莱菔素的稳定性逐渐降低。这是因为 pH 值越高，溶液中所含的氢氧根离子越多，会进攻异硫氰酸酯官能团—N═C═S 中的活泼碳原子，生成二聚物后发生降解[72]；另外，也有可能是因为氢氧根离子与莱菔素分子中的亚砜基团反应生成 CH_3SOOH 而引起莱菔素降解[73]。

同时，本书著者团队也考察了不同温度下 pH 值对莱菔素水溶液稳定性的影响，发现一级反应在不同温度和不同 pH 值下均可以用来模拟莱菔素缓冲溶液的降解情况。当温度和 pH 值均较低时，可以用零级反应和一级反应来表征，在不同 pH 值缓冲溶液中的降解过程均可以用阿伦尼乌斯方程进行模拟。

（3）光照对莱菔素稳定性的影响[71]　无论是水溶液还是高纯莱菔素，在避光和不避光的条件下几乎都没有降解，即莱菔素没有光降解现象。因此，莱菔素不是光敏感物质，它对光很稳定。在莱菔素的制备提取、纯化、储存、运输及应用等过程中不需要避光。

（4）溶剂对莱菔素稳定性的影响　本书著者团队[74]研究考察了莱菔素 26℃下储存于 2 种质子溶剂（甲醇和乙醇）和 4 种非质子溶剂（乙腈、二氯甲烷、乙酸乙酯和丙酮）中的稳定性。相比高纯度莱菔素来说，莱菔素在质子溶剂中的降解速率明显加快，5 天后莱菔素在甲醇和乙醇中的残留率分别是

50.14% 和 58.23%；而莱菔素在非质子溶剂中储存 5 天基本没有降解。将高纯莱菔素置于放有无水五氧化二磷的真空干燥器中［样品中水含量为 79.23ppm（1ppm=1×10^{-6}），约占 2.6%］，12 个月后仅分解 3% 左右，说明无水条件有利于莱菔素的长期保存。在实际生产过程中，很难避免水、甲醇、乙醇这些质子溶剂的使用，研究莱菔素在质子溶剂中的降解机制以采取适当的应对策略显得尤为必要。

（5）莱菔素的分解机制研究　本书著者团队[74]经过制备型高效液相色谱纯化莱菔素在质子溶剂中的分解产物，通过 ESI/MS 和 NMR 手段鉴定，最终得到了图 3-15 中所示结果——莱菔素在醇中的降解机制。

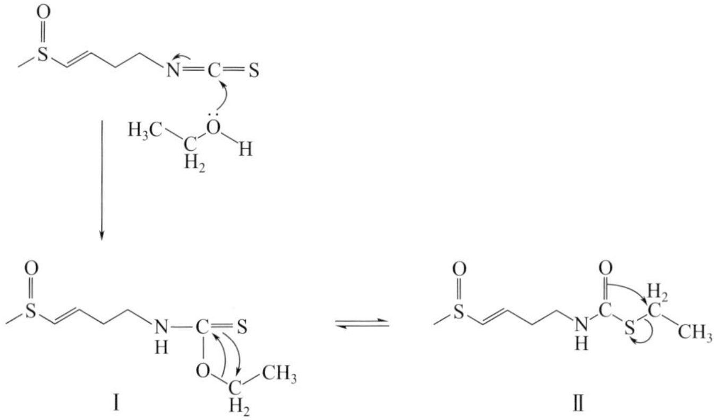

图3-15　莱菔素在醇中的降解机制

这一机制研究说明，同属于质子溶剂的水也会对异硫氰酸酯的稳定储存造成影响。本书著者团队[75]研究了在高纯度莱菔素产品中含水量对其稳定性的影响。在高纯度莱菔素产品中，本书著者团队检测到含水量为 3.447μg/mL，对莱菔素的稳定储存存在潜在威胁。接下来，进一步考察了莱菔素和含水量的关系。各不同含水量的莱菔素的降解均符合一级降解动力学模型，随着莱菔素中含水量的增加，降解速率常数逐渐增大。因此，莱菔素中的含水量越高，莱菔素的降解速率就越快，并且含水量与降解速率之间存在着良好的线性关系。由莱菔素的分解机制图 3-16 可见，一分子水的存在可以直接影响近 20 倍其质量的莱菔素产品，生成的 H_2S 还有可能再次进攻其他莱菔素分子。所幸异硫氰酸酯在质子溶剂中分解的速率较慢，但在异硫氰酸酯产品长期储存过程中，有必要尽可能降低质子溶剂的残留量，并采取一定的防水、防醇措施。

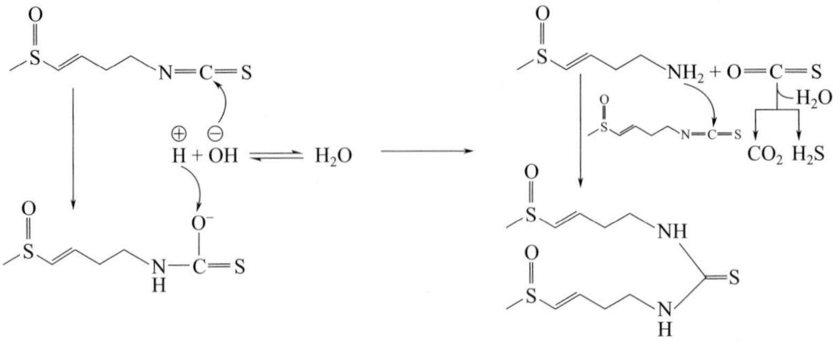

图3-16　莱菔素的降解途径

二、异硫氰酸酯的稳态化

异硫氰酸酯的热稳定性以及其对质子溶剂的敏感性很大程度上限制了其在生物医药领域的发展。Dong 等[76]研究了莱菔硫烷和牛血清白蛋白混合物的抗氧化活性及其在不同溶剂中的稳定性。结果表明，莱菔硫烷和牛血清白蛋白间通过氢键和范德华力相互作用，而水、二甲基亚砜和乙醇体系并不能破坏莱菔硫烷和牛血清白蛋白之间的作用力。Do 等[77]选择白蛋白微球作为药物传递系统，制备的莱菔硫烷 - 白蛋白载药微球可以保证莱菔硫烷的活性。另外加入羟丙甲基纤维素等赋形剂制备的莱菔硫烷缓释微囊可以杀灭幽门螺杆菌，起到治疗胃癌或慢性胃炎的作用。本书著者团队为了实现莱菔素、莱菔硫烷等产品的稳定储存，也开发了如下几种稳态化工艺。

1．聚乙二醇 / 植物油溶解 SFE

本书著者团队[78]将莱菔素溶解于聚乙二醇（PEG）或植物油中，并密闭保存。使用 PEG200 ～ PEG20000 或大豆油、玉米油、花生油等植物油溶解莱菔素，使莱菔素在 360 天各温度条件下分解速率较对照组降低了 20.3% ～ 35.8%。该方法操作简便，降低了莱菔素中的水活度，适合于莱菔素的大规模工业应用及保存运输。

2．SFE- 巯基化合物联合作用

本书著者团队[79]使用还原型谷胱甘肽或半胱氨酸等巯基化合物与莱菔素的异硫氰酸酯基结合，如图 3-17，将该基团保护起来，同时又能保持莱菔素的抗癌活性，制备了一系列莱菔素衍生物。利用亲核性强的巯基基团占据异硫氰酸酯基的活性碳位点，避免了其与水等质子溶剂的反应，有助于提高异硫氰酸酯的稳定性。同时本书著者团队[80]利用结晶法代替了传统的制备色谱法，利用乙醇等能

与水互溶的有机溶剂与还原型谷胱甘肽 - 莱菔素水溶液混合使产品析出，显著降低了生产成本，能够实现大规模制备。

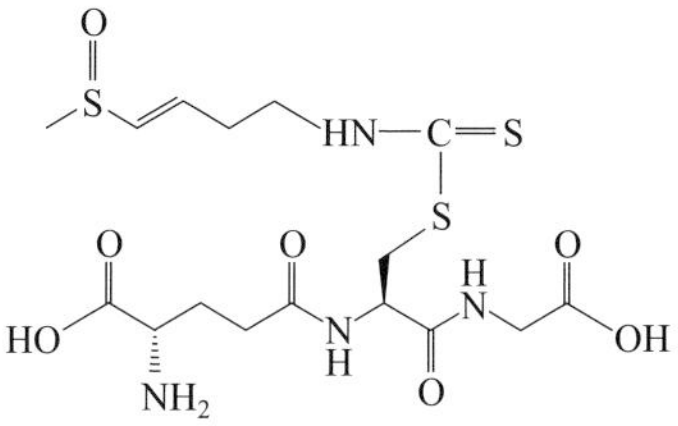

图3-17　莱菔素与还原型谷胱甘肽结合示意图

3．SFA/SFE@HP-*β*-CD

本书著者团队[81]通过共沉淀法利用羟丙基 -*β*- 环糊精（hydroxypropyl-*β*-cyclodextrin，HP-*β*-CD）包裹莱菔硫烷，制备包合物并对包合物的稳定性进行了验证，该方法使得莱菔硫烷抗氧化、耐热、耐碱的性质都得到了很大提高，同时羟丙基的引入可以提高包合物的水溶性，为莱菔硫烷的保存及其活性的保持提供了一种重要方法。

本书著者团队[82]也考察了喷雾干燥过程中HP-*β*-CD、麦芽糊精（maltodextrin，MD）、大豆分离蛋白（isolated soybean protein，SPI）等分别包合莱菔素微囊的稳定性。图 3-18 分别是 MD、HP-*β*-CD、BSA（牛血清白蛋白）、SPI 和 CS（壳聚糖）包合莱菔素的扫描电镜图，其中 MD、HP-*β*-CD 微囊表面光滑，展现了良好的成膜性，同时在五种微囊中有较高的包埋率和载药率。在 37℃储存 4 周时，未包埋的高纯度莱菔素的残留率为 33% 左右，MD、HP-*β*-CD 微囊中莱菔素的残留率分别为 67% 和 68% 左右。由此可见，二者能够有效提高莱菔素的稳定性。

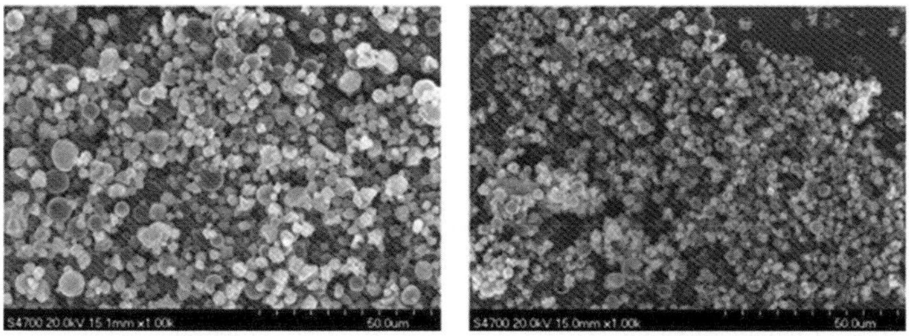

(a) MD　　(b) HP-*β*-CD

图3-18

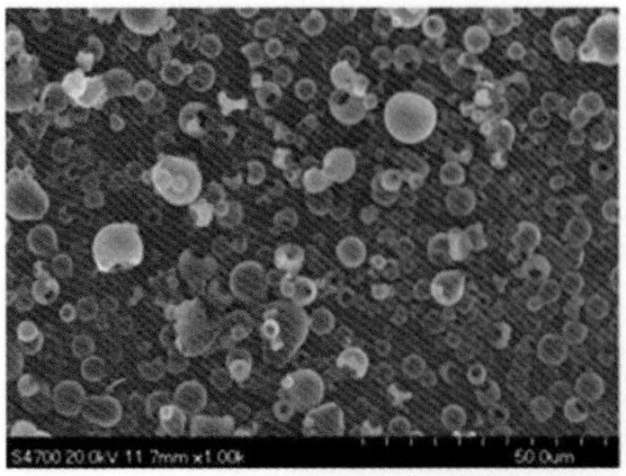

(c) BSA

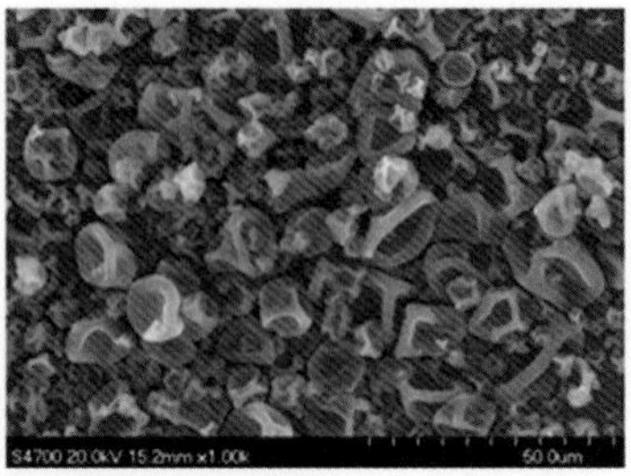

(d) SPI

(e) CS

图3-18　不同材料包合莱菔素的扫描电镜图

三、异硫氰酸酯的活性研究

异硫氰酸酯具有杀虫、消炎、抗菌、抗氧化等功效，对于多种癌症也具有良好的抑制作用。异硫氰酸烯丙酯（allyl isothiocyanate，AITC）作为芥末中主要的辛辣成分，广泛用于抗菌杀虫，而异硫氰酸酯类化合物莱菔素、莱菔硫烷（SFA）的抗肿瘤效果受到国内外研究人员的普遍认可。本书著者团队在开发了一系列莱菔素、莱菔硫烷的绿色高效制备和稳态化研究后，也致力于其在抗肿瘤方面应用和机制的探索。

1．SFA 对人肺腺癌 LTEP-A2 细胞增殖和凋亡的诱导作用

本书著者团队[83]发现莱菔硫烷可以以时间和剂量依赖的方式诱导细胞周期停滞于 G2/M 期，腹腔注射能显著抑制 LTEP-A2 裸鼠移植瘤的生长，100mg/kg 剂量组移植瘤 9 天后，平均瘤重比对照小鼠低 70% 以上。给药处理 LTEP-A2 细胞 24h 后，莱菔硫烷的半数致死量（IC_{50}）为 6.25μmol/L。

2．SFE 通过激活肿瘤抑制基因 *Egr1* 抑制三重阴性乳腺癌

本书著者团队[84]通过一系列的体内外实验，研究了莱菔素对三重阴性乳

腺癌（TNBC）的抑制作用。莱菔素可以通过抑制细胞周期蛋白 Cyclin B1、CDc2 和磷酸化的 CDc2 的表达，诱导 G2/M 期阻滞和细胞凋亡而显著抑制多种 TNBC 细胞系的细胞增殖。裸鼠异种移植实验可以支持莱菔素在体内的抗 TNBC 作用。*Egr1* 基因在 TNBC MDA-MB-453 和 MDA-MB-436 细胞中成功地被证实为莱菔素处理后持续激活的基因，其过表达可以抑制 TNBC 细胞的增殖，而使用 siRNAs 敲除 *Egr1* 显著促进了 TNBC 细胞的生长，表明 *Egr1* 具有肿瘤抑制的性质，而莱菔素可能通过肿瘤抑制因子 *Egr1* 介导来抑制 TNBC。

3. SFE 靶向给药剂型在局部化疗 - 光热治疗领域的应用

本书著者团队[85]模仿天然硫代葡萄糖苷 - 黑芥子酶体系的作用途径，设计了一种包裹黑芥子酶的脂质体金，先将黑芥子酶靶向输送至肿瘤部位，在光照后释放，作为一种环境响应的手段，帮助后续加入的无生物活性的 GRE 在肿瘤部位原位生成可杀伤肿瘤的莱菔素，从而达到抑制肿瘤的效果。图 3-19 为 MYR@HGNs 介导的局部热化疗示意图。

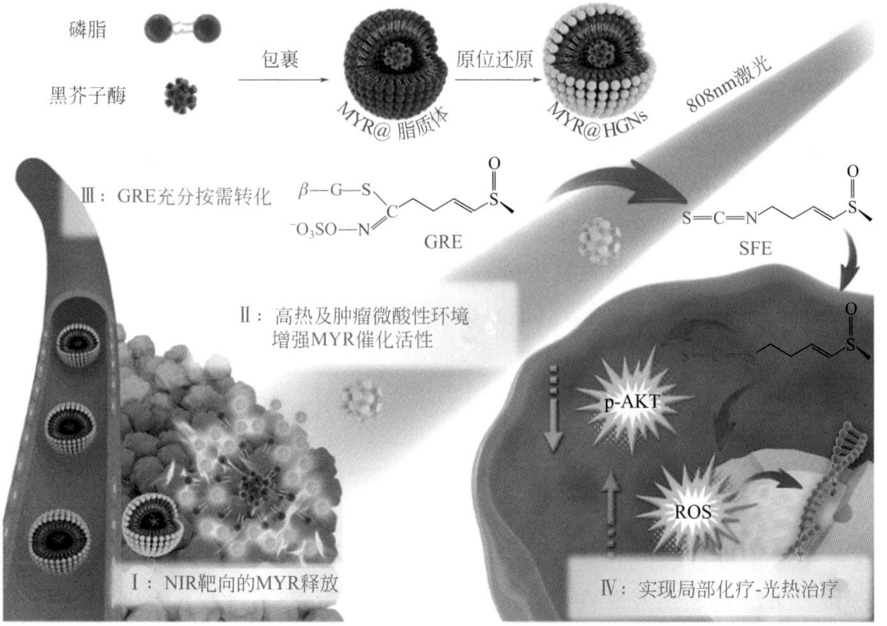

图3-19 MYR@HGNs介导的局部热化疗示意图

该方法首次实现使用光照作为激活剂在肿瘤部位释放酶，从而改变肿瘤部位与健康组织的酶活差异，将硫代葡萄糖苷-黑芥子酶体系应用于体内，实现萝卜硫苷在体内转化为莱菔素。在体外测试中，光照时酶活是非光照情况下的 12 倍，进而帮助前药在肿瘤部位更多转化为化疗药物。虽然热疗无法促进化疗引起的活性氧（ROS）提高，但可以将化疗引起的 akt 磷酸化水平下降程度由 50% 强化至 70%。该方法使得莱菔素的体内药物浓度达到 7×10^5ng • mL^{-1}。通过在肿瘤部位释放酶活，使莱菔素得药时曲线下面积比同等剂量游离药增加了 3.3 倍，比同等水平游离酶的酶活提高 23 倍。

4．SFA 以 miR-29a-3p 依赖的 *COL3A1* 和 *COL5A1* 表达降低方式抑制胃癌

本书著者团队[86]在体内验证了莱菔硫烷抑制胃癌生长后，利用 GSE79973 和 GSE118916 数据集来识别与莱菔硫烷处理的 AGS 细胞中的 RNA-seq 分析重叠的胃癌发展特征。对 RNA-seq 数据的 GSEA 分析表明，莱菔硫烷对胃癌发展的调控与细胞外基质和胶原有关，因此确定了具有致癌基因功能的 *COL3A1* 和 *COL5A1* 为莱菔硫烷的靶点。研究发现 *COL3A1* 和 *COL5A1* 在胃癌细胞中的表达呈正相关，并证实 miR-29a-3p 是它们表达的共同调节因子。基于蛋白 Ago2、Dird 和 Exportin-5 的 RNA 免疫沉淀分析表明，莱菔硫烷可以促进成熟 miR-29a-3p 的产生。该研究还证明了莱菔硫烷以 miR-29a-3p 依赖的方式使胃癌细胞中的 Wnt/β-catenin 通路失活，从而抑制胃癌发展。

5．SFE 对食管鳞癌的抑制作用

本书著者团队首先构建了食管鳞癌的移植瘤模型，发现莱菔素显著抑制了体内肿瘤的生长，且这种生长抑制效果不会影响到正常细胞。细胞表型实验表明，莱菔素是通过诱导细胞发生线粒体凋亡与 G2/M 周期阻滞来实现调控细胞生长的。除了细胞增殖，莱菔素同样可以抑制食管鳞癌细胞的侵袭转移。EMT 是癌细胞转移过程中非常关键的一个步骤，相关蛋白的表达变化通常被视为侵袭转移的标志。通过检测这些蛋白的表达水平发现，莱菔素处理有效逆转了 EMT 过程，上皮细胞特征蛋白 E-cadherin 和 MUC1 蛋白含量增加，而间质细胞特征蛋白 N-cadherin、vimentin、Snail1 和 Slug 蛋白含量明显下降，证明莱菔素可以抑制体内食管鳞癌生长，同时阻止体外癌细胞的增殖与侵袭转移。同时本书著者团队对莱菔素处理后的食管鳞癌细胞进行了基因芯片检测，确认 SFE 通过抑制 SCD 和 CDH3 的表达及激活 GADD45B-MAP2K3-p38-p53 反馈环抑制食道癌[87]；并且处理了 EC109 和 KYSE510 细胞的基因芯片结果，证明 SFE 可以阻断 NFκB 通路抑制食管鳞癌的发展[88]。

第五节
小结与展望

1. 小结

本章以硫代葡萄糖苷和异硫氰酸酯两类化合物的绿色制备为中心，系统地介绍了两类物质的性质、分布、制备、储存工艺和生物活性，分享了本书著者团队在相关领域的研究成果。在清楚了两类物质在十字花科植物中的分布特点后，可以有目的地选择特定原料生产对应产品。本书著者团队提供的硫代葡萄糖苷和异硫氰酸酯的工艺路径与传统制备方法相比，成本和操作难度大大降低，以从天然十字花科植物中获取目标化合物为主，来源绿色，对环境友好。针对异硫氰酸酯稳定性较差的问题，本书著者团队讨论了影响其稳定性的因素，从其分解机制出发，开发了提高异硫氰酸酯稳定性的工艺方法，降低了异硫氰酸酯储存和运输的难度，同时提供了其制备和储存的参考条件。尽管本书著者团队的研究重点集中在莱菔素和莱菔硫烷两种异硫氰酸酯上，但所开发的工艺具有一定的普适性，可以对其他异硫氰酸酯的研究提供一定的指导作用。

硫代葡萄糖苷和异硫氰酸酯的规模化制备对于食品、生物医药领域具有重要意义，在人们愈发注重饮食健康的时代背景下，天然活性产物的高效绿色生产也能创造出巨大的经济、社会效益。国内外包括本书著者团队在内，对于异硫氰酸酯抗菌、抗癌等生理活性进行了大量研究，清楚其发挥作用的具体机制有助于在临床应用上“对症下药”，同时增强相关产品的说服力。

2. 展望

本书著者团队已经实现了十字花科植物种子内源水解硫代葡萄糖苷生产高纯莱菔素、莱菔硫烷（纯度超过95%）的规模化绿色制备，相关工艺方法操作简单、成本低廉，对于多种异硫氰酸酯具有普适性，可以向异硫氰酸烯丙酯、异硫氰酸苄酯等产品拓展。硫代葡萄糖苷和黑芥子酶的纯化工艺进一步优化，通过逐步完善外源黑芥子酶水解体系，简化后续分离纯化过程，亦可以开发异硫氰酸酯产品新剂型。

随着现阶段研究的不断推进，异硫氰酸酯的抗肿瘤等生物活性得到进一步的证实，尤其是“明星”分子莱菔硫烷的研究已经进入临床阶段。异硫氰酸酯在新型抗癌药物开发方面具有很大的潜力，基于异硫氰酸酯的研究现状，本书著者团队提出几条对未来异硫氰酸酯类化合物研究方向的期望：

（1）异硫氰酸酯在体内的生物利用度及药物剂型的开发，异硫氰酸酯类和硫醇类结合物抗肿瘤活性、毒性研究及其在体内的代谢和作用机制的研究；

（2）异硫氰酸酯和其他类抗癌药物联合用药的研究，使两种药物发挥协同作用，降低抗癌药物的毒副作用；

（3）基于异硫氰酸酯的前体物质——硫代葡萄糖苷在生物体内的合成途径，找到硫代葡萄糖苷合成的相关基因，利用基因工程的方法生产硫代葡萄糖苷，将会大大扩大异硫氰酸酯的来源，降低异硫氰酸酯的成本；

（4）由于异硫氰酸酯来源于十字花科植物，寻找十字花科植物最优的食用方法以及合理膳食搭配，使人们获得最佳的癌症化学预防效果；

（5）进一步阐明异硫氰酸酯发挥抗癌作用的机制，使异硫氰酸酯在临床上的应用有据可循，更高效、更有针对性地施用于癌症患者。

参考文献

[1] Murillo G, Mehta R G. Cruciferous vegetables and cancer prevention[J]. Nutrition and Cancer, 2001, 41: 17-28.

[2] Giovannucci E, Rimm E B, Liu Y, et al. A prospective study of cruciferous vegetables and prostate cancer[J]. Cancer Epidemiology, Biomarkers & Prevention, 2003, 12: 1403-1409.

[3] Kristal A R, Lampe J W. Brassica vegetables and prostate cancer risk: A review of the epidemiological evidence[J]. Nutrition and Cancer, 2002, 42: 1-9.

[4] Voorrips L E, Goldbohm R A, Verhoeven D T, et al. Vegetable and fruit consumption and lung cancer risk in the Netherlands cohort study on diet and cancer[J]. Cancer Causes Control, 2000, 11: 101-105.

[5] Walters D G, Young P J, Agus C, et al. Cruciferous vegetable consumption alters the metabolism of the dietary carcinogen 2-amino-1-methyl-6-phenylimidazo[4,5-*b*]pyridine (PhIP) in humans[J]. Carcinogenesis, 2004, 25: 1659-1669.

[6] Liu X J, Lv K Z. Cruciferous vegetables intake is inversely associated with risk of breast cancer: A meta-analysis[J]. Breast, 2013, 22: 309-313.

[7] Fahey J W, Zalcmann A T, Talalay P. The chemical diversity and distribution of glucosinolates and isothiocyantes among plants[J]. Phytochemistry, 2001, 56: 5-51.

[8] 何洪巨，陈杭，Schnitzler W H. 芸苔属蔬菜中硫代葡萄糖苷鉴定与含量分析 [J]. 中国农业科学，2002, 35(2): 192-197.

[9] McNaughton S A, Marks G C. Development of a food composition database for the estimation of dietary intakes of glucosinolates, the biologically active constituents of cruciferous vegetables[J]. British Journal of Nutrition, 2003, 90: 687-697.

[10] Ciska E, Martyniak P B, Kozlowska H. Content of glucosinolates in cruciferous vegetables grown at the same site for two years under different climatic conditions[J]. Journal of Agricultural and Food Chemistry, 2000, 48: 2862-2867.

[11] West L G, Meyer K A, Balch B A, et al. Glucoraphanin and 4-hydroxyglucobrassicin contents in seeds of 59 cultivars of broccoli, raab, kohlrabi, radish, cauliflower, Brussels sprouts, kale and cabbage[J]. Journal of Agricultural and Food Chemistry, 2004, 52: 916-926.

[12] Hu Y, Liang H, Yuan Q P, et al. Determination of glucosinolates in 19 Chinese medicinal plants with

spectrophotometry and high-pressure liquid chromatography[J]. Natural Product Research, 2010, 24: 1195-1205.

[13] Rask L, Andreasson E, Ekbom B, et al. Myrosinase: Gene family evolution and herbivore defense in Brassicaceae[J]. Plant Molecular Biology, 2000, 42: 93-113.

[14] Vaughn S F, Berhow M A. Glucosinolate hydrolysis products from various plant sources: pH effects, isolation, and purification[J]. Industrial Crops and Products, 2005, 21: 193-202.

[15] Bones A M, Rossiter J T. The enzymic and chemically induced decomposition of glucosinolates[J]. Phytochemistry, 2006, 67: 1053-1067.

[16] Williams D J, Critchley C, Pun S, et al. Key role of Fe^{2+} in epithiospecifier protein activity[J]. Journal of Agricultural and Food Chemistry, 2010, 58: 8512-8521.

[17] Nastruzzi C, Cortesi R, Esposito E, et al. In vitro cytotoxic activity of some glucosinolate-derived products generated by myrosinase hydrolysis[J]. Journal of Agricultural and Food Chemistry, 1996, 44: 1014-1021.

[18] Matusheski N V, Jeffery E H. Comparison of the bioactivity of two glucoraphanin hydrolysis products found in broccoli, sulforaphane and sulforaphane nitrile[J]. Journal of Agricultural and Food Chemistry, 2001, 49: 5743-5749.

[19] Nastruzzi C, Cortesi R, Esposito E, et al. In vitro antiproliferative activity of isothiocyanates and nitriles generated by myrosinase-mediated hydrolysis of glucosinolates from seeds of cruciferous vegetables[J]. Journal of Agricultural and Food Chemistry, 2000, 48: 3572-3575.

[20] Toraskar M P, Kulkarni V M, Dhanashire S T, et al. Isothiocyanate: Cancer chemopreventive agent[J]. Journal of Pharmaceutical Research, 2009, 2: 1638-1641.

[21] 梁浩，袁其朋，东惠茹，等. 十字花科植物种子中莱菔硫烷含量的比较 [J]. 中国药学杂志，2004, 24(12): 905.

[22] Liang H, Yuan Q P, Dong H R. Determination of sulforaphane in broccoli and cabbage by high-performance liquid chromatography[J]. Journal of Food Composition and Analysis, 2006, 19: 473-476.

[23] Elbarbry F, Elrody N. Potential health benefits of sulforaphane: A review of the experimental, clinical and epidemiological evidences and underlying mechanisms[J]. Journal of Medicinal Plants Research, 2011, 5: 473-484.

[24] 王楠，沈莲清. 蔬菜种子中 5 种异硫代氰酸酯类化合物对人肺癌细胞抑制作用的研究 [J]. 中国食品学报，2010, 10(4): 67-72.

[25] Wang N, Tao Q, Shen L Q, et al. In-silico study of 4-methylsulfinyl-3-butenyl isothiocyanate binding to tubulin induces A549 cells apoptosis[J]. Acta Pharmaceutica Sinica, 2010, 45: 934-939.

[26] Mavratzotis M, Dourtoglou V, Lorin C, et al. Glucosinolate chemistry. First synthesis of glucosinolates bearing an external thio-function[J]. Tetrahedron Letters, 1996, 37(32): 5699-5700.

[27] Falk K L, Vogel C, Textor S, et al. Glucosinolate biosynthesis: Demonstration and characterization of the condensing enzyme of the chain elongation cycle in *Eruca sativa*[J]. Phytochemistry, 2004, 65(8): 1073-1084.

[28] Graser G, Oldham N J, Brown P D, et al. The biosynthesis of benzoic acid glucosinolate esters in *Arabidopsis thaliana*[J]. Photochemistry, 2011, 57: 23-32.

[29] Morse M A, Eklind K I, Amin S G, et al. Effects of alkyl chain length on the inhibition of NNK-induced lung neoplasia in A/J mice by arylalkyl isothiocyanates[J]. Carcinogenesis, 1989, 10: 1757-1759.

[30] Chisholm M D, Wetter L R. Biosynthesis of mustard oil glucosides Ⅳ. The administration of methionine-^{14}C and related compounds to horseradish[J]. Canadian Journal of Biochemistry, 1964, 42: 1033-1040.

[31] Lee C J, Serif G S. Precursor role of [^{14}C, ^{15}N]-2-amino-6-(methylthio)caproic acid in progoitrin biosynthesis[J]. Biochemistry, 1970, 9: 2068-2071.

[32] Graser G, Schneider B, Oldham N J, et al. The methionine chain elongation pathway in the biosynthesis of

glucosinolates in *Eruca sativa* (*Brassicaceae*)[J]. Archives of Biochemistry and Biophysics, 2000, 378: 411-419.

[33] Chapple C C S, Decicco C, Ellis B E. Biosynthesis of 2-(2′-methylthio)ethylmalate in *Brassica carinata*[J]. Phytochemistry, 1988, 27: 3461-3463.

[34] Bryan J K. Synthesis of the aspartate family and branched-chain amino acids[A]. In: Miflin B J The Biochemistry of Plants. Vol 5. Amino Acids and Derivatives[C]. New York: Academic Press, 1980: 403-452.

[35] Fahey J W, Zalcmann A T, Talalay P. The chemical diversity and distribution of glucosinolates and isothiocyanates among plants[J]. Phytochemistry, 2001, 56(1): 5-51.

[36] 吴谋成，况成尘，黄伟. 用液相制备色谱从菜籽中分离 / 纯化制备硫代葡萄糖苷 [J]. 色谱，1995, 13(1): 4-7.

[37] 周锦兰，俞开潮. 油菜籽中主要硫苷的提纯与抗肿瘤活性 [J]. 应用化学，2005, 22(10): 1075-1078.

[38] Charpentier N, Bostyn S, Coïc J P. Isolation of a rich glucosinolate fraction by liquid chromatography from an aqueous extract obtained by leaching dehulled rapeseed meal (*Brassica napus* L.)[J]. Industrial Crops And Products, 1998, 8: 151-158.

[39] Rochfort S, Caridi D, Stintion M, et al. The isolation and purification of glucoraphanin from broccoli seeds by solid phase extraction and preparative high performance liquid chromatography [J]. Journal of Chromatography A, 2006, 1120: 205-210.

[40] Fahey J W, Wade K L, Stephenson K K, et al. Separation and purification of glucosinolates from crude plant homogenates by high-speed counter-current chromatography[J]. Journal of Chromatography A, 2003, 996: 85-93.

[41] Du Q Z, Fang J, Gao S J, et al. A gram-scale separation of glucosinolates from an oil-pressed residue of rapeseeds using slow rotary countercurrent chromatography[J]. Separation and Purification Technology, 2008, 59: 294-298.

[42] Toribio A, Nuzillard J M, Renault J H. Strong ion-exchange centrifugal partition chromatography as an efficient method for the large-scale purification of glucosinolates[J]. Journal of Chromatography A, 2007, 1170: 44-51.

[43] Szmigielska A M, Schoenau J J. Using of anion-exchange membrane extraction for the high-performance liquid chromatographic analysis of mustard seed glucosinolates [J]. Journal of Agricultural and Food Chemistry, 2000, 48(11): 5190-5194.

[44] Kuang P Q, Liang H, Yuan Q P. Isolation and purification of glucoraphenin from radish seeds by low-pressure column chromatography and nanofiltration[J]. Separation Science and Technology, 2010, 45: 179-184.

[45] Wang T X, Liang H, Yuan Q P. Optimization of ultrasonic - stimulated solvent extraction of sinigrin from Indian mustard seed (*Brassica juncea* L.) using response surface methodology[J]. Phytochemical Analysis, 2011, 22: 205-213.

[46] Wang T X, Liang H, Yuan Q P. Separation of sinigrin from Indian mustard (*Brassica juncea* L.) seed using macroporous ion-exchange resin[J]. Korean Journal of Chemical Engineering, 2012, 29: 396-403.

[47] Wang T X, Liang H, Yuan Q P. Separation and Purification of Sinigrin and Gluconapin from Defatted Indian Mustard Seed Meals by Macroporous Anion Exchange Resin and Medium Pressure Liquid Chromatography[J]. Separation Science and Technology, 2014, 49: 1838-1847.

[48] Cheng L, Wu J P, Liang H, et al. Preparation of Poly(glycidyl methacrylate) (PGMA) and Amine Modified PGMA Adsorbents for Purification of Glucosinolates from Cruciferous Plants[J]. Molecules, 2020, 25: 3286.

[49] 袁其朋，刘玉婷，程立，等. 一种硫代葡萄糖苷提取分离方法 [P]. CN105713053A，2016-06-29.

[50] Schmid H, Karrer P. Synthese der racemischen und der optisch aktiven Formen des Sulforaphans[J]. Helvetica Chimica Acta, 1948, 31: 1497-1505.

[51] Vermeulen M, Zwanenburg B, Chitenden G J F, et al. Synthesis of isothiocyanate-derived mercapturic acids[J]. European Journal of Medicinal Chemistry, 2003, 38: 729-737.

[52] Hu K, Qi Y J, Zhao J, et al. Synthesis and biological evaluation of sulforaphane derivatives as potential antitumor agents[J]. European Journal of Medicinal Chemistry, 2013, 64: 529-539.

[53] Holland H L, Brown F M, Larsen B G. Biotransformation of organic sulfides. 7. Formation of chiral isothiocyanato sulfoxides and related compounds by microbial biotransformation[J]. Tetrahedron Asymmetry, 1995, 6: 1561-1567.

[54] 梁浩. 莱菔硫烷的制备及其抗癌活性的研究 [D]. 北京：北京化工大学，2007.

[55] Liang H, Yuan Q P, Xiao Q. Effects of metal ions on myrosinase activity andthe formation of sulforaphane in broccoli seed[J]. Journal of Molecular Catalysis B: Enzymatic, 2006, 43: 19-22.

[56] Matusheski N V, Juvik J A, Jeffery E H. Heating decreases epithiospecifier protein activity and increases sulforaphane formation in broccoli[J]. Phytochemistry, 2004, 65: 1273-1281.

[57] Wang G C, Farnham M, Jeffery E H. Impact of thermal processing on sulforaphene yield from broccoli(*Brassica oleracea* L. ssp. italica)[J]. Journal of Agricultural and Food Chemistry, 2012, 60: 6743-6748.

[58] 程立. 黑芥子酶的应用与莱菔素生产工艺开发 [D]. 北京：北京化工大学，2019.

[59] 袁其朋，程立，梁浩. 黑芥子酶纯化耦合固定化的方法 [P]. CN 108624575A，2018-10-09.

[60] 程立，李思彤，袁其朋. 黑芥子酶固定化在制备莱菔素中的应用 [J]. 中国科学：化学，2018, 48(6): 676-682.

[61] Li C F, Liang H, Yuan Q P, et al. Optimization of sulforaphane separation from broccoli seeds by microporous resins[J]. Separation Science and Technology, 2008, 43: 609-623.

[62] Liang H, Yuan Q P, Xiao Q. Purification of sulforaphane from brassica oleracea seed meal using low-pressure column chromatography[J]. Journal of Chromatography B, 2005, 828: 91-96.

[63] Kore A M, Spencer G F, Wallig M A. Purification of the ω-(methylsulfinyl)alkyl glucosinolate hydrolysis products: 1-isothiocyanato-3-(methylsulfinyl)propane, 1-iso-thiocyanato-4-(methylsulfinyl)butane, 4-(methylsulfinyl) butanenitrile, and 5-(methylsulfinyl)pentanenitrile from broccoli and *Lesquerella fendleri*[J]. Journal of Agricultural and Food Chemistry, 1993, 41: 89-95.

[64] Matusheski N V, Wallig M A, Juvik J A, et al. Preparative HPLC method for the purification of sulforaphane and sulforaphane nitrile from brassica oleracea[J]. Journal of Agricultural and Food Chemistry, 2001, 49: 1867-1872.

[65] Liang H, Li C F, Yuan Q P, et al. Separation and purification of sulforaphane from broccoli seeds by solid phase extraction and preparative high-performance liquid chromatography[J]. Journal of Agricultural and Food Chemistry, 2007, 55: 8047-8053.

[66] Kuang P Q, Song D, Yuan Q P, et al. Separation and purification of sulforaphene from radish seeds using macroporous resin and preparative high-performance liquid chromatography[J]. Food Chemistry, 2013, 136: 342-347.

[67] Liang H, Li C F, Yuan Q P, et al. Application of high-speed countercurrent chromatography for the isolation of sulforaphane from broccoli seed meal[J]. Journal of Agricultural and Food Chemistry, 2008, 56: 7746-7749.

[68] Kuang P Q, Song D, Yuan Q P, et al. Preparative separation and purification of sulforaphene from radish seeds by high speed countercurrent chromatography[J]. Food Chemistry, 2013, 136: 309-315.

[69] Song D, Liang H, Kuang P Q, et al. Instability and structural change of 4-methylsulfinyl-3-butenyl isothiocyante in the hydrolytic process[J]. Journal of Agricultural and Food Chemistry, 2013, 61: 5097-5102.

[70] 肖倩，梁浩，袁其朋. 温度、pH 和光照对莱菔硫烷水溶液稳定性的影响 [J]. 中国药学杂志，2007, 42(3): 193-196.

[71] 田桂芳. 天然产物莱菔素的降解机理及稳定性研究 [D]. 北京：北京化工大学，2016.

[72] Jin Y, Wang M F, Rosen T R, et al. Thermal degradation of sulforaphane in aqueous solution[J]. Journal of

Agricultural and Food Chemistry, 1999, 47: 3121-3123.

[73] Goindi S, Singla A K, Kaur I P. Inhibition of mutagenicity of food-derived heterocyclic amines by sulphoraphene--an isothiocyanate isolated from radish[J]. Planta Medica, 2003, 69: 184-186.

[74] Tian G F, Tang P W, Xie R, et al. The stability and degradation mechanism of sulforaphene in solvents[J]. Food Chemistry, 2016, 199: 301-306.

[75] Tian G F, Li Y, Cheng L, et al. The mechanism of sulforaphene degradation to different water contents[J]. Food Chemistry, 2016, 194: 1022-1027.

[76] Dong X Y, Zhou R, Jing H. Characterization and antioxidant activity of bovine serum albumin and sulforaphane complex in different solvent systems[J]. Journal of Luminescence, 2014, 146: 351-357.

[77] Do D P, Pai S B, Rizvi S A A, et al. Development of sulforaphane encapsulated microspheres for cancer epigenetic therapy[J]. International Journal of Pharmaceutics, 2010, 386: 114-121.

[78] 袁其朋，田桂芳，杨明，等. 提高莱菔素稳定性的方法 [P]. CN104720072A，2015-06-24.

[79] 袁其朋，程立，王忠鹏，等. 莱菔素抗癌衍生化合物及其制备方法 [P]. CN105906539A，2018-10-23.

[80] 袁其朋，王忠鹏，程立，等. 一种莱菔素衍生物的制备方法 [P]. CN105968171A，2016-09-28.

[81] Wu H H, Liang H, Yuan Q P, et al. Preparation and stability investigation of the inclusion complex of sulforaphane with hydroxypropyl-β-cyclodextrin[J]. Carbohydrate Polymers, 2010, 82: 613-617.

[82] Tian G F, Li Y, Yuan Q P, et al. The stability and degradation kinetics of sulforaphene in microcapsules based on several biopolymers via spray drying[J]. Carbohydrate Polymers, 2015, 122: 5-10.

[83] Liang H, Lai B T, Yuan Q P. Sulforaphane induces cell-cycle arrest and apoptosis in cultured human lung adenocarcinoma LTEP-A2 cells and retards growth of LTEP-A2 xenografts in vivo[J]. Journal of Natural Product, 2008, 71: 1911-1914.

[84] Yang M, Teng W D, Qu Y, et al. Sulforaphene inhibits triple negative breast cancer through activating tumor suppressor *Egr1*[J]. Breast Cancer Research and Treatment, 2016, 158: 277-286.

[85] Cheng L, Liu H Y, Yuan Q P. NIR-Triggered Exogenous Enzymes to Convert Prodrugs for Locoregional Chemo-Photothermal Therapy[J]. Angewandte Chemie International Edition, 2019, 4: 7728-7732.

[86] Han S C, Wang Z, Liu J N, et al. miR-29a-3p-dependent *COL3A1* and *COL5A1* expression reduction assists sulforaphane to inhibit gastric cancer progression[J]. Biochemical Pharmacology, 2021, 188: 144539.

[87] Han S C, Wang Y, Ma J N, et al. Sulforaphene inhibits esophageal cancer progression via suppressing SCD and CDH3 expression, and activating the GADD45B-MAP2K3-p38-p53 feedback loop[J]. Cell Death & Disease, 2020, 11: 713.

[88] Han S C, Wang Z, Liu J N, et al. Identifying the p65-Dependent Effect of Sulforaphene on Esophageal Squamous Cell Carcinoma Progression via Bioinformatics Analysis[J]. International Journal of Molecular Science, 2021, 22: 60.

第四章

大豆皂苷和大豆异黄酮的制备工艺

大豆是覆盖我国乃至全世界的主要营养食物之一，它的种子是一种理想的优质蛋白食物，含有丰富的营养成分，因此被叫做功能性的食品库。大豆皂苷和大豆异黄酮是提取自大豆的重要功能活性物质，已被广泛应用于食品、药品、饲料等诸多领域，具有较强的抗氧化及降低心血管相关疾病发病率等生理活性。本书著者团队以大豆胚芽为原料，通过树脂与结晶结合的方式纯化大豆皂苷 B；以大豆糖蜜为原料，既开发出了连续萃取法精制大豆异黄酮的工艺，又使用扩张床技术制备出新型的复合吸附剂以进一步纯化大豆异黄酮，为实现大豆皂苷及大豆异黄酮的工业化生产奠定了基础。

第一节 大豆皂苷和大豆异黄酮简介

一、大豆皂苷概述

1．大豆皂苷简介

大豆皂苷是一种从大豆及其秸秆等植物中提取出来的生物活性物质，具有五环三萜类结构，能够产生苦涩味。根据皂苷元结构的不同，大豆皂苷主要有皂苷 A、皂苷 B 与皂苷 E，其中皂苷 A 的苦涩味较大。后来发现在完整的植物组织中，皂苷 B（也许含有皂苷 E）在 22 号羟基的位置上和 2,3- 二氢 -2,5- 二羟 -6- 甲基 -4*H*-吡喃 -4- 酮（DDMP）结合[1]。这种结合方式很不稳定，在大豆的加工过程中很容易脱去 DDMP 形成皂苷 B 和皂苷 E。典型大豆皂苷的结构见图 4-1 和表 4-1[2]。

大豆皂苷在大豆胚芽中含量最高，子叶中的含量比胚芽中少些，含量最低的是大豆的根部。目前对于大豆皂苷的研究主要集中于分析方法的改进，同时也有其生理活性的报道，且一般都是大豆的总皂苷，很少有文献将皂苷分开研究。相对而言，皂苷 B 比皂苷 A 的苦味要小，在保健食品领域具有更广阔的应用前景。

2．大豆皂苷 B 的理化性质

大豆皂苷 B 纯品形态呈白色粉末状，既有亲水性也有亲油性，可降低水的表面张力，形成泡沫维持时间长。大豆皂苷 B 有着较大的极性，可溶于水、热的甲醇和乙醇，难溶于乙醚等低极性的有机溶剂。大豆皂苷 B 是一类酸性皂苷，向其水溶液中加入中性盐如醋酸铅、硫酸铵等会形成沉淀并有颜色变化，可以利用这种特性进行皂苷成分快速分析鉴定。如红棕色是皂苷和苯肼的特征反应颜色，蓝色是皂苷和五氯化锑的特征反应颜色，红色是皂苷和冰醋酸 - 乙酰氯的特征反应颜色等。

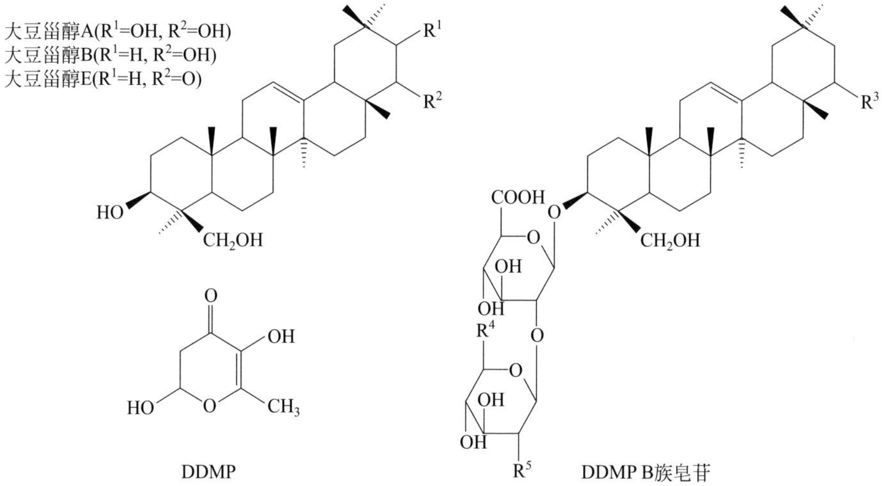

图4-1　大豆皂苷的结构图

表4-1　皂苷B和DDMP的分子式

DDMP和皂苷B	R^3	R^4	R^5	分子量
Bb	OH	CH_2OH	O-β-D-Glucose	942
Bc	OH	H	O-α-L-Rhamnose	912
Bb′	OH	CH_2OH	OH	796
Bc′	OH	H	OH	766
Ba	OH	CH_2OH	O-α-L-Rhamnose	958
Be	O	CH_2OH	O-β-D-Glucose	940
Bd	O	CH_2OH	O-α-L-Rhamnose	956
βg	O-DDMP	CH_2OH	O-β-D-Glucose	1068
βa	O-DDMP	H	O-α-L-Rhamnose	1038
γg	O-DDMP	CH_2OH	OH	922
γa	O-DDMP	H	OH	892
αg	O-DDMP	CH_2OH	O-α-L-Rhamnose	1084

3．大豆皂苷 B 的生物活性

（1）抗氧化　研究表明，大豆皂苷能够使得脂类物质在血清中的氧化得到抑制，从而减少过氧化脂质的形成，降低甘油三酯和胆固醇的含量。有学者发现皂苷还能降低转氨酶在体内的含量，可能是由于脂肪细胞在脂化过程中的诱因肾上腺素被大豆皂苷所抑制，后来发现主要起抑制作用的是皂苷 B 和 DDMP。尤其 DDMP 有着与超氧化物歧化酶类似的抗氧化活性，且有没食子酸同时存在则能够起到协同作用。过氧化脂质的形成通常是由于自由基的损伤，也是动脉粥样硬化的诱因之一，当皂苷达到一定浓度时就会抑制产生脂质的过氧化反应[3]。

（2）降血脂，抗血栓　有报道发现，给家兔用高脂饲料喂养的同时加入皂苷 B 可以明显降低血清中胆固醇和甘油三酯的量，而用基础饲料喂养家兔并无该效果，说明皂苷 B 能够对高脂肪饮食引起的高血脂起到预防作用。大豆皂苷 B 抗血栓的主要原理是其能够让纤维系统被激活，使得纤维蛋白原降解的产物增强，从而抑制血小板的凝聚。

（3）抗病毒　抗病毒作用是大豆皂苷新的研发方向。有研究发现皂苷 B 能够抑制如疱疹病毒、巨细胞病毒、流感病毒等病毒的复制，很好地保护被病毒侵染的细胞。

（4）增强免疫调节　皂苷对免疫功能有着广泛的调节功能，对接触性过敏反应有抑制作用。有研究发现通过在膳食中补充大豆皂苷，可以预防过敏，增强免疫活性[4]。

（5）保护肝脏　大豆皂苷 B 的抗氧化功能能够抑制脂类过氧化物的产生，从而减轻肝脏的负荷，起到良好的保护作用。

（6）抗肿瘤　关于大豆皂苷的抗癌机理有以下几个观点：①对肿瘤细胞的生长有抑制或毒杀的作用。②通过与胆酸结合形成混合微团，降低游离胆酸的含量，使得胆酸在胃肠黏膜上的吸收降低，预防结肠癌的发生。③使得增生异常的细胞停止分裂或转为正常细胞。④因为大豆皂苷的两性性质，可能通过影响细胞界面活性，直接对癌细胞产生作用。大豆皂苷的抗癌作用主要是其和细胞膜的相互作用，但其结构复杂，单体较多，造成抗癌机理的复杂性。

4．大豆皂苷 B 的应用前景

大豆皂苷 B 本身是两性化合物，在很多行业都有较大的应用潜力。因为大豆皂苷 B 可以使溶剂的界面张力降低，产生许多泡沫，具有较强的去污能力，所以可以应用于肥皂和洗发行业。日本学者研究发现，将大豆皂苷 B 应用于化妆品中，能够延缓皮肤衰老，预防过氧化脂质导致的皮肤病，且在临床上已经取得了较好的效果。在药品应用方面，大豆皂苷 B 具有的抗病毒、抗肿瘤、保肝等生理活性，使其在药品市场的前景相当广阔。

5．常用的大豆皂苷提取方法

（1）溶剂提取　溶剂提取依据的是不同物质在同一溶剂中溶解度不同、同一物质在不同溶剂中溶解度也不同的原理。浸渍法、回流提取法都属于溶剂提取法。浸渍法操作相对简便易行，缺点是时间较长，提取率较低，且以水为溶剂，浸提液容易变质。回流提取法是指用醇类等较易挥发的溶剂作为提取剂，将提取液加热回流，挥发性强的溶剂蒸出，被冷凝管冷却后重新返回容器中继续提取产物，直至目标产物被充分提取，受热易变质或结构不稳定的化合物不应采用这种方法。此法优点是在乙醇加热沸腾的状态下提取，使得溶质之间的传质速率较快，提取率要高于浸渍法，但由于高温下杂质也易被提取出来，造成提取液纯度较低。

（2）超声波提取　超声波是通过溶剂与样品之间的空化作用，让溶液内的气泡发生变化，形成增长和爆破压缩等过程，使固体的样品分散，增大原料与提取溶剂之间的接触面积，提高产物从固态转移至液态的传质速率，从而进一步提高提取率。

（3）超临界 CO_2 萃取　超临界 CO_2 萃取是根据超临界流体溶解能力与其密度之间的关系，即利用压力与温度对超临界流体溶解能力的影响而进行的。在超临界状态下，将超临界流体与要分离的原料相互作用，使其依据极性的不同、沸点的高低与分子量的不同而有选择性地依次分离。可以控制条件来得到最理想的混合成分，再通过减压或改变温度的方法使超临界流体变为普通的气体，被萃取出来的产物则完全或大部分析出，从而达到分离纯化的目的。

（4）微波辅助提取　微波辅助提取是依据不同物质对微波吸收能力的不同，使得被萃取的体系中的一些组分被选择性加热，从而从所在的体系中分离出来。优点是提取速率快，溶剂选择范围较大，溶剂的用量较少。

6．常用的大豆皂苷分离与纯化方法

（1）萃取法　大豆皂苷提取后的浓缩液中糖类和蛋白质较多，加入等体积的正丁醇后使得皂苷进入醇层，糖类和蛋白质进入水层，再取醇层旋干即可得到皂苷粗品。这种方法得到的皂苷纯度不高，需要进一步纯化。

（2）溶剂沉淀法　溶剂沉淀法是利用大豆皂苷难溶于乙醚、乙酸乙酯、丙酮等溶剂的特性，将得到的粗皂苷用少量的甲醇使之溶解，再加入约 10 倍体积的乙醚等溶剂使皂苷沉降，再离心干燥得到大豆皂苷。

（3）铅盐沉淀法　乙酸铅与碱式乙酸铅与水或醇的溶液能和大豆皂苷反应生成难溶的铅盐沉淀，可用于提纯大豆皂苷。将粗皂苷溶在少许乙醇中，加入过量的乙酸铅溶液，搅拌静置，使大豆皂苷完全沉淀，再进行脱铅处理，所得滤液浓缩旋干即可。或者可以和溶剂沉淀法结合，将浓缩液加入乙醚或丙酮中再离心。这种方法所得大豆皂苷含量可超过 95%，但回收率较低，且铅离子对人体有害，限制了应用。

（4）大孔树脂纯化法　大孔树脂是利用其与被吸附的物质之间的范德华力，

以及很大的比表面积来进行物理吸附，其本身多孔状的构造也起到了筛选效果，且已经有文献报道采用大孔树脂分离纯化大豆皂苷。大孔吸附树脂根据极性的不同与所用结构不同的单体分子，可以分为以下四个类型：①非极性的大孔吸附树脂，通常为改善大孔树脂的亲水性能，会加入一些中性基团，这样合成的树脂极性较弱；②极性中等的大孔吸附树脂，这一类树脂含酯基，且以多功能团的甲基丙烯酸酯作为交联剂；③极性较强的大孔吸附树脂，这类树脂一般有硫氧、酰胺等一些基团，如常见的丙烯酰胺；④极性强的大孔吸附树脂，这类树脂一般有氮氧基。大孔吸附树脂具有很多传统吸附剂无法比拟的优点，如选择性好、机械强度高、易解析以及具有较小的流体阻力、较快的交换速度、较强的耐污染性等，最重要的是可以根据原料与合成的条件来选择其孔隙的大小、骨架的构造与极性大小。

（5）结晶法　结晶是热饱和溶液冷却后溶质以晶体方式从溶液中析出的过程。一般可分为三种：①冷却结晶，主要用于溶解度随着温度降低而降低的物质。②蒸发结晶，主要用于溶解度随温度降低而升高的物质。③真空结晶，即通过在真空下闪急蒸发，使溶液在浓缩的同时冷却，产生过饱和度而结晶，这种方法在工业中应用最广泛。而对于大豆皂苷的分离，则主要根据皂苷 A 和 B 的溶解度不同来进行分离。

二、大豆异黄酮概述

1．大豆异黄酮简介

大豆异黄酮来自植物家族，与人类的雌性激素在分子结构上极为类似，具有与雌激素类似的功能[5]，因此被赋予“植物类雌激素”的称谓。大豆异黄酮是大豆中存在的一种微量活性物质，含量约为 0.2%，是一种混合物，在自然界中有糖苷型和游离型两种形式，包括大豆苷原（daidzein）、染料木黄酮（genistein）和黄豆黄素（glycitein）3 种配基，以及它们的葡萄糖配糖体。大豆中天然存在的大豆异黄酮总共有 12 种，结构如图 4-2。

2．大豆异黄酮的理化性质

纯品大豆异黄酮是无色有苦味的晶状物质，常温下性质稳定，一般呈黄白色粉末状，易溶于甲醇、乙醇、乙酸乙酯等有机溶剂及稀碱液。大豆异黄酮的水溶性与其结构有关，游离型大豆异黄酮水溶性最差，基本不溶于水，其配糖体和结合配糖体一般可溶于水，但染料木苷（genistin）难溶于水，在 4 ～ 50℃水中的溶解度没有明显变化，在 70 ～ 90℃时其溶解度随着温度的升高而显著增加。因此，在用水溶液提取大豆异黄酮时，温度应超过 70℃[6,7]。

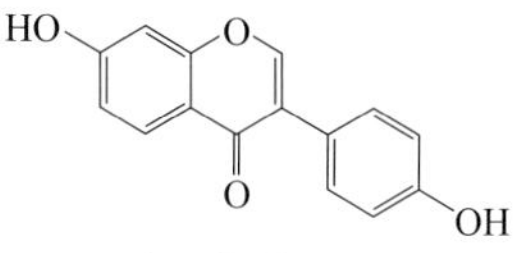

大豆苷原

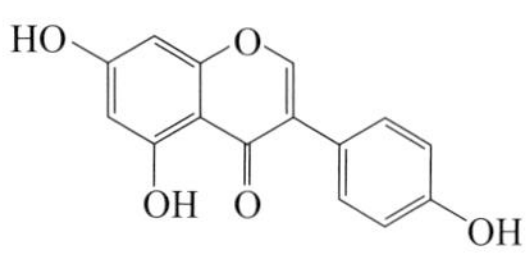

染料木黄酮

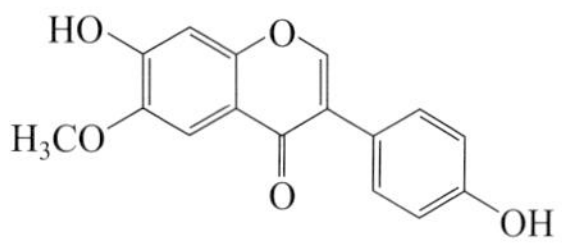

黄豆黄素

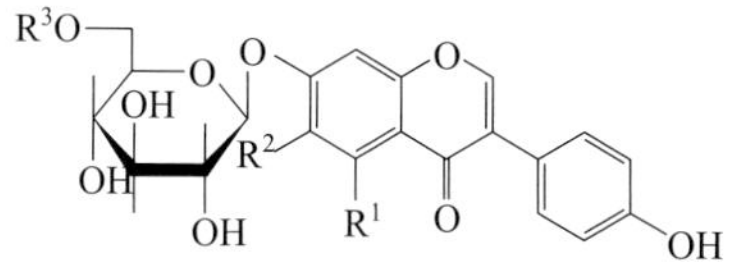

项目	R^1	R^2	R^3
大豆苷	H	H	OH
乙酰大豆苷	H	H	$COCH_3$
丙二酰大豆苷	H	H	$COCH_2COOH$
染料木苷	OH	H	OH
乙酰染料木苷	OH	H	$COCH_3$
丙二酰染料木苷	OH	H	$COCH_2COOH$
黄豆黄苷	H	OCH_3	OH
乙酰黄豆黄苷	H	OCH_3	$COCH_3$
丙二酰黄豆黄苷	H	OCH_3	$COCH_2COOH$

图4-2　大豆异黄酮的化学结构

大豆异黄酮中只有游离型苷元的生物活性最高，其结合配糖体在加热和碱性条件下可以水解去掉丙二酰基和乙酰基而转化成配糖体，配糖体在强酸高温或酶存在条件下同样可水解去掉葡萄糖基而转变成葡萄糖苷配基形式[8]。

3. 大豆异黄酮的生理功能

大豆是人类获得异黄酮的唯一有效来源，异黄酮是一种弱的植物雌激素，在雌激素生理活性强的情况下，异黄酮能起抗雌激素作用，降低受雌激素激活的癌症如乳腺癌的风险；在女性绝经时期雌激素水平降低，异黄酮又能起到替代作用，避免潮热等停经症状发生。异黄酮的抗癌特性十分突出，能阻碍癌细胞的生长和扩散，且只对癌细胞有作用，对正常细胞并无影响。异黄酮还是一种有效的抗氧化剂，能够阻止氧自由基的生成。此外异黄酮还有助于预防骨质疏松，提高骨密质峰值，还能加强和调节心肌功能，与大豆蛋白相互协作降低胆固醇，降低血压，阻止血管平滑肌细胞增生，防止血块凝成，对心血管有保健功效。

目前国内外已有很多研究报道通过动物实验表明大豆异黄酮具有弱雌激素活性、抗氧化活性、抗溶血活性和抗真菌活性。对于白血病、骨质疏松、乳腺癌和前列腺癌等多种疾病的发生能够起到有效预防及抑制作用，尤其对癌症和抗衰老具有明显疗效。近年来，通过体外和流行病学的研究结果显示，东南亚国家食用大豆和豆制品中的异黄酮的量比欧美国家要高很多，因此他们乳腺癌和结肠癌发病率较低。

4. 大豆异黄酮在自然界的存在情况

中国农业科学院的孙明军等[9]对国内 50 个大豆品种进行分析的结果表明，南方大豆异黄酮平均含量为 189.90mg/100g，东北及北方春大豆异黄酮平均含量为 332.91mg/100g。他们发现大豆异黄酮的含量与品种、地区、温度、湿度、种粒大小、种皮颜色、绒毛色泽等因素均有一定的相关性，其组分没有显著差异。

大豆籽粒的异黄酮含量变化范围为 0.5 ～ 7.0mg/g 干大豆，不同类型的异黄酮以及不同存在形式的异黄酮所占比例除了与大豆品种、生长环境有关外，也受大豆籽粒部位、分离提取方法、大豆产品加工工艺的影响。大豆胚轴中异黄酮的含量约为子叶的 6 倍，但由于子叶占大豆籽粒重的 95% 以上，因此大豆子叶中异黄酮的绝对含量远大于胚轴。

5．大豆异黄酮的研究现状

美国 ADM 公司于 1999 年在加利福尼亚州建立了全球第一家大豆异黄酮专项加工生产企业，推出了含量为 30% 的制品应用于抗肿瘤与制药业中。日本丰年公司在世界上首次开发成功已脱除苦味、纯度达 80% 以上的高纯度大豆异黄酮制品。此外，日本清源株式会社，瑞典阿法拉伐公司，中国营口渤海天然食品公司、黑龙江省粮食科学研究所与双和异黄酮制品公司以及哈高科大豆食品有限责任公司等也已经开始生产纯度不同的大豆异黄酮产品。

随着研究的不断深入，大豆异黄酮展现出来的对人体生理代谢的有益调节和对某些疾病的防治作用，使人们越来越认识到其对于人类健康不可低估的作用。国外对异黄酮的研究起步较早，生产也有了一定规模。目前，我国高科技企业正致力于大豆的综合开发和利用，提取大豆异黄酮作为具有多种生理功能的优质天然药用食品。

6．常用的大豆异黄酮制备工艺

（1）溶剂提取法　对大豆异黄酮的浸提通常使用乙醇 - 水溶液、甲醇 - 水溶液和弱碱 - 水溶液等具有一定极性的溶剂，其中甲醇和乙醇作溶剂时异黄酮的提取效率更高 [10,11]。工业生产中选用有机溶剂的基本原则是收率高、能耗低、溶耗小、无重金属残留。考虑后续提取工艺操作的难易程度、生产成本及溶剂毒性等因素，大多数企业采用乙醇 - 水溶液提取豆粕中的大豆异黄酮，具有提取率高、杂质少、无毒且易形成工业化生产的特点，可以与树脂吸附、絮凝沉淀和膜技术结合，达到分离纯化的目的。

（2）碱提取酸沉淀法　碱提取酸沉淀法是将大豆粉末浸泡在弱碱性水溶液中，一段时间后加酸调节 pH 值到蛋白质等电点，沉淀成凝乳状物，离心分离得到液相提取物。所用弱碱水溶液与大豆粉末的比例为 1∶13（质量比），溶液 pH 值在 8.5，等电点处 pH 值为 4.5 左右，提取时间为 20min，温度为 50℃。采用弱碱水溶液提取的杂质较多，一般用于综合利用回收蛋白质 [12]。

（3）超声波萃取法　超声波辅助萃取对固体样品的预处理很有利，能够增大物质分子运动频率和速度，增加溶剂穿透力，从而加速目标成分进入溶剂，促进提取的进行，具有操作简单、副产品少、目标产物易分离等优点，能达到比常规提取更理想的效果。Rostagno 等详细比较了搅拌和超声提取两种方法对四种异黄酮的提取效率，结果显示在 60℃下，50% 乙醇溶液超声提取 20min，异黄酮的收率最高 [13]。谢明杰等利用超声波从脱脂豆粕中提取大豆异黄酮，并与乙醇加热回流法进行了比较，证明超声波萃取法具有一定的优越性，但该方法目前难以用于大规模的工业生产 [14]。

（4）微波萃取法　微波加热的机理有别于常规加热，它能够穿透萃取溶剂和物料使整个系统均匀受热，省去常规加热由表及里的热传导所需的时间，使萃取体系快速升温，萃取速率明显高于常规加热方法。Rostagno 等利用微波萃取方法研究了不同溶剂、温度、样品量以及萃取时间等因素对萃取效果的影响，发现对于 0.5g 大豆，在 50℃下用 50% 的乙醇溶液萃取 20min 提取率最高，且没有发生异黄酮结构和性质的改变 [15]。

（5）超临界流体萃取法　超临界流体萃取法是利用流体在超临界状态时具有密度大、黏度小、扩散系数大等优良的传质特性而研究开发的。它具有提取率高、产品纯度好、流程简单等优点，但对设备要求较高。用 CO_2 作萃取剂时，大豆异黄酮由于其极性较大很难被萃取，须在大豆异黄酮粗提物中加入少许改性剂，也称为夹带剂，提高 CO_2 的极性，以提高大豆异黄酮的提取率。据报导，CO_2 临界状态的压力是 7.37MPa，温度是 31.05℃，一般在实际使用中压力在 27～70MPa，温度在 35～70℃。因此该方法所用的设备属高压容器，装置复杂，造价昂贵，且设备容量有限，每次投料量有限，故而生产量受到制约。本书著者团队曾采用超临界 CO_2 流体萃取法纯化异黄酮，产物纯度达到 90% 以上，总回收率高于 74%，远优于传统的溶剂萃取法 [16]。

7. 常用的大豆异黄酮精制工艺

（1）树脂吸附法精制　工艺流程为：浸提液→吸附树脂吸附→解吸→干燥。此工艺多是采用大孔吸附树脂吸附浸提液中的大豆异黄酮，吸附完毕后，以水洗脱去除浸提液中的蛋白质、单糖、多糖等其他物质，再用洗脱液（一般为乙醇）洗脱大孔树脂。根据浸提液中大豆异黄酮纯度的不同，可得 40%～60% 的大豆异黄酮。

（2）超滤膜与吸附树脂结合　工艺流程为：浸提液→超滤膜→吸附→洗涤→干燥。该法以超滤膜去除部分杂质，但超滤负荷较大，需与树脂工艺相结合。

（3）吸附与溶剂萃取结合　如图 4-3 是原料综合利用的典型工艺，不仅可以得到大豆异黄酮，还可以得到大豆皂苷、蛋白质以及水溶性多糖，适用于从高于蛋白质等电点的弱碱性水溶液中提取大豆异黄酮。

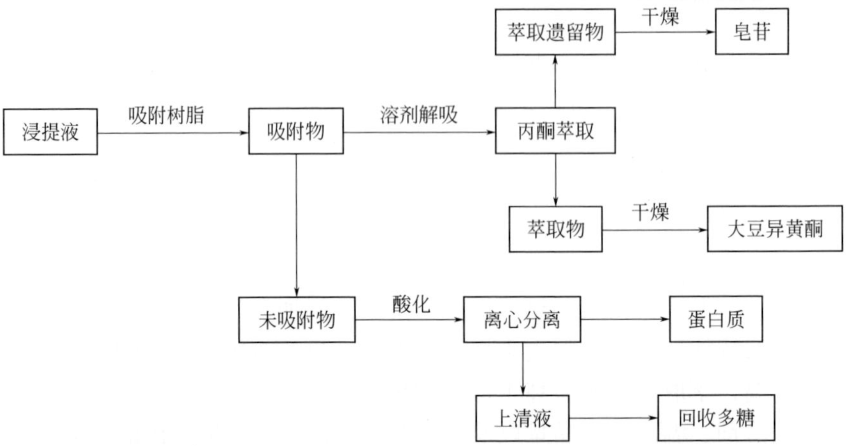

图4-3 吸附与溶剂萃取结合工艺流程图

第二节 高纯度大豆皂苷制备关键技术

本书著者团队开发了一种从脱脂大豆胚芽中提取大豆皂苷 B 的工艺方法[17]。包括以下步骤：①从脱脂大豆胚芽中提取皂苷；②过滤浓缩；③过大孔吸附树脂；④梯度洗脱大孔树脂柱，得到大豆皂苷；⑤第一次结晶得到大豆皂苷 B 粗品；⑥重结晶得到高纯度大豆皂苷 B。此方法对环境友好，为大豆皂苷 B 的工业化制备奠定了基础。

考虑到大豆胚芽中含有的大豆皂苷在乙醇溶液中有良好的溶解性，而多糖成分在较高浓度的乙醇溶剂中溶解度较低，本书著者团队所开发的从大豆胚芽中提取大豆皂苷 B 是基于有机溶剂法，以较高浓度乙醇为溶剂，通过对一系列参数进行优化，使得提取产物中大豆皂苷的纯度最高，提取率达到 90%。

一、树脂法纯化大豆皂苷B

使用大孔吸附树脂进行天然产物纯化具有成本较低，吸附和解析效率高，可重复使用，溶剂的消耗量少等优点，同时大豆皂苷的分子量较大，苷元部分疏水，因此选择孔径较大的非极性或者弱极性大孔树脂进行吸附。根据大豆皂苷的性质和分子量筛选出了 8 种具有代表性的大孔吸附树脂，综合比较，选择 NKA

树脂用于纯化大豆皂苷 B。

1．NKA 树脂的等温吸附实验

使 NKA 树脂分别在 25℃、30℃、35℃下吸附不同浓度的大豆皂苷溶液，发现吸附量及饱和吸附的速率均随着温度升高而降低，在 25℃时吸附的速率最快。用 Langmuir 等温方程与 Freundlich 模型拟合得到吸附曲线，并得出拟合方程（表 4-2），发现 Langmuir 方程的拟合结果 R^2 都在 0.98 以上，与 Freundlich 相比拟合性较好。从 Langmuir 的方程可以看出，在 25℃时吸附吻合程度最好，同样与实验结果相符。

表4-2 在25、30、35℃时NKA树脂与大豆皂苷B的拟合方程

温度/℃	Langmuir方程	R^2	Freundlich方程	R^2
25	$c_e/q_e=0.0741c_e+0.0342$	0.9924	$q_e=8.1654c_e^{0.6483}$	0.9285
30	$c_e/q_e=0.1424c_e+0.0117$	0.9878	$q_e=6.2301c_e^{0.8686}$	0.9421
35	$c_e/q_e=0.1788c_e+0.0057$	0.9839	$q_e=5.2640c_e^{0.9224}$	0.9704

2．NKA 树脂吸附的动态研究

（1）优化吸附参数　通常情况下，用一段时间内柱色谱中洗脱液内大豆皂苷 B 的浓度，以及洗脱时间与洗脱体积，反映柱体积内大孔树脂的吸附量与柱体积位置之间的关系，来反映树脂吸附的状况。本书著者团队通过对上样浓度、柱体积和洗脱浓度等参数进行优化，确定最优的 NKA 树脂吸附工艺。

由图 4-4（a）可以看出，随着上样液浓度的增大，吸附平衡的时间减少，同时饱和吸附明显增加，但高浓度的上样液也有可能堵塞树脂柱，降低 NKA 树脂吸附的速率，综合考虑初始浓度选择 1.690mg/mL。而随着柱体积的增大，NKA 单位树脂的吸附量也随之增加，但在柱体积达到 15mL 时 NKA 树脂吸附量的增加并不显著［图 4-4（b）］，可能是因为柱体积较小时上样液流过色谱柱的时间较短，NKA 无法达到吸附饱和，但柱体积较大时，柱高增加会使压力上升，因此最佳柱体积为 10mL。由图 4-4（c）可以看出，当乙醇浓度超过 20% 时大豆皂苷 B 的解析率突然增加，而当乙醇浓度为 80% 时大豆皂苷 B 的解析率达到最大，因此选择 20% 的乙醇来洗脱去除杂质，选取 80% 作为最终产物的洗脱浓度。

（2）测定洗脱曲线　当洗脱体积超过 0.8BV，流出液中大豆皂苷 B 的含量增加，到 1.2BV 时流出液中大豆皂苷 B 的浓度达到最大（图 4-5），此时溶液颜色是黄色，说明此时大豆色素含量较高。在洗脱体积达到 1.5BV 时颜色较浅，此时大豆皂苷 B 的纯度最高。继续增大洗脱体积，到 2.5BV 时，洗脱液中大豆皂苷 B 的浓度很低，说明洗脱已经完成。

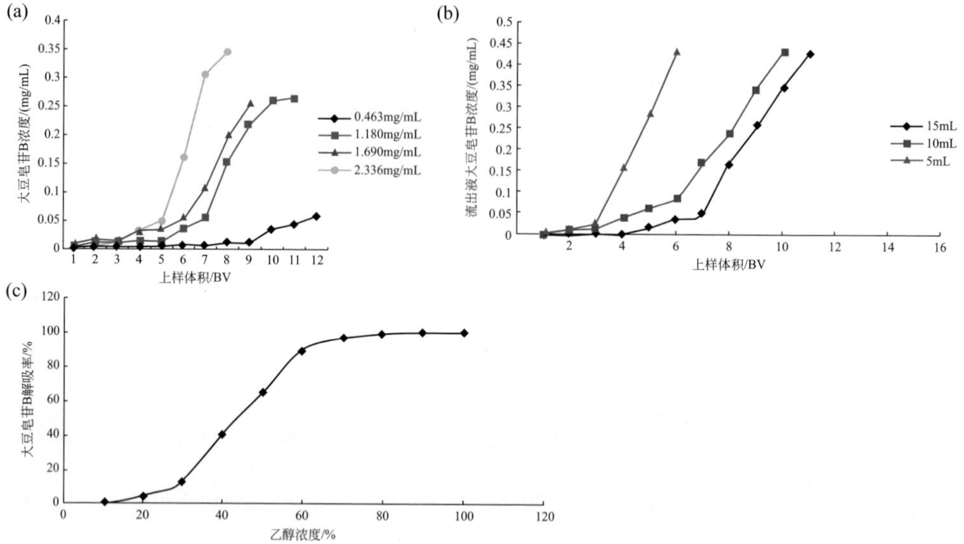

图4-4　不同吸附条件对大豆皂苷B纯化效果的影响：（a）上样浓度的影响；（b）柱体积的影响；（c）洗脱浓度的影响

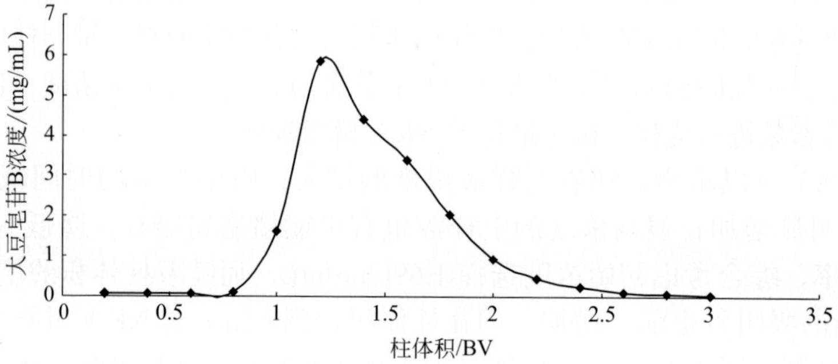

图4-5　洗脱曲线

本书著者团队通过比较筛选出 NKA 树脂，确定最佳吸附及洗脱条件后得到大豆皂苷 B 的纯度为 20%，回收率大于 88%。

二、结晶法纯化大豆皂苷B

大豆皂苷中的主要组成成分是皂苷 A 和皂苷 B，本书著者团队的主要目的是分离大豆皂苷 B，而经过大孔树脂纯化后所得到的产品，大豆皂苷 A 的含量为 35.6%，大豆皂苷 B 的含量为 20.5%，因此需要将皂苷 A 和皂苷 B 进行进一步分离。在比较了膜分离法、凝胶分离法、溶剂沉淀法及结晶法四种方法后，发现只有结晶法对皂苷 A 和皂苷 B 的分离有较好的效果。

1．结晶溶剂的选择

在选取结晶溶剂时要尽量满足以下条件：高温时对物质溶解度大，低温时溶解度小；对将要纯化物质中的一些杂质溶解度较大，使其在结晶时尽量留在结晶母液中不析出；或对杂质溶解度很小，使杂质在加热溶解的过程中直接析出；遵循相似相溶的原则，尽量节约成本，毒性较小，对环境友好。综上，本书著者团队分别选取乙醇、甲醇、去离子水、异丙醇等六种溶剂进行比较，发现使用去离子水作为结晶溶剂时皂苷 A 的纯度降低，皂苷 B 的纯度增加，较树脂纯化后提高了 2.928 倍，且去离子水对环境友好，成本更低。

2．结晶条件的优化

对结晶的初始浓度、最终温度、降温速率及结晶时间进行优化，得到结晶的最优条件如下：初始浓度为 10mg/mL，在 80℃下溶解降温至 20℃结晶 0h，最优降温速率为 3℃ /h。

3．重结晶

为了进一步提高皂苷 B 的浓度，进行重结晶。经过重结晶后，皂苷 B 的纯度增大，而产物中皂苷 A 的含量已经较少。当初始浓度增加到 15mg/mL 时，皂苷 B 的含量与回收率都达到最大，此时皂苷 A 的含量仅有 4.35%，较第一次结晶纯度提高了 1.434 倍，此时皂苷 B 的纯度为 83.19%，回收率为 92.19%。

三、中试放大

为了验证筛选出的条件能否成功，用 20kg 的大豆胚芽原料进行了中试放大。图 4-6 显示了产品纯化的过程中得到的高效液相色谱图，得到大豆皂苷 B 纯度为 79.23%，与实验室条件下基本相同。

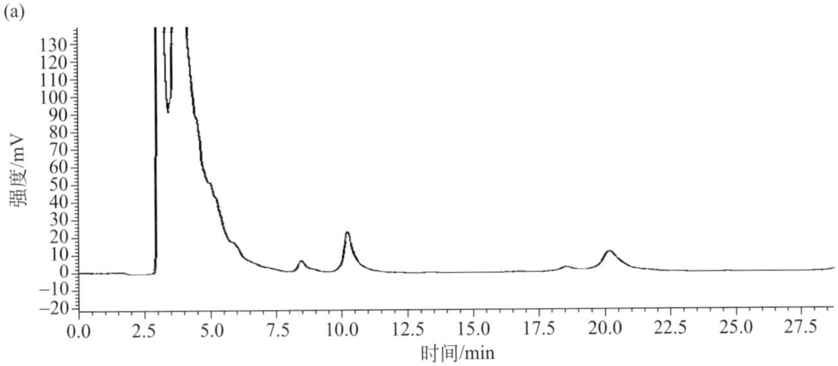

图4-6

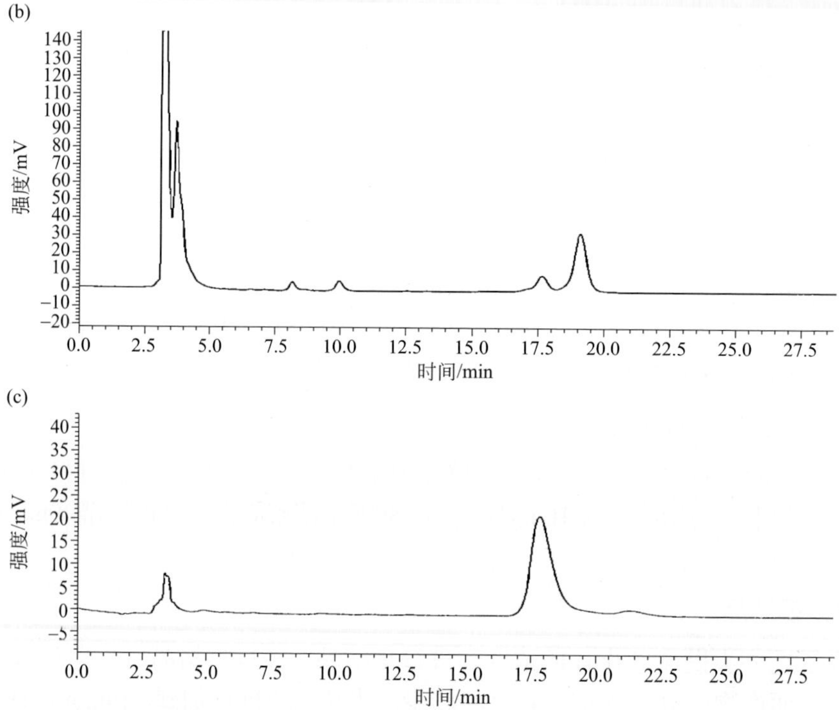

图4-6 （a）喷雾干燥后的高效液相色谱图；（b）第一次结晶后的高效液相色谱图；（c）重结晶后的高效液相色谱图

第三节 利用大孔树脂从大豆糖蜜中回收大豆异黄酮

本书著者团队对大豆糖蜜生产大豆异黄酮的预处理工艺进行了探讨，提出了从大豆糖蜜中提取大豆异黄酮的实验室方法，为以后大豆异黄酮的精制工艺奠定了基础[18]。

一、大豆糖蜜简介

大豆糖蜜是伴随着大豆浓缩蛋白的发展而发展起来的。1946 年，Smiley 和 Smith 发现用乙醇来提取大豆蛋白质的过程中会产生一种棕色黏稠的浆状物质[19]。

1963 年，Chajuss 将其命名为“大豆糖蜜”，以区别生产大豆分离蛋白过程中产生的大豆乳清废水。大豆糖蜜的成分复杂，色泽深，难以处理，其中的非糖物质主要为大豆异黄酮、大豆皂苷、大豆甾醇类等，它们在大豆中的含量不高，但是在糖蜜中却被浓缩了。有文献报道，通过酸沉可去除大豆糖蜜中能溶于酸的成分，分离得到的沉淀即为大豆功能性成分的集合体 [20]。

1．作为发酵原料

大豆糖蜜中碳水化合物占总固形物含量 60%，因此它可用作微生物发酵原料。与常用碳源葡萄糖相比，大豆糖蜜价格仅为 20%，可极大节约成本并提高利润。Qureshi 等以大豆糖蜜为原料，用梭状芽孢杆菌发酵生产丁醇，该菌种可利用大豆糖蜜中蔗糖、果糖和半乳糖 [21]。Solaiman 等使用念珠菌，同时以大豆糖蜜和油酸作为发酵原料生产槐脂 [22]。Montelongo 等以乳杆菌发酵生产乳酸，通过控制 pH，并在大豆糖蜜中添加 0.5% 酵母提取物，发现不但能极大缩短发酵时间，且大豆糖蜜中葡萄糖、蔗糖、棉子糖和水苏糖均被完全利用 [23]。

2．提取大豆低聚糖

大豆低聚糖是大豆中可溶性糖的总称，包括蔗糖、棉子糖和水苏糖等，其中棉子糖和水苏糖属于 *α*- 半乳糖苷类，不易被人体消化吸收，但可被大肠中细菌分解，生成有机酸，降低肠道中 pH 值，使有益菌群增殖，还可促进肠道蠕动，抑制致癌物生成等。方伟辉将大豆糖蜜进行澄清脱色处理，再用酵母发酵降低蔗糖含量来提高功能性糖的纯度 [24]。

3．提取大豆皂苷和大豆异黄酮

大豆糖蜜是醇法生产大豆浓缩蛋白的副产物，其中大豆皂苷等组分含量较高。据统计全国每年会产生 3 万～ 5 万吨大豆糖蜜，但大多作为饲料或作为发酵工业的原料低价出售，甚至当作废液排放，造成资源浪费。若能将大豆糖蜜加以开发利用，发掘其在大豆皂苷及大豆异黄酮等功能因子方面的提取潜力，对实现变废为宝，降低生产成本等具有重要意义。

二、大豆糖蜜预处理

工厂生产大豆浓缩蛋白时，所得大豆糖蜜温度约为 50℃，呈深黄色液体，流动性较好，但不易保存。主要原因是稀糖蜜中富含大豆低聚糖、蛋白质、油等物质，水分含量较高，易于细菌滋生。一般把大豆稀糖蜜进行浓缩，蒸发掉约 20% 的水分，得到大豆浓糖蜜，浓糖蜜的固含量比稀糖蜜高 25% 左右，黏度也较大。

以 $Ca(OH)_2$ 为絮凝剂，发现对于 125mL 体系（25mL 大豆糖蜜与 100mL

去离子水混合），$Ca(OH)_2$ 的加入量在 3g 时合适，絮凝过程会夹带异黄酮进入沉淀，因此需要用水洗涤。使用如图 4-7 中的工艺处理原料液，总异黄酮的收率可达 70%，浓度约为 600mg/L，需要进一步精制才会得到一定纯度的产品。

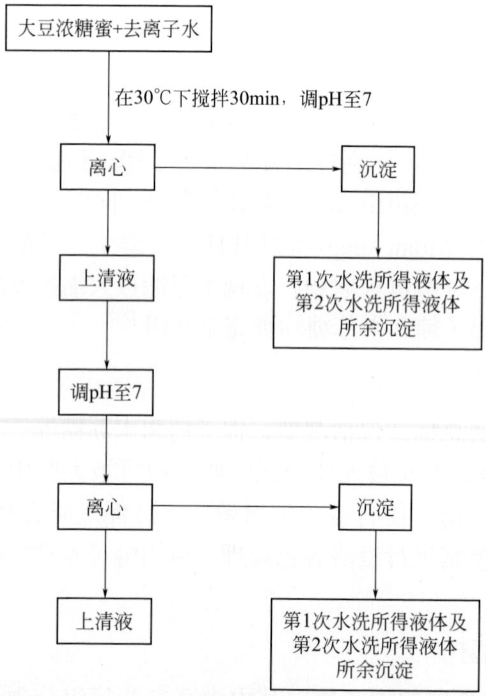

图4-7　大豆糖蜜预处理流程图

三、树脂法精制大豆异黄酮

1．利用 AB-8 型树脂以氨水为洗脱剂精制大豆异黄酮

考虑到异黄酮在弱碱性溶液中的溶解度较高，选择氨水作为洗脱液。综合比较 11 种树脂后，选择 AB-8 树脂作为吸附分离介质，测定其吸附与解吸曲线，并进行上样浓度的优化。由浓度为 130mg/L 上样原料液吸附穿透曲线［图 4-8（a)］，可以看出吸附过程较平稳，用此浓度上样得到如图 4-8（b）洗脱曲线，以 5%～10% 氨水浓度梯度洗脱得到的洗脱峰峰高且宽，收率高，且产品纯度也相对较高（图 4-9）。

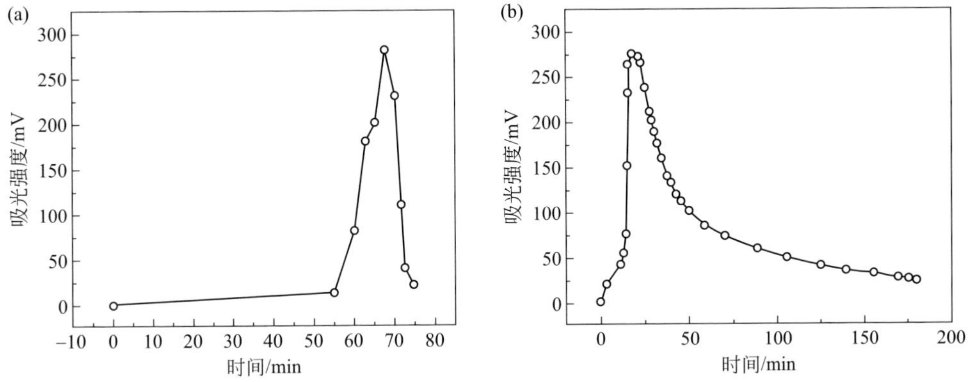

图4-8 （a）上样浓度为130mg/L时吸附穿透曲线；（b）上样浓度为130mg/L时洗脱曲线

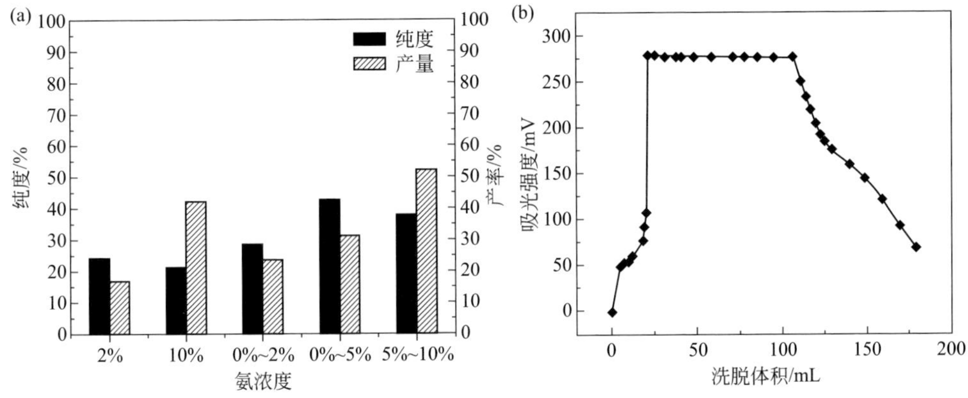

图4-9 （a）AB-8树脂实验洗脱结果；（b）5%～10%氨水洗脱曲线

2．利用 ADS-7 型树脂以乙醇为洗脱剂精制大豆异黄酮

ADS-7 是一种双功能选择性吸附树脂，属弱极性大孔吸附树脂，兼具表面吸附与基团吸附功能，对大豆异黄酮的饱和吸附量较高，且树脂可以进行再生继续使用。实验发现选择 70% 的乙醇溶液作为洗脱液时，得到的异黄酮纯度最高，达到 63.51%。

四、稀糖蜜生产大豆异黄酮

虽然采用前两种方法制得的大豆异黄酮纯度较高，但浓糖蜜的黏度较大，大豆糖蜜的前处理工艺太繁琐。本书著者团队还研究了以黏度较低的稀糖蜜为原料液直接利用大孔树脂精制异黄酮的工艺，在减少大量操作时间的基础上，也易于与工厂生产大豆浓缩蛋白后的工艺相连接；还将树脂柱串联，以提高大豆异黄酮及整个工艺的收率；同时对吸附分离性能较好的树脂进行了再生处理，以节省成本。

1．以稀糖蜜为原料利用 ADS-7 树脂分离大豆异黄酮

树脂柱的径高比为 1∶20，装入 50mL 的湿树脂。将大豆稀糖蜜用水稀释，以避免稀糖蜜的较高黏度引起树脂柱堵塞，稀释倍数分别为 1∶0、1∶2、1∶4 和 1∶8。使用 10 倍柱体积的水洗涤树脂柱并不能够较大程度地将吸附的蛋白质及糖类洗掉，实验发现采用 70% 乙醇洗涤且稀释比为 1∶2 时所得产品的纯度相对较高，且此时上样操作压力也较低。

2．树脂柱串联工艺

ADS-7 型树脂分离得到的产品纯度基本在 30% 以上，但面临工艺收率较低的问题，本书著者团队尝试将树脂柱串联以提高收率，工艺流程图如图 4-10 所示。

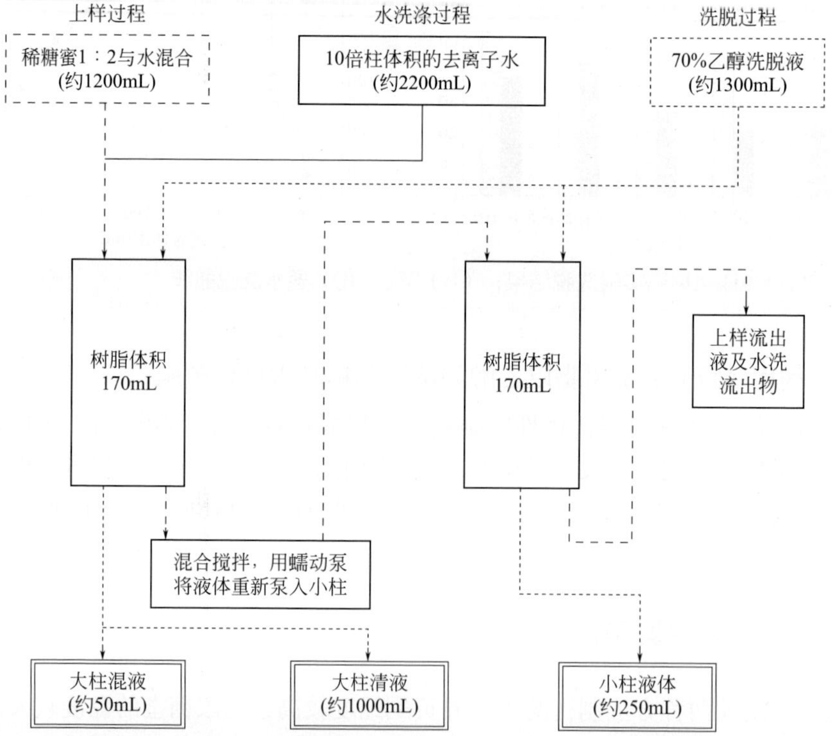

图4-10　树脂柱串联工艺流程图

（1）ADS-7树脂柱串联分离大豆异黄酮　两次上样，分析所得洗脱总液的收率为86.91%，产品组分纯度都在37%以上。又对树脂进行第三次操作，前两次以10倍柱体积的水洗涤树脂柱，第三次以30倍柱体积的水洗涤，所得产品的总收率为64.82%，整个实验总收率为92.29%。

（2）ADS-7树脂再生后分离大豆异黄酮　ADS-7树脂经过三个工艺循环操作后，颜色由浅黄色变成深红色，树脂柱的阻力上升。再生处理可以将树脂上残留的异黄酮洗脱，树脂由深红色变为淡黄色。使用再生树脂继续进行上样实验，发现产品纯度与再生前差别不大，证明ADS-7树脂再生后可以继续用来精制大豆异黄酮。

第四节 连续萃取法制备大豆异黄酮

由于树脂法的制备工艺受到限制，本书著者团队尝试使用连续萃取法建立一种新的大豆异黄酮生产工艺[25]。液液萃取又称为溶剂萃取，具有处理能力大、分离效果好、回收率高、易于自动控制等优点。随着新型填料的发展及应用，连续萃取技术在一些传统行业中的应用已相当普遍。然而，制药行业所涉及的萃取操作仍以间歇萃取为主，与连续萃取相比，其处理能力小，自动化程度落后且萃取效率低，严重制约了制药行业的发展。在国内，虽然华北制药厂等建立了以溶剂萃取为基础的大豆异黄酮生产线，但萃取过程为间歇操作，存在收率低、成本高的弊端。本书著者团队针对此问题，在填料萃取塔中进行了连续萃取大豆异黄酮的工艺条件及工艺参数的研究，为连续萃取在大豆异黄酮生产中的应用提供了依据。

本书著者团队所用萃取塔为自制，玻璃结构（图4-11），使用乙酸乙酯作萃取剂。所用填料为专门定制的直径为4mm的瓷质拉西环。

一、间歇萃取

分别考察温度及体积比对萃取率的影响，发现随着温度升高，乙酸乙酯对大豆异黄酮的萃取率增加，在40℃时萃取率达到峰值；当温度一定（40℃）时，萃取率随着萃取溶剂总体积的增大而增加。其中四倍体积一萃、四倍体积二萃的萃取率最高，达到74%。

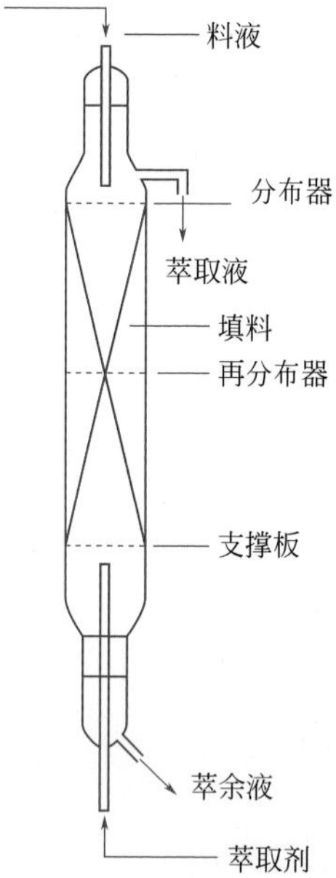

图4-11 填料萃取塔示意图

二、连续逆流萃取

塔身填满 4mm 拉西环，支撑板使用不锈钢网，填料层顶部放置 1 层纱布作料液分布器，中部加 2 层纱布作为再分布器，乙酸乙酯作为连续相，大豆糖浆作为分散相。采用 3 因素 3 水平正交实验，考察两相进料比、进料速度及原料稀释倍数对萃取率的影响（表 4-3）。原料中所含的大豆异黄酮主要是大豆黄苷和染料木苷，因此结果显示了总萃取率及大豆黄苷和染料木苷各自的萃取率。分析发现各因素的最佳配比为：两相进料比 1∶4，原料稀释倍数 3，原料进料速度 1mL/min。

表4-3 正交实验结果

试验号	进料比	原料稀释倍数	进料速度	萃取率（大豆黄苷/%，染料木苷/%）	总萃取率/%
1	1∶2	4	1	55.0,93.2	78.0
2	1∶2	2	1.4	64.2,90.8	85.1
3	1∶2	3	2	64.5,92.0	82.4
4	1∶3	2	1	70.0,90.0	84.3
5	1∶3	3	1.4	76.3,96.2	91.2
6	1∶3	4	2	80.1,97.0	89.5
7	1∶4	3	1	92.5,95.5	95.3
8	1∶4	4	1.4	90.0,96.8	95.0
9	1∶4	2	2	81.0,96.0	92.7

与间歇萃取相比，使用相同温度及相同的溶剂用量时，连续萃取能够将大豆异黄酮的萃取率提高 20% 以上，且连续萃取处理能力大，可以实现连续操作，能够显著地提高效率。

三、组合溶剂回流萃取制备大豆黄苷及大豆黄素

根据异黄酮的溶解度性质，分别使用丙酮、无水乙醇、乙酸乙酯进行回流萃取。结果发现使用丙酮及乙酸乙酯作萃取剂可以明显提高异黄酮含量及大豆黄苷与染料木苷的比例，因此采用这两种溶剂进行组合回流萃取，工艺路线总结如图 4-12。产物含量如下：大豆黄苷，89.6%；染料木苷，2.29%；收率 40%。

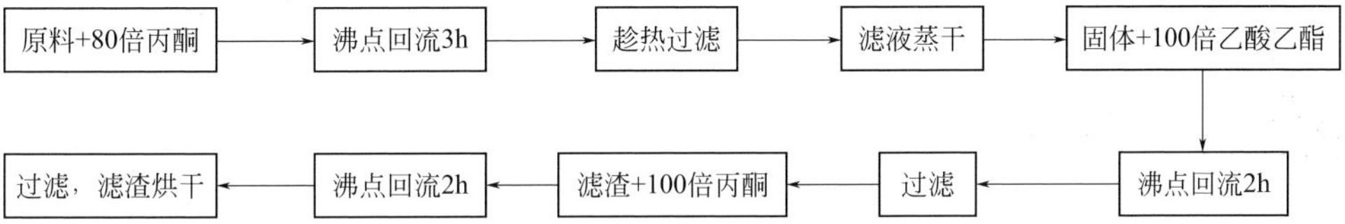

图4-12 组合溶剂回流萃取制备大豆黄苷的工艺路线

将所得大豆黄苷水解即可得到大豆黄素，纯度 92.1%，收率 99%。根据大豆异黄酮不同组分在不同溶剂中的溶解度差异，使用合适的有机溶剂进行回流萃取，可以从异黄酮粗品中提取出高纯度的大豆黄苷产品，再通过盐酸水解可以得到其苷元，操作方便，成本低廉。

四、甲醇重结晶制备黄豆黄苷及黄豆黄素

异黄酮粗品在经过溶剂萃取后，黄豆黄苷的含量有所减少，说明黄豆黄苷在这些有机溶剂中溶解度比大豆黄苷和染料木苷小。以萃取后剩余沉淀为原料，发现可以用甲醇结晶的方法来提纯黄豆黄苷。以 65% 黄豆黄苷粗品为原料，重复 3 次，得黄豆黄苷含量为 93.6%，纯度较高，产品外观较好（图 4-13），且操作简单，成本较低，具有巨大的经济价值。此方法为简单重结晶，所得产品的收率较低，可以回收甲醇母液，使用分级结晶的方法来提高收率。另外黄豆黄素也可以通过盐酸水解来制备。

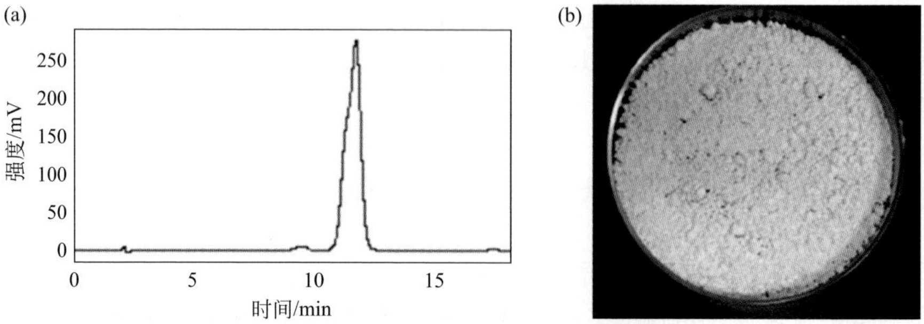

图4-13 （a）甲醇重结晶产品谱图；（b）黄豆黄苷产品图

第五节
利用扩张床吸附技术从大豆糖蜜中分离纯化大豆异黄酮

生物工程产品下游处理过程可分为目标产物捕获、中期纯化和精制三个阶段。扩张床吸附技术（expanded bed adsorption，EBA）是一门在产物捕获阶段实现过程集成的新型生物分离技术，集固液分离、浓缩和初期纯化于一个新的单元操作之中，能直接从含有细胞和细胞碎片的发酵液或匀浆液中提取目标产物，而不必事先除去悬浮的固体颗粒，大大减少了操作步骤，提高了产品收率，降低了纯化费用和资本投入。

目前 EBA 技术已广泛应用于蛋白质纯化和生物大分子分离等诸多生化领域，但与天然产物分离纯化相关的报道仍然较少。本书著者团队通过悬浮聚合法制备一种聚甲基丙烯酸缩水甘油酯 - 钛白粉复合微球（PGMA-TiO_2 微球），作为扩张床介质，然后将 β- 环糊精（β-CD）直接固载到具有大量环氧活性功能基的 PGMA-TiO_2 微球上，制备出新型的扩张床吸附剂（PGMA-TiO_2-β-CD），用于从大豆糖蜜中分离纯化大豆异黄酮[26]。此外，本书著者团队还使用类似方法制备出 PGMA-ZrO_2-β-CD 吸附剂[27]。本节以 PGMA-TiO_2-β-CD 为例进行介绍，关于 PGMA-ZrO_2-β-CD 吸附剂的具体情况请参考文献 [27]。

一、扩张床吸附技术及环糊精介绍

1．扩张床吸附的基本原理及操作

常规的液相吸附柱主要采取固定床方式，流体在介质层中基本上呈平推流，但无法处理含颗粒的料液；流化床虽然可以直接吸附含颗粒的料液，但存在严重的返混问题。一些研究者曾试图在柱内加折流板[28]或用带磁性核的吸附介质[29]提高分离效率，但因为部分限制的原因而无法推广。流化床要想实现流体在介质层中呈现平推流，介质颗粒须在床层中实现稳定分级。分级后，较大的颗粒处于床层下部，较小的颗粒处于床层上部。床层空隙率 ε 较低时，表现为分级；处于过渡区时，返混占主导地位；ε 较大时，分级机制重新占主导地位，但在接近床层底部的区域存在返混现象。稳定分级后，流体基本上以平推流流过床层，保证了床层分离效果，同时颗粒间较大的空隙也使料液中的固体颗粒能顺利通过床层，这就是扩张床。

扩张床吸附（EBA）技术之所以能够从含有杂质悬浮颗粒的料液中直接分离目标产物，关键在于介质颗粒与杂质颗粒之间物理性质差异较大。大部分扩张床介质采用反相悬浮（交联）法制备。由于增重内核或微粒（如二氧化钛、二氧化锆）为亲水物质，使用反相悬浮法可以将它们包埋在亲水的天然高分子骨架中，商业化的 Streamline 基质即是如此。反相悬浮法能使大多数增重颗粒被包埋，粒径分布较广，能够满足扩张床介质的要求。考虑到 EBA 过程的操作流速较高，以及色谱过程中传质阻力主要来自吸附剂颗粒内的扩散步骤，因此高密度、小粒径、薄壳层的核壳型基质和高密度、大孔径、高比表面积的混合型无机氧化物基质具有很大的开发和应用潜力。

扩张床的操作按顺序可分为平衡、吸附、清洗、洗脱和再生。

（1）平衡　扩张床在每次吸附操作前需用平衡缓冲液扩张，且需要一个合适的扩张率 E（E 为扩张床床层高度与沉降床高度之比），让扩张床扩张并达到平衡。扩张率太低，会使料液中的固体颗粒通过困难；扩张率过高，会导致液相返混增加，吸附效率降低。一般情况下扩张率取 2 ～ 3 较为合适。

（2）吸附　待平衡操作结束后，迅速将进样口由平衡缓冲液切换成原料液，进行上样吸附。由于原料液的黏度和密度与平衡缓冲液不同，因此可以改变流速或根据扩张床床层高度的变化调节上分布器位置来维持原来的扩张率。

（3）清洗　吸附操作结束后，对目标产物洗脱前，需先进行清洗操作，保持上样流速不变，采用扩张床方式。可使用高黏度缓冲液作为清洗液以获得较好的清洗效果。

（4）洗脱　是色谱过程的关键步骤，有固定床（自上而下）和扩张床（自下而上）两种洗脱方式。若产物主要吸附在床层的下半部分，应采用固定床方式洗脱；若产物相对均匀地分布于整个床层之中，则采用扩张床洗脱方式更为有效。

（5）再生　须在完成洗脱后马上进行，是必不可少的一环。扩张床介质比传统的固定床介质更易遭到细胞、细胞碎片、脂类、核酸等杂质的污染，往往引起吸附容量的降低和介质颗粒之间的聚集，使介质的流体动力学特性和吸附性能的重复性下降。

2．β-CD 介质的合成

环糊精（cyclodextrin，CD）是由环糊精葡萄糖基转移酶作用于淀粉所产生的一组以 α-1,4 糖苷键结合的环状低聚糖。β-CD 是由 7 个吡喃葡萄糖单元首尾连接而成的环状分子[30]，无毒、无味，在生物体内无明显的毒副作用，具有“外亲水，内疏水”的特殊结构，略呈锥形圆筒状。β-CD 具有一定尺寸的立体手性空腔，是一类研究最广的类酶天然生物大分子，在多种领域都有广泛的应用。然而 β-CD 自身水溶性较差，如何在以 β-CD 为母体的基础上进行修饰使其具有更优良的性质，改善使用效果，成为近年来研究的热点话题。

二、PGMA-TiO_2复合扩张床介质的制备及表征

聚合物高分子微球介质在固定床中已经得到了广泛的应用，但目前还没有应用于扩张床吸附的报道，主要是因为共聚单体的亲油性，与增重无机亲水微粒的相容性较差，聚合过程中会出现相分离，致使得到的微球中增重颗粒含量不一致，或包埋太少，增重效果不明显。甲基丙烯酸缩水甘油酯（GMA）上含有环氧活性功能基团，可以与带有—OH、—NH_2 的化合物发生反应，容易实现配基偶联。GMA 上含有碳碳双键，所以可以将 GMA 分子单体聚合，形成聚合物。本书著者团队采用悬浮聚合法将表面改性处理后的超细二氧化钛（TiO_2）引入 GMA 分子单体和二乙烯苯（DVB）交联悬浮聚合成的 PGMA 微球中，从而制得一种密度增大的复合 PGMA-TiO_2 共聚物，作为扩张床介质。

1．复合 PGMA-TiO_2 共聚物的制备

实验发现随着交联剂用量的增加，PGMA 微球的湿真密度增大并不明显，而 PGMA-TiO_2 共聚物微球的湿真密度显著增大，可能是由于交联剂用量的增加使其骨架结构更紧密，有利于共聚时对改性 TiO_2 的包埋。

而 TiO_2 作为增重剂，其添加量将直接影响复合介质的基本性质，尤其对湿真密度的影响较为明显。实验发现 PGMA-TiO_2 微球的湿真密度随着添加量的增加而增大，说明颗粒已成功地包埋于 PGMA-DVB 网络之中。添加了 TiO_2 复合介质的湿真密度达到了 1.45g/mL，相比于商品介质 Streamline BASE 的密度（1.16g/mL）有了显著提升。与之相对应，介质的含水率则随 TiO_2 添加量的增加而减小。另外，基质的收缩率随 TiO_2 添加量的增加而显著下降，由此导致介质机械强度增加，说明 TiO_2 颗粒起到了一定的支撑作用。

2．复合 PGMA-TiO_2 共聚物的表征

（1）外观形态　由图 4-14 可以看出 PGMA 湿态微球球形规整，周边光滑、

粒径均一、无黏球和破碎片段。

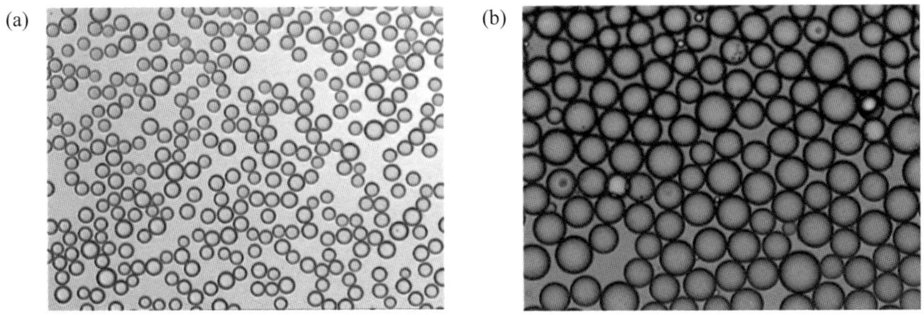

图4-14　不同倍数下PGMA微球湿态的光学显微镜照：（a）40倍；（b）100倍

（2）SEM 分析　由图 4-15 可以看出干态微球仍然球形规整，且粒径均一，单一微球的部分球面及边缘比较光滑。由 PGMA-TiO_2 微球的外观形态（图 4-16）可以看出其具有规则的球形外观，且复合基质具有一定的粒径分布，无明显的黏球和破碎片段。图 4-17 给出了 PGMA-TiO_2 微球干态不同放大倍数下的 SEM 照片。

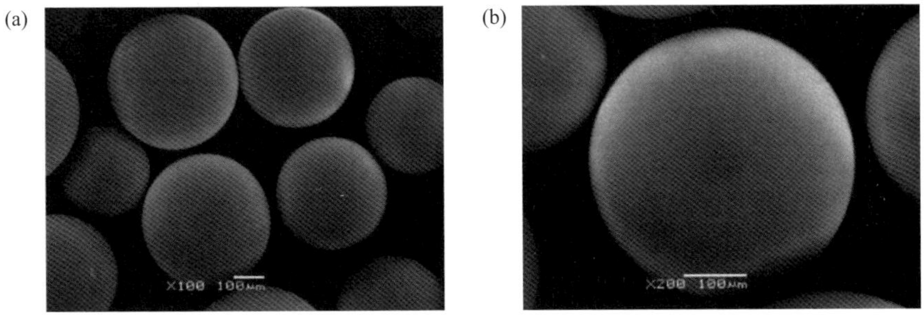

图4-15　PGMA微球干态的SEM照片：（a）多颗微球；（b）单一微球的部分球面

图4-16　PGMA-TiO_2微球外观照片

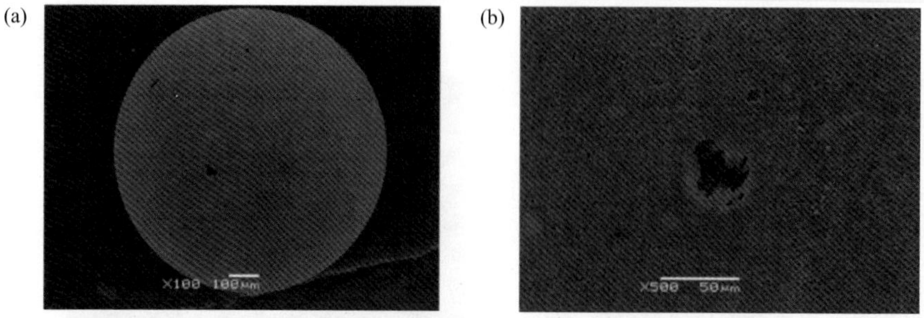

图4-17　PGMA-TiO_2微球干态的SEM照片：（a）单一微球的球面；（b）单一微球放大后的部分球面

（3）红外光谱分析　PGMA 微球和 PGMA-TiO_2 微球的红外光谱如图 4-18 所示，可以看出 PGMA-TiO_2 微球保留了 GMA 分子的结构特征，且在 624cm^{-1} 处出现了 TiO_2 的伸缩振动特征吸收峰，也说明 TiO_2 在共聚时被包埋其中。

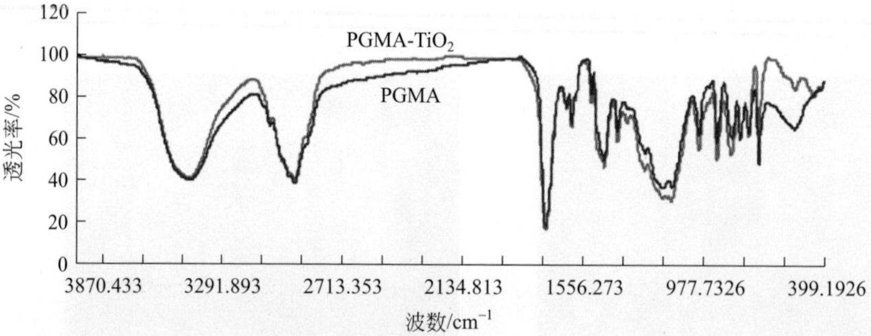

图4-18　PGMA与PGMA-TiO_2微球IR对照

综上，本书著者团队制备的 PGMA-TiO_2 共聚物复合介质具有规则的球形外观，良好的基本性质、孔结构特征和粒径分布，与商品化扩张床介质性能相近。

三、PGMA-TiO_2-β-CD复合扩张床吸附剂的制备及表征

从大量固载化环糊精的报道可以看出，多数研究是预先将环糊精进行复杂的衍生化，或是将高分子载体进一步功能基化再进行固载，无疑增加了固载工艺的复杂性，且环糊精的固载量也较低。本书著者团队拟将制备所得的具有规则球形外观，且含有大量的环氧活性基团的 PGMA-TiO_2 复合扩张床介质作为母体，

将 β-CD 固载到 $PGMA-TiO_2$ 微球上，制备一种新型 β-CD 聚合物（$PGMA-TiO_2$-β-CD）。由于 $PGMA-TiO_2$ 微球本身含有大量的环氧活性基团而无需进一步功能基化，一定程度上简化了固载工艺，且 $PGMA-TiO_2$-β-CD 保持了 $PGMA-TiO_2$ 微球的球形外观，适用于 EBA 操作。

1．β-CD 固载化 $PGMA-TiO_2$ 的合成反应

由于 DMF 对疏水性 $PGMA-TiO_2$ 微球溶胀效果好，且 β-CD 在 DMF 中的溶解性很高，所以选择 DMF 作反应溶剂。为了提高 β-CD 羟基反应活性，在不同催化剂的催化下进行固载化反应。结果发现在 DMF/NaH 体系中，β-CD 易于与 $PGMA-TiO_2$ 微球上的环氧基反应，β- 环糊精的表观固载量 Q_s 可达 25.14μmol/g。实验还发现温度升高有利于固载化反应的进行，但超过 70℃后，β-CD 固载量反而下降，可能是生成的 $PGMA-TiO_2$-β-CD 在温度较高时会分解[31]。反应时间延长，β-CD 固载量增加，但反应时间过长，β-CD 固载量也会有所下降，可能是由于 β-CD 与 $PGMA-TiO_2$ 微球的环氧基反应已接近完全，再延长反应时间会导致 $PGMA-TiO_2$ 微球内部的环氧基发生水解。

2．$PGMA-TiO_2$-β-CD 复合扩张床吸附剂的表征

（1）SEM 分析　图 4-19 给出了 $PGMA-TiO_2$ 微球固载 β-CD 表面及孔结构表面的 SEM 照片。微球的内、外表面被 β-CD 覆盖，对照图 4-15 可以看出固载化前、后 $PGMA-TiO_2$ 微球的外观发生变化，而由于固载化，孔的结构也发生变化。

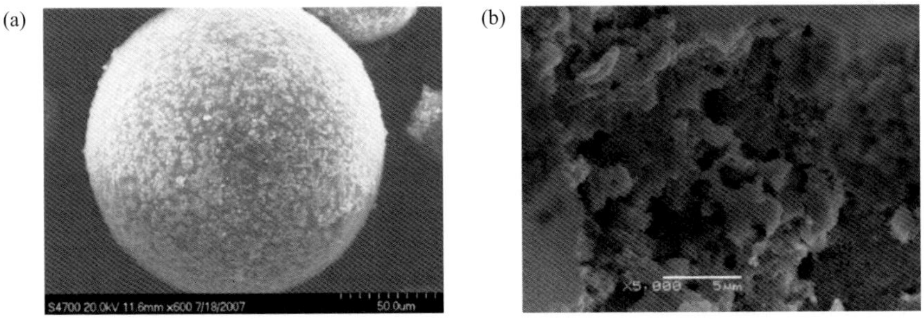

图4-19　$PGMA-TiO_2$-β-CD微球干态的SEM照片：（a）微球表面；（b）孔结构表面

（2）红外光谱分析　对照分析表明（图 4-20），固载后环氧基吸收峰消失，3422.06cm^{-1} 和 1588.09cm^{-1} 两处—OH 伸缩振动峰变宽变强，这是 β-CD 分子上含有大量的羟基的结果。1156.12cm^{-1} 处 C-O 伸缩振动峰也较固载前更加尖锐，这是 β-CD 糖苷键含量高的特征。

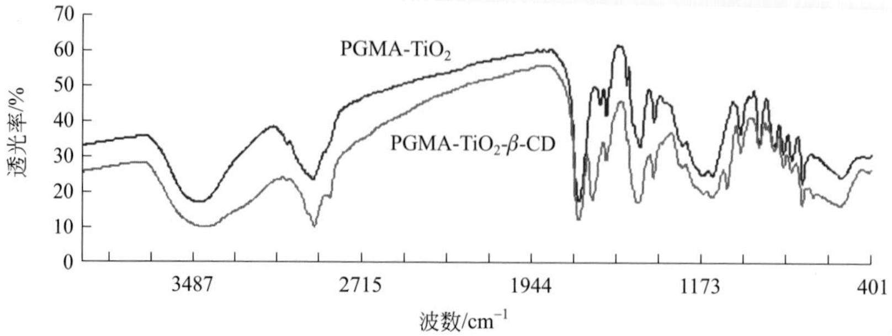

图4-20　PGMA-TiO_2与PGMA-TiO_2-β-CD微球IR对照

四、应用PGMA-TiO_2-β-CD复合扩张床吸附剂纯化大豆异黄酮

本书著者团队采用扩张床吸附技术，运用已开发的吸附剂 PGMA-TiO_2-β-CD，直接从大豆糖蜜中提纯大豆异黄酮，并对吸附洗脱条件及吸附过程进行了较为详细的考察，为分离纯化大豆异黄酮提供了一条新的途径。

1．测定静态吸附及解吸动力学曲线

由图 4-21 可以看出，吸附剂的吸附速度较快，在 3h 时吸附量达到平衡吸附量的 82.3%，PGMA-TiO_2-β-CD 吸附剂对大豆异黄酮的静态解吸速度很快，解吸率也很高。

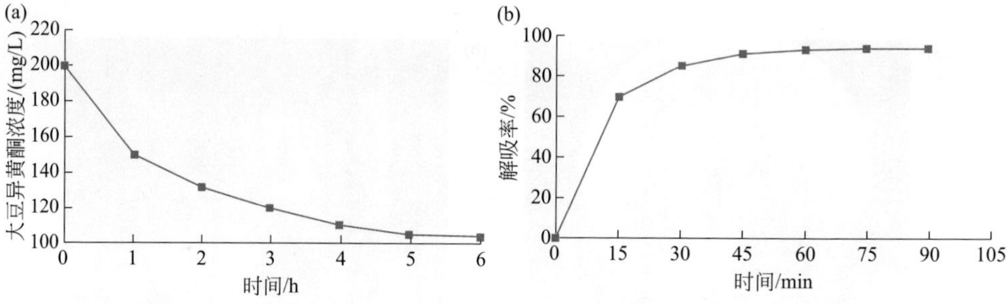

图4-21　PGMA-TiO_2-β-CD动力学曲线拟合：（a）静态吸附；（b）解吸

2．确定吸附工艺条件

通过静态吸附及解吸动力学曲线的测定实验和固定床色谱实验，确定了大豆糖蜜的吸附工艺条件和洗脱工艺条件，为使用扩张床吸附技术从大豆糖蜜中提纯大豆异黄酮奠定了基础。图 4-22 显示了大豆糖蜜在 PGMA-TiO_2-β-CD 吸附剂上的扩张床吸附过程。

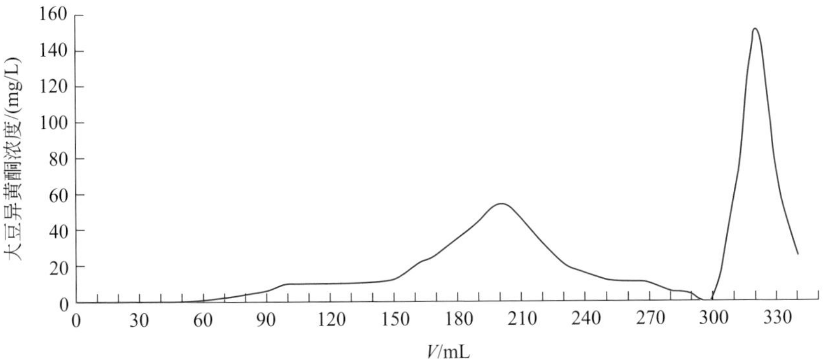

图4-22　大豆糖蜜的扩张床吸附过程

在实际操作中维持合适的床层扩张率十分重要，本书著者团队取扩张率在2附近，此时流速为160cm/h。由于上样液被稀释，其黏度和密度与平衡缓冲液接近，因此在上样和冲洗时采取不改变流速的操作方式，床层扩张率波动并不大。在冲洗步骤，Chang等认为，冲洗液的黏度最好和上样液接近，可以在流速维持不变的情况下保持床层的稳定性[32]。综合考虑，本书著者团队选用去离子水作为冲洗液，且PGMA-TiO_2-β-CD吸附剂不具有超大孔结构，采用下洗方式洗脱。

3．纯化结果

色谱峰1、2、3依次为大豆苷元、黄豆黄素、染料木黄酮（图4-23），大豆异黄酮的纯度达到78.6%，纯化倍数为47，得到了较好的纯化效果。

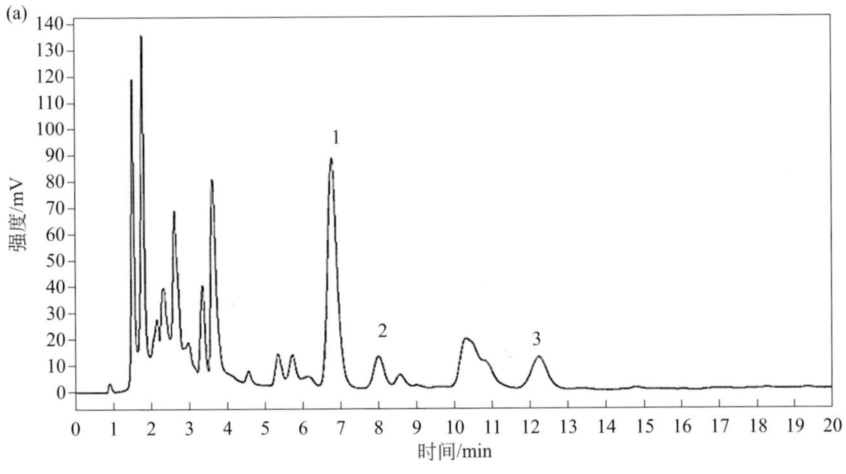

图4-23

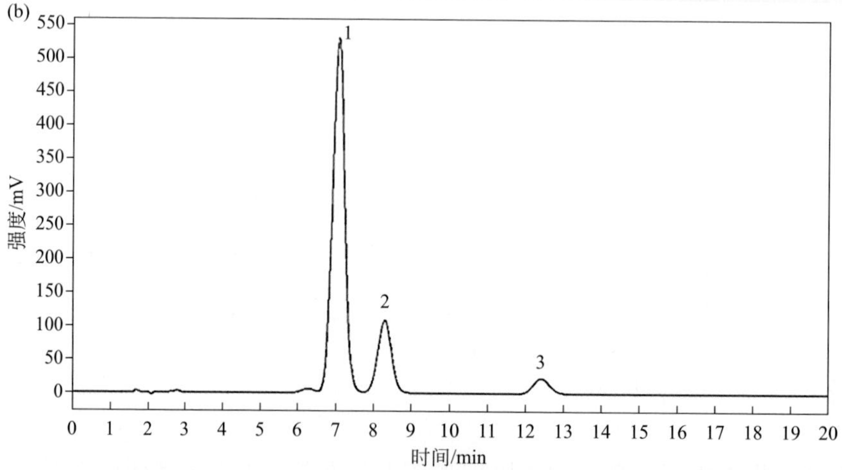

图4-23 色谱图：（a）未稀释的大豆糖蜜高效液相色谱谱图；（b）EBA洗脱样品谱图

井乐刚等采用大豆乳清经预处理、超滤、乙酸乙酯萃取、大孔树脂吸附等纯化操作后，大豆异黄酮总的提取收率为71%，整个过程操作繁琐，时间较长且成本高昂[33]。若要对大豆糖蜜进行预处理，则耗时更长，且多次用到高速离心机，设备投资较大。采用EBA技术只需直接将大豆糖蜜稀释后使用扩张床吸附。若不计吸附剂的清洗和再生所需的时间，则EBA过程所需时间不到2h，与传统的预处理和提纯方法相比，操作时间明显减少。EBA过程可以达到甚至超过传统分离方法几步操作的纯化效果，具有明显的过程集成化优势（表4-4）。

表4-4 EBA与传统纯化方法的比较

方法	步骤	操作时间/h	收率/%	纯度/%
溶剂萃取	3～6	8～12	40.2	80.4
预处理+大孔树脂吸附	5～7	6～10	90.4	43.2
EBA	1	2	90.7	78.6

本节使用扩张床吸附法直接从大豆糖蜜中提纯大豆异黄酮，通过考察静态吸附及解吸动力学，发现吸附剂PGMA-TiO_2-β-CD的吸附速度较快，3h时吸附量能达到平衡吸附量的82.3%，且吸附剂对大豆异黄酮的静态解吸速度同样很快，解吸率也很高。HPLC分析表明，使用EBA技术，大豆糖蜜能够得到纯化，再一次证实了扩张床吸附技术用于分离纯化大豆异黄酮的可能。

第六节
小结与展望

大豆皂苷和大豆异黄酮的药理作用广泛，都能在一定程度上降低总胆固醇、甘油三酯、低密度脂蛋白水平，升高高密度脂蛋白水平，对因膳食引起的高脂血症有一定的调节作用，可以有效预防高脂血症。本章主要阐述了通过改进从大豆胚芽及大豆糖蜜中提取和纯化大豆皂苷或大豆异黄酮的生产工艺，实现了大量处理、连续操作，显著提高了提取和纯化效率，提供了新的方法，具有很好的工业应用前景。对于大豆皂苷的提取纯化，以大豆皂苷B含量较高的大豆胚芽为原料，通过树脂与结晶相互结合的方式纯化大豆皂苷B。将该工艺进行中试放大，得到大豆皂苷B纯度为79.23%，总回收率为14.04%。对于大豆异黄酮的提取纯化，以大豆糖蜜为原料，首先通过大孔树脂吸附实现了大豆异黄酮的高效制备，又建立了以填料萃取塔为工具的连续萃取工艺，在最优条件下异黄酮的萃取率可达到95%。为了进一步缩短工艺时间，提高大豆异黄酮的制备效率，还开发出了新型的吸附剂，使用扩张床吸附技术从大豆糖蜜直接分离纯化大豆异黄酮，并与传统的大豆异黄酮提纯技术进行了比较，证明使用扩张床技术不仅可以达到传统方法的纯化效果，还能极大减少下游加工过程所需要的处理时间，体现了扩张床吸附的集成化优势，为进一步探索所制备的复合基质在实际中的应用奠定了基础。此外，本书著者团队还曾尝试使用纳滤膜进行大豆异黄酮的分离提纯，除了发现其对黄豆黄苷的醇溶液及水溶液均有一定的截留率外，还成功证明了其应用于从大豆异黄酮的乙醇水溶液中回收溶剂的可行性[34]。

虽然目前大豆皂苷及大豆异黄酮的提取纯化工艺已经较为成熟，但目前报道的大多数技术仍然依赖有机溶剂甚至毒性溶剂，应用于食品药品中存在较大安全隐患，且成本较高，对环境有污染，不符合可持续发展战略，限制了其大规模的工业应用。因此进一步探索大豆皂苷及大豆异黄酮的提取纯化工艺，以求在较高的提取产量和效率下进一步减少环境污染，同时降低成本，将成为研究的热点问题。

参考文献

[1] Berhow M A, Cantrell C L, Duval S M, et al. Analysis and quantitative determination of group B saponins in processed soybean products[J]. Phytochemical Analysis: An International Journal of Plant Chemical and Biochemical

Techniques, 2002, 13(6): 343-348.

[2] Berhow M A, Kong S B, Vermillion K E, et al. Complete quantification of group A and group B soyasaponins in soybeans[J]. Journal of Agricultural and Food Chemistry, 2006, 54(6): 2035-2044.

[3] 杨光，顾雪峰，韩俊．大豆皂甙的提取、生理功能及应用进展 [J]．大豆通报，2005, (6): 23-26.

[4] 陈禹汐，于寒松，王敏，等．大豆皂苷的研究进展与应用 [J]．食品工业科技，2021, 42(21): 420-427.

[5] Kim J J, Kim S H, Hahn S J, et al. Changing soybean isoflavone composition and concentrations under two different storage conditions over three years[J]. Food Research International, 2005, 38(4): 435-444.

[6] Vänttinen K, Moravcova J. Phytoestrogens in soy foods: Determination of daidzein and genistein by capillary electrophoresis[J]. Czech Journal of Food Sciencies-UZPI (Czech Republic), 1999, 17(2): 61-67.

[7] 王春娥，刘叔义．大豆异黄酮的成分、含量及特性 [J]．食品科学，1998, (4): 39-43.

[8] Horn-Ross P L, Barnes S, Lee M, et al. Assessing phytoestrogen exposure in epidemiologic studies: Development of a database (United States)[J]. Cancer Causes & Control, 2000, 11(4): 289-298.

[9] 孙军明，丁安林，常汝镇，等．中国大豆异黄酮含量的初步分析 [J]．中国粮油学报，1995, (4): 51-54.

[10] 刘大川，汪海波．大豆胚芽中大豆皂甙、异黄酮甙的提取工艺研究 [J]．食品科学，2000, (10): 28-31.

[11] 朱仕房，王善利，魏东芝，等．大豆异黄酮提取条件的研究 [J]．食品科学，2001, (3): 54-57.

[12] 刘国庆，朱翠萍，王占生．大孔树脂对大豆乳清废水中异黄酮的吸附特性研究 [J]．离子交换与吸附，2003, (3): 229-234.

[13] Rostagno M A, Palma M, Barroso C G. Microwave assisted extraction of soy isoflavones[J]. Analytica Chimica Acta, 2007, 588(2): 274-282.

[14] 谢明杰，宋明，邹翠霞，等．超声波提取大豆异黄酮 [J]．大豆科学，2004, (1): 75-76+74.

[15] Rostagno M A, Palma M, Barroso C G. Microwave assisted extraction of soy isoflavones[J]. Analytica Chimica Acta, 2007, 588(2): 274-282.

[16] 袁其朋，张怀，钱忠明．超临界 CO_2 抗溶剂法纯化大豆异黄酮的研究 [J]．大豆科学，2002, (3): 177-182.

[17] 赵丽．从大豆胚芽中分离纯化大豆皂甙 B 的工艺研究 [D]．北京：北京化工大学，2012.

[18] 孟雷．大豆糖蜜生产大豆异黄酮工艺的研究 [D]．北京：北京化工大学，2007.

[19] Arai S, Suzuki H, Fujimaki M, et al. Studies on flavor components in soybean: Part Ⅱ. Phenolic acids in defatted soybean flour[J]. Agricultural and Biological Chemistry, 1966, 30(4): 364-369.

[20] Chajuss D. Soy phytochemical composition[P]. US 2003082248, 2003-05-01.

[21] Qureshi N, Lolas A, Blaschek H P. Soy molasses as fermentation substrate for production of butanol using Clostridium beijerinckii BA101[J]. Journal of industrial Microbiology and Biotechnology, 2001, 26(5): 290-295.

[22] Solaiman D K Y, Ashby R D, Nuñez A, et al. Production of sophorolipids by *Candida bombicola* grown on soy molasses as substrate[J]. Biotechnology Letters, 2004, 26(15): 1241-1245.

[23] Montelongo J L, Chassy B M, Mccord J D. Lactobacillus salivarius for conversion of soy molasses into lactic acid[J]. Journal of Food Science, 1993, 58(4): 863-866.

[24] 方伟辉．大豆糖蜜分离及低聚糖生物纯化的研究 [D]．无锡：江南大学，2004.

[25] 贾乃堃．大豆异黄酮的纯化工艺研究 [D]．北京：北京化工大学，2004.

[26] 肖正发．PGMA-TiO_2-β-CD 复合扩张床吸附剂的制备及应用 [D]．北京：北京化工大学，2008.

[27] Song H B, Xiao Z F, Yuan Q P. Preparation and characterization of poly glycidyl methacrylete-zirconium dioxide-β-cyclodextrin composite matrix for separation of isoflavones through expanded bed adsorption[J]. Journal of Chromatography A, 2009, 1216(25): 5001-5010.

[28] Finette G M S, Baharin B, Mao Q M, et al. Optimization Considerations for the Purification of α_1-Antitrypsin

Using Silica-Based Ion-Exchange Adsorbents in Packed and Expanded Beds[J]. Biotechnology Progress, 1998, 14(2): 286-293.

[29] Nixon L, Koval C A, Xu L, et al. The effects of magnetic stabilization on the structure and performance of liquid fluidized beds[J]. Bioseparation, 1991, 2(4): 217-230.

[30] 古俊，常雁，潘景浩. 环糊精的实际应用进展 [J]. 应用化学，1996, (4): 5-9.

[31] Zhao X B, He B L. Synthesis and characterization of polymer-immobilized β-cyclodextrin with an inclusion recognition functionality[J]. Reactive Polymers, 1994, 24(1): 9-16.

[32] Chang Y K, Chase H A. Development of operating conditions for protein purification using expanded bed techniques: The effect of the degree of bed expansion on adsorption performance.[J]. Biotechnology and Bioengineering, 1996, 49(5): 512-526.

[33] 井乐刚，张永忠. 用大孔树脂从大豆乳清中纯化大豆异黄酮 [J]. 化工学报，2006, 57(5): 1209-1213.

[34] Zhang Q X, Yuan Q P. Modeling of Nanofiltration Process for Solvent Recovery from Aqueous Ethanol Solution of Soybean Isoflavones[J]. Separation Science and Technology, 2009, 44(13): 3239-3257.

第五章

玉米芯绿色制备低聚木糖、木糖和木糖醇

玉米在我国是仅次于小麦的主要粮食作物，其种植面积和产量居秋粮作物之首。目前，我国年产玉米约2.76亿吨，可产约0.88亿吨的玉米芯。玉米芯一般占玉米穗重量的20%～30%，具有组织均匀、硬度适宜、韧性好、吸水性强、耐磨性好的特点，是一种可回收利用的资源。玉米芯含热量为15.70MJ•kg^{-1}，相当于煤热量的60%，大部分被廉价地作为燃料而烧掉，剩余的玉米芯则主要用在造纸制浆、生物制糖和家畜饲料等方面，少部分用作糠醛、木糖醇等产品的原料，资源利用率较低。

玉米芯中主要含有纤维素、木质素、灰分及少量含氮化合物，其中纤维素占32%～36%、半纤维素占35%～40%、木质素占25%。玉米芯中半纤维素含量远高于甘蔗渣（24%～25%）、棉籽壳（25%～28%）、稻壳（16%～22%）、麦秆（17%～20%）、油茶壳（25%～28%）等同类生物质原料，是制备木糖和木糖醇等高附加值产品的优良原料。从玉米芯到木糖传统加工工艺需要经过水洗、浸泡、硫酸蒸煮、石灰中和、活性炭脱色、除盐、浓缩、结晶等步骤。从木糖到木糖醇的工业生产需要在高温高压以及镍催化剂的作用下，通过加氢反应来实现。目前，国内具有成熟加氢技术、可以工业化生产高纯木糖醇（FCC级）的大企业很少，大部分企业只能依靠传统工艺加工制造木糖，产品单一，废水污染量巨大，环境污染严重。同时，生产过程中产生的酸解残渣往往被直接燃烧，排放SO_2的同时，也造成纤维素资源的极大浪费。

鉴于上述生产过程中存在的高耗电、高耗气、高耗水、高排污的问题，本书著者团队从全局出发，通过新型预处理、酶解反应、生物转化以及分离纯化等技术，实现了玉米芯半纤维素和纤维素的高值化利用，获得了具有独立知识产权的低聚木糖、木糖、阿拉伯糖、木糖醇等产品的生产工艺路线，形成了具有国际市场竞争力的示范产业链。

第一节
低聚木糖、木糖和木糖醇简介

一、低聚木糖简介

低聚木糖（xylo-oligosaccharide）又称木寡糖，是由2～7个木糖分子以β-1,4糖苷键结合而成的功能性聚合糖[1]，分子式为$C_{5n}H_{8n}+2O_{4n+1}$，$2 \leqslant n \leqslant 7$，结构式

如图 5-1 所示。低聚木糖具有较高的耐热和耐酸性能。低聚木糖可以选择性地促进肠道双歧杆菌的增殖活性，其双歧因子功能是其他聚合糖类的 10 ～ 20 倍，是双歧杆菌增殖所需用量最小的低聚糖[2]，与大豆低聚糖、低聚果糖、低聚异麦芽糖等低聚糖相比具有独特的优势。低聚木糖还具有抗龋齿、提高免疫机能、促进钙的吸收、改善脂质代谢等功能[3,4]。目前，低聚木糖主要是以玉米芯为原料经酸水解法和酶水解法制备[5]。在酶法低聚木糖生产过程中，酶解液中低聚木糖含量很低（小于 2%），且含有大量的无机盐（主要为 NaCl，含量约为 3%）。采用传统方法如离子交换脱盐及真空浓缩处理需耗费大量的酸、碱再生树脂，造成二次污染。

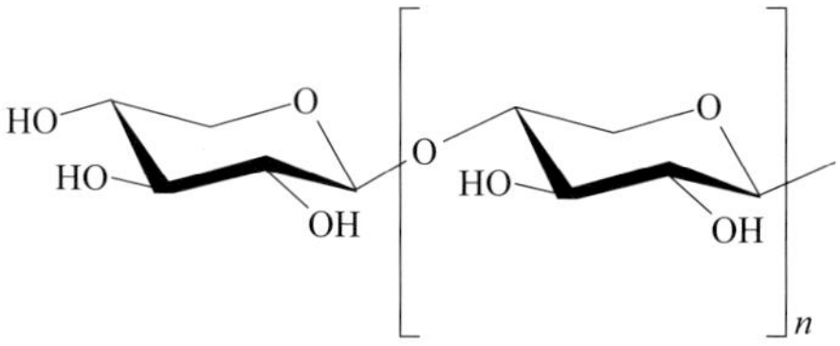

图5-1
低聚木糖结构式

二、木糖简介

木糖（xylose）是一种戊糖，分子式为 $C_5H_{10}O_5$，分子量为 150.13，结构式如图 5-2 所示，为无色至白色晶体或白色结晶性粉末，略有特殊气味和爽口甜味。木糖的甜度约为蔗糖的 40%，相对密度 1.525，熔点 114℃，呈右旋光性和变旋光性，易溶于水（溶解度 125g/100mL），不溶于乙醇和乙醚。木糖的天然晶体存在于多种成熟水果中，但含量较少。木糖在自然界中经常以吡喃环的形式存在，这种形式的木糖与吡喃型的葡萄糖非常相似。木糖也存在于动物肝素、软骨素和糖蛋白中，它是某些糖蛋白中糖链与丝氨酸（或苏氨酸）的连接单位[6]。木糖也是木聚糖的一个组分，可由木聚糖解聚而成。木糖的结构特点决定了其具有以下功能特性及应用：不被消化吸收，没有能量值，是肥胖及糖尿病患者可以食用的无热量甜味剂；与食物的配伍性很好，与钙同时摄入时可提高人体对钙的吸收率和保留率；可以高效引发美拉德反应，提色效果明显，可用于生产食品调味剂和食品行业的着色；为医药原料和医药中间体；可用于制备木糖醇及其他糖醇。

工业上一般选择半纤维素含量丰富的生物质作为木糖的生产原料，玉米芯中半纤维素含量高达 40%，适合作为木糖工业生产的原料。工业上主要采用的工艺有中和脱酸法、离子交换脱酸法以及结晶法[7]，其原理均是将原料中半纤维素酸解糖化，即多缩戊糖在无机酸的催化下水解为富含木糖的半纤维素水解液，然后通过脱酸结晶制备高纯度木糖。

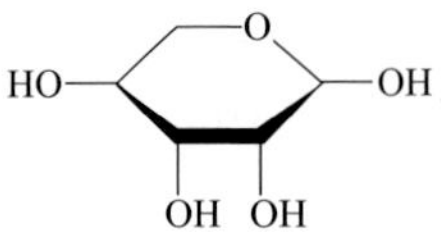

图5-2
木糖结构式

三、木糖醇简介

木糖醇（xylitol）是五碳糖醇，分子式为 $C_5H_{12}O_5$，分子量为 152.15，结构式见图 5-3。木糖醇的相对密度为 1.5，是白色粉末状晶体，极易溶于水（溶解度 160g/100mL），微溶于乙醇和甲醇。木糖醇具有一定的吸湿性，有清凉的甜味，具有较宽的酸稳定范围，具有较长时间储藏和保存的性能 [8]。木糖醇的熔点为 92 ～ 96℃，是糖醇中相对较低的，沸点为 216℃，有较好的热稳定性 [7,9]。木糖醇是所有食用糖醇中生理活性最好的品种。作为一种高效的功能性营养添加剂，木糖醇味甜低热，口感清凉，甜度与蔗糖相当，具有优良的生理功能和广泛的应用价值 [10-13]。木糖醇在人体内可以不依赖胰岛素而被代谢，而且甜度与蔗糖类似，因此木糖醇成为了糖尿病人理想的蔗糖替代品。木糖醇还具有抗龋药的性质，能够促进口腔卫生，防止龋齿发生 [14]。

目前，全球每年木糖醇产量为 15 万～ 20 万吨，市场需求量超过 25 万吨。我国是世界木糖醇的主要生产和出口国，其木糖醇年产量占世界产量的 40% 左右。木糖醇是五碳糖醇，存在于自然界的果蔬之中，但含量很低，提取成本高昂。以木糖为原料经过催化加氢可以制备木糖醇。目前，国内外工业化生产木糖醇的方法均是化学法。首先选取富含半纤维素的生物质原料，例如玉米芯、甘蔗渣、棉籽壳等，经过除尘水洗、硫酸水解得到富含木糖的半纤维素水解液，然后经过多步分离纯化、浓缩结晶得到木糖晶体，再在金属催化剂的催化下，高温高压加氢得到木糖醇晶体 [15]。

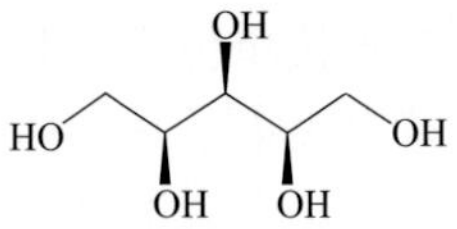

图5-3
木糖醇结构式

第二节
低聚木糖绿色制备关键技术

半纤维素主要由木聚糖组成，木聚糖则是由木糖通过 β-D-1,4 糖苷键结合而成的。因此半纤维素的降解产物可能为可溶性的低聚木糖或木糖。玉米芯为低聚木糖及木糖的制备提供了丰富的原料资源[16]。目前低聚木糖的制备方法主要包括两种：一种是采用酸水解法、蒸煮法和微波法等直接将木质纤维素降解为低聚木糖，但是该方法所制得的低聚木糖产量和纯度较低；另一种是预处理 - 酶解法制备低聚木糖，即首先对原料进行预处理，然后利用木聚糖酶进一步水解。其中预处理方法有酸水解法、碱水解法、水热法、有机溶剂法、超声波辅助法和微波辅助法等。相比于第一种方法，该方法得到的低聚木糖产率高、纯度高，可广泛应用于工业化生产[5,17]。

一、木聚糖酶的选择和应用

木聚糖酶是一类重要的木糖苷键水解酶酶系，也叫做半纤维素酶酶系，可特异性地将木聚糖逐次降解为低聚木糖及木糖。这个过程往往需要木聚糖酶系中多种同工酶的共同作用，在酶解反应中 β-D-1,4- 木聚糖酶和 β- 木糖苷酶所发挥的作用最为关键[18]，典型的木聚糖酶酶系组成和作用方式见表 5-1。

表5-1　木聚糖酶酶系组成和作用方式

木聚糖酶酶系组成	作用方式和特点
内切β-1,4-木聚糖	主要水解木聚糖主链内部的β-1,4糖苷键，生成低聚木糖
外切β-1,4-木聚糖	水解β-1,4糖苷键，释放木二糖
β-1,4-木糖苷酶	水解木二糖和短链低木聚糖，释放木糖
β-1,4-甘露糖苷酶	水解低聚木糖，从还原末端释放木糖
β-1,4-葡萄糖苷酶	水解释放支链葡萄糖，促进低聚木糖产生
α-L-阿拉伯糖苷酶	水解非还原末端的阿拉伯木聚糖，释放阿拉伯糖
α-L-葡萄糖醛酸酶	水解释放支链葡萄糖醛酸，加速低聚木糖产生

自然界能够表达木聚糖酶的微生物有很多种，包括细菌中的大肠埃希菌和放线菌、真菌中的毕赤酵母和霉菌等，其中霉菌的产酶水平较高，研究比较广泛和彻底的菌株有绿色木霉、里氏木霉，黑曲霉等。Yang 等[19]以 *Paecilomyces thermophila* J18 为产酶菌，通过固态发酵的方式，在以小麦秸秆为碳源的培养基质上进行发酵产酶，木聚糖酶酶活为 18580U • g^{-1}（干基）；Mohana 等[20]将菌株 *Burkholderia* sp. DMAX 的固体发酵条件进行了优化后，获得了酶活力较高的木聚糖酶，酶活最高达 5600U/g。

木聚糖酶发酵方式主要为固态发酵和液态深层发酵。采用霉菌进行固态发酵是传统有效的发酵方式，固态发酵培养基的疏松多孔特性能够使菌体与氧气充分接触，消耗较少的能量生产出高浓度的木聚糖酶和木糖苷酶，相比液态发酵，固态发酵大大减少了有机废液的产生。影响固态发酵过程的因素主要有湿度、温度、杂菌、pH 值、接种量和通风量，控制相对简单[21]。

木聚糖酶在化工生产上的应用非常广泛。温和氧化剂如过氧化氢预处理后的木质纤维素废弃物可以使用木聚糖酶混合纤维素酶进行糖化，得到 C5 和 C6 还原糖，接着采用乳酸杆菌发酵生产乳酸[22]。木质纤维素经过化学预处理后得到的水相，再利用固定化的内切木聚糖酶和 β- 木糖苷酶在 40℃下酶解 15h 之后转化为木糖，再进行加氢反应获得木糖醇[23]。低聚木糖到木糖单糖的转化往往要在高温条件或者极端 pH 下进行，但 β- 木糖苷酶在温和的条件下，如 15 ～ 55℃、pH=4.5 ～ 7 可实现向木糖的转化[24]。氢氧化钠溶液提取杨木浆中的木聚糖成分并采用一种包含内切木聚糖酶和 β- 木糖苷酶的商业复合酶进行酶解，酶解条件为 pH=4.5 ～ 5、45℃，酶解 22 ～ 45h 后，基于固体基质的糖化率达到 91%[25]。

二、低聚木糖生产工艺

本书著者团队开发的低聚木糖生产工艺流程如下：

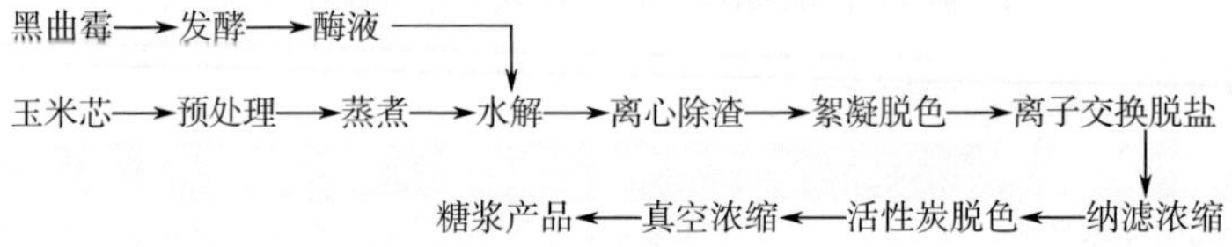

将玉米芯粉与 10 倍的 0.1% 的稀硫酸混合，在 60℃下浸泡 12h。浸泡后的玉米芯经水洗至 pH 为 6.0 后，进行高温蒸煮。待蒸煮液降温至 50℃时，调 pH 至 5.5，加入由黑曲霉生产的木聚糖水解酶酶液进行水解。水解后的液体及残渣用三足式离心机分离除去固形物，加入絮凝剂，放置 6h 后用管式离心机离心除去絮凝沉淀的杂质，清液用离子交换树脂脱盐至电导率 5μS/cm。得到的稀糖液利用纳米过滤设备浓缩至糖含量为 12% ～ 15%。浓缩液加热至 80℃后，加入活性炭进行脱色。经板框过滤，滤液进一步真空浓缩后得到 70% 的糖浆。

三、絮凝脱色在低聚木糖分离纯化中的应用

1．不同絮凝剂的絮凝效果

玉米芯经蒸煮、水解及除渣后得到的低聚木糖粗溶液尚含有相当量的杂质，如未水解的木聚糖，少量的纤维素、木质素及色素等。利用活性炭作用可除去上述杂质，但对糖尤其是大分子量的低聚糖有很强的吸附作用，如完全用活性炭除去上述杂质，则会损失很多产品，同时活性炭用量过大也会造成生产成本的增加，且对环境造成污染。絮凝剂对溶液中大分子有机物有一定的絮凝作用，具有

用盐少，效果显著等优点。

目前常用的絮凝剂包括合成高分子絮凝剂、无机絮凝剂及微生物絮凝剂，其选择原则是用量少，絮凝效果好，对环境和人类无毒无害，且不会对体系造成污染等。本书著者团队选择了合成高分子絮凝剂、无机絮凝剂、自然界絮凝物质及微生物絮凝剂，考察其絮凝脱色效果，以选择一种较好的絮凝剂。5 种絮凝剂分别配制成浓度为 1% 的溶液待用。将低聚木糖粗溶液（pH 5.5）加热到 60℃，边搅拌边加入絮凝剂溶液。然后静置过夜，将絮凝沉淀的杂质离心除去，观察絮凝脱色效果。利用紫外扫描，可发现糖液在 420nm 处有最大吸收峰，因此，絮凝脱色效果的判定以溶液在 420nm 处的吸光度为标准，脱色效果用下式计算：

$$色素脱除率=\frac{絮凝前吸光度-絮凝后吸光度}{絮凝前吸光度}\times 100\%$$

从图 5-4 可以看出，脱色效果与絮凝剂加入量并不成正比，而是存在一个有效范围，即存在一个最佳的絮凝剂加入量，这与常规的絮凝行为是相符的。比较不同絮凝剂的脱色效果可以发现，微生物絮凝剂的效果最好，当其用量为 20mg/L 时，可脱除约 67% 的色素，而壳聚糖的效果最差，仅能脱除约 10% 的色素。

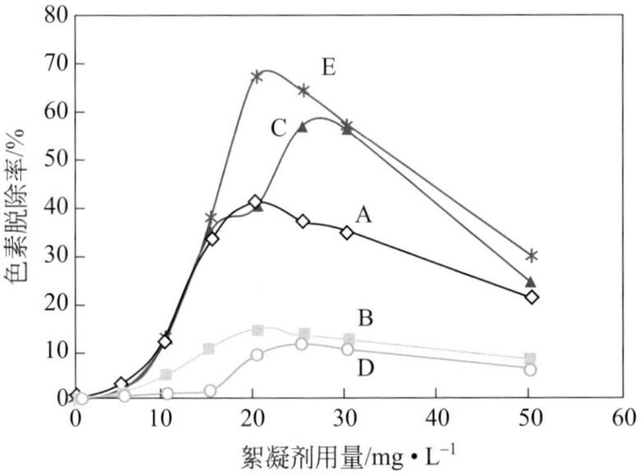

图5-4
脱色效果与絮凝剂用量及种类之间的关系

絮凝剂 A—ST 絮凝剂，二烯基季铵盐聚合物；絮凝剂 B—聚合氯化铝；絮凝剂 C—明矾；絮凝剂 D—壳聚糖；絮凝剂 E—红平红球菌（*Rhodococcus erythropolis*）产生的絮凝剂 NOC-1，是一种多糖蛋白

2．絮凝条件对絮凝效果的影响

低聚木糖稳定的 pH 范围为 3 ～ 8，将低聚木糖溶液分别调至不同的 pH 值（3 ～ 8 之间），均加入 20mg/L 的絮凝剂 E。经测定，在 pH 3 ～ 8 的范围内，该絮凝剂均有较好的脱色效果，其中以 pH 6.5 脱色效果最好，脱色率达 73%。取不同金属离子的氯化物配制成溶液，均以 50mmol/L 的浓度加入絮凝体系中（pH6.5）。从结果可见，多价阳离子均对脱色有不同程度的促进作用，其中以 Al^{3+} 效果最好，色素脱除率达 82%。温度对脱色效果具有很大影响，随温度的升高，水分子热运动加快，促使色素分子间碰撞机会增加，更有利于絮体的形成。

实验结果也证实了这一点（pH 6.5，50mmol/L 的 Al^{3+}）：在 40℃，60℃，80℃时测定的脱色率分别为 76%，82%，86%。

第三节
木糖绿色制备关键技术

一、半纤维素水解液的组成

半纤维素水解液主要是指由生物质经化学预处理后得到的含有大量木糖和少量葡萄糖、阿拉伯糖、半乳糖的溶液。生物质在预处理过程中，特别在高压和酸催化的环境下，除了糖组分外，还容易形成一系列的对微生物细胞有毒性作用的物质。其中，半纤维素主要水解得到木糖、阿拉伯糖、半乳糖、甘露糖，伴随形成糠醛、乙酸、甲酸等副产物（图 5-5）。纤维素主要水解得到葡萄糖，伴随形成 5- 羟甲基糠醛、甲酸、乙酰丙酸等副产物[26]。木质素主要形成酚类化合物，其中愈创木酚丙烷单元降解形成香草醛和香草酸，紫丁香基丙烷单元降解形成丁香醛和丁香酸，醇羟基组分降解形成对羟基苯甲酸等[27]。半纤维素水解液中不同组分的形成与预处理过程的温度、时间以及酸浓度有关。不同预处理条件的剧烈程度可以用强度系数来表示。强度系数是由 Overend 等在 1987 年定义的[28]：

$$\lg R_0=\lg\{t\exp[(T_H-T_R)/14.75]\}$$

式中，t为反应时间；T_H为反应温度；T_R为基准温度，大多为100℃。为了说明稀酸对于预处理条件的影响，1990年Chum等定义了联合强度系数（CS）[29]：

$$\lg CS=\lg R_0-\mathrm{pH}$$

Larsson等[30]通过改变稀酸水解过程中的温度（150～240℃）、时间（1～30min）和酸浓度（0.5%～4.4%）来考察不同CS下云杉水解液中糖与糖降解产物的变化时发现，最大糖收率时的CS值为4左右，当CS值进一步提高时，水解液中可发酵糖会降解形成糠醛和5-羟甲基糠醛，当CS值进一步增加时，甲酸和乙酰丙酸开始积累。当CS值为3时，可发酵糖浓度和水解液可发酵性能最佳，此时对应的水解条件为0.5%硫酸、225℃、5min或者0.5%硫酸、210℃、10min。对比同样CS值下SO_2和H_2SO_4水解液可以发现，SO_2水解液可发酵性能更好，说明SO_2水解过程中形成的抑制物较少。

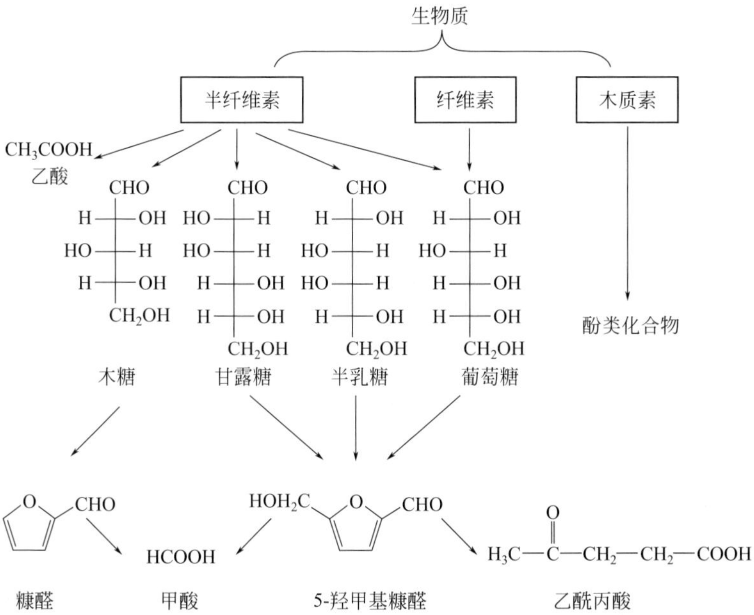

图5-5　半纤维素水解液的组成

二、玉米芯半纤维素清洁糖化制备木糖

半纤维素是自然界中第二大丰富的多糖类物质，广泛存在于农业废弃物，例如玉米秸秆、玉米芯、小麦秸秆以及甘蔗渣中。半纤维素是非均一的聚合物，其中木聚糖是其最主要的组成成分[31]。生产和利用半纤维素糖对于生物质原料到燃料以及高附加值生物基产品的转化至关重要[32,33]。传统的玉米芯水解技术主要依赖酸处理。然而，大量酸使用造成环境和设备腐蚀问题日益严重，成为木糖工业发展的障碍。生产中使用的相当于固体含量 10% ～ 30% 的硫酸难以去除，增加了木糖的生产成本[34-36]。同时，传统水解中产生大量的副产物和抑制物亦成为后续木糖醇发酵的负担。

饱和蒸汽或高温液态水已经被广泛用于木质纤维素预处理过程，这些方法大多利用脱落的半纤维素侧链乙酰基团在高温下催化半纤维素自水解，形成大量可溶性的低聚糖及少量的木糖[37,38]。考虑到木糖转化率低的问题，在本章中，本书著者团队采用两种新型的预处理方法，一种是利用稀酸预浸渍结合蒸汽爆破的方法对玉米芯半纤维素进行充分水解得到木糖，另一种是利用亚硫酸催化水解玉米芯半纤维素得到木糖。稀酸和可回收酸的使用加剧了低聚糖到单糖的转化，同时降低了水解液中离子浓度，促进了木糖的纯化过程。

1．蒸汽爆破对纤维素原料的预处理

蒸汽爆破是研究最为广泛的纤维素原料预处理技术之一，适用于硬木以及农业废弃物的处理[39]。反应过程中的化学效应和机械力能够破坏木质纤维素的晶体结构，同时约有 80% 的半纤维素能够发生自水解。目前该技术已被用于稻秆、秸秆、高粱秆等生物质预处理中，但很少有研究将蒸汽爆破作为制备木糖的技术。考虑到蒸汽爆破具有时间短、高效、适用于半纤维素水解的特点，故着重考察直接蒸汽爆破处理对玉米芯组分的变化及可溶性糖生成的影响。

（1）直接蒸汽爆破处理对玉米芯组分的影响　玉米芯具有典型的木质纤维素结构，其中主要含有纤维素、半纤维素和木质素，除了上述组分外，还含有少量的蛋白质、脂肪以及灰分等。其中，一些短链小分子化合物可以溶于中性洗涤剂，因此通过检测中性洗涤物（neutral detergent solute，NDS）的含量即可测算其中三大组分降解成小分子化合物的程度。实验中利用间歇蒸汽爆破设备直接处理干玉米芯，考察蒸汽直接作用以及压力差形成的剪切力对于玉米芯各组分的影响。从图 5-6 可以看出，原始玉米芯中半纤维素的含量为 35.8%，中性洗涤物的含量为 15.2%。在 1.3MPa 不同时间下，玉米芯中中性洗涤物的含量逐渐升高，对应着半纤维素含量的逐渐下降。而纤维素、木质素以及灰分的含量则无明显变化。在 1.3MPa、8min 时，半纤维素的含量下降到 13.3%，而中性洗涤物的含量则提高到 29.8%，说明直接蒸汽爆破处理能够有效破坏玉米芯半纤维素形成可溶性化合物，但却不能断裂纤维素分子间以及分子内作用力[40]。蒸汽爆破过程中内外压差的剪切力使物料变得更为松散，说明直接蒸汽爆破能够破坏纤维素和木质素之间的连接，从而使原本致密的组织结构变得无序[41,42]。

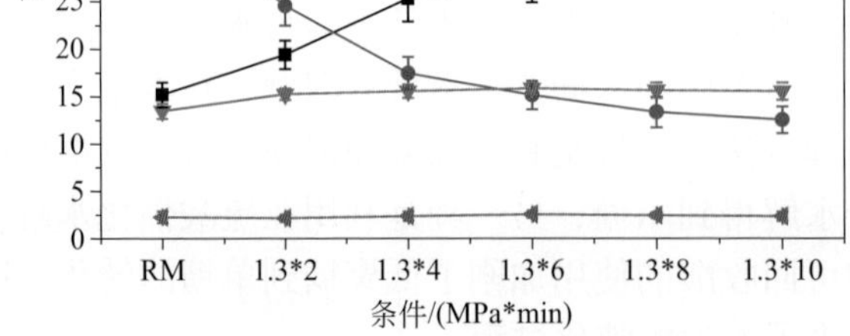

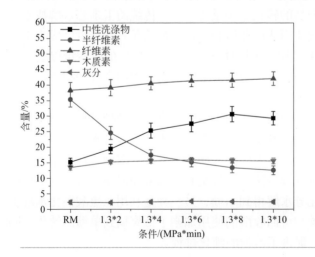

图5-6
维持压力1.3MPa、不同维持时间对玉米芯组分的影响

（2）直接蒸汽爆破处理对玉米芯可溶性糖的生成的影响　半纤维素主要由木聚糖组成，木聚糖则是由木糖通过 β-D-1,4 糖苷键结合而成的，因此半纤维素的降解产物可能为可溶性的低聚木糖或木糖。通过对中性洗涤物中可溶性糖的检测可以看出，其中主要成分为低聚木糖，其次是木糖，而葡萄糖的含量则很少。如图 5-7 所示，随着汽爆强度的增加，低聚木糖的含量逐渐降低，而木糖的含量逐渐升高，说明较高的汽爆强度能够促进低聚木糖向木糖的转化。葡萄糖含量随着汽爆强度的增加而增长得并不明显，进一步说明了蒸汽爆破不能引起纤维素的降解[41]。但对玉米芯在汽爆强度 3.24 ～ 3.94 范围内进行研究发现，当汽爆强度达到 3.72（1.5MPa，6min）时，木糖收率达到最高值，即 10.5%，继续升高汽爆强度，木糖浓度又会有所降低。这主要是因为在高强度汽爆作用下，糖会进一步发生降解产生糠醛。同时可以看出，在选定的汽爆强度范围内低聚木糖的收率都高于木糖收率，说明直接蒸汽爆破预处理更多的是将半纤维素转化为低聚木糖而非木糖[42]。考虑到水解过程中增加氢离子浓度可以促进糖苷键的断裂，同时考虑到传统酸水解工艺中酸连同反应进行带来的污染问题，本书著者团队采用酸预浸渍工艺，利用植物细胞膜亲水性以及流动性的特点，将酸注入到细胞中，以提高蒸汽爆破过程中半纤维素到木糖的转化率。

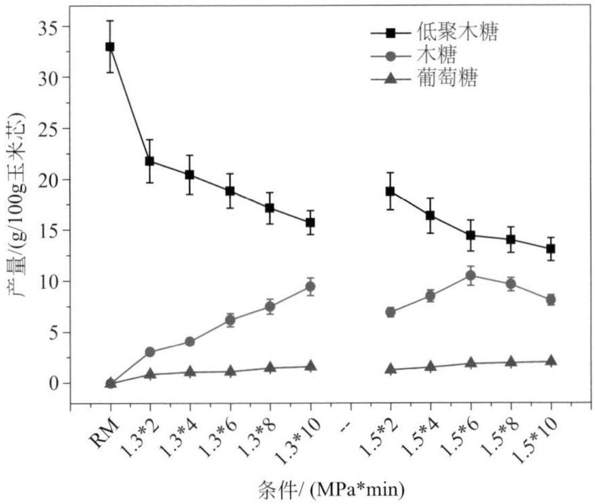

图5-7
不同蒸汽爆破预处理条件对玉米芯可溶性糖的生成的影响

2. 酸预浸渍间歇蒸汽爆破处理玉米芯半纤维素制备木糖

（1）浸泡酸的选择　表 5-2 清楚地反映了各种常见的酸对于木糖收率的影响。汽爆强度选择的是 3.643（1.5MPa，5min），在这个汽爆条件下，硫酸的催化效果最好。使用质量分数 0.3% 的硫酸浸泡后，木糖收率能够达到

27.5%。其次是草酸，使用质量分数 1.0% 的草酸浸泡后，木糖收率能够达到 26.3%。亚硫酸的效果比上述两种效果稍差，使用质量分数 0.8% 的亚硫酸浸泡后，木糖收率能够达到 24.7%。在无机酸中，硫酸的催化效果最好，盐酸由于挥发性及对设备的腐蚀性强，无法作为理想的催化酸使用。在有机酸中，随着酸性的减弱（草酸＞甲酸＞乙酸），木糖收率随之减少，说明酸在水中的电离程度越高，氢离子的释放越充分，催化效果越好。在挥发性酸中，亚硫酸的效果远远好于碳酸，这可能也与酸在水中的电离程度不同有关。由于酸性高温环境亦促进木糖向糠醛的转化，因此在较高的酸浓度下，木糖收率会有所下降。

表5-2　不同酸浸泡对于木糖收率（g·100g^{-1}玉米芯）的影响

酸	0.1%	0.3%	0.5%	0.8%	1.0%	1.5%
盐酸	15.5±0.6	18.7±0.8	18.2±0.6	17.9±0.5	17.5±0.6	16.8±0.4
硫酸	17.3±0.8	27.5±1.6	26.9±1.6	24.2±1.5	23.8±1.3	21.9±1.0
草酸	12.7±0.5	16.5±0.7	19.4±1.1	22.5±1.2	26.3±1.5	25.6±1.2
甲酸	10.6±0.4	12.2±0.5	13.6±0.5	14.1±0.6	14.4±0.6	14.8±0.6
乙酸	9.1±0.4	9.8±0.4	10.4±0.5	10.9±0.6	11.5±0.7	12.5±0.7
亚硫酸	14.4±0.8	19.3±1.1	22.6±1.2	24.7±1.3	24.2±1.1	23.1±1.0
碳酸	8.6±0.4	8.9±0.4	9.3±0.5	9.8±0.5	10.6±0.6	11.7±0.6

注：浸泡温度室温，浸泡时间 12h，汽爆压力 1.5MPa，汽爆时间 5min。

（2）浸泡条件的优化　随着浸泡时间的延长，玉米芯湿重不断增加，细胞中的酸含量升高，因此木糖的收率也随之提高。在 80℃、5h 下，玉米芯湿重为干重的 4 倍，而在室温、5h 下，玉米芯湿重为干重的 3 倍，说明浸泡温度的增加使玉米芯湿重对浸泡时间的增长率进一步提高，氢离子在细胞中的积累加剧，因此木糖的收率也有所增加。同时，以硫酸为催化剂时，80℃浸泡 3h 时的木糖收率与 80℃浸泡 5h 时的木糖收率均为 24.4%。说明随着温度的升高，浸泡时间可以相应地变短。

（3）蒸汽爆破条件的优化　蒸汽爆破强度的改变会引起汽爆过程物料组成和结构的变化。根据蒸汽爆破强度系数 $\lg R_0$ 的不同将蒸汽爆破分成低（2.47～2.95），中（3.06～3.46），高（3.53～4.13）三个程度[43]。在较低的汽爆强度下，木糖收率较低，且水提液中存在着一定量的低聚木糖。随着汽爆强度的增强，低聚木糖向木糖的转化逐渐增强，木糖收率也逐渐升高。当汽爆强度达到 3.644（1.5MPa，5min）时，木糖收率达到最大，为 27.5%。继续增加汽爆强度，木糖收率有所下降（表 5-3）。

表5-3　不同蒸汽爆破强度下的实验结果

			收率/$g \cdot 100g^{-1}$玉米芯								
			挥发性物质				非挥发性物质				
压力/MPa	时间/min	$\lg R_0$	甲酸	乙酸	糠醛	HMF	酚类	木糖	低聚木糖	葡萄糖	阿拉伯糖
0.8	5	2.760	0.2±0.2	1.3±0.5	0.1±0.1	0.04±0.01	0.7±0.6	17.2±1.0	9.3±0.4	1.2±0.1	1.8±0.1
	10	3.061	0.9±0.3	2.1±0.3	0.3±0.2	0.08±0.01	1.2±0.5	19.7±1.2	6.8±0.3	1.5±0.1	2.0±0.1
1.0	5	3.055	1.1±0.4	2.2±0.3	0.4±0.2	0.08±0.01	1.3±0.5	22.5±1.2	6.4±0.2	1.6±0.1	2.0±0.1
	10	3.356	1.2±0.4	2.8±0.3	0.5±0.3	0.12±0.01	1.9±0.4	24.7±1.1	3.1±0.2	2.3±0.2	2.1±0.3
1.3	5	3.349	1.3±0.5	3.1±0.1	0.7±0.3	0.11±0.02	1.8±0.5.	25.2±1.3	3.0±0.2	2.4±0.2	2.3±0.2
	10	3.650	1.4±0.4	3.2±0.1	0.8±0.4	0.13±0.02	2.5±0.4	26.5±1.6	2.4±0.1	2.9±0.3	2.1±0.2
1.5	5	3.644	1.5±0.4	3.4±0.2	0.9±0.3	0.19±0.02	2.7±0.4	27.5±1.5	2.3±0.1	3.1±0.3	2.2±0.2
	10	3.945	1.6±0.5	3.6±0.2	1.1±0.4	0.22±0.01	3.2±0.3	26.8±1.6	2.1±0.2	3.8±0.2	2.1±0.1
1.9	5	3.936	1.7±0.5	3.8±0.2	1.3±0.5	0.30±0.03	3.3±0.3	26.5±1.5	1.5±0.4	4.0±0.4	2.1±0.3
	10	4.237	2.0±0.4	3.9±0.1	1.8±0.8	0.41±0.03	4.7±0.3	25.2±1.4	1.2±0.5	4.7±0.3	2.0±0.3

注：硫酸浓度为 0.3%（质量分数），室温下浸泡 12h。

除了糖组分以外，一些由糖降解产生的挥发性物质，例如木糖降解产生的糠醛、甲酸，葡萄糖降解产生的 HMF、乙酸，以及木聚糖侧链降解产生的乙酸，其含量均随着汽爆强度的增加而增加 [44]，说明较高的汽爆强度会促进糖组分的进一步降解。同时，木质素降解产生的酚类物质也随着汽爆强度的增加而增多，说明蒸汽爆破能在一定程度上导致木质素部分基团脱落 [45]。从表 5-3 还可以看出，在相近的汽爆强度下，采用低压长时间的汽爆方式和高压短时间的汽爆方式木糖得率相当，但是低压长时间的汽爆方式能够减少水提液中挥发性物质的含量及杂质含量。在工业生产中，更倾向于使用低压处理来减少设备的损耗和能耗，因此，在保证木糖收率的前提下，尽可能选择较低的汽爆压力进行长时间的维压操作处理物料 [46]，这样既能保证糖液的品质，又能减少生产负荷和成本。

3．酸预浸渍连续蒸汽爆破处理玉米芯半纤维素制备木糖

（1）连续蒸汽爆破处理工艺的优化　为了满足工业化连续生产的要求，采用连续蒸汽爆破工艺处理玉米芯半纤维素制备木糖。每批投料量在 100kg，大约喷爆 100 次左右，1h 喷完。每一个蒸汽爆破条件下喷爆两批物料，每一批随机抽取其中的 30 次物料进行水提，测定废渣湿重及连续蒸汽爆破过程中的木糖收率。

由于连续化设备中滞留系统体积空间较大，为了节省蒸汽消耗，故采用较低压力较长维压时间对连续蒸汽爆破过程进行考察。由表 5-4 可以看出，连续蒸汽爆破同一条件不同批次物料及木糖收率较接近，说明连续蒸汽爆破系统稳定可行，适用于木糖的大规模生产。从结果上来看，采用 1.2MPa、8min 的反应条件，木糖收率较高，达到了 24.69%，继续增加物料在滞留系统的停留时间，木糖收

率反而有小幅下降，说明滞留时间过长也会引起糖的进一步降解。与间歇蒸汽爆破实验结果相比，连续蒸汽爆破过程木糖收率略低，这可能是由于放大传质效应导致浸泡不充分，酸分布不均匀造成的。传统酸水解工艺需要水洗罐、浸泡罐、预水解罐、水解罐等多个设备，体积大，空间占用率较高。采用连续蒸汽爆破工艺，可以将整套设备微型化，用一步操作代替传统的多步操作，从而有效节约资源及劳动成本。

表5-4 连续蒸汽爆破实验结果

汽爆压力/MPa	汽爆保压时间/min	玉米芯干重/kg	玉米芯湿重/kg	废渣湿重/kg	提取液体积/L	木糖收率/g·100g^{-1}玉米芯
0.9	5	100	335.22	264.31	1016.62	12.73
		100	335.36	224.31	1010.75	13.53
	8	100	335.65	193.89	1103.59	15.47
		100	335.25	212.94	1010.76	17.95
	10	100	335.44	230.27	1000.13	17.55
		100	335.82	223.73	1059.67	18.82
	12	100	335.40	209.70	1082.65	18.86
		100	351.89	189.25	1070.01	18.60
	15	100	335.35	216.41	1110.01	19.27
		100	315.69	227.52	1079.98	19.10
1.2	5	100	322.36	211.68	1047.49	19.26
		100	322.43	216.67	1021.88	21.40
	8	100	322.47	208.63	1156.43	23.62
		100	322.23	192.62	1099.08	24.69
	10	100	322.04	203.59	1085.70	22.96
		100	322.45	189.05	1151.43	24.35
	12	100	322.71	192.47	1144.39	21.66
		100	319.40	199.22	1145.08	23.68
	15	100	322.48	204.24	1130.79	23.48
		100	352.71	192.41	1310.24	22.52

注：硫酸浓度为0.3%（质量分数），浸泡温度80℃，浸泡时间3h。

（2）连续蒸汽爆破工艺与传统工艺对比　将连续蒸汽爆破得到的水提液与利用酸水解法生产的半纤维素水解液进行对比，水解液成分分布见表5-5。总体来说，连续蒸汽爆破法与酸水解法制备的半纤维素水解液中糖组分分布相似，蒸汽爆破过程中由于压力较高，即对应的饱和蒸汽温度较高，因此更容易发生糖的降解，其乙酸、甲酸、醛类物质的含量均高于酸解过程。草酸浸泡与硫酸浸泡相比，对木质素的破坏更大，这有些类似于自然界中褐腐菌分泌草酸与锰离子和三价铁离子的螯合物破坏木材纤维的过程[47-49]。同时，由于在高温条件下，草酸会部分分解成甲酸，因此草酸催化的蒸汽爆破过程中甲酸含量最高。但无论是硫酸浸泡还是草酸浸泡，其催化过程的酸用量都很低，玉米芯浸泡膨胀带入细胞中的酸相当于玉米芯自身重量的 3 ～ 4 倍。而酸水解过程由于液固比恒定，其催化过程的酸用量为玉米芯自身重量的 20 倍。所以，蒸汽爆破水提液的离子强度远低于酸水解液的离子强度。根据上述蒸汽爆破水提液的特点，开发适合的、吸附有机酸能力强的树脂是后期木糖纯化的关键所在。

表5-5　连续蒸汽爆破工艺与酸水解工艺对比

占玉米芯干重的比例/%	硫酸预浸渍连续蒸汽爆破	草酸预浸渍连续蒸汽爆破	传统酸水解处理
工艺参数	1%酸浓度 1.2MPa，8min	3%酸浓度，1.2MPa，8min	20%酸浓度，130℃，2h
木糖	24.7±0.40	23.5±0.50	26.2±0.50
葡萄糖	2.70±0.05	2.10±0.05	3.56±0.06
阿拉伯糖	2.28±0.07	2.05±0.10	2.33±0.14
乙酸	2.72±0.02	2.21±0.02	2.19±0.03
甲酸	1.28±0.01	1.75±0.02	0.36±0.02
醛类	0.96±0.02	0.89±0.03	0.74±0.03
酚类	1.82±0.03	1.95±0.03	0.92±0.03
pH	2.02±0.03	3.07±0.03	0.72±0.03
电导/（μS/cm）	5638±7.0	6462±10.0	18170±20.0

4．亚硫酸催化水解玉米芯半纤维素制备木糖

亚硫酸是一种中强酸，性质类似于磷酸。有报道称亚硫酸可以有效地促进半纤维素的水解，破坏纤维素分子内氢键[50,51]。结合以上研究可以发现，亚硫酸结合蒸汽爆破确实能够破坏半纤维素分子中的糖苷键形成木糖，但是亚硫酸在高温下容易分解形成 SO_2 和水蒸气，在喷爆瞬间挥发出去，难以收集[52]。因此利用化学合成反应中常用的冷凝回收装置，在反应结束后将 SO_2 充分排入冷水中再次形成亚硫酸，实现催化剂的回收利用。

为了尽可能多地产生可发酵糖，使用中心组合实验（central composite design，CCD）优化水解过程中 SO_2 的浓度、水解温度以及水解时间。亚硫酸水解液中主要糖组分为木糖，其最大收率为木糖理论收率（玉米芯中木聚糖完全转化成木糖时的收率）的 91.75%，其对应的水解条件为 2% SO_2（质量分数）、145℃、90min。所有条件下，阿拉伯糖的浓度在 1 ～ 3g/L 之间，而葡萄糖的浓度却有所不同。温度大于 160℃或者反应时间大于 90℃能促进纤维素的降解，导致葡萄糖

浓度升高，而木糖浓度降低。在所有的实验中，木聚糖的分解率在 65% ～ 95%，而葡聚糖的损失率仅为 0.5% ～ 15.5%，这一结果与稀酸水解玉米芯的结果一致[53]。因此，亚硫酸能够代替硫酸用于玉米芯半纤维素水解液的制备。

木糖收率不仅取决于单一变量，还取决于各种变量之间的交互作用。图 5-8 所示的结果说明温度和时间的交互作用对木糖收率的影响更大。一些研究证实，玉米芯中含有很多乙酰化的木聚糖，在高温液态水的处理下，水中的氢离子会引起木聚糖脱乙酰化形成乙酸，从而增加溶液中水合氢离子的浓度[54,55]。因此，温度和时间能够显著影响乙酸的溶出，当反应在 120℃、90min 和 145℃、40min 下进行时，乙酸浓度分别为 1.28g•L^{-1} 和 1.15g•L^{-1}，而当反应在 145℃、90min 下进行时，乙酸浓度达到了 2.5g•L^{-1}。较高的乙酸浓度促进了木聚糖到木糖的转化，增加木糖的收率。

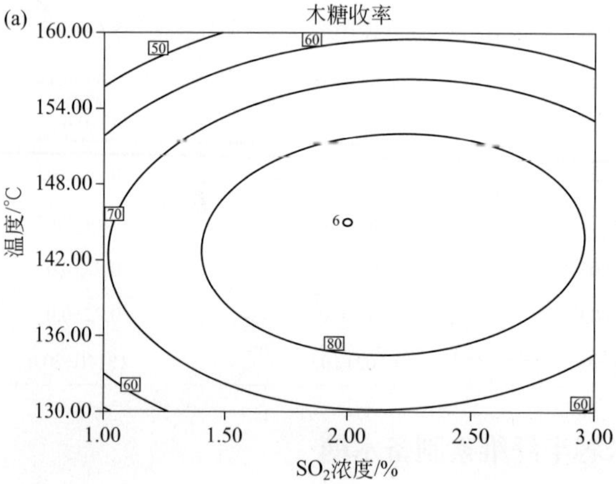

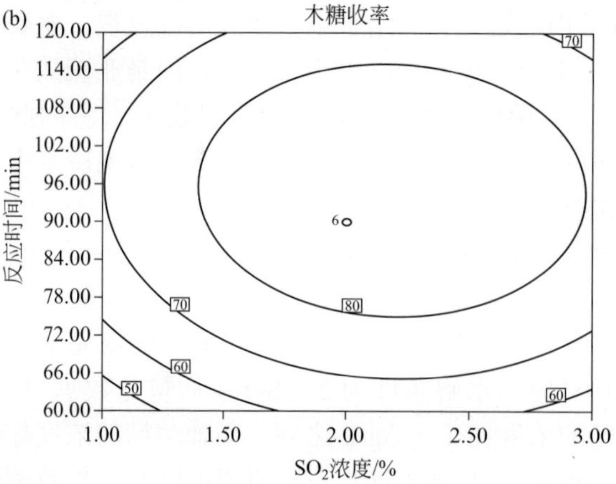

(c)

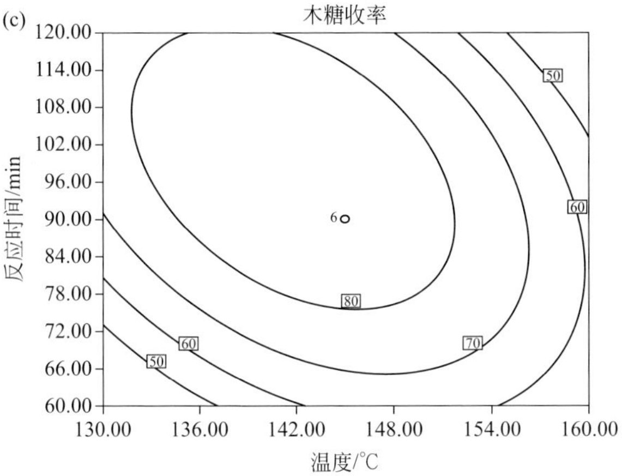

图5-8　各因素之间：（a）SO_2浓度和反应温度；（b）SO_2浓度和反应时间；（c）反应温度和反应时间的交互作用

三、木糖的纯化与精制

1．木糖水提液的纯化

木糖水提液的纯化过程分为五步，如表5-6所示。初始木糖水提液中含有7348g还原糖，其中包括662g葡萄糖、5844g木糖以及842g阿拉伯糖。上述水提液加入515g活性炭在70℃下搅拌脱色，脱色后还原糖的质量为6268g，还原糖损失率约为14.7%，透光度从初始的7.6%增加到75.8%。将脱色后的水提液经过两次离子交换和两次浓缩之后，使水提液的透光度达到95%以上，还原糖的浓度达到80%以上，以满足糖结晶的要求。此时水提液中总还原糖的质量为5707g，其中木糖质量为4796g，说明纯化过程会造成糖组分的损失。

表5-6　木糖水提液的纯化过程

纯化精制过程	葡萄糖 /g·L^{-1}	木糖 /g·L^{-1}	阿拉伯糖 /g·L^{-1}	还原糖 /g·L^{-1}	pH	透光度 /%	电导率 /μS·cm^{-1}	体积/L
木糖水提液	3.31±0.1	29.22±1.2	4.21±0.2	36.74±0.6	2.2±0.3	7.6±0.4	5710±18	200±1.5
活性炭处理	2.41±0.1	26.26±0.9	3.31±0.3	31.98±0.6	2.0±0.1	75.8±0.9	5624±15	196±0.8
一次离子交换	1.91±0.1	22.08±1.5	2.32±0.2	26.31±0.6	4.7±0.2	84.8±1.1	287±5	220±0.5
一次浓缩	16.81±0.2	194.30±3.4	20.41±0.6	231.52±0.6	4.0±0.2	69.3±1.0	2395±11	25±0.2
二次离子交换	14.58±0.2	171.25±2.5	17.94±0.5	203.77±0.6	6.9±0.3	96.5±2.3	21.6±0.4	28±0.2
二次浓缩	58.32±0.5	685.20±5.5	71.76±1.0	815.28±0.6	6.5±0.3	95.4±2.5	59.5±1.5	7±0.1

活性炭吸附属于非选择性的物理吸附，在吸附分子量较大的色素同时，也会吸附小分子糖类物质[56]。相比于活性炭吸附，离子交换树脂是利用树脂颗粒上

携带的活性官能团解离后形成的带电基团来吸附溶液中对应的离子的，对于非电解质的糖则吸附较少[57]，因此离子交换树脂处理造成的糖损失要明显小于活性炭处理造成的糖损失。从表5-6还可以看出，活性炭和离子交换树脂处理都能增加木糖水提液的透光度，但是活性炭处理对无机离子的去除效果并不明显。考虑到树脂在使用前需要经过多步的酸碱交替活化处理，因此木糖水提液制备过程中带入的无机离子量即酸用量将直接决定树脂的用量、纯化的成本以及废水的排放量。

2．木糖精制

木糖水提液经过上述的纯化过程后变成乳白色的黏稠状的液体，如图5-9（a）所示，将上述液体按照梯度降温程序进行结晶，得到白色粉末状的木糖晶体，其晶体结构为斜方形，如图5-9(b)、(c)所示。初始木糖水提液中含有5844g木糖，纯化后溶液中含有4796g木糖，结晶过程回收的木糖质量为3161g，结晶收率为65.91%，纯化精制过程木糖总收率为54.01%，木糖纯度为96.78%。上述结果说明水提液中含有的杂糖，例如葡萄糖、阿拉伯糖等会显著影响结晶过程。尤其是葡萄糖的存在会增加晶膏的黏度，影响晶体的析出[58]。因此在木糖水提液的制备过程中要注意选择合适的催化剂以及反应条件以控制葡萄糖的溶出。

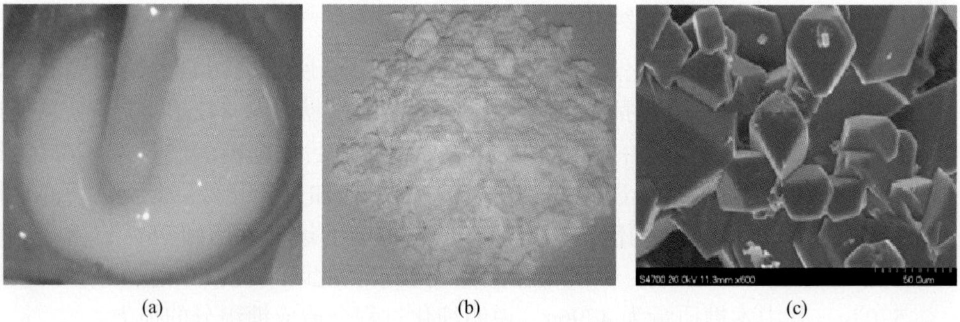

图5-9　木糖产品及电镜图：（a）木糖结晶浓膏；（b）木糖晶体；（c）木糖晶体的扫描电镜图

第四节 木糖醇绿色制备关键技术

木糖醇作为一种重要的工业用精细化学品和糖基化学品，具备许多优异特性，被广泛应用于化工、医药、食品等行业[59-61]。木糖醇是所有食用糖醇中生理活性最好的。作为一种高效的功能性营养添加剂，它味甜低热，口感清凉，甜度与蔗糖相当，且易为人体吸收。同时，在防龋齿、控制血糖波动方面均显示出比山梨醇、麦芽糖醇、甘露醇等更为明显的优越性[62]。

传统的木糖醇生产方法均采用化学法，而木糖醇的生产原料木糖主要通过植物如白桦树、玉米芯、棉籽壳等的半纤维素经水解、纯化和结晶获得。由于半纤维素水解液中夹杂着葡萄糖、阿拉伯糖、甘露糖、半乳糖等杂糖，使得木糖的分离和纯化过程变得困难，从而影响了木糖醇收率[63,64]。据统计，每生产 1t 木糖醇，需要消耗 7 ～ 8t 玉米芯，生产效率较低。同时，生产过程中酸碱的使用、高价金属催化剂的使用，以及高温高压的反应条件，带来了能耗过多、生产成本过高、环境污染等诸多问题。

工业的快速发展带来的环境问题日趋严重，发展环保的生物基化学品的生物炼制技术已成为转变经济增长方式、保障生态链良性循环、实现经济社会可持续发展的战略需求。微生物能直接利用半纤维素水解液中的木糖进行发酵，与化学催化相比，节省了木糖纯化过程，且反应条件温和，无需额外制氢[65]。但是微生物容易受到发酵环境的影响，针对不同来源的半纤维素水解液，需要有合适的菌株及发酵前处理方法，才能够保证木糖在细胞内尽可能多地转化为木糖醇[66]。因此，需要首先对木糖醇发酵条件进行优化，然后考察半纤维素水解液抑制物对于木糖醇发酵菌株的影响，最后对蒸汽爆破水提液以及亚硫酸水解液进行木糖醇发酵实验的探究。

一、木糖醇发酵条件的优化

1．正交实验优化

微生物发酵会受到底物种类、底物浓度、温度、pH、接种时间、接种量、溶氧等条件的影响。酵母的一般发酵温度为 25 ～ 35℃，发酵 pH 为 4.5 ～ 6.5，兼性厌氧。根据这些常规的性质设计正交实验，在 2.5L 的小型发酵罐中利用合成培养基考察不同培养条件对于木糖醇发酵的影响。

各个因素对于木糖醇得率的影响顺序由大到小依次为发酵温度、木糖浓度、接种量、发酵 pH 以及接种时间。不同木糖浓度、发酵温度、发酵 pH 下的木糖得率都有明显的先增大后减少的趋势。木糖浓度反映了培养基中的渗透压情况，过高的木糖浓度会在一定程度上抑制木糖及木糖醇在细胞内外的运输过程，而木糖浓度过低，菌体消耗木糖进行生长所占的比率增大，会在一定程度上抑制木糖醇的得率[67]，因此选择 $120g \cdot L^{-1}$ 的木糖浓度为最适底物浓度。发酵温度及发酵 pH 则对细胞内的酶分子活力起到重要的影响。只有在最适的温度和 pH 范围内，其木糖代谢的关键酶木糖还原酶才能达到最佳活力[68]。从效应曲线图可以看出，发酵最适温度为 30℃，最适 pH 在 5.5 ～ 6.0 之间。一般工业上普遍使用 10% 的接种量，主要是考虑到在发酵过程中迅速形成种群优势，避免染菌。对于实验室规模的发酵实验来说，过高的接种量会增加菌种对木糖及其他营养物的消耗，降低木糖醇得率，而过低的接种量又会影响菌体对发酵环境的适应性，尤其是对半纤维素水解液的适应性。根据效应曲线图，发酵最适接种时间为 20 ～ 22h，最适接种量为 7% ～ 8%[69,70]（图 5-10）。

对选取的各个因素进行方差分析，选择置信度 α=0.1，在置信区间范围内对因素的 F 值进行计算。从表 5-7 可以看出发酵温度的 F 比大于 F 临界值，对实验结果影响显著，而接种时间的 F 比远小于 F 临界值，说明其对实验结果的影响最小。综合上述分析确定在合成培养基中最优的上罐发酵条件为：木糖浓度 120g·L^{-1}，发酵温度 30℃，发酵过程 pH 控制在 5.5 ～ 6.0，接种时间为 20 ～ 22h，接种量为 7% ～ 8%。根据上述最优条件进行上罐实验验证，48h 内发酵液中木糖醇浓度达到 88.03g·L^{-1}，木糖醇收率为 73.36%。

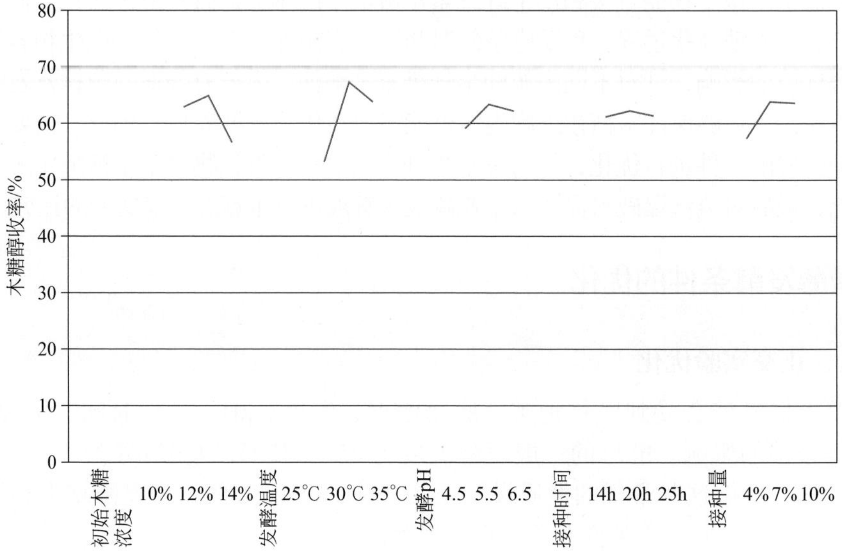

图5-10 各因素的直观效应图

表5-7 方差分析

因素	偏差平方和	自由度	F比	F临界值
木糖浓度	211.260	2	1.027	2.920
发酵温度	619.300	2	3.011	2.920
发酵pH	50.570	2	0.246	2.920
接种时间	3.281	2	0.016	2.920
接种量	144.124	2	0.701	2.920

2. 溶氧调节

在热带假丝酵母的细胞内，木糖醇的合成和分解是同时存在的。木糖醇的合成主要依赖木糖还原酶XR，该酶以NADH或NADPH为辅酶即供氢体催化木糖加氢得到木糖醇。木糖醇的分解则主要依赖木糖醇脱氢酶XDH，该酶以NAD^+为辅酶即受氢体催化木糖醇脱氢得到木酮糖。NADH存在于酵母呼吸链中，在好氧状态下，NADH失去质子形成NAD^+，激活木糖醇脱氢酶活性，木糖醇被分解形成木酮糖进入PPP途径（戊糖磷酸途径）为酵母生长提供能量。而在微好氧条件下，NADH积累，木糖醇脱氢酶活性受到抑制，木糖醇得到积累[71,72]。由此可以看出，溶氧调节对于木糖醇发酵至关重要。实验中设计两种溶氧调节策略：第一种为一阶段溶氧调节，即在整个发酵过程中始终保持通气量为$1.5m^3/(m^3 \cdot min)$；第二种为两阶段溶氧调节，即通过监测菌体的生长曲线，在延滞期（0～12h）和对数期（12～28h）采用$1.0 \sim 2.0m^3/(m^3 \cdot min)$的通气量，以保证溶氧值维持在10%以上。在稳定期（28～48h）则采用$0.3 \sim 0.6m^3/(m^3 \cdot min)$的通气量，控制溶氧值低于5%。

两种溶氧调节方式下的发酵进程曲线见图5-11和图5-12。从图中可以看出，一阶段溶氧调节下木糖醇的累积浓度在44h达到最大值，为$87.1g \cdot L^{-1}$，此时菌体量为$19.0g \cdot L^{-1}$，木糖醇得率为72.6%，生产速率为$1.98g \cdot L^{-1} \cdot h^{-1}$。与之相比，两阶段溶氧调节下木糖醇浓度在48h达到最大值，为$94.2g \cdot L^{-1}$，此时菌体量为$15.9g \cdot L^{-1}$，木糖醇得率为78.5%，生产速率为$1.96g \cdot L^{-1} \cdot h^{-1}$。上述结果表明，一阶段溶氧调节过程发酵罐内的溶氧值始终维持在较高的水平，细胞生长繁殖能力强，菌体积累量大，但用于菌体增殖所需的底物木糖的比例也相对增加。同时在较高的溶氧条件下，菌体通过呼吸作用产生的NAD^+不断生成，使木糖醇脱氢酶活力显著提高，从而增强了木糖醇到木酮糖的代谢过程，造成木糖醇得率的下降。而两阶段溶氧调节过程则将菌体增殖和转醇分割为两个不同时期，在增殖期，通过控制通气使发酵罐内富氧，便于菌体代谢产酶，而在转醇期，通过控制通气使发酵罐内微氧，菌体呼吸作用减弱造成的NADH积累提高了木糖还原酶的活力，同时抑制了木糖醇向木酮糖的转化，使木糖醇得到了富集。热带假丝酵母在对数期和稳定期的形态有所差别，对数期时菌体形态多为椭圆状，且上面带有突起的芽孢。而到了稳定期时的菌体形态则为假丝状，且大多首尾串联在一起，如图5-13所示。通过显微镜观察细胞形态发现，两阶段溶氧调节过程稳定期内发酵液中假丝状菌体的比例更高。有报道称假丝状态下热带假丝酵母的细胞活力以及酶活力更强[73]，因此两阶段溶氧调节过程下的木糖醇得率更高。

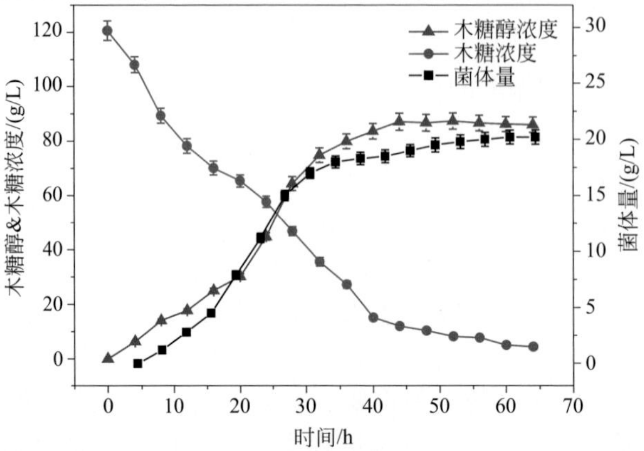

图5-11　一阶段溶氧调节分批发酵

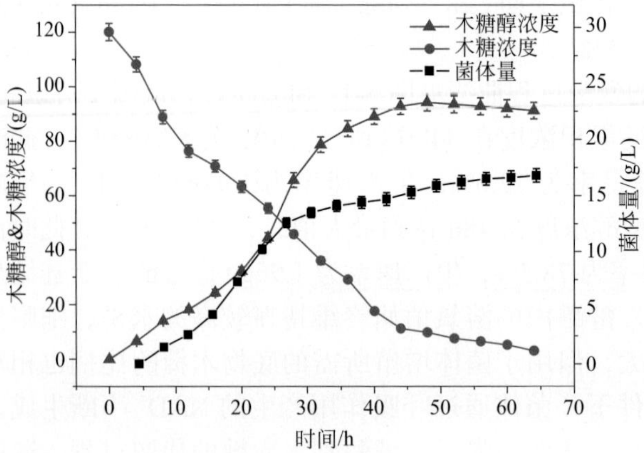

图5-12　两阶段溶氧调节分批发酵

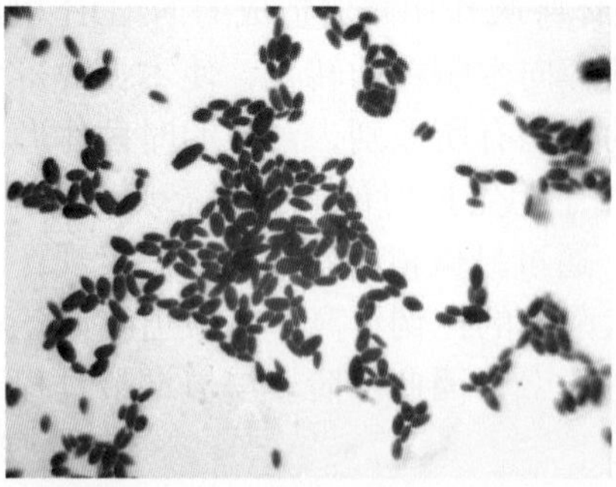

图5-13　稳定期热带假丝酵母的菌体形态

二、半纤维素水解液抑制物对于木糖醇发酵的影响

生物质原料预处理和水解制糖的过程中，在高温和高压的条件下会形成一系列对微生物细胞有毒性的物质。其中，半纤维素侧链携带的乙酰基团极易降解为乙酸；水解产生的五碳糖能够进一步降解形成糠醛；水解产生的六碳糖能够降解成 5- 羟甲基糠醛（HMF），并进一步转化为甲酸和乙酰丙酸；而木质素则主要降解形成酚类化合物。这些非糖类化合物会显著影响微生物细胞的生长和发酵特性，延滞或阻碍木糖醇的合成过程[74]。半纤维素水解液中常含有影响木糖醇发酵的抑制物，因此对三大类抑制物的代表物即甲酸、乙酸、苯酚、糠醛对热带假丝酵母的抑制作用进行系统考察。

1．乙酸对发酵的影响

乙酸是小分子有机酸，其分子量为 60，pK_a 值为 4.8。这些小分子有机酸主要通过两种作用机制即解偶联和胞内阴离子积累影响细胞内外的离子平衡，从而抑制细胞代谢过程[75]。由图 5-14 可以看出，随着乙酸（HAc）浓度的增加，木糖醇的生成量随之降低。当乙酸浓度大于 $8g \cdot L^{-1}$ 时，木糖的消耗及木糖醇的生成都受到了明显的抑制。当乙酸浓度达到 $10g \cdot L^{-1}$ 时，48h 木糖醇浓度达到 $43.1g \cdot L^{-1}$，仅为对照组木糖醇浓度的 48.3%。同时可以看出，当乙酸浓度小于 $6g \cdot L^{-1}$ 时，木糖醇浓度在 48h 达到最大值，且剩余木糖的量很小，进一步延长发酵时间木糖醇浓度无明显提高。但当乙酸浓度为 $8g \cdot L^{-1}$ 和 $10g \cdot L^{-1}$ 时，54h 木糖醇浓度与 48h 相比分别增加了 10% 和 55%，这说明高浓度乙酸会造成细胞的延迟生长。

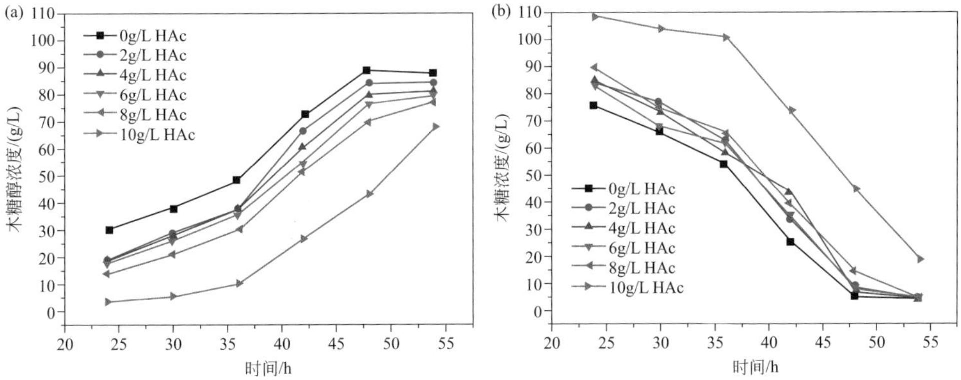

图5-14　乙酸对木糖醇发酵的影响：（a）乙酸对发酵过程中木糖醇生成的影响；（b）乙酸对发酵过程中木糖消耗的影响

2．甲酸对发酵的影响

甲酸也是小分子有机酸，其分子量为 46.0，pK_a 值为 3.8。甲酸与乙酸的作

用机制一样，都是以未解离的分子形态透过细胞膜造成细胞内外离子浓度失衡而影响细胞正常代谢的[76]。由图 5-15 可以看出甲酸对于木糖醇发酵的抑制效果要高于乙酸。6g•L^{-1} 的甲酸浓度是一个转折点，当甲酸浓度小于 6g•L^{-1} 时，对木糖醇发酵的抑制主要体现在延滞细胞生长，但通过增加发酵时间仍能够达到较高的木糖醇浓度。甲酸浓度为 2g•L^{-1} 和 4g•L^{-1} 时，54h 木糖醇浓度分别为 80.9g•L^{-1} 和 80.1g•L^{-1}。但当甲酸浓度超过 6g•L^{-1} 时，几乎完全抑制了木糖醇的合成。当甲酸浓度为 8g•L^{-1} 时，54h 木糖醇浓度仅为 9.4g•L^{-1}，而木糖的浓度为 81.5g•L^{-1}。说明此时菌体生长及木糖代谢非常缓慢，大量木糖的剩余进一步抑制了木糖还原酶的酶活，从而抑制了木糖醇的积累，使得整个发酵处于恶性循环的状态。从图 5-15（b）还可以看出，低浓度的甲酸能够增加发酵过程中木糖的消耗速率，这可能是由于未解离的甲酸进入细胞后，作为应激反应，假丝酵母中的甲酸脱氢酶得到激活，该酶以 NAD^+ 为辅酶，将甲酸氧化为二氧化碳的同时将 NAD^+ 还原为 NADH。而 NADH 的积累提高了木糖脱氢酶的作用效果，从而增加了木糖的代谢速率。

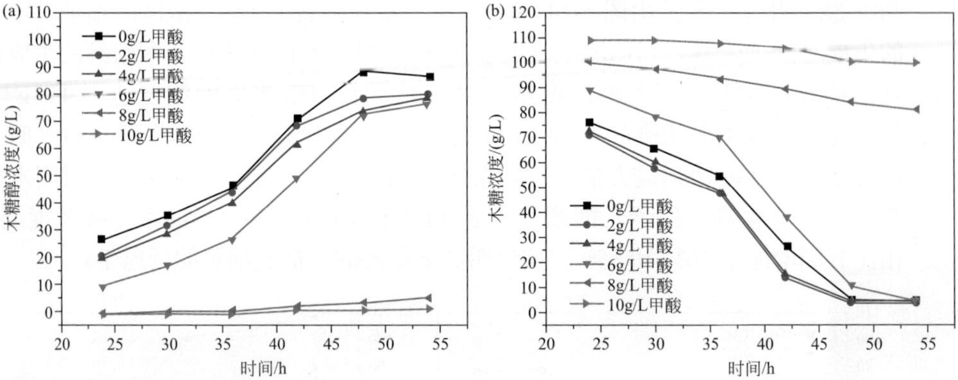

图5-15 甲酸对木糖醇发酵的影响：（a）甲酸对发酵过程中木糖醇生成的影响；（b）甲酸对发酵过程中木糖消耗的影响

3．苯酚对发酵的影响

木质素是由紫丁香基、愈创木基以及对羟苯基三种结构单元组成的非均一化合物，在降解过程中能形成种类繁多的酚类物质，影响细胞膜合成的关键组成即磷脂以及蛋白质的含量比，从而影响膜的通透性以及胞内外物质的运输[76]。分子量越小的酚类物质对于细胞膜的影响越大。从图 5-16 可以看出，随着苯酚浓度的增加，对于木糖醇合成的抑制效果越来越明显。当苯酚浓度超过 1.5g•L^{-1} 时，木糖的代谢以及木糖醇的合成受到严重阻碍。苯酚浓度为 2.0g•L^{-1} 和 2.5g•L^{-1} 时，54h 木糖醇浓度分别为 10.4g•L^{-1} 和 7.6g•L^{-1}，木糖浓度分别为 79.7g•L^{-1} 和 91.3g•L^{-1}。而对照组 54h 木糖醇浓度为 89.9g•L^{-1}，木糖浓度为 4.6g•L^{-1}。

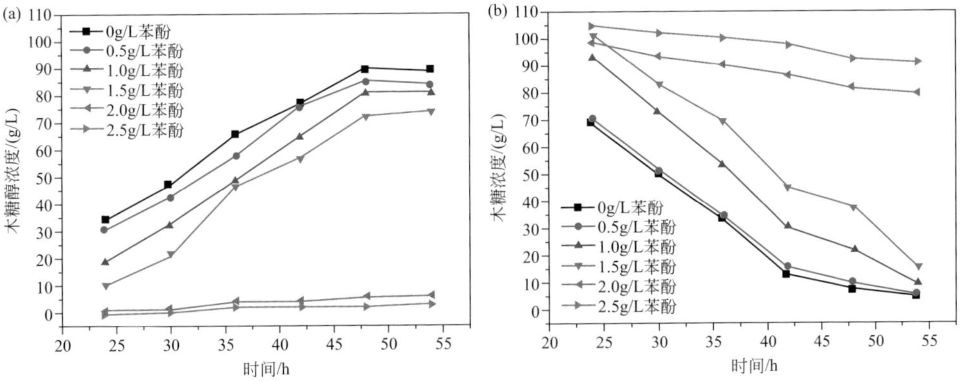

图5-16 苯酚对木糖醇发酵的影响：（a）苯酚对发酵过程中木糖醇生成的影响；（b）苯酚对发酵过程中木糖消耗的影响

4. 糖醛对发酵的影响

糖醛是五碳糖的降解产物，分子量为96.08。糠醛主要是通过影响细胞的比生长速率和细胞产量来抑制发酵过程的。从图5-17中可以看出，低浓度糠醛的加入会减慢发酵初期木糖的代谢速率，从而延滞细胞的对数生长期。这是因为在酵母体内，糠醛能够被代谢形成毒性较小的糠醇和糠酸，这种代谢依赖NADH作为辅酶，且从发酵开始阶段便快速进行，从而竞争性地抑制了木糖还原酶的活性。随着糠醛在细胞内含量的逐渐减少，其对木糖还原酶的抑制作用也逐渐减弱，此时木糖消耗加快，菌体开始大量繁殖[77]。在0.5g·L^{-1}的糠醛浓度下，54h木糖醇浓度为88.1g·L^{-1}，而对照组48h木糖醇浓度为90.8g·L^{-1}，说明适当延长发酵时间能够减少低浓度糠醛对于木糖醇发酵的影响。但是当糠醛浓度大于2.0g·L^{-1}时，菌体的生长周期进一步延长，54h木糖醇浓度仅为对照组的57.3%。

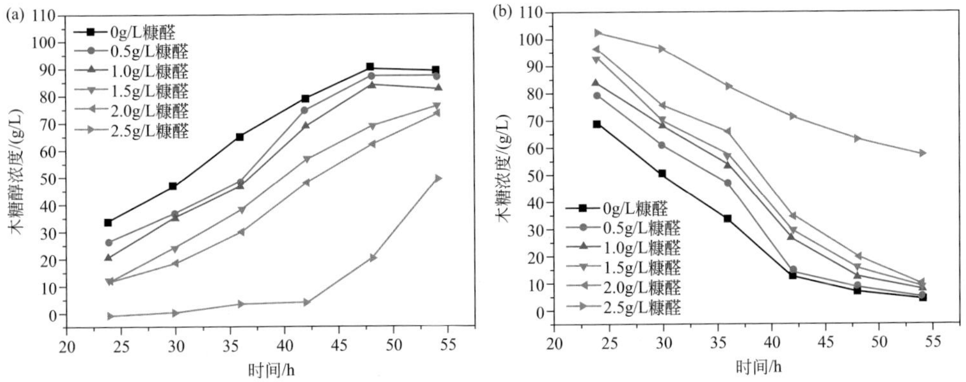

图5-17 糠醛对木糖醇发酵的影响：（a）糠醛对发酵过程中木糖醇生成的影响；（b）糠醛对发酵过程中木糖消耗的影响

5. 不同抑制物的抑菌浓度以及对细胞膜的损伤效果

半纤维素水解液中的抑制物对于微生物的影响随着抑制物的种类不同而不同。表 5-8 反映了不同抑制物的抑菌浓度以及不同抑菌浓度下的细胞膜损伤程度即镁离子的释放量。比较 IC_{50} 值可以看出，四种抑制物对于热带假丝酵母的抑制作用由大到小依次为苯酚、糠醛、甲酸、乙酸。这一结果与之前的不同抑制物对于木糖醇发酵影响的研究结果相吻合。

表5-8 不同抑制物的抑菌浓度以及对细胞膜的损伤效果

项目	乙酸	甲酸	糠醛	苯酚
IC_{25}/g·L^{-1}	3.6	1.7	1.1	0.6
IC_{25} Mg^{2+}/%	3.7	3.1	1.8	4.3
IC_{50}/g·L^{-1}	7.1	2.9	2.6	1.5
IC_{50} Mg^{2+}/%	7.6	6.1	3.5	10.7
IC_{80}/g·L^{-1}	12.0	7.6	4.6	3.2
IC_{80} Mg^{2+}/%	16.3	10.1	5.5	18.4
IC_{100}/g·L^{-1}	18.5	15.5	11.5	8.9
IC_{100} Mg^{2+}/%	28.2	17.4	12.7	30.8
疏水性lg$P$	−0.16	−0.52	0.41	1.74

抑制物的抑菌程度与其自身的疏水性密切相关，疏水性越强的抑制物对于细胞的毒害作用越大，达到相同抑菌程度所需的抑制物浓度越低。但抑菌浓度的大小与其对细胞膜的损伤效果并无直接关系。有机酸类物质以及酚类物质对细胞膜的破坏明显强于醛类物质。当抑制物的含量为 IC_{25} 时，对于细胞膜的破坏程度并不十分明显，当抑制物的含量提高到 IC_{80} 时，含有乙酸、甲酸、苯酚的细胞镁离子的释放量都超过 10%，说明一些高浓度的抑制物会破坏细胞膜的完整性，从而影响了细胞与环境之间的物质交换过程。但整体来看，细胞镁离子的释放量都不足 1/3，说明抑制物导致的细胞膜损伤并不是制约木糖醇发酵的关键因素。

6. 不同抑制物的相互作用

半纤维素水解液中存在多种抑制物，抑制物与抑制物之间不可避免地存在着协同抑制效应，因此考察乙酸、甲酸、糠醛、苯酚两两复配对于木糖醇发酵的影响。选取各自的 IC_{50} 值作为每种抑制物的抑菌浓度值，对照组则仅添加一种抑制物（浓度为 IC_{50}）。从图 5-18 可以看出，复配抑制下的木糖醇收率以及生物量都明显下降。尤其是糠醛存在下，木糖醇收率和生物量大幅度减少。糠醛与乙酸共同作用下的木糖醇收率为乙酸单独作用下的 54.9%。糠醛与甲酸共同作用下的木糖醇收率为甲酸单独作用下的 55.1%。糠醛与苯酚共同作用下的木糖醇收率为苯酚单独作用下的 54.5%。同时，糠醛与苯酚共同作用下的木糖醇收率和生物量最低，分别为 34.3% 和 7.3g•L^{-1}。上述结果表明，糠醛的存在能够放大其他抑制物的抑制效果，对木糖醇发酵造成严重的影响。在发酵前期，尽可能减少半纤维素水解液中糠醛的含量，能够有效消除协同抑制效应，降低抑制物对于菌体的毒害作用。

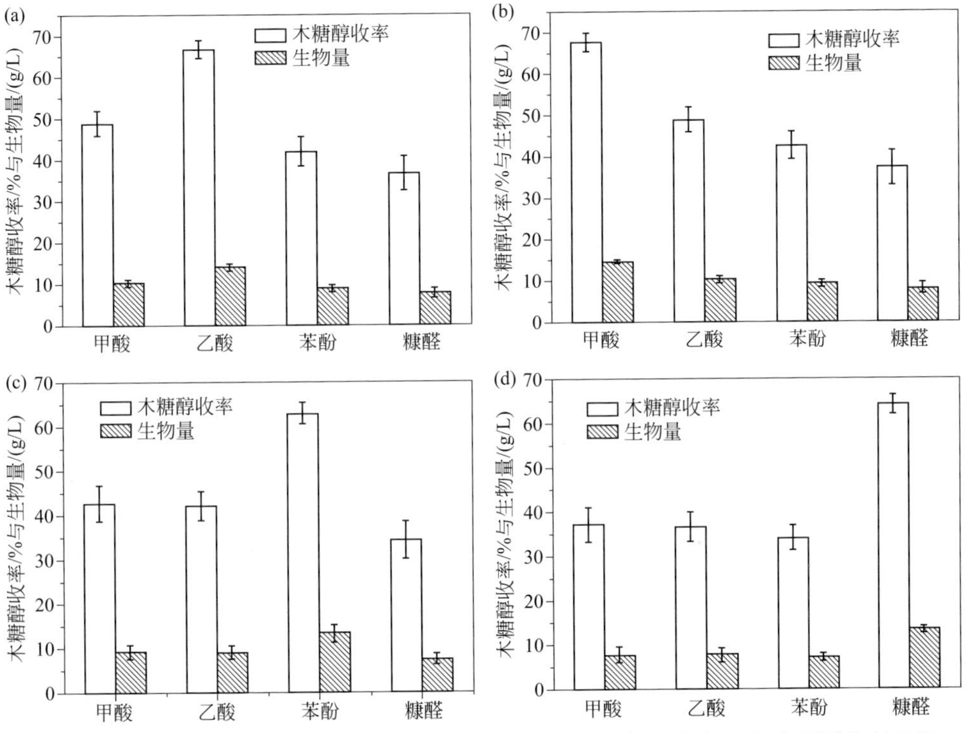

图5-18　不同抑制物的复配实验:（a）乙酸与其他抑制物的复配实验；（b）甲酸与其他抑制物的复配实验；（c）苯酚与其他抑制物的复配实验；（d）糠醛与其他抑制物的复配实验

三、利用蒸汽爆破水提液发酵生产木糖醇

蒸汽爆破水提液在制备过程中由于需要经过高温高压处理，不可避免会产生发酵抑制物。一些易挥发的抑制物，如小分子有机酸和醛类物质，能够在浓缩的过程中加以除去。但是木质素降解形成的酚类化合物，则很难用浓缩的方法去除。因此在浓缩之前需要进行活性炭吸附预处理，尽可能除去大分子色素和一些难挥发的抑制物，以提高木糖醇的发酵水平。

1．活性炭预处理对蒸汽爆破水提液发酵生产木糖醇的影响

图 5-19 反映了活性炭预处理对蒸汽爆破水提液发酵生产木糖醇的影响。活性炭处理后的浓缩蒸汽爆破水提液适于用作木糖醇发酵，在 $100.5g \cdot L^{-1}$ 的底物浓度下，44h 的木糖醇收率达到了 74.2%，木糖残留量为 $9.03g \cdot L^{-1}$，生物量为 $18.9g \cdot L^{-1}$，生产速率为 $1.69g \cdot L^{-1} \cdot h^{-1}$。进一步延长发酵时间可以减少木糖残留，但同时木糖醇也会在木糖醇脱氢酶的作用下转化为木酮糖来维持菌体量的缓慢增加。与之相比，未经过活性炭处理的浓缩蒸汽爆破水提液的发酵效果并不理想。在 $101.4g \cdot L^{-1}$ 的底物浓度下，44h 木糖醇收率仅为 55.1%，而木糖残留量为 $25.16g \cdot L^{-1}$，生物量为 $12.5g \cdot L^{-1}$，生产速率为 $1.27g \cdot L^{-1} \cdot h^{-1}$。继续延长发酵时间，木糖醇积累以及菌体量有所提高，但增长速率十分缓慢，60h 的木糖醇收率与生物量分别为 60.9% 和 $14.8g \cdot L^{-1}$。这说明，通过低成本的活性炭处理和浓缩的方法，能够有效降低蒸汽爆破水提液中的抑制物含量，改善发酵环境，增强细胞活力和发酵动力，缩短发酵周期，提高木糖醇收率[78]。

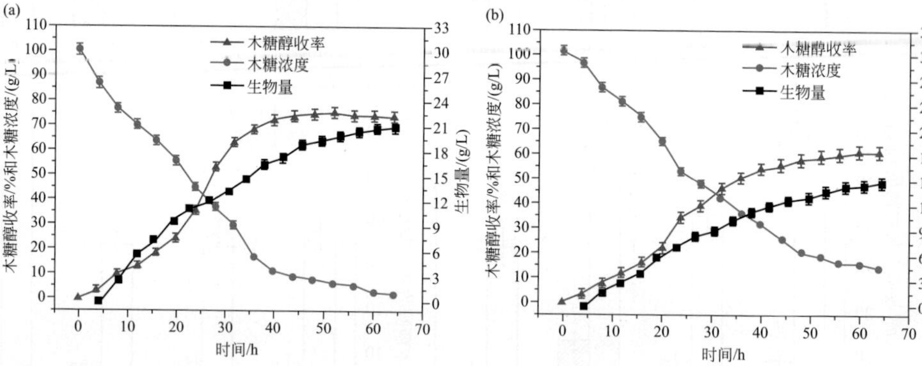

图5-19 活性炭预处理对蒸汽爆破水提液发酵生产木糖醇的影响：（a）经过活性炭处理后的蒸汽爆破水提液发酵结果；（b）未经过活性炭处理后的蒸汽爆破水提液发酵结果

2．初始细胞浓度对于蒸汽爆破水提液发酵生产木糖醇的影响

当初始细胞浓度由 $0.5g \cdot L^{-1}$ 增加到 $3g \cdot L^{-1}$ 时，最终细胞浓度和木糖醇收率有显著提高，并且发酵时间由 58h 缩短到了 45.5h。当初始细胞浓度为 $2g \cdot L^{-1}$ 时，最高的木糖醇收率为 74.2%，木糖醇生产速率为 $1.65g \cdot L^{-1}$，菌体重量为 $20.5g \cdot L^{-1}$。这说明高初始细胞浓度下，抑制物对于单个细胞的代谢负担以及毒性显著降低，菌体对于抑制物的耐受能力得到增强，木糖醇发酵效率提高[79]。而当初始细胞浓度增加到 $3g \cdot L^{-1}$ 时，木糖醇收率和生产速率稍有下降，这可能是由于细胞浓度过大导致对底物的消耗增加，用于菌体生长所消耗的木糖的比重加大。因此，对于蒸汽爆破水提液发酵生产木糖醇来说，最优的初

始细胞浓度为 2g·L^{-1}。

3．初始 pH 值对于蒸汽爆破水提液发酵生产木糖醇的影响

蒸汽爆破水提液在经过活性炭处理和浓缩后，pH 值在 2 ～ 3 之间，需要中和才能够用于发酵过程。初始 pH 的变化会显著影响木糖醇收率及生产速率，而适度的酸环境则能够促进发酵过程。当初始 pH 值在甲酸和乙酸的 pK_a 值（4 ～ 5）附近时，对木糖醇发酵影响最大。发酵过程中酵母会产酸，使发酵液的 pH 继续降低。当 pH 值低于有机酸的 pK_a 值时，发酵液中的有机酸更多地以分子形式存在，这些小分子有机酸会渗透到细胞质基质中释放质子，从而使细胞内 pH 值降低，抑制胞内酶的活性，影响细胞的生长。相应提高初始 pH 值，可以使发酵过程中的 pH 值始终维持在 pK_a 值之上，此时有机酸以离子形式存在，对细胞的毒害作用相对较小[80]。因此对于蒸汽爆破水提液发酵生产木糖醇来说，最优的初始 pH 值为 6.0。

四、利用亚硫酸水解液发酵生产木糖醇

亚硫酸催化水解最大的特点是水解过程中糠醛的产生量较少，经过浓缩后水解液中的糠醛浓度很低，仅为 1.34g·L^{-1}。糠醛的多少会影响抑制物的协同抑制效果，较低的糠醛浓度能够有效减少抑制物对于木糖醇发酵的消极影响，因此可以直接利用浓缩的亚硫酸水解液发酵生产木糖醇。

为了进一步提高亚硫酸水解液直接发酵的木糖醇收率，采用补料发酵方式使发酵液中的抑制物浓度始终维持在较低浓度。如图 5-20（b）所示，首先向发酵罐中加入 0.8L、50.2g·L^{-1} 的亚硫酸水解液进行发酵，较低的底物浓度一方面可以减少细胞所承受的糖渗透压，另一方面可以减少发酵液中的总抑制物浓度，使得菌体能够快速消耗木糖进行生长富集，但木糖醇的积累量很少。当菌体量达到 10g·L^{-1} 以上即发酵进行到 20h 时，向发酵罐中补入 0.2L、199.4g·L^{-1} 的亚硫酸水解液。补料后发酵液中的木糖浓度达到 53.38g·L^{-1}，此时发酵罐内已富集的菌体可以直接进入稳定期代谢木糖合成木糖醇，加快了木糖醇的生成速率。当发酵液中的木糖浓度下降到 10g·L^{-1} 以下即发酵进行到 36h 时，再向发酵罐中补入 0.2L、201.6g·L^{-1} 的亚硫酸水解液，补料后发酵液中的木糖浓度上升到 41.35g·L^{-1}，此时发酵液中大部分菌体都已处在稳定期，可以继续保证木糖醇的高速合成。与分批发酵［图 5-20（a）］相比，补料发酵累积底物浓度为 100.3g·L^{-1}，48h 的木糖醇收率为 70.8%，生物量为 18.6g·L^{-1}，生产速率为 1.48g·L^{-1}·h^{-1}。分批发酵底物浓度为 85.2g·L^{-1}，48h 的木糖醇的收率为 64.2%，生物量为 16.1g·L^{-1}，生产速率为 1.14g·L^{-1}·h^{-1}。

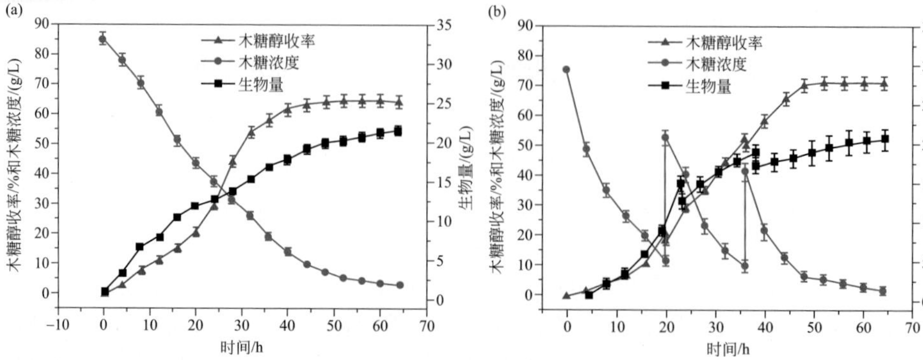

图5-20　分批发酵（a）与补料发酵（b）的对比

第五节
小结与展望

1. 小结

在这项工作中，本书著者团队开发了新的低聚木糖生产工艺流程，通过对木聚糖酶作用的研究、筛选和应用，以及不同絮凝剂对低聚木糖水解液絮凝脱色效果的研究，表明利用絮凝剂脱色生产的产品比单纯用活性炭脱色低聚木糖的损失减少约 83.9%。以玉米芯为基准的总糖收率由 15.4% 增加到 18.7%，产品中低聚木糖在总糖中的比例也有较大幅度的增加。微生物絮凝剂安全、无毒，不会造成二次污染，其在食品及生物制品行业中的应用将在很大程度上简化产品下游处理过程。

重点进行了以玉米芯为原料，首先对可溶性组分进行预处理，增强低聚木糖到木糖的转化过程，而后优化得到蒸汽爆破处理玉米芯半纤维素制备木糖的最优条件，木糖收率最大达到 27.5%；采用适合于工业化的连续蒸汽爆破设备处理玉米芯半纤维素制备木糖，木糖收率较高，达到了 24.69%。连续蒸汽爆破水提液与硫酸水解液的糖含量相近，糖降解产物含量略高，但是离子浓度较低，能够有效减少后续木糖精制的成本，同时降低废水排放。利用中心组合实验优化得到了亚硫酸催化水解玉米芯半纤维素制备木糖的最优条件，此时木糖收率为理论收率的 90.15%。亚硫酸水解的最大特点是水解过程中副反应较少，适合用作木糖醇发酵的原料。木糖水提液经过活性炭、一次离子交换树脂、一次浓缩、二次离子交换树脂、二次浓缩、结晶处理后，得到最终产品木糖。纯化精制过程木糖总收率为 54.01%，木糖纯度为 96.78%。

在热带假丝酵母中，采用正交试验对木糖醇上罐发酵条件进行优化，确定最优发酵条件后，对得到的蒸汽爆破水提液以及亚硫酸水解液进行木糖醇发酵实验的探究，发现不同抑制物对于热带假丝酵母的抑制作用由大到小依次为苯酚、糠醛、甲酸、乙酸。蒸汽爆破水提液需要经过活性炭处理才能够达到较好的发酵效果，其木糖醇最大收率为 74.2%，生产速率为 1.69g • L^{-1} • h^{-1}。亚硫酸水解液只需要浓缩到适宜的木糖浓度即可用于木糖醇发酵过程，亚硫酸水解液发酵的木糖醇收率和生产速率分别为 64.5% 和 1.16g • L^{-1} • h^{-1}，均明显优于硫酸水解液的发酵结果。采用补料发酵可以进一步提高亚硫酸水解液的发酵效果，木糖醇收率和生产速率分别提高到 70.8% 和 1.48g • L^{-1} • h^{-1}。

2．展望

现阶段从玉米芯到木糖需要经过水洗、浸泡、硫酸蒸煮、石灰中和、活性炭脱色、多步阴阳离子串联树脂除盐、高效浓缩、结晶等步骤，从木糖到木糖醇需要在高温高压以及镍催化剂的作用下通过加氢反应来实现。目前，国内具有成熟加氢技术、可以工业化生产高纯度木糖醇的大企业很少，同时，生产过程中产生的酸解残渣往往被直接燃烧，排放 SO_2 的同时，也造成纤维素资源的极大浪费。鉴于生产过程中存在的各种问题，本研究从全局出发，通过新型预处理、酶解反应、生物转化以及分离纯化等技术，实现了玉米芯半纤维素和纤维素的高值化利用，获得了具有独立知识产权的低聚木糖、木糖、木糖醇等产品的生产工艺路线，形成了具有国际市场竞争力的示范产业链。

由于玉米芯中的半纤维素采用的是清洁高效的糖化方法，因此固渣中不含酸碱等化学试剂，为下一步木质素的提取和纤维素的利用提供了较好的原料来源，极大地节约了能源。在清洁和高效生产木糖和木糖醇的同时，需科学与合理地利用半纤维素水解后的固渣，最终实现可再生生物质资源的综合利用。

参考文献

[1] 国家质量监督检验检疫总局，国家标准化管理委员会. 低聚木糖：GB/T 355545—2017[S]. 北京：中国标准出版社，2017.

[2] 王璋，许时婴，汤坚. 食品化学 [M]. 北京：中国轻工业出版社，2012.

[3] Samanta A K, Jayapal N. Xylooligosaccharides as prebiotics from agricultural by-products: Production and applications[J]. Bioactive Carbohydrates and Dietary Fibre, 2015, 5(1): 62-71.

[4] Patel S, Goyal A. Functional oligosaccharides: Production, properties and applications[J]. World Journal of Microbiology and Biotechnology, 2011, 27(5): 1119-1128.

[5] 潘晴，孙丕智，徐文彪．玉米秸秆制备低聚木糖的研究进展 [J]．林产工业，2020, 57(10): 8-12.

[6] 尤新，李明杰．木糖与木糖醇的生产技术及其应用 [M]．北京：中国轻工业出版社，2006.

[7] 范晓光．玉米芯中半纤维素和纤维素的高值化利用 [D]．北京：北京化工大学，2014.

[8] 郑建仙．功能性食品甜味剂 [M]．北京 : 中国轻工业出版社，1997.

[9] 尤新．木糖醇作为食糖替代品的特性和应用 [J]．中国食品添加剂，2004, (2): 1-5.

[10] Makinen K, Soderling E. A quantitative study of mannitol, sorbitol, xylitol, and xylose in wild berries and commercialfruits[J]. Journal of Food Science, 1980, 45: 367-374.

[11] 王关斌，王成福．功能性甜味剂 - 木糖醇 [J]．中国食物与营养，2005, 21(10): 28-29 .

[12] 柴义，黄宝文．我国木糖醇现状及发展构想 [J]．沈阳化工，1999, (6): 12-18.

[13] Kontiokari T, Uhari M. Antiadhesive effects of xylitol on otopathogenic bacterium[J].Journal of Antimicrobial Chemotherapy , 1998, 41: 563-565.

[14] 韩旭，刘鲁川．木糖醇防龋的研究进展 [J]．国外医学口腔医学分册，2004, 31(5): 353-355.

[15] Pepper T，Olinger P M. Xylitol in sugar-free confections[J]. Food Technology，1988, 42(10):98-106.

[16] Otieno D O, Ahring B K. The potential for oligosaccharide production from the hemicellulose frraction of biomasses through pretreatment processes: Xylooligosaccharides(XOS), arabinooligo saccharides(AOS) and mannooligosaccharides(MOS)[J]. Carbohydrate Research, 2012, 360: 84-92.

[17] 邹月，黄金凤，魏琴．功能性低聚糖的研究进展及应用现状 [J]．中国调味品，2021, 46(2):180-185.

[18] Kulkarni N, Shendye A, Rao M. Molecular and biotechnological aspects of xylanases[J]. FEMS Microbiology Reviews, 1999, 23: 411-456.

[19] Yang S Q, Yan Q J, Jiang Z Q, et al. High-level of xylanase production by thermophilic *Paecilomyces thermophila* J18 on wheat straw in solid-state fermentation[J]. Bioresource Technology, 2006, 97(15): 1794-1800.

[20] Mohana S, Shah A, Divecha J, et al. Xylanase production by *Bu rkholderia* sp. DMAX strain under solid state fermentation using distillery spent wash[J].Bioresource Technology, 2008, 99(16): 7553-7564.

[21] 万红贵，武振军，蔡恒等．微生物发酵产木聚糖酶研究进展 [J]．中国生物工程杂志，2010, 30(2):141-146.

[22] Burdette J, Berg B V, Carr B, et al. Methods to en-hance the activity of lignocellulose-degrading enzymes[P]. US 200402310602004. 2004.

[23] Sinner M, Dietrichs H, Puls J, et al. Process for production of xylitol from lignocellulosic raw materials[P]. US 4520105. 1988.

[24] Jordan D B, Li X L, Dunlap C A, et al. Beta-xylosidase for conversion of plant cell wall carbohydrates to simple sugars[P]. US 20090280541. 2009.

[25] Heikkila H, Sarkki M L, Ravanko V, et al. Process for the production of xylose from a paper-grade hardwood pulp[P]. US 6512110. 2003.

[26] Ulbricht R J, Northup S J, Thomas J A. A review of 5-hydroxymethylfurfural (HMF) in parenteral solutions[J]. Fundamental and Applied Toxicology, 1984, 4(5): 843-853.

[27] Bardet M, Robert D R, Lundquist K. On the reactions and degradation of the lignin during steam hydrolysis of aspen wood[J]. Svensk Papperstidning, 1985, 88(6): 61-67.

[28] Overend R P, Chornet E, Gascoigne J A. Fractionation of lignocellulosics by steam-aqueous pretreatments[J]. Philosophical Transactions of the Royal Society of London. Series A, Mathematical and Physical Sciences, 1987, 321(1561): 523-536.

[29] Chum H L, Johnson D K, Black S K, et al. Pretreatment-catalyst effects and the combined severity parameter[J]. Applied Biochemistry and Biotechnology, 1990, 24(1): 1-14.

[30] Larsson S, Palmqvist E, Hahn-Hägerdal B, et al. The generation of fermentation inhibitors during dilute acid hydrolysis of softwood[J]. Enzyme and Microbial Technology, 1999, 24(3): 151-159.

[31] Saha B C. Hemicellulose bioconversion[J]. Journal of Industrial Microbiology and Biotechnology, 2003, 30(5): 279-291.

[32] Alves L A, Felipe M G A, Silva JÃB A E, et al. Pretreatment of sugarcane bagasse hysic llulose hydrolysate for xylitol production by *Candida guilliermondii*[J]. Applied Biochemistry and Biotechnology, 1998, 70(1): 89-98.

[33] Garde A, Jonsson G, Schmidt A S, et al. Lactic acid production from wheat straw hysic llulose hydrolysate by *Lactobacillus pentosus* and *Lactobacillus brevis*[J]. Bioresource Technology, 2002, 81(3): 217-223.

[34] Wang G S, Lee J W, Zhu J Y, et al. Dilute acid pretreatment of corncob for efficient sugar production[J]. Applied Biochemistry and Biotechnology, 2011, 163(5): 658-668.

[35] Cai B Y, Ge J P, Ling H Z, et al. Statistical optimization of dilute sulfuric acid pretreatment of corncob for xylose recovery and ethanol production[J]. Biomass and Bioenergy, 2012, 36: 250-257.

[36] Dominguez J M, Cao N, Gong C S, et al. Dilute acid hemicellulose hydrolysates from corn cobs for xylitol production by yeast[J]. Bioresource Technology, 1997, 61(1): 85-90.

[37] Garrote G, Domínguez H, Parajó J C. Autohydrolysis of corncob: Study of non-isothermal operation for xylooligosaccharide production[J]. Journal of Food Engineering, 2002, 52(3): 211-218.

[38] Teng C, Yan Q, Jiang Z, et al. Production of xylooligosaccharides from the steam explosion liquor of corncobs coupled with enzymatic hydrolysis using a thermostable xylanase[J]. Bioresource Technology, 2010, 101(19): 7679-7682.

[39] Chornet E, Overend R P. Phenomenological kinetics and reaction engineering aspects of steam/aqueous treatments[J]. Steam Explosion Techniques: Fundamentals and Industrial Applications, 1991: 21-58.

[40] Sun X F, Xu F, Sun R C, et al. Characteristics of degraded hemicellulosic polymers obtained from steam exploded wheat straw[J]. Carbohydrate Polymers, 2005, 60(1): 15-26.

[41] Sun X F, Xu F, Sun R C, et al. Characteristics of degraded cellulose obtained from steam-exploded wheat straw[J]. Carbohydrate Research, 2005, 340(1): 97-106.

[42] Sun X F, Xu F, Sun R C, et al. Characteristics of degraded hemicellulosic polymers obtained from steam exploded wheat straw[J].Carbohydrate Polymers, 2005, 60(1): 15-26.

[43] Jacquet N, Vanderghem C, Danthine S, et al. Influence of steam explosion on physicochemical properties and hydrolysis rate of pure cellulose fibers[J]. Bioresource Technology, 2012, 121: 221-227.

[44] Cantarella M, Cantarella L, Gallifuoco A, et al. Effect of Inhibitors Released during Steam - Explosion Treatment of Poplar Wood on Subsequent Enzymatic Hydrolysis and SSF[J]. Biotechnology Progress, 2004, 20(1): 200-206.

[45] Sun X F, Xu F, Sun R C, et al. Characteristics of degraded lignins obtained from steam exploded wheat straw[J]. Polymer Degradation and Stability, 2004, 86(2): 245-256.

[46] Wang K, Jiang J X, Xu F, et al. Influence of steaming explosion time on the physic-chemical properties of cellulose from *Lespedeza stalks* (*Lespedeza crytobotrya*)[J]. Bioresource Technology, 2009, 100(21): 5288-5294.

[47] Shimada M, Ma D B, Akamatsu Y, et al. A proposed role of oxalic acid in wood decay systems of wood-rotting basidiomycetes[J]. FEMS Microbiology Reviews, 1994, 13(2): 285-295.

[48] Meyer-Pinson V, Ruel K, Gaudard F, et al. Oxalic acid: A microbial metabolite of interest for the pulping industry[J]. Comptes Rendus Biologies, 2004, 327(9): 917-925.

[49] Mosier N S, Sarikaya A, Ladisch C M, et al. Characterization of dicarboxylic acids for cellulose hydrolysis[J].

Biotechnology Progress, 2001, 17(3): 474-480.

[50] Liu W, Hou Y, Wu W, et al. Efficient conversion of cellulose to glucose, levulinic acid, and other products in hot water using SO_2 as a recoverable catalyst[J]. Industrial & Engineering Chemistry Research, 2012, 51(47): 15503-15508.

[51] Söderström J, Pilcher L, Galbe M, et al. Two-step steam pretreatment of softwood with SO_2 impregnation for ethanol production[J]. Applied Biochemistry and Biotechnology, 2002, 98(1-9): 5-21.

[52] Bura R, Bothast R J, Mansfield S D, et al. Optimization of SO_2-catalyzed steam pretreatment of corn fiber for ethanol production[J]. Applied Biochemistry and Biotechnology, 2003, 106(1-3): 319-335.

[53] Chen Y, Dong B, Qin W, et al. Xylose and cellulose fractionation from corncob with three different strategies and separate fermentation of them to bioethanol[J]. Bioresource Technology, 2010, 101(18): 6994-6999.

[54] Garrote G, Domínguez H, Parajó J C. Autohydrolysis of corncob: Study of non-isothermal operation for xylooligosaccharide production[J]. Journal of Food Engineering, 2002, 52(3): 211-218.

[55] Garrote G, FalquéE, Domínguez H, et al. Autohydrolysis of agricultural residues: Study of reaction byproducts[J]. Bioresource Technology, 2007, 98(10): 1951-1957.

[56] Bansal R C, Goyal M. Activated carbon adsorption[M].Boca Raton: CRC Press, 2010.

[57] Nilvebrant N O, Reimann A, Larsson S, et al. Detoxification of hemicellulose hydrolysates with ion-exchange resins[J]. Applied Biochemistry and Biotechnology, 2001, 91(1-9): 35-49.

[58] Heikkila H, Hyoky G. Method for recovering xylose[P]. US 5084104. 1992.

[59] Tanzer J M. Xylitol chewing gum and dental caries[J]. International Dental Journal, 1995, 45(Suppl 1): 65-76.

[60] Makinen K K. The rocky road of xylitol to its clinical application[J]. Journal of Dental Research, 2000, 79(6): 1352-1355.

[61] Nigam P, Singh D. Processes of fermentative production of Xylitol—a sugar substitute[J]. Process Biochemistry, 1995, 30(2): 117-124.

[62] Granström T B, Izumori K, Leisola M. A rare sugar xylitol. Part Ⅱ: Biotechnological production and future applications of xylitol[J]. Applied Microbiology and Biotechnology, 2007, 74(2): 273-276.

[63] ParajóJ C, Domínguez H, Domínguez J M. Biotechnological production of xylitol. Part 1: Interest of xylitol and fundamentals of its biosynthesis[J]. Bioresource Technology, 1998, 65(3): 191-201.

[64] Cheng H, Lv J, Wang H, et al. Genetically engineered *Pichia pastoris* yeast for conversion of glucose to xylitol by a single-fermentation process[J]. Applied Microbiology and Biotechnology, 2014: 1-14.

[65] Winkelhausen E, Kuzmanova S. Microbial conversion of D-xylose to xylitol[J]. Journal of Fermentation and Bioengineering, 1998, 86(1): 1-14.

[66] Zhang J, Zhang B, Wang D, et al. Xylitol production at high temperature by engineered *Kluyveromyces marxianus*[J]. Bioresource Technology, 2014, 152: 192-201.

[67] Cortez D V, Roberto I C. Optimization of D-xylose to xylitol biotransformation by *Candida guilliermondii* cells permeabilized with Triton X-100[J]. Biocatalysis and Biotransformation, 2014, 32(1): 1-5.

[68] Karhumaa K, Fromanger R, Hahn-Hägerdal B, et al. High activity of xylose reductase and xylitol dehydrogenase improves xylose fermentation by recombinant *Saccharomyces cerevisiae*[J]. Applied Microbiology and Biotechnology, 2007, 73(5): 1039-1046.

[69] Parajó J C, Domínguez H, Domínguez J M. Biotechnological production of xylitol. Part 2: Operation in culture media made with commercial sugars[J]. Bioresource Technology, 1998, 65(3): 203-212.

[70] Parajó J C, Dominguez H, Domínguez J M. Biotechnological production of xylitol. Part 3: Operation in culture media made from lignocellulose hydrolysates[J]. Bioresource Technology, 1998, 66(1): 25-40.

[71] Li M, Meng X, Diao E, et al. Xylitol production by *Candida tropicalis* from corn cob hemicellulose hydrolysate in a two - stage fed - batch fermentation process[J]. Journal of Chemical Technology and Biotechnology, 2012, 87(3): 387-392.

[72] Soleimani M, Tabil L. Evaluation of biocomposite-based supports for immobilized-cell xylitol production compared with a free-cell system[J]. Biochemical Engineering Journal, 2014, 82: 166-173.

[73] Ping Y, Ling H Z, Song G, et al. Xylitol production from non-detoxified corncob hemicellulose acid hydrolysate by *Candida tropicalis*[J]. Biochemical Engineering Journal, 2013, 75: 86-91.

[74] Rasmussen H, Sørensen H R, Meyer A S. Formation of degradation compounds from lignocellulosic biomass in the biorefinery: Sugar reaction mechanisms[J]. Carbohydrate research, 2014, 385: 45-57.

[75] Russell J B. Another explanation for the toxicity of fermentation acids at low pH: Anion accumulation versus uncoupling[J]. Journal of Applied Microbiology, 1992, 73(5): 363-370.

[76] Heipieper H J, Weber F J, Sikkema J, et al. Mechanisms of resistance of whole cells to toxic organic solvents[J]. Trends in Biotechnology, 1994, 12(10): 409-415.

[77] Palmqvist E, Almeida J S, Hahn - Hägerdal B. Influence of furfural on anaerobic glycolytic kinetics of *Saccharomyces cerevisiae* in batch culture[J]. Biotechnology and Bioengineering, 1999, 62(4): 447-454.

[78] Parajó J C, Dominguez H, Domínguez J M. Improved xylitol production with *Debaryomyces hansenii* Y-7426 from raw or detoxified wood hydrolysates[J]. Enzyme and Microbial Technology, 1997, 21(1): 18-24.

[79] Converti A, Perego P, Sordi A, et al. Effect of starting xylose concentration on the microaerobic metabolism of *Debaryomyces hansenii*[J]. Applied Biochemistry and Biotechnology, 2002, 101(1): 15-29.

[80] Zaldivar J, Ingram L O. Effect of organic acids on the growth and fermentation of ethanologenic *Escherichia coli* LY01[J]. Biotechnology and Bioengineering, 1999, 66(4): 203-210.

第六章

酶法制备黄芪甲苷和环黄芪醇

黄芪（*Astragalus membranaceus*）又名黄耆，属于多年生草本植物，在我国分布区域广泛，药用历史悠久（迄今为止已有2000多年），最早记载可追溯到《神农本草经》。黄芪《本草纲目》中记："耆，长也。黄耆色黄，为补药之长，故名。"黄芪甲苷和环黄芪醇为黄芪重要的天然功能因子，具有较高的药用价值，尤其是环黄芪醇能够激活端粒酶活性延缓衰老，商业应用前景开阔。传统的化学法制备工艺溶剂消耗量大、能耗高、环境污染严重，因而采用绿色清洁的生物法制备黄芪甲苷和环黄芪醇已经成为今后发展方向。本章主要介绍黄芪甲苷、环黄芪醇的生物法制备技术，所述内容总结了以往的研究，同时也涵盖了最新的理论研究成果，可以为读者了解该领域的进展提供参考。

第一节
黄芪甲苷和环黄芪醇简介

一、黄芪甲苷简介

黄芪甲苷又名黄芪皂苷Ⅳ（astragalosideⅣ，ASI），分子式为$C_{41}H_{68}O_{14}$，分子量784.97，熔点在284～286℃，易溶于甲醇、乙醇、丙酮，难溶于氯仿等弱极性有机溶剂，外观呈现白色结晶粉末状。从分子结构上看，黄芪甲苷属于环阿尔延型三萜皂苷类化合物，主环上连接一分子木糖、一分子葡萄糖，分子结构见图6-1。

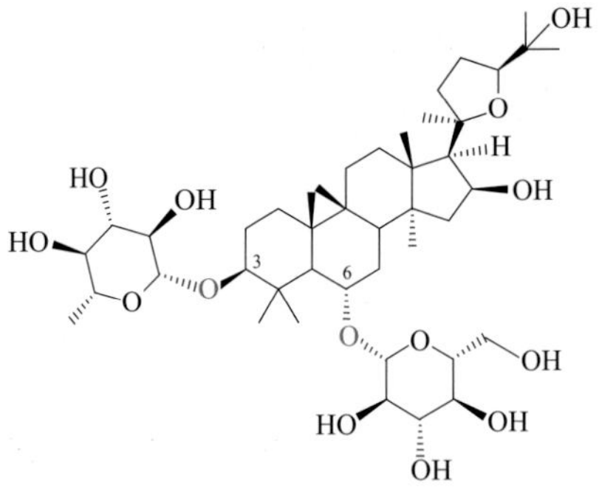

图6-1
黄芪甲苷的分子结构

黄芪甲苷是黄芪发挥药效的主要活性成分，它是一种结构复杂的苷类化合物。发现的黄芪中苷类物质种类丰富，约占植物源活性成分的30%，具有抗肿瘤、抗衰老、改善心血管功能、保肝、免疫调节、降血脂等药物活性，而备受关注。据报道，目前在黄芪中发现的皂苷种类较多，主要有黄芪皂苷（astragaloside）Ⅰ～Ⅷ，异黄芪皂苷（isoastragaloside）Ⅰ、Ⅱ和Ⅳ，乙酰黄芪皂苷（acetytastragaloside）等，黄芪甲苷是皂苷类物质主要的有效成分[1]。黄芪各部位的黄芪甲苷含量差异较大，徐文慧等[2]将黄芪的根头、主根、侧根、纤维根以及地下全株等不同部位分别粉碎、过筛后用高效液相色谱-蒸发光检测器测定，实验结果显示纤维根中黄芪甲苷的含量高于其他部位，主根中毛蕊异黄酮葡萄糖苷含量最高，故加工黄芪时为了保证药材的质量稳定性应除去根头及纤维根，若要提取黄芪甲苷则可对纤维根加以利用。除此之外，黄芪甲苷的含量还与黄芪产地、生长年限有关。一般而言，产自山西、内蒙古的黄芪中黄芪甲苷的含量较高。数据显示，随着生长年限的延长，黄芪植株中的黄芪甲苷的含量会有所下降。从人体代谢看，黄芪甲苷极性较大，水溶性差，不利于肠道吸收和膜渗透，口服利用度低。有研究显示，黄芪甲苷在人体内会部分转化为易于吸收的环黄芪醇（cycloastragenol，CA），从而发挥药效。

黄芪甲苷的制备方法主要有化学提取法和生物法，这里简要介绍化学提取法，生物法可详见第二节内容。直接从黄芪中提取然后分离纯化是获得黄芪甲苷的主要方式。黄芪甲苷的化学提取法主要采用中药提取中的煎煮法、冷浸渍法、回流法等，提纯采用大孔树脂吸附法、碱化处理法。煎煮法是指将药材黄芪以水辅助煎煮取汁，适用于有效成分能溶于水且有效成分耐湿热、结构不易被破坏的药材，用途广泛，但不利于精制提纯。冷浸渍法是指将药材黄芪辅以溶剂（水或乙醇）在室温下长时间浸泡，最后将浸渍所得溶液浓缩的方法，目前常用于药材的预处理，提取效率较低，无法得到高浓度制剂。回流法借助乙醇等易挥发的有机溶剂进行提取，浸出液在不断加热的过程中，其中的挥发性溶剂馏出后又被冷凝，重新回到浸出器中继续参与浸提过程，一定时间后滤出回流液，合并各次回流液体，直至有效成分浸提完全即得到浓缩液。传统处理方式存在的主要问题是溶剂消耗量大、操作步骤繁琐、等待时间长且环保问题凸显，如果不进行工艺优化，则黄芪甲苷的得率非常低且纯度不满足要求，后续研究人员主要针对工艺优化的问题不断尝试新方法。

杨红梅[3]以黄芪饮片为原料，在提取方法上改进策略，将超临界CO_2萃取法、加速溶剂萃取法、减压内部沸腾法工艺与索氏提取法比较，综合分析了有效成分得率、提取时间、溶剂消耗等因素，确定加速溶剂萃取法是黄芪甲苷的最佳提取方法。李燕中等[4]总结的提取工艺改进措施包括：热提法（通过正交实验优化热提条件如药材预处理时长、提取温度、提取时间等）、超临界流体萃取法（萃取工艺优化如萃取温度、萃取剂流速、萃取压力等）、发酵法（微生物促进中药活性成分释放，无需化学提取剂）。还有研究表明，在黄芪进行直接提取前添加辅助处理工艺，比如利用纤维素酶、漆酶破坏黄芪的木质纤维素，这样有助于提升黄芪多糖、黄芪甲苷等成分的提取率[5,6]。此处提及的纤维素酶、漆酶只是作为破坏植物细胞壁的辅助工具，并不具备促进黄芪中的其他有效成分转化为黄芪甲苷的功能，这和后续介绍的酶法制备黄芪甲苷有着明显的不同。虽然直接提取法的工艺在不断改进提升，但是由于黄芪甲苷在黄芪中的丰度并不高，黄芪甲苷的产能问题受到原材料的限制，且随着国家对环境问题的日益重视，高耗能、高排放产业将面临更大的困难。

二、环黄芪醇简介

环黄芪醇（cycloastragenol，CA）是黄芪甲苷的皂苷元，分子式为 $C_{30}H_{50}O_5$，分子量 490.71，熔点 241 ～ 245℃，可溶于甲醇、乙醇、DMSO 等有机溶剂，外观为无色针状结晶（纯度≥98% 时）。环黄芪醇的分子结构见图 6-2。对比黄芪甲苷和环黄芪醇的结构可知，断裂黄芪甲苷分子上 C3 位的糖苷键和 C6 位的葡萄糖糖苷键可以得到环黄芪醇。

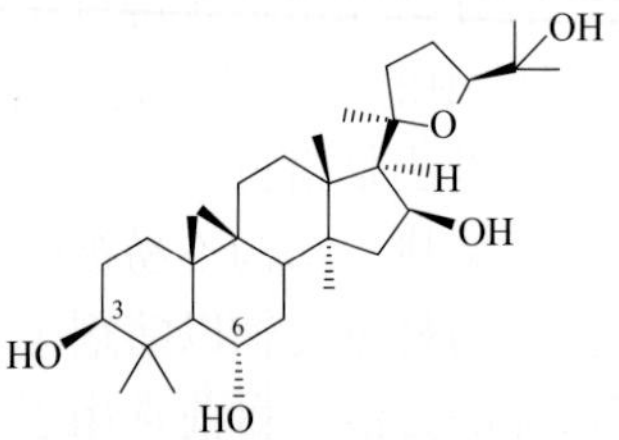

图6-2　环黄芪醇的分子结构

医学研究发现，环黄芪醇是目前唯一被证明具有激活端粒酶活性功能的分子[7]。从药用机理看，除了激活端粒酶活性、抑制端粒酶变短从而抗衰老以外，环黄芪醇还有其他的作用机制，如 Gu 等[8]用环黄芪醇对患有非酒精性脂肪性肝炎（NASH）的小鼠进行治疗，发现环黄芪醇能激活法尼醇 X 受体（FXR），从而改善脂肪肝；Hwang 等[9]以胃肿瘤细胞作为实验体，发现环黄芪醇激活转录激活子 3（STAT3），增强了紫杉醇的抗癌作用。Wang 等[10]利用大鼠进行实验，大鼠服用异丙肾上腺素后出现典型的心脏损伤、心脏功能障碍的症状，通过环黄芪醇的剂量依赖性治疗后发现心脏组织学变化得到了明显的改善，并且该治疗方式下调了各种神经内分泌因子的血清水平。进一步的实验结果表明 AKT1-RPS6KB1 信号传导受到了抑制，也就是说，通过抑制 AKT1-RPS6KB1 信号可以增强心肌细胞自噬，这对改善异丙肾上腺素诱导的大鼠心力衰竭有良好的效果。Szychlinska 等[11]通过实验研究环黄芪醇促进细胞增殖、维持细胞稳定活性表型以及支持人脂肪间充质干细胞（HAMSC）、软骨细胞外基质（ECM）生成的能力，在长达 28 天的三维软骨形成培养中添加环黄芪醇，结果显示环黄芪醇对人脂肪间充质干细胞的软骨形成分化有促进作用，能够维持稳定的活跃软骨细胞表型。 除了上述的作用机制外，环黄芪醇还能间接刺激 5′- 腺苷一磷酸活化蛋白激酶（AMPK）以改善炎症 [12]。

作为黄芪甲苷的次生代谢产物，环黄芪醇在黄芪中的含量极低，一般采用水解黄芪甲苷的方式制备环黄芪醇。具体过程见图 6-3，常用水解方法有酸水解、微生物转化、酶解。这里简要介绍酸水解法，后两种方法详见第三节内容。

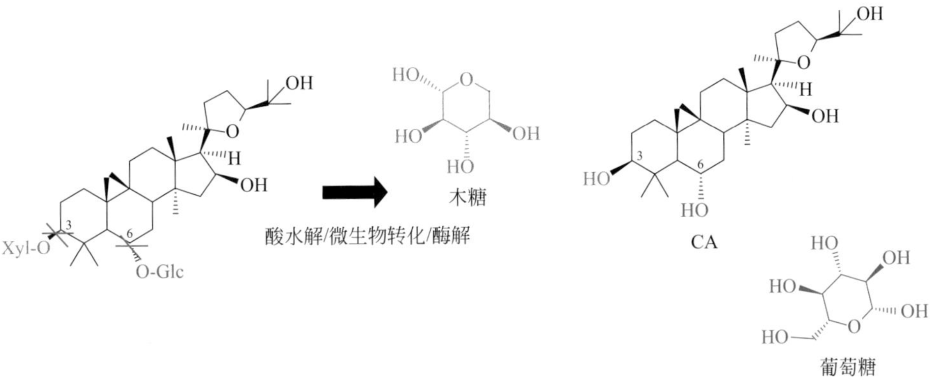

图6-3　环黄芪醇的制备

研究人员在酸水解制备环黄芪醇的研究方向上有两个思路。一是以黄芪作为原料，黄芪药材内的大量黄芪皂苷可在酸的作用下直接脱去糖基，从而留下环黄芪醇的母环结构，这个操作过程简便，且成本较低。但是黄芪药材的木质纤维组织难以破坏，这一点直接影响黄芪甲苷得率，且由于反应条件剧烈，黄芪皂苷易过度水解为黄芪醇（astragenol）等其他产物，无法得到环黄芪醇。二是先提取黄芪药材中的黄芪甲苷成分，即得到黄芪甲苷的粗提物，然后在酸环境中催化黄芪甲苷得到环黄芪醇，该方法制备的环黄芪醇得率较高，但是原料必须是黄芪甲苷的粗提物，成本有所增加。然而，上述两种思路无论哪一种都无法避免酸的过度水解问题，Feng 等 [13] 发现用盐酸和硫酸进行酸水解会造成环黄芪醇得率极低的问题，大量的产物经检验为黄芪醇。比较两种研究思路，为了提高环黄芪醇的得率，后续的研究探索通常采用思路二，即以黄芪甲苷的粗提物作为原料制备环黄芪醇。

为了克服黄芪甲苷因为强酸环境的过度水解造成环黄芪醇得率低的问题，更多的研究倾向于寻找一个温和的酸水解体系。比如 Smith 降解法，反应条件温和且收率高，但是操作步骤多（涉及高碘酸氧化、硼氢化合物还原、适度酸水解、萃取、纯化五个操作过程）且成本高。Feng[13] 等利用 Smith 降解法水解黄芪甲苷制备环黄芪醇，经历了 $NaIO_4$ 氧化，$NaBH_4$ 还原，利用 H_2SO_4 将 pH 调节至 2.0，进行适度酸水解，乙酸乙酯萃取，粗产物通过硅胶柱色谱分离，并用氯仿 - 甲醇（50∶1 和 30∶1，*v/v*）洗脱纯化这一系列实验过程，最终环黄芪醇从 30∶1 的馏分中获得。由上述可见，将 Smith 降解法应用于黄芪甲苷的水解，整体的操作过程非常繁杂。

后来又有研究人员尝试双相酸水解法，步骤和 Smith 降解法相比更为简便，且催化条件温和。双相酸水解法的原理是：借助催化体系中添加的有机相保护环黄芪醇（环黄芪醇溶于有机相）免受酸水相的分解。楚治良等 [14] 以黄芪甲苷作为原料，加入三氯甲烷、甲醇两种有机相，以盐酸（水相）进行催化水解，利用正交试验的方法对有机相和水相的体积分数比进行优化，检测显示只需在室温条件下反应，当有机相为三氯甲烷、甲醇体积分数为 20%、盐酸体积分数为 18%、反应时间为 6 天时，即获取较高的环黄芪醇产率，产率提升至 46.27%。双相酸水解法目前处于实验室阶段，放大和工业化的应用则需关注成本、环保问题，有机试剂和酸试剂用量经过放大后会使成本提升，污染处理的负担加大，因此酸水解的方式不能避免污染的问题。

上述内容简单地介绍了黄芪甲苷和环黄芪醇的理化性质、生理活性以及传统的化学制备法，显然化学制备法的工艺过程繁多，污染较大，这不符合当下绿色生产的理念，接下来介绍关于黄芪甲苷和环黄芪醇的生物转化法。

第二节
生物法制备黄芪甲苷的关键技术

生物法制备黄芪甲苷分为微生物转化法和酶催化法。微生物转化是一个可行的方法，从操作过程看，提供微生物发酵所需的培养基，设定适合微生物生长繁殖的条件，将原料黄芪加入发酵培养基内，接菌发酵，分离并提纯产物，这个过程对比直接提取法，避免了过多的溶剂消耗，操作相对简便。

Chen 等 [15] 将黑曲霉添加到含有黄芪残渣的发酵培养基中，一定条件下培养获得发酵产物，经过分离提纯测得黄芪甲苷的产率是传统直接提取法的 5.4 倍。到目前为止，大量的文献报道证实了黄芪皂苷种类繁多，且皂苷结构类似，那么以黄芪皂苷为原料，通过微生物转化黄芪皂苷制备得到黄芪甲苷，也是一个可行的方法。刘晓会 [16] 以黄芪总皂苷作为底物，筛选出伞枝犁头霉 *Absidia corymbifera* AS2 实现黄芪总皂苷高效生物转化，制备得到黄芪甲苷，经生物转化后得到黄芪甲苷的含量是原料中的3倍。本书著者团队王立媛[17]受刘晓会工作的启发，从里氏木霉（*Trichoderma reesei*）、绿色木霉（*Trichoderma viride*）、伞枝犁头霉（*Absidia corymbifera*）、哈茨木霉（*Trichoderma harzianum*）、炭黑曲霉（*Aspergillus carbonarius*）五种霉菌中筛出绿色木霉，发现经绿色木霉处理后黄芪药材的黄芪甲苷含量高于其他四种霉菌，检测结果见表6-1。在筛选霉菌的实验中，发酵培养基的组成为黄芪药材（粉碎后过80目筛）$10g \cdot L^{-1}$，酵母$10g \cdot L^{-1}$，利用乙酸-乙酸钠缓冲溶液调节pH为5.0，在28℃、$120r \cdot min^{-1}$的摇床中培养7天。后续通过对发酵条件，包括碳源、氮源、黄芪原料含量、发酵温度、发酵周期等进行优化，结果显示当葡萄糖浓度为$10g \cdot L^{-1}$、酵母粉浓度为$5g \cdot L^{-1}$、KH_2PO_4为$4g \cdot L^{-1}$、$MgSO_4 \cdot 7H_2O$为$1g \cdot L^{-1}$、$CaCl_2$为$1g \cdot L^{-1}$、黄芪原料含量为$20g \cdot L^{-1}$、接种种子液占的体积比达到1%、温度在28℃、发酵最佳周期为6天时，黄芪甲苷的稳定得率在2.35‰，比化学提取法提高了40%。虽然筛选得到的绿色木霉已经具有较好的转化能力，但是寻找活力更强、催化分解能力更好的菌种是目前面临的一大难题。

大量研究表明酶法水解糖基具有选择性高、无副产物、绿色环保等优点，和微生物转化法相比，酶法催化无需培养微生物，操作过程更简单，后续产物分离提纯更方便，具有良好的产业化前景。利用糖苷酶水解糖苷键，能够将苷类药物在体外水解成更易吸收的苷元。黄芪甲苷作为苷类的一种，利用酶经过体外生物转化脱除两个糖基得到环黄芪醇，将会大大提高药物的生物利用度，同时节省大量的药材资源。

现阶段关于酶法制备黄芪甲苷的工艺在国外少有报道，国内研究关于酶法制备的工艺也不多，更多的文献显示学者们的关注度集中在化学提取法上，即从原材料黄芪经过化学提取制备得到黄芪甲苷。黄芪经加工制成黄芪饮片，黄芪饮片中含有多种皂苷类物质，不同的黄芪皂苷带有个数、种类不同的糖基，以其作为底物添加糖苷酶，可催化部分黄芪皂苷转化为分子上仅有木糖和葡萄糖的黄芪甲苷。

表6-1　不同菌种利用黄芪药材发酵得到黄芪甲苷粗品含量[17]

样品标记	出峰时间/min	峰面积	含量/%
里氏木霉	6.932	135419	0.031
绿色木霉	6.947	592461	0.174
哈茨木霉	6.977	256748	0.076
伞枝犁头霉	6.954	347959	0.100
炭黑曲霉	6.991	217926	0.069

在研究酶法制备黄芪甲苷时，一些学者利用水解常规多糖底物的糖苷酶如纤维素酶或半纤维素酶催化制备黄芪皂苷，产率通常不高，主要原因在于选择用于催化反应的酶类别不对，应该选择能够催化皂苷糖基断裂糖苷键的酶进行尝试。

刘超[18]从微生物 *Absidia* sp.A3r 菌中发掘了一种能催化皂苷糖基的酶，经研究发现该酶具有黄芪皂苷糖苷酶活性（菌株发掘的灵感来源于其他学者从人参分参根中提取出 β- 葡萄糖苷酶，这种糖基酶能够水解人参皂苷 Rg3 特定的 C3 位上的 β-D- 葡萄糖基制备人参皂苷 Rh_2），对粗酶液进行梯度洗脱后用电泳进行纯度检测，确定蛋白分子量为 50kDa，随后以黄芪总皂苷为底物，加入黄芪皂苷糖苷酶，在已经优化好的酶反应体系下催化 28h，产物用大孔吸附树脂纯化，经 TLC 检测得到黄芪甲苷的条带，计算酶解产率可达 9.68%，纯度为 62.92%。反应原理即黄芪皂苷糖苷酶脱去了黄芪皂苷分子上的一个鼠李糖基，环上的木糖基、葡萄糖基保留，从而获得黄芪甲苷。

复旦大学的 Zhou 等[19]从菌 *Absidia corymbifera* AS2［来源于中国微生物菌种保藏委员会（CCCCM），该菌在以往的报道中被证实能用于微生物转化制备得到黄芪甲苷］中纯化出了乙酰酯酶，经研究该酶为单体，分子量为 36kDa。实验结果显示，纯化的乙酰酯酶最适 pH 为 8.0，最适温度为 35℃，且在 pH 7.0 ～ 9.5 和低于 45℃的温度下保持酶结构的稳定。该酶能够催化黄芪皂苷Ⅰ、异黄芪皂苷Ⅰ、黄芪皂苷Ⅱ、异黄芪皂苷Ⅱ 位于 C3 位的吡喃木糖残基的 O2 或 O3 位的乙酰基，并将它们转化为黄芪甲苷，转化途径见图 6-4（实线箭头代表主要转化途径，虚线箭头代表次要转化途径）。

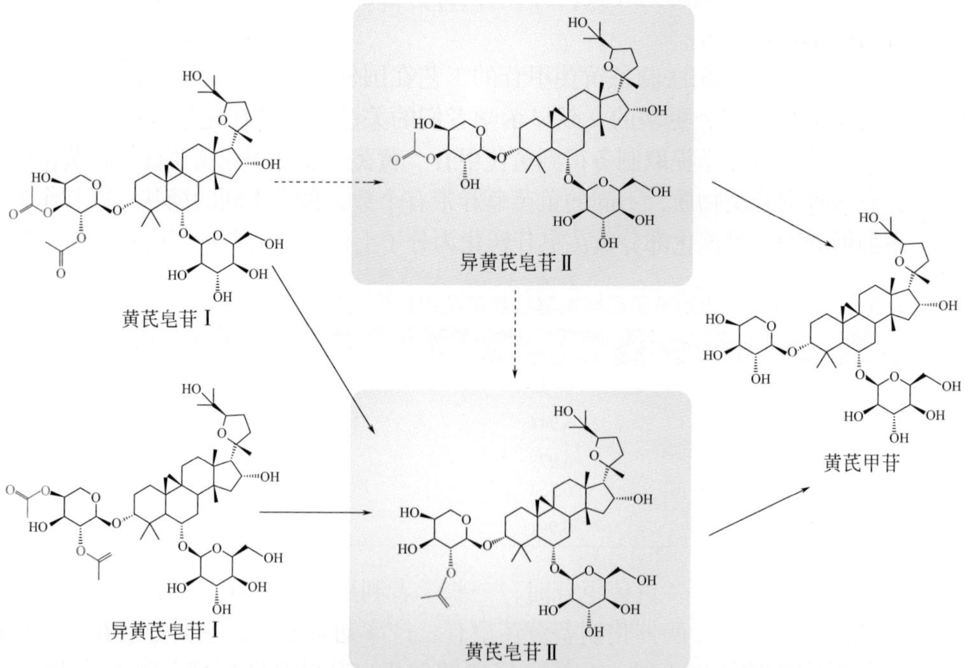

图6-4 黄芪皂苷Ⅰ、异黄芪皂苷Ⅰ、黄芪皂苷Ⅱ、异黄芪皂苷Ⅱ转化为黄芪甲苷[19]

从现有的研究看，酶催化制备黄芪甲苷的产率可能无法与化学提取法相比，但是从理论出发，以黄芪总皂苷作为底物，一种方法是脱去相应的糖基，另一种方法是催化改变糖链结构（图 6-4），两种方法都可以得到黄芪甲苷，这两个思路能够为绿色高效生产黄芪甲苷提供参考，期待今后有更多的研究投入。

酶催化法制备黄芪甲苷不仅要关注寻找合适的催化酶、确定催化机理这两个问题，后续的分离纯化技术也至关重要，目前能够使用的方法有大孔吸附树脂柱和硅胶柱色谱。大孔吸附树脂是利用物理吸附的原理选择性吸附目标化合物。郑晓峰[20] 首先以正交试验设计优化了水煎工艺提取黄芪甲苷，后续纯化工艺利用 95% 乙醇浸泡 D-101 净型大孔吸附树脂 24h，湿法装柱，用水洗至无乙醇味，考察相对密度（A）、洗脱剂量（B）、洗脱速度（C）三因素的影响，结果显示最优纯化工艺是相对密度 1.2 的黄芪提取液上柱后加 6 倍量的水进行洗脱，洗脱速度为 $1mL \cdot min^{-1}$。关于大孔吸附树脂的型号选择，根据需要分离的物质合理选择即可，现有的已经证实的资料展示出大孔吸附树脂柱分离纯化是一种可行且普遍使用的方法。硅胶柱色谱则利用不同物质与固定相吸附能力不同、可依次洗脱的原理分离物质。以往的资料显示，学者研究关于硅胶柱色谱纯化黄芪甲苷的内容相对较少，因此确定硅胶柱色谱的条件需要实践摸索。本书著者团队[17] 就基于黄芪甲苷的极性较大适合用于硅胶吸附的特点以及黄芪甲苷的薄层色谱检测分析结果，确定了黄芪甲苷的硅胶柱色谱条件。硅胶溶于氯仿中来进行装柱，洗脱产品的溶液为氯仿 - 甲醇 - 水（体积比例 13∶8∶2）的下层溶液。硅胶柱色谱得产品纯度为 86.5%，该步骤产率为 70.8%，而由原料到硅胶产品的产率为 67.6%，基本达到了分离纯化的目的。

第三节
生物法制备环黄芪醇的关键技术

黄芪甲苷是制备环黄芪醇的前体化合物，两者仅在分子结构上相差一分子木糖以及一分子葡萄糖，在第一节中已经介绍过以黄芪甲苷作为底物，通过酸水解脱去两分子糖基制备环黄芪醇。酸水解的方法在理论上可行，但是研究发现黄芪甲苷的实际转化率有限，不但有副产物生成，而且酸水解还受到区域和立体选择性的束缚。生物法制备环黄芪醇能较好地克服酸水解的弊端，相比之下更为清洁高效。从参与催化反应的主体看，生物法制备环黄芪醇主要分为微生物转化和酶催化两种。

将微生物转化应用于具备复杂结构的天然产物（比如三萜类化合物）的生产

有相当大的发展潜力[21]。微生物转化是一种清洁生产工艺，可以用于高效的生物制备，其转化的实质是通过发酵过程中微生物代谢产生的酶（胞内酶 / 胞外酶）与底物结合，从而改变底物结构得到反应产物。以黄芪甲苷作为底物，利用微生物在代谢过程中产生的酶进行催化得到环黄芪醇。

本书著者团队程磊雨[22]研究了环黄芪醇的清洁生产工艺，选取了菌核青霉、疣孢漆斑菌、黑曲霉、米根霉、炭黑曲霉等 11 种富产纤维素酶系和糖苷酶系的霉菌作为筛选转化黄芪甲苷的微生物对象，研究发现筛选出的霉菌只能将黄芪甲苷转化为 6-*O*- 葡萄糖环黄芪醇，产物未见环黄芪醇，在 11 种霉菌中炭黑曲霉的催化得率最高，优化炭黑曲霉的发酵条件，黄芪甲苷转化率达到了 59.3%，最优发酵条件下黄芪甲苷和中间产物 6-*O*- 葡萄糖环黄芪醇浓度随时间的变化曲线见图 6-5。虽然不能一步反应得到环黄芪醇，但是后续对 6-*O*- 葡萄糖环黄芪醇脱去一分子葡萄糖即可获得目的产物，黄芪甲苷的转化路径见图 6-6。后续利用来源于 *S. keddieii* KACC 14479T（血杆菌）的 *β*- 葡萄糖苷酶实现对 6-*O*- 葡萄糖环黄芪醇的转化。Wang 等[23]使用从土壤中分离的芽孢杆菌 LG-502 经培养发酵，成功地将黄芪甲苷转变为环黄芪醇，在适宜的底物浓度下环黄芪醇的产率可达 84%。由上述内容可知并非所有的菌株都有较好的催化性能，且催化未必是一步反应，微生物转化仍然需要关注菌株筛选工作量大的问题以及如何改造获得催化效率高、性能稳定的菌种。

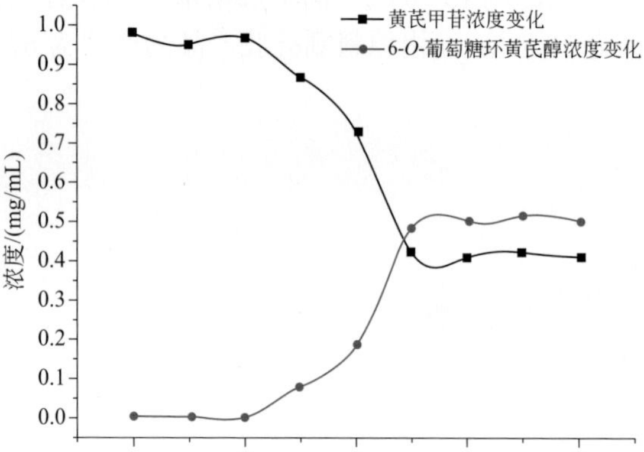

图6-5 黄芪甲苷和6-*O*-葡萄糖环黄芪醇浓度随时间的变化曲线[22]

由于黄芪甲苷分子上的糖基种类的差异，酶催化需要选择两种不同的糖苷酶水解对应的糖苷键。本书著者团队[24]发掘了两种催化黄芪甲苷的高效稳定的关键水解酶——*β*- 木糖苷酶 Xyl-T 和 *β*- 葡萄糖苷酶 Bgcm 进行两步法酶催化。即利用 *β*- 木糖苷酶断裂黄芪甲苷中的木糖糖苷键得到中间产物，然后用 *β*- 葡萄糖苷酶断裂中间产物分子上的葡萄糖糖苷键，实现从黄芪甲苷制备得到环黄芪醇，两个糖基脱去的先后顺序不定，也可以是先断裂葡萄糖糖苷键再断裂木糖糖苷键，具体的过程见图 6-7。本书著者团队不仅探究了酶的两步法催化，还进行了两种酶的一锅法催化尝试，但是由于两种酶的最适反应 pH 相差大，无法实现理想的催化效果。除此之外，酶的回收利用以及固定化也没有考虑到。当然，相比于化学酸水解，酶催化法无副反应发生，且反应温度（约 50℃）不仅可以抑制大多数微生物的污染，还可以降低工业生产中加热的能耗，最后酶催化的水解液中含有大量的葡萄糖和木糖，这表明水解产物的综合利用将是有收益且环保的。

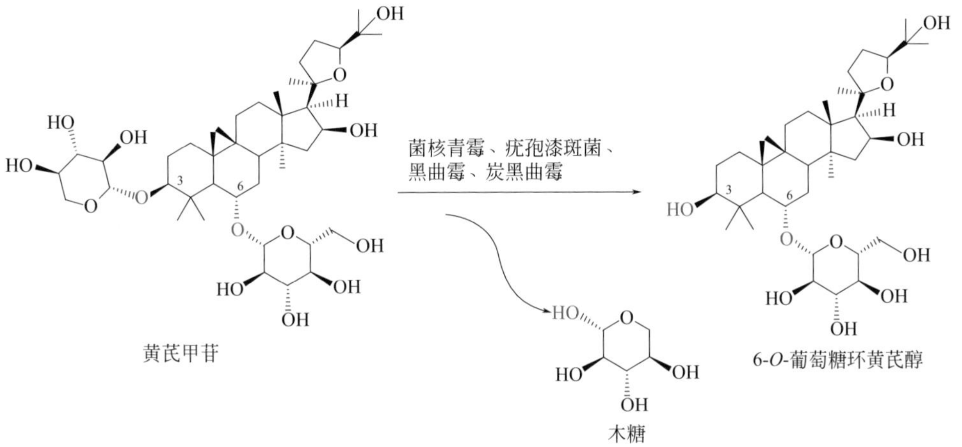

图6-6　黄芪甲苷转化路径图[22]

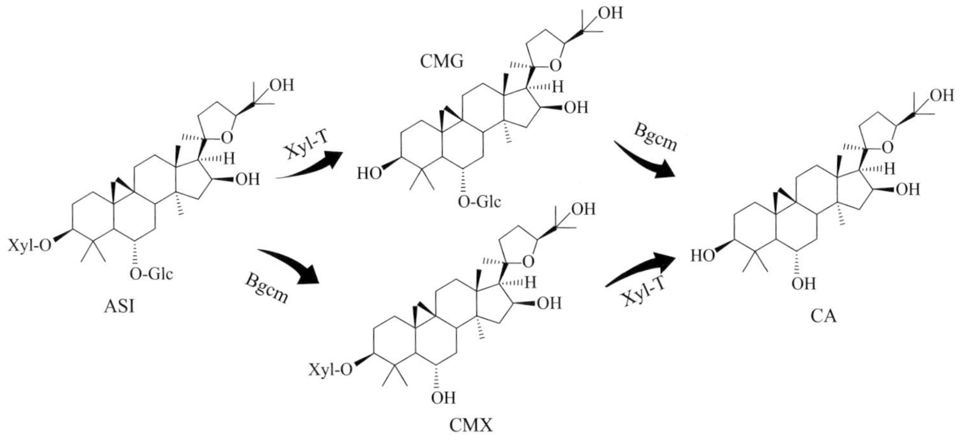

图6-7　从黄芪甲苷制备得到环黄芪醇的催化路径[24]

ASI—黄芪甲苷；CMG—6-*O*-葡萄糖环黄芪醇；CMX—3-*O*-木糖环黄芪醇；CA—环黄芪醇

受多酶共固定策略的启发，本书著者团队利用无载体固定化酶技术制备双酶交联酶聚集体实现木糖苷酶和葡萄糖苷酶的共固定。交联酶聚集体制备的一般方法是：采用两步法即先沉淀聚集可溶性酶，然后用交联剂将可溶性酶彻底地转变为不溶物[25]。整体操作过程简单，避免使用昂贵、污染环境的载体材料。

本书著者团队[26]通过有载体的双酶（β-葡萄糖苷酶和木糖苷酶）共固定化方式催化黄芪甲苷得到了环黄芪醇。共固定化酶的制备方法：β-葡萄糖苷酶、部分磷酸盐缓冲溶液、四氧化三铁溶液和氯化铜反应得到磁性纳米颗粒固定β-葡萄糖苷酶，磁性纳米颗粒固定β-葡萄糖苷酶与木糖苷酶以及剩余的磷酸盐缓冲溶液获得共固定化双酶，其中β-葡萄糖苷酶的浓度为0.5～2.5mg/mL，磷酸盐缓冲溶液为磷酸氢二钠和柠檬酸的混合溶液，pH值为7～8，四氧化三铁溶液的浓度为3～8mg/mL，氯化铜溶液的浓度为150～250mmol/L，木糖苷酶的浓度为0.5～2.5mg/mL。催化反应在磷酸盐缓冲溶液中进行，催化反应温度为20～40℃，时间为36～60h，pH为7～8，催化反应完成后，对得到的产物混合物进行洗脱，洗脱液为氯仿、甲醇和水的混合物。对于反应体系来说共固定化的双酶磁性纳米颗粒是沉淀物，酶与产物分离容易且能多次重复利用。

第四节
小结与展望

黄芪甲苷和环黄芪醇作为天然产物对人体健康以及疾病治疗有诸多应用潜力，尤其是环黄芪醇，作为极具药用价值的次生代谢产物，对心血管疾病、脑卒中、脂肪肝、腹主动脉瘤等疾病均有改善作用，可激活端粒酶、调节免疫力等[7]。传统的化学制备方式难以避免会对环境造成污染，天然产物绿色、高效的生产是今后的发展方向。目前国家的环保政策愈发严格，五大发展理念中也倡导绿色发展，这些都对工业生产提出更高的要求，绿色生物制造以工业生物技术作为核心技术手段，改造现有制造过程或利用生物质、CO_2等可再生原料生产能源、材料与化学品，最终能够实现原料、过程及产品的绿色化。

本实验团队使用更为绿色清洁的微生物转化法、酶催化法探究了黄芪甲苷和环黄芪醇的高效制备，对比传统的化学制备方法有着明显的优势，尤其是双酶联用转化黄芪甲苷得到环黄芪醇的研究在今后有更多的探索空间。此外，我们也总结了其他学者在绿色制备黄芪甲苷、环黄芪醇两种天然产物方面的研究，希望能够帮助读者对该领域有更好的认识。

关于酶法催化制备得到环黄芪醇，现有的相关文献较少。目前能够提供的一些研究思路包括：①针对黄芪甲苷上的两个糖基——葡萄糖、木糖寻找合适的水解酶进行双酶联用，酶的来源：一是来自微生物，直接有效的方法是从转化黄芪甲苷为环黄芪醇的菌株中提取；二是寻找与黄芪甲苷结构相似的皂苷，借助其他苷类物质的皂苷酶催化，即利用酶的相对专一性。②将已经报道的具备良好催化能力的酶进行固定化处理，解决游离酶在操作过程中不稳定，对机械力、温度、pH 等多因素变化不耐受的问题，且能够实现酶的多次重复利用。固定化技术可以是有载体的酶固定，例如借助磁性纳米颗粒（本书著者团队已经尝试，前文已有说明）；也可以采用无载体酶交联技术，在此不多赘述。③双酶催化过程能否由两步催化变为一锅法催化，一锅法催化可以简化操作流程，提升生产效率，若是酶法制备环黄芪醇能够应用于工业生产，这一点将会使酶催化更具有经济价值。基于上述研究思路，单个酶催化黄芪甲苷难以得到环黄芪醇，利用多个酶的协同催化才能达到目的，未来挖掘多酶进行共催化、优化多酶级联反应、开发新的多酶固定化方式等都将是研究的热点方向。

参考文献

[1] 赵灵改，吕学泽，刘毅，等. 黄芪中皂苷类成分的研究进展 [J]. 食品安全质量检测学报，2021, 12 (12): 4937-4946.

[2] 徐文慧，常丽静，段连政，等. 黄芪不同部位黄芪甲苷及毛蕊异黄酮葡萄糖苷的含量测定 [J]. 吉林中医药，2020, 40(2): 255-258.

[3] 杨红梅. 黄芪中黄芪甲苷提取工艺研究和黄芪颗粒的制备 [D]. 南宁：广西大学，2017.

[4] 李燕中，李强，邬学清，等. 黄芪甲苷提取与纯化工艺的研究进展 [J]. 内蒙古科技与经济，2022, (9): 104-108.

[5] 吕凤娇，谢晓兰. 响应面法优化纤维素酶辅助提取黄芪总皂苷的工艺研究 [J]. 福州大学学报（自然科学版），2015, 43 (3): 398-404.

[6] 蒲军，郭梅，杜连祥，等. 漆酶提取黄芪中黄芪皂苷的研究 [J]. 中草药，2005, 36(12): 1809-1811.

[7] 李曼，王志菲. 环黄芪醇的药理作用研究进展 [J]. 中医学报，2020, 35(5): 983-989.

[8] Gu M, Zhang S Y, Zhao Y Y, et al. Cycloastragenol improves hepatic steatosis by activating farnesoid X receptor signalling[J]. Pharmacological Research, 2017, 121: 22-32.

[9] Hwang S T, Kim C, Lee J H, et al. Cycloastragenol can negate constitutive STAT3 activation and promote paclitaxel-induced apoptosis in human gastric cancer cells[J]. Phytomedicine, 2019, 59: 152907-152918.

[10] Wang J, Wu M L, Cao S P, et al. Cycloastragenol ameliorates experimental heart damage in rats by promoting myocardial autophagy via inhibition of AKT1-RPS6KB1 signaling[J]. Biomedicine Pharmacotherapy, 2018, 107: 1074-1081.

[11] Szychlinska M A, Calabrese G, Ravalli S, et al. Cycloastragenol as an Exogenous Enhancer of Chondrogenic Differentiation of Human Adipose-Derived Mesenchymal Stem Cells. A Morphological Study[J]. Cells, 2020, 9 (2): 347-364.

[12] Yu Y J, Zhou L M, Yang Y J, et al. Cycloastragenol: An exciting novel candidate for age-associated diseases[J]. Experimental And Therapeutic Medicine, 2018, 16 (3): 2175-2182.

[13] Feng L M, Lin X H, Huang F X, et al. Smith degradation, an efficient method for the preparation of cycloastragenol from astragaloside Ⅳ[J]. Fitoterapia, 2014, 95: 42-50.

[14] 楚治良，王好锋，韩静，等. 中药单体环黄芪醇的制备方法 [J]. 实用医药杂志，2019, 36(9): 822-824.

[15] Chen H, Gong M, Gu J, et al. Application of *Aspergillus niger* in preparation of astragaloside, comprises fermenting *Astragalus mongolicus* residue with *Aspergillus niger* and extracting astragaloside from the fermented product[P]. CN105861614-A, CN105861614-B, 2016-08-17, 2020.

[16] 刘晓会. 伞枝犁头霉 *Absidia corymbifera* AS2 生物转化富集黄芪甲苷研究 [D]. 上海：复旦大学，2012.

[17] 王立媛. 黄芪甲苷和环黄芪醇生产工艺的研究 [D]. 北京：北京化工大学，2015.

[18] 刘超. 酶转化制备黄芪甲苷以及分离纯化 [D]. 大连：大连工业大学，2008.

[19] Zhou W, Liu X H, Ye L, et al. The biotransformation of astragalosides by a novel acetyl esterase from *Absidia corymbifera* AS2[J]. Process Biochemistry, 2014, 49 (9): 1464-1471.

[20] 郑晓峰. 正交试验优选黄芪甲苷的分离纯化工艺 [J]. 中国药房，2008, 19(21): 1630-1632.

[21] Shah S A, Tan H L, Sultan S, et al. Microbial-catalyzed biotransformation of multifunctional triterpenoids derived from phytonutrients[J]. International Journal of Molecular Sciences, 2014, 15 (7): 12027-12060.

[22] 程磊雨. 环黄芪醇的清洁生产工艺 [D]. 北京：北京化工大学，2017.

[23] Wang L M, Chen Y. Efficient Biotransformation of Astragaloside Ⅳ to Cycloastragenol by *Bacillus* sp. LG-502[J]. Applied Biochemistry Biotechnology, 2017, 183 (4): 1488-1502.

[24] Cheng L Y, Zhang H, Cui H Y, et al. Efficient production of the anti-aging drug cycloastragenol: Insight from two Glycosidases by enzyme mining[J]. Applied Microbiology and Biotechnology, 2020, 104 (23): 9991-10004.

[25] Bian H J, Cao M F, Wen H, et al. Biodegradation of polyvinyl alcohol using cross-linked enzyme aggregates of degrading enzymes from *Bacillus niacini*[J]. Int J Biol Macromol, 2019, 124: 10-16.

[26] Yuan Q P, Liang H, Wei B, et al. Preparing cycloastragenol by using co-immobilized dual enzymes by reacting beta-glucosidase, phosphate buffer solution, and xylosidase, and subjecting to catalytic reaction with co-immobilized double enzyme and astragaloside Ⅳ[P]. CN111849959-A, 2020.

第七章
酶法制备阿可拉定

近期许多临床前研究表明，淫羊藿对肝细胞癌、子宫内膜癌、前列腺癌和慢性粒细胞白血病等肿瘤及其细胞系的生长、凋亡等特性具有一定影响，临床应用十分广泛。近几年随着研究的不断深入，对淫羊藿的有效成分、药理作用及作用机制的研究也取得了一些进展。阿可拉定是从淫羊藿中提取出来的单一有效成分，具有抑制肿瘤生长、抑制肿瘤细胞活力、诱导细胞凋亡等作用，是潜在的抗肿瘤小分子靶向药物。本章将主要介绍本书著者团队筛选的可实现酶法制阿可拉定的新型高效生物催化剂，同时通过合适的共固定化手段实现阿可拉定的高效制备。

第一节 淫羊藿及阿可拉定简介

一、淫羊藿

淫羊藿，又名仙灵脾，主要为小檗科植物淫羊藿、箭叶淫羊藿、柔毛淫羊藿或朝鲜淫羊藿等的干燥叶[1]，在我国最早记载于《神农本草经》，已有二千多年的药用历史，具有补肾阳、祛风湿、心血管保护、抗骨质疏松、改善神经等重要功能[2]。现代研究表明，淫羊藿含淫羊藿苷、挥发油、蜡醇、植物甾醇、鞣质、维生素 E 等成分。能兴奋性机能，对动物有促进精液分泌作用，还有降压（引起周围血管舒张）、降血糖、利尿、镇咳祛痰以及维生素 E 样作用。药理实验研究表明，淫羊藿能增加心脑血管血流量，促进造血功能、免疫功能及骨代谢，具有抗衰老、抗肿瘤等功效[3]。

黄酮苷类化合物是淫羊藿及其同属植物的主要活性成分，通常可根据其黄酮母核上的糖基数目，分为多糖苷类化合物（含 3 个及以上糖基）朝藿定 A、朝藿定 B、朝藿定 C 和低糖苷类化合物（含 2 个或 1 个糖基）淫羊藿苷或宝藿苷 I[4]。朝藿定因含量丰富、药效显著而逐渐受到关注，且朝藿定 A、B、C 与淫羊藿苷一起被认为是淫羊藿药材的标志性化合物[5]。

C3 和 C7 位上各组分结构不同，导致活性差异较大。研究表明，淫羊藿低糖苷类化合物具有类雌激素和抗氧化等多种药理作用，且活性强于多糖苷类化合物，这主要是由于低糖苷类化合物在人体内的生物利用度较多糖苷类化合物更优[6-9]。其中阿可拉定是极性最低、最基本的结构，没有多余的糖链，故可通过其他成分的去糖基化处理得到（图 7-1）。

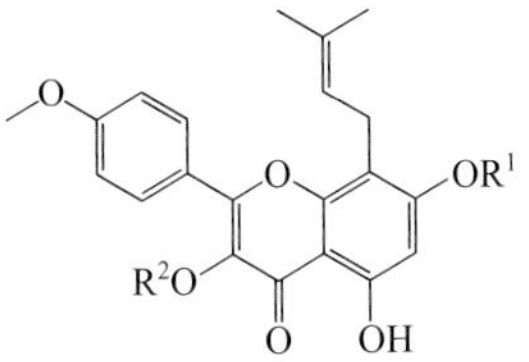

R^1	R^2	名称
Glc	Rha-Glc	朝藿定A
Glc	Rha-Xyl	朝藿定B
Glc	Rha-Rha	朝藿定C
Glc	Rha	淫羊藿苷
Glc	H	淫羊藿次苷 I
H	Rha-Rha	双鼠李糖基淫羊藿次苷Ⅱ
H	H	阿可拉定

图7-1 淫羊藿总黄酮结构

二、阿可拉定

阿可拉定（icaritin），又名淫羊藿素、淫羊藿苷元，分子式为 $C_{21}H_{20}O_6$，分子量为 386.4，为黄色固体粉末，是一种天然异戊烯类黄酮化合物，具有 C6-C3-C6 的结构（图 7-2）。阿可拉定是朝藿定 A、朝藿定 B 以及朝藿定 C 等黄酮类化合物的苷元 [10,11]，具有抗肿瘤、抗骨质疏松和骨骼肌萎缩、抗阿尔茨海默病、抗氧化、抗抑郁、调节免疫、抗炎、延缓肝纤维化、改善心脏分化和胚胎干细胞的神经分化等多种药理学和生物学活性，并且尚未发现该成分对正常细胞和组织有明显的药物毒性 [12]。此外，阿可拉定在治疗癌症 [13,14]，如乳腺癌 [15,16]、口腔鳞状细胞癌 [17]、前列腺癌 [18,19] 和肝细胞癌 [20–22] 等方面具有显著的效果。

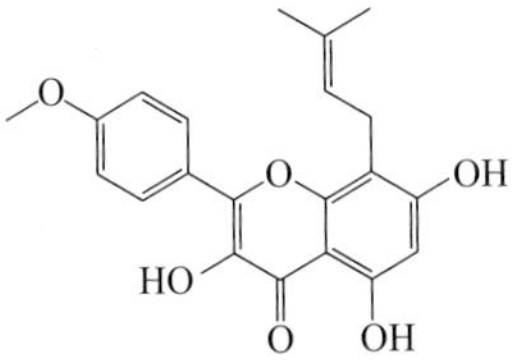

图7-2 阿可拉定结构式

阿可拉定在延缓肝纤维化和抑制肝细胞生长上活性突出，可用于肝癌晚期治疗中。研究显示，阿可拉定可通过多种信号通路作为靶点 [23] 减缓肝癌细胞增殖分化，诱导癌细胞的凋亡。它是通过 IL-6/STAT3 等三种信号通路发挥作用，从而抑制生物体内肿瘤细胞进行快速繁殖，同时它还能够降低生物体内肿瘤细胞的活力并诱导多种肿瘤细胞快速发生凋亡。目前晚期肝癌缺少特效药物，针对不能手术切除且预后差的肝癌患者，多靶点抑制剂索拉非尼是一种可选择的系统性药物。索拉非尼普遍可延长肝癌患者 70 ～ 85 天的存活周期，但其 3 级以上的严重不良反应超出 20%[24]。阿可拉定的临床安全性、有效性和可及性在晚期肝细胞癌Ⅰ/Ⅱ期临床研究中得到初步验证。Ⅱ期临床试验显示，阿可拉定实验组生存显著性高于对照组，临床安全性高。

目前，阿可拉定口服胶囊作为北京盛诺基医药科技股份有限公司的产品已完成Ⅲ期临床试验并于 2022 年 1 月被我国药监局批准上市。阿可拉定软胶囊也因此成为我国拥有自主知识产权的原创天然口服小分子免疫调节剂，为全球首创新药。

第二节 酶法制备阿可拉定关键技术

随着国内外研究的深入，阿可拉定由于具有优异的临床表现和巨大的市场应用前景，如何低成本高效生产阿可拉定引起了人们的广泛关注。目前，阿可拉定的制备方法主要有三类：直接提取法、化学合成法、酶解法。

一、直接提取法

阿可拉定在天然植物中主要以黄酮苷形式存在，游离阿可拉定含量很少（低于 0.1%）。作为天然中草药植物淫羊藿中的有效小分子活性单体成分，阿可拉定可以从淫羊藿中直接提取、分离、纯化得到。早在 20 世纪 90 年代，Li 等[10]以巫山淫羊藿粉末为原料，经乙醇提取、正丁醇萃取，结合聚酰胺柱分离获得了阿可拉定，但纯度较低。到了 21 世纪，研究者们采用先提取，再结合硅胶、HPD 大孔树脂、LH-20 柱等色谱柱反复分离，分别从 1.2kg 淫羊藿粉末中得到阿可拉定 18.3mg[25]、从 4.0kg 箭叶淫羊藿粉末中得到阿可拉定 75.3mg[26]。综上可见，由于天然的阿可拉定在植物药材中含量极低，故需要结合多种色谱分离技术制备而得，这导致了制备成本的增加，不益于工业化应用。

二、化学合成法

1. 合成法

牟关敏等[27]首次实现阿可拉定的合成法制备，采用 Houben-Hoesch 反应，所用的原料是间苯三酚，进一步通过一锅法（Algar-Flynn-Oyamada）反应及其他反应等 8 步，成功开发出了阿可拉定的化学合成法。然而，该化学法总收率太低，仅为 4.2%，难以工业化推广应用。Nguyen 等 [28] 报道了经 Baker-Venkataraman 反应、化学选择性苄基保护、二甲基二氧环己烷氧化、克莱森重排引入异戊烯基的方法合成阿可拉定。该方法从 2,4,6- 三羟基苯乙酮和 4- 羟基苯甲酸出发，成本较低，总收率有 23%，但存在较多副产物。孟坤等 [29] 以山柰酚 -4- 氧甲醚为原料制备阿可拉定，且在重排反应过程中采用含硅催化剂，最终阿可拉定收率超过 30%。由于阿可拉定化学结构的复杂性，现阶段开发的化学合成方法仍然存在操作复杂、反应步骤长、所需催化剂昂贵、总收率低等缺点。

2．酸解法

如中国专利（CN108558812A）公开了一种酸解制备阿可拉定方法，首先将淫羊藿提取物在 β- 糖苷酶作用下进行酶解反应，然后通过酸解将上一步酶解反应产物水解得到阿可拉定，收率达到 12%[30]。在此基础上，中国专利（CN110143942A）公开了一种条件利用有机酸柠檬酸作为催化剂水解淫羊藿苷制备阿可拉定。将淫羊藿苷在 5mol/L 硫酸和 80% 冰醋酸（体积比 3∶10）条件下于 90℃水解 72h，水解液经乙醚萃取得到阿可拉定 [31]，还可同时获得白利糖度值为 60% 以及 65% 焦糖色的鼠李糖葡萄糖复合糖液。虽然硫酸可以使淫羊藿苷脱去糖基，且水解效率较高，但反应不易控制，易产生淫羊藿苷元等副产物 [32,33]。因此，酸解法存在收率低、副产物多以及环境污染严重等问题，限制了其规模应用。

三、酶解法

生物酶催化法制备阿可拉定是一种高效、绿色、环保的方法。目前，已用于制备阿可拉定的酶主要有葡萄糖苷酶、鼠李糖苷酶、蜗牛酶、纤维素酶、果胶酶、柚苷酶等 [12]。有研究发现，淫羊藿苷、朝藿定 A、朝藿定 B 和朝藿定 C 均可被蜗牛酶依次水解为宝藿苷Ⅰ或淫羊藿苷元、箭藿苷 A、箭藿苷 B 和鼠李糖基淫羊藿次苷Ⅱ，淫羊藿苷可被纤维素酶转化为宝藿苷Ⅰ[34-38]。中国专利（CN104561178A）公开了一种能够将淫羊藿苷上的糖苷键切掉从而生成阿可拉定的柚苷酶 [39]。此外，贾东升等 [34] 报道了使用具有复合酶性质的蜗牛酶水解淫羊藿苷中葡萄糖苷键与鼠李糖苷键得到阿可拉定，采用正交试验确定最佳工艺条件为 37℃、pH 6.0、反应 48h，最终转化率为 92.46%。

与化学合成法和酸解法相比，酶解法选择性强、催化效率高、污染小，具有广阔的应用前景。但是，大多数已报道的方法均以淫羊藿苷作为底物，而淫羊藿苷本身的提取方法复杂且得率不高。与淫羊藿苷不同，朝藿定 C 在淫羊藿中含量更高，因此以朝藿定 C 为底物制备阿可拉定可大幅降低生产成本。如图 7-3，朝藿定 C 的 C7 位置末端葡萄糖苷键可以被 β- 葡萄糖苷酶高效水解，朝藿定 C 的 C3 位置末端鼠李糖苷键可以被 α- 鼠李糖苷酶水解。

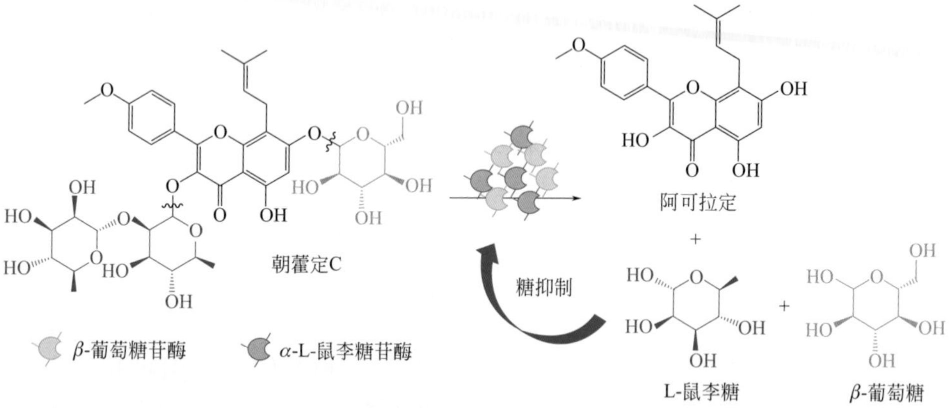

图7-3 以朝藿定C为起始原料制备阿可拉定

β-葡萄糖苷酶（EC 3.2.1.21）属于糖苷水解酶家族，该家族包括133个子家族，共有185个糖苷水解酶成员。*β*-葡萄糖苷酶除了能够水解*β*-葡萄糖苷，还能够水解*β*-半乳糖苷，有些酶甚至能水解木糖苷、果糖苷等多种糖苷。此外，*β*-葡萄糖苷酶还具有直接糖基化和转糖苷活性，在低聚寡糖和糖苷合成中具有重要作用[40]。李慧灵等[38]从土壤中筛选出一种可以将淫羊藿苷水解转化为阿可拉定的*β*-葡萄糖苷酶，转化率可达95.73%。

α-鼠李糖苷酶（EC 3.2.1.40）也属于水解酶大类，广泛存在于动物、植物以及微生物中，可水解*α*-1,2、*α*-1,3、*α*-1,4以及*α*-1,6等连接的鼠李糖苷键[41]。鼠李糖苷酶在食品、医药以及化工行业已有重要应用，如用于去除果汁中的苦味[42,43]、增强葡萄酒的香气[44]、生产鼠李糖等。此外，还可通过特异性释放糖苷化合物末端*α*-L-鼠李糖来制备稀有天然活性成分[41,45-48]，如人参皂苷、甾体皂苷以及黄酮苷等。

目前已有多种鼠李糖苷酶被报道可水解朝藿定C鼠李糖苷键，然而它们大多只能特异性水解C3部位外侧鼠李糖苷键[49-52]。目前只有来源于*Thermotoga petrophila* DSM 13995的*α*-L-鼠李糖苷酶（TpeRha）能断裂朝藿定C的外侧和内侧鼠李糖苷键，但内侧鼠李糖苷键水解效率较低（2.18U/mg）[53]。因此，新型高效朝藿定C内侧鼠李糖苷键水解酶的挖掘对于阿可拉定制备具有重要意义。

1．微生物的筛选及鉴定

酶催化生产阿可拉定的主要挑战在于高活性糖苷水解酶的挖掘。糖苷水解酶几乎存在于所有的生物体中，如动物、植物、微生物等。由于自然界中微生物资源比较丰富并易于获得，而且很多被发现的糖苷酶都来自微生物，糖苷酶种类多，功能丰富，因此利用微生物资源是目前非常行之有效的酶挖掘策略。如表7-1所示，本书著者团队前期从黄姜提取物（E-DZW）中分离到6种未知微生物，推测可能具有降解甾体皂苷能力，此外还选取了 6 种富产糖苷酶系的真菌微生物作为筛选对象，以期获得高效转化朝藿定 C 的优势菌种。

表7-1　不同微生物来源粗酶液转化E-DZW的皂素得率

微生物名称	保藏号	皂素得率/%
炭黑曲霉	41254	10.2±0.5
绿色木霉	13038	7.8±0.4
菌核青霉	3.5676	3.4±0.3
里氏木霉	3.3711	0
哈茨木霉	3.6604	1.1±0.2
青霉	3.4426	2.1±0.3
Fungus CLY-1	—	0
Fungus CLY-2	—	0
Fungus CLY-3	—	0
Fungus CLY-4	—	0
Fungus CLY-5	—	0
Fungus CLY-6	3.16013	72.5±1.2

基于转化结果推测，*Fungus* CLY-6 发酵液中可能同时含有甾体皂苷鼠李糖苷键和葡萄糖苷键水解酶。进一步探究 *Fungus* CLY-6 粗酶液对朝藿定 C 转化作用。结果显示（图 7-4），*Fungus* CLY-6 粗酶液可将朝藿定 C 完全转化得到产物阿可拉定，涉及朝藿定 C 的 C7 位置葡萄糖苷键以及 C3 位置鼠李糖苷键的水解断裂。因此推测 *Fungus* CLY-6 发酵液中可能含有朝藿定 C 外侧以及内侧鼠李糖苷高效水解酶。考虑到 *Fungus* CLY-6 对甾体皂苷以及朝藿定 C 均有较好水解效果，因此选为优势菌种用作进一步探究。

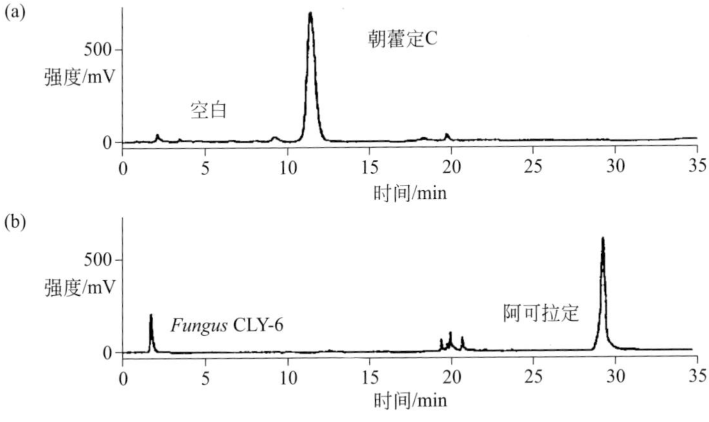

图7-4　*Fungus* CLY-6转化朝藿定后的产物液相分析：（a）对照组；（b）*Fungus* CLY-6转化

由于缺乏 *Fungus* CLY-6 种属信息，因此选用真菌类通用引物序列对 *Fungus* CLY-6 的 ITS1 ～ ITS4 区和 18S rDNA 基因进行扩增。由图 7-5 可知，*Fungus* CLY-6 的 ITS1 ～ ITS4 区以及 18S rDNA 基因扩增成功，且在凝胶电泳图上呈现明亮单一条带，约位于 500bp 和 1400bp 处。进一步测序结果显示 *Fungus* CLY-6 的 ITS1 ～ ITS4 区以及 18S rDNA 基因大小分别为 563bp 和 1322bp，其序列已被提交至NCBI数据库，序列号分别为MT733870和MT740437。序列比对分析显示，*Fungus* CLY-6 的 ITS 1 ～ ITS4 区基因序列与来源于 *Talaromyces firniculosus*（序列号：MH864243.1）、*Talaromyces amestolkiae*（序列号：KT157840.1）、*Talaromyces stollii*（序列号：AB910938.1）以及 *Penicillium* sp.（序列号：KF931337.1）的 ITS 区序列具有 100% 序列同源度。此外，*Fungus* CLY-6 的 18S rDNA 基因序列与 *Penicillium* sp.（序列号：FJ375305.1 ）、*Talaromyces pinophilus*（序列号：CP017345.1）、*Talaromyces funiculosus*（序列号：KT148636.1）以及 *Penicillium purpurogenum*（序列号：KC 143068.1）来源的 18S rDNA 序列也具有 100% 序列同源度。序列比对结果表明，*Fungus* CLY-6 可能为 *Talaromyces* 或 *Penicillium* 属。

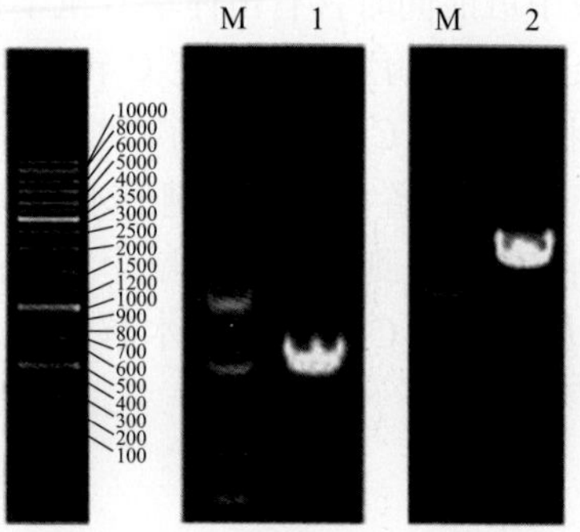

图7-5　PCR产物凝胶电泳分析

泳道M—DNA Marker（分子标记）；泳道1—ITS 1 ～ ITS4区；泳道2—18S rDNA

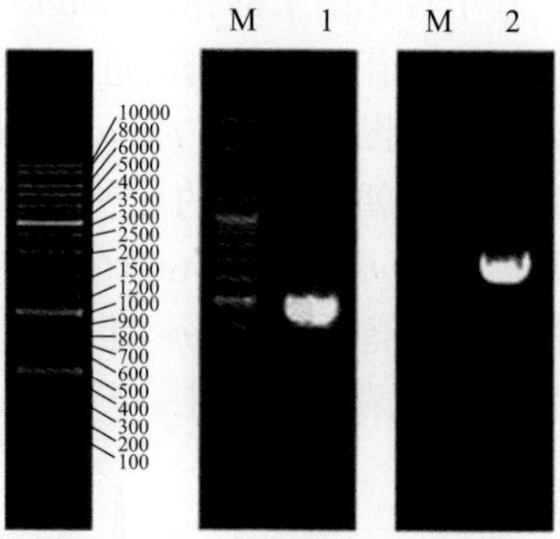

图7-6　PCR产物凝胶电泳分析

泳道M—DNA Marker；泳道1—介微管蛋白基因；泳道2—钙调蛋白基因

不同特征基因序列的组合分析被认为是真菌鉴定的有效策略。目前已有报道使用 β- 微管蛋白和钙调蛋白等基因作为 *Talaromyces* 属快速鉴定的二级特征序列。因此，为准确鉴定 *Fungus* CLY-6 的物种分类，进一步选取 β- 微管蛋白和钙调蛋白进行测序分析。如图 7-6 所示，PCR 产物凝胶电泳显示介微管蛋白和钙调蛋白基因扩增成功。测序结果显示，β- 微管蛋白和钙调蛋白基因序列大小分别为 431bp 和 473bp 且已被提交至 NCBI 数据库，基因序列号分别为 MT740334 和 MT755020。

Talaromyces 属是一种发菌科真菌微生物，由美国真菌学家 Benjamin 在 1955 年首次描述，后续有多达 2000 多种真菌被列入 *Talaromyces* 属下的 42 个种中。*Talaromyces* 属在食品、农业等领域已有广泛应用，如 *T.atroroseus* 可用于生产红曲色素（可食用色素），且不含任何霉菌毒素。*Talaromyces flavus* 是一种重要抗真菌剂，可被用作抑制土壤传播病原体如黄萎病菌、白纹病菌、白僵菌和核盘菌的生物防治剂；此外，*Talaromyces* 属还被认为是几种有希望在各类生物质水解酶生产效率方面与里氏木霉媲美的真菌之一。因此，本研究中提供的 *Talaromyces stollii* CLY-6 不仅可以高效转化甾体皂苷和朝藿定 C 制备皂素和阿可拉定，还在食品、农业以及生物质降解领域可能具有重要应用潜力，是一种极具价值的真菌工业微生物。

2．朝藿定 C 水解酶的活性分析

（1）温度对酶活性的影响　温度是酶促反应过程中的重要参数，酶促反应同其他大多数化学反应一样，受温度的影响较大，合适的温度有利于维持酶的活性并提高反应速率。在一定的温度范围内，温度升高，反应速率加快。在某一温度下，酶反应速率达到最大值，但超过这一温度后，反应速率反而下降。因而对每一种酶来说，在一定的条件下，都有一个显示其最大反应速率的最适温度。鼠李糖苷酶和葡萄糖苷酶均在 60℃左右具有最高酶活，因此鼠李糖苷酶和葡萄糖苷酶最适温度被确定为 60℃。此外，在 50 ～ 70℃范围内，鼠李糖苷酶和葡萄糖苷酶酶活都在最大酶活的 80% 以上，说明二者对温度波动不太敏感。甚至在 80℃时，鼠李糖苷酶仍有 40% 以上酶活。进一步实验表明鼠李糖苷酶和葡萄糖苷酶均有显著热稳定性，在 70℃以下环境中处理 1h 后，它们仍保持最大酶活力的 80% 以上。与现有甾体皂苷水解酶相比，鼠李糖苷酶和葡萄糖苷酶表现出目前最好的热稳定性，这可能与 *Talaromyces* 属是嗜热真菌有关。

（2）pH 对酶活性的影响　酶的活性受 pH 值的影响较大。在一定 pH 值下酶表现最大活力，高于或低于此 pH 值，酶的活力均降低。pH 值对酶促反应速率的影响是复杂的，但主要从影响酶分子的构象、酶和底物的解离等方面影响酶的活力。鼠李糖苷酶和葡萄糖苷酶最适 pH 均为 4.5，当 pH 在 6.0 以上时，酶活明显下降，尤其是葡萄糖苷酶活力仅有最大活力的 20% 左右。值得注意的是，鼠李糖苷酶具有极佳的 pH 稳定性，在 3 ～ 10 的 pH 值环境中孵育 4h 后，鼠李糖苷酶仍保持 90% 以上最大活力，优于其他甾体皂苷鼠李糖苷水解酶，而葡萄糖苷酶则倾向在酸性环境中稳定，当 pH 值超过 6.0，酶剩余活性下降明显，这点与 *Talaromyces amestolkiae* 来源的葡萄糖苷酶（97.45% 相似度）类似。

（3）金属离子对酶活性的影响　金属离子对于酶的活性也有较大的影响，但

除变性剂 SDS（十二烷基磺酸钠），几乎所有金属离子和化学试剂都对鼠李糖苷酶影响有限，即使是重金属离子 Cu^{2+}。大部分金属离子对葡萄糖苷酶活性也基本无明显影响，如 Na^{+}、K^{+}、Ca^{2+}、Fe^{2+}、Fe^{3+} 以及 Co^{2+} 等。而 Mg^{2+}、Mn^{2+} 和 Zn^{2+} 可显著激活葡萄糖苷酶，与 *Talaromyces funiculosus* 来源的葡萄糖苷酶类似。金属离子激活作用可能是由于 Mg^{2+}、Mn^{2+} 和 Zn^{2+} 与葡萄糖苷酶中的胺或羧酸基团有潜在相互作用。除 SDS 外，DTT、EDTA 和 *β*- 巯基乙醇等对葡萄糖苷酶和鼠李糖苷酶影响不大，表明巯基基团和二价阳离子可能并非是 Rhase-TS 和 Gluase-TS 发挥催化作用的必要条件。

对于葡萄糖苷酶，它在甲醇中稳定性要好于乙醇和 DMSO。当甲醇浓度低于 15%(*v/v*)时，葡萄糖苷酶相对较稳定，而乙醇和 DMSO 对葡萄糖苷酶影响较大，随着有机试剂浓度提高，葡萄糖苷酶活力下降明显，当浓度达到 40%（*v/v*）后，葡萄糖苷酶几乎失活。而对于鼠李糖苷酶，当甲醇浓度高于 30%（*v/v*）、乙醇浓度高于 35%（*v/v*）以及 DMSO 浓度高于 50%（*v/v*）时，鼠李糖苷酶活力开始受到抑制。分析原因，这种现象可能是由于鼠李糖苷酶活力测定使用了疏水性底物 S3，在低浓度有机溶剂存在下，底物溶解度的提高使得酶与底物接触更充分，而当有机溶剂浓度继续提高直至底物溶解度的提高已经无法弥补有机溶剂对酶的影响时，酶活开始呈现被抑制现象。在实际生产中，由于甾体皂苷底物疏水性强，因此通过添加有机试剂来对底物增溶将是提高皂素生产效率的有效策略之一，对工业化生产具有重要意义。

（4）糖耐受　糖苷酶在水解过程中很容易被释放的副产物糖抑制。当鼠李糖浓度高达 0.5mol/L 时，鼠李糖苷酶活性才被抑制一半（抑制常数 K_i: 0.5mol/L），表明鼠李糖苷酶是一种天然高糖耐受糖苷酶，工业应用潜力大；而在 6mmol/L 葡萄糖存在下，葡萄糖苷酶活性就受到 50% 的抑制，糖耐受性远不如鼠李糖苷酶。*Talaromyces stollii* CLY-6 在生物转化黄姜提取物过程中，底物 S5 和 S6 无法在同等时间内被转化完全，其中原因可能是体系中积累的葡萄糖严重抑制了葡萄糖苷酶活性。

本书著者团队对多种朝藿定 C 水解酶进行了筛选与活性分析，确定了两个用于阿可拉定酶法合成的活性糖苷酶。*Talaromyces stollii* CLY-6 来源的重组 *α*-L- 鼠李糖苷酶 Rha1（MT779021）与 *β*-D- 葡萄糖苷酶 Glu4（MT779019）均可由毕赤酵母成功表达。其中，Rha1 具有朝藿定 C 内侧鼠李糖苷键水解活性，比酶活可达 6.67U/mg，高于现有报道的酶活性；Glu4 具有朝藿定 C 葡萄糖苷键水解活性，比酶活为 8.43U/mg。通过酶学性质的初步研究，两个糖苷酶拥有相同的最佳反应 pH 和相近的最适反应温度，可用于阿可拉定的一锅催化酶法制备。

第三节
固定化双酶制备阿可拉定关键技术

游离酶对恶劣环境非常敏感，极易失活。为了提高酶在工业应用中的可行性，众多技术已被用于改善酶的性质，如定向进化、位点定向突变、酶的融合、表面展示和酶固定化。其中酶固定化，即酶被限制在载体上，是一种极具价值的技术。固定化可以提高酶的强度，将酶转化为多相催化剂，使其在各种生物反应器中循环和运行。此外，固定化酶的可回收性有利于节省生产成本，特别是对于昂贵的酶，省去了下游过程中酶制备等繁琐的程序。目前酶共固定化的方法主要包括依赖载体材料的载体共固定化法和酶分子之间直接交联的无载体固定化法。一般来说，载体共固定化法以单一酶固定化方法为基础，包括共价结合[54]、物理吸附[55]、DNA 定向自组装[56]、物理包埋[57]、特异性亲和[58]等手段。通过物理吸附结合的酶具有较低的操作稳定性，而共价固定化可以提高稳定性，但对催化活性产生不利影响。此外，根据酶的化学组成和固定化载体，酶可以表现出不同的结合速率。合适固定载体的选择是实现酶性能最大化的基础。

无载体固定化酶的制备无需额外固体材料，可将蛋白酶直接交联得到。目前，无载体固定化酶主要有 4 类：交联酶（CLE）、交联酶晶体（CLECs）、交联喷雾干燥酶（CLDs）和交联酶聚集体（CLEAs）[59]。

一、单一酶交联酶聚集体

CLE 是在 20 世纪 60 年代由 Quiocho 等通过将酶的水溶液与戊二醛溶液混合产生，由水溶性酶直接交联得到[60]。虽然 CLE 技术能够有效提高酶稳定性，但其重现性较差。并且由于其凝胶性质，难以进行分离处理。随后研究者通过将喷雾干燥得到的粉末进行交联得到了 CLDs。但喷雾干燥过程中难免对酶本身活性造成不可逆的影响，导致 CLDs 活性较低，没有得到进一步的发展。将结晶酶进行交联得到了在活性保持、热变性稳定性、有机溶剂和蛋白质水解、机械稳定性、粒子几何形状等方面具有更好效果的 CLECs[61]。但此技术用到的高纯度酶需要费力、昂贵和耗时的结晶方法。2000 年，研究人员用更简单、更便宜的沉淀法取代了结晶法，在不变性的情况下先形成酶分子的物理聚集，随后进行进一步交联，首次成功构建了交联酶聚集体（CLEAs）[62]。CLEAs 的制备通常包括两步，首先是酶的沉淀或聚集，然后是产生的酶聚集物的化学交联。沉淀 / 聚集通常是通过添加沉淀剂（盐、有机溶剂或非离子聚合物）于酶的水溶液中形成，酶分子的聚集物随后与双功能剂交联制得交联酶聚集体[63]。与游离酶相比，CLEAs 表现出突出的操作稳定性、工业生产力和可重复使用性。目前为止，CLEAs 在脂肪酶[64]、纤维二糖异构酶[65]、*β*-半乳糖苷酶[66]、*β*-葡萄糖苷酶[67]和淀粉酶[68]等单酶固定化中的应用已经得到了很好的证明。

1．Rha1-CLEAs 与 Glu4-CLEAs 的制备与条件优化

本书著者团队首先将两种酶分别固定化（图 7-7），用（NH_4）$_2SO_4$ 沉淀，戊二醛交联得到单一酶 CLEAs。因此，为了获得催化效率最高的单一酶 CLEAs，我们对聚合和交联条件进行了优化。

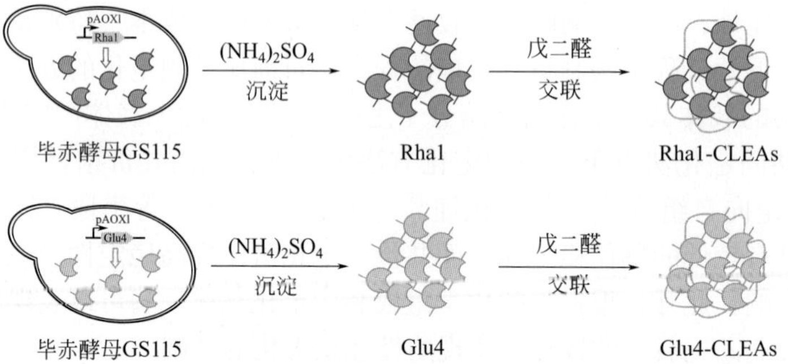

图7-7 单一酶交联酶聚集体的制备示意图

首先，测试不同体积的饱和（NH_4）$_2SO_4$ 溶液对 Rha1 和 Glu4 的沉淀效果，分别测定了上清液和沉淀物的活性。随着（NH_4）$_2SO_4$ 体积比从 1∶0.2 增加到 1∶1，聚集体中 Rha1 和 Glu4 的酶活性恢复量增加。在 1∶0.2 的体积下，聚集体中 Rha1 和 Glu4 的酶活性分别恢复了 47.13% 和 31.12%，表明大部分酶分子没有沉淀。因此，较低浓度的沉淀剂不足以完全回收酶蛋白。沉淀剂与蛋白质体积比为 1∶1 时，其活性回收率最高，Rha1 为 96.12%，Glu4 为 99.75%。同时，上清液中未检测到活性，说明在此条件下酶全部沉淀。当（NH_4）$_2SO_4$ 浓度持续增加时，酶活回收呈现下降趋势。过量的沉淀剂会引起蛋白质的变性，从而导致酶表面关键水层的剥离[59]。

接下来，本书著者团队评估了交联剂浓度变化对酶活性的影响。戊二醛浓度达到 0.2%（Rha1）和 0.5%（Glu4）时可获得最高的活性。交联后，固定化的 Rha1 和 Glu4 的催化活性分别是游离酶的 117.81% 和 160.00%。交联过程可以诱导酶分子采用更活跃的构象[69]，从而使交联酶表现出更高的催化性能。值得注意的是，戊二醛浓度的持续升高导致了 Rha1 活性的明显下降。尽管在较高的交联剂浓度下可以固定化更多的蛋白质，但很容易形成较大的固体颗粒。大颗粒的催化效率往往低于小颗粒的催化效率。较小的颗粒具有较大的比表面积，大团簇

的形成不可避免地限制了颗粒内部的传质[70]。因此，在接下来的实验中，选择0.2% 戊二醛制备单一酶和复合酶的 CLEAs。

2．温度、pH 和反应时间对酶活的影响

（1）温度　在最大限度地优化了单一酶 CLEAs 的酶活恢复后，我们研究了形成 CLEAs 后 Rha1 和 Glu4 的最适 pH 和温度变化。在合理的温度（30 ～ 80℃）和 pH（3.0 ～ 8.0）范围内考察单一酶 CLEAs 的活性。Rha1-CLEAs 在 55℃时表现出最大的相对活性，与游离酶一样。当温度为 65 ～ 80℃时，Rha1-CLEAs 仍保留了 30% 以上的相对酶活性，而游离的 Rha1 被灭活，说明 Rha1-CLEAs 具有较好的热适应性。对于 Glu4-CLEAs，与游离的 Glu4 相比，最适温度提高了10℃，可达到 70℃。即使在极端的 80℃下，Glu4-CLEAs 仍表现出 80% 以上的催化活性。聚集和交联可以有效地削弱高温处理对酶结构的破坏[71]。由于温度与酶的特异性活性和稳定性密切相关，反应温度在一锅法合成阿可拉定中起着重要作用。为了最大限度地提高复合酶 CLEAs 的催化活性和稳定性，在接下来的一锅法实验中，本书著者团队选择了一个温和的温度（55℃）进行反应。

（2）pH　本书著者团队比较了两种酶在固定化前后的最佳 pH 变化。游离和固定化的 Rhal 酶在 pH 5 时活性最高，但固定化的酶对 pH 的适应性更广。在pH 为 4.0 和 8.0 时，Rha1-CLEAs 的相对活性分别为 67.31% 和 55.85%，而游离的 Rha1 几乎丧失了所有的催化活性。同时，无论是游离的 Glu4 还是固定化的Glu4，在 pH 5.0 下都表现出最好的性能，有利于与固定化的 Rha1 进行一锅反应。

（3）反应时间　为了考察两个单一酶 CLEAs 的催化能力，本书著者团队在其最佳温度和 pH 值下进行了进一步的实验。在图 7-8 中，随着反应时间的变化，Rha1-CLEAs 的转化效率逐渐提高，并随着反应时间的不断增加趋于饱和。30min 时 Rha1-CLEAs 的转化率达到 100%。而对于游离 Rha1，30min 后底物

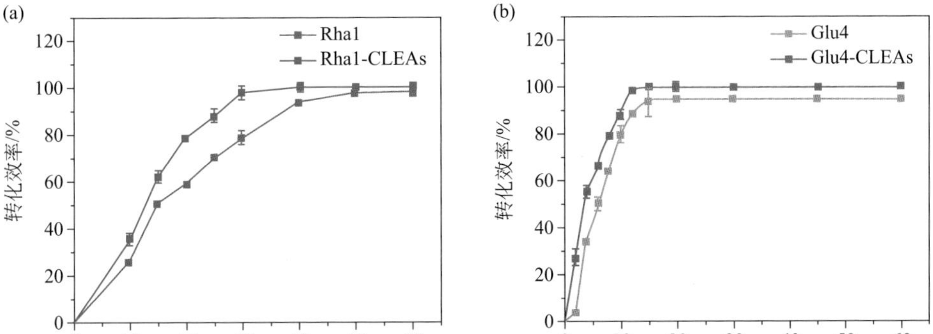

图7-8　游离酶和CLEAs在不同时间间隔对朝藿定C的水解

转化率不到 80%。同样，对于 Glu4，12min 内 Glu4-CLEAs 的转化率为 100%，而游离 Glu4 60min 后的最终转化率为 94.54%。

3．稳定性和可重复使用次数

（1）稳定性　生物催化剂易受各种环境压力（高温、pH 值、有机试剂、离子强度）的影响。因此，人们通常期望固定化酶具有突出的温度和 pH 稳定性[72]。相较于游离酶，两种单一酶 CLEAs 的热稳定性均显著增强。特别是 Rha1，在 80℃保温 2h 后，游离酶的酶活性完全丧失，而 Rha1-CLEAs 的相对活性仍有 54.19%。在 40 ～ 60℃条件下，Rha1-CLEAs 和 Glu4-CLEAs 的活性均保持在 80% 以上。为了进一步评价长期热处理对酶的损害，本书著者团队在 70℃下延长了孵育时间，并研究了其影响。在加热 3h 后，游离 Rha1 的初始活性就丧失了 90% 以上。这种相对活性的严重下降可能是由于酶在 70℃保存过程中活性位点的破坏。而制备的 Rha1-CLEAs 在 3h 和 8h 后仍能保持其初始活性的 62.99% 和 54.82%，表明其热性能优于游离酶。同时培养 3h 后，游离 Glu4 的活性仅剩下 35%，而 Glu4-CLEAs 保持了 65.13% 的初始活性，8h 后甚至超过 40%。值得注意的是，提高温度稳定性在工业应用中更受欢迎。

本书著者团队还对单一酶 CLEAs 的 pH 稳定性进行了评估。在较宽的 pH 范围（3.0 ～ 7.0）下，Rha1-CLEAs 和 Glu4-CLEAs 表现良好，在酸性环境中表现出更好的稳定性，达到 50% 酶相对活性。与游离酶相比，CLEAs 的 pH 稳定性提高可能是由于在固定化保护下酶活性结构的变化较少，表明 CLEAs 在酸性和碱性环境中具有良好的性能。

（2）可重复使用次数　生物催化剂的工业适用性主要取决于其可重复使用性。如图 7-9，两个单一酶 CLEAs 的可重复使用性被探索了 10 个周期，6 次循环后，Rha1-CLEAs 的催化活性保持在初始活性的 90%，10 次循环后保持在

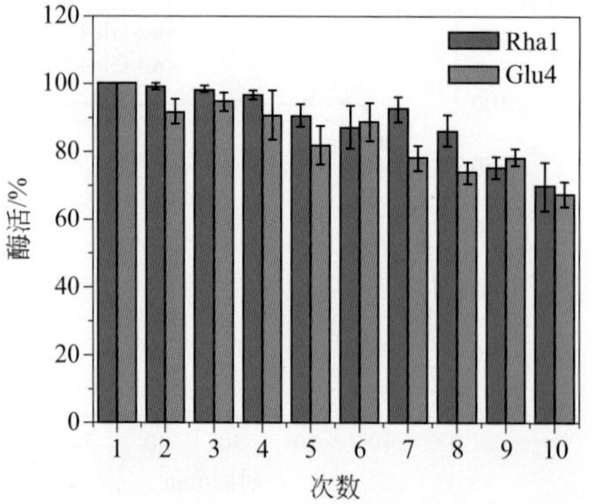

图7-9　固定酶可重复使用性分析

70%。对于 Glu4-CLEAs，固定化酶的活性在第 5 次循环时仍然达到 82%，在第 8 次连续批次时达到 71%。CLEAs 催化活性的下降可能是由于催化过程中酶的失活和机械损伤造成的[73]。

4．形貌表征

CLEAs 可以形成规则的球状聚集体（Ⅰ型）或不对称的交联聚集体（Ⅱ型）[74]。为了观察 CLEAs 的形态结构，我们用扫描电镜对其显微照片进行了成像。如图 7-10（a）所示，Rha1-CLEAs 呈现出较为规则的结构，含有大量的小球状颗粒（200 ～ 300nm）。球形结构具有较高的比表面积和单位面积更多的催化位点，有利于作为生物催化剂[75]。相比之下，图 7-10（b）的 Glu4-CLEAs 具有较少的球形形态。蛋白质相互交联形成多孔网络，类似于Ⅱ型。此外，从部分增大可以看出，这两个 CLEAs 都具有多孔网络结构，使得酶活性位点与底物之间的连接更容易、更充分[66]。

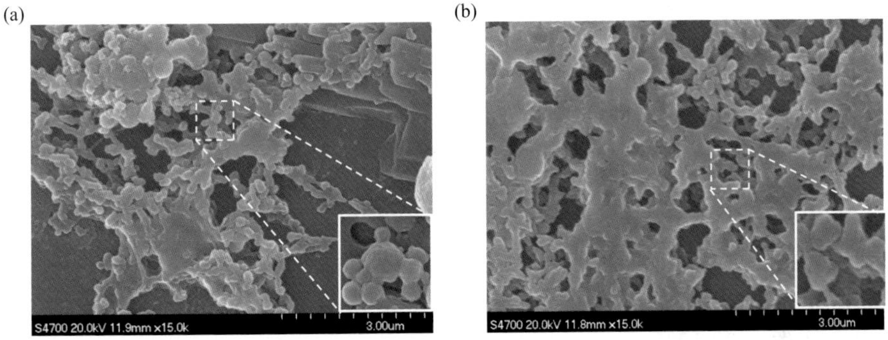

图7-10　Rha1-CLEAs（a）和Glu4-CLEAs（b）的扫描电镜图，插入图像的扫描电镜图为放大倍数下的部分放大

本书著者团队采用先硫酸铵沉淀后戊二醛交联的方法分别固定了 α-L- 鼠李糖苷酶 Rha1 和 β-D- 葡萄糖苷酶 Glu4，获得了两个单一酶交联酶聚集体 Rha1-CLEAs 和 Glu4-CLEAs。首先以酶活性恢复为基础，对硫酸铵浓度和戊二醛比例进行了优化，确定了最佳固定条件为：沉淀剂与蛋白质体积比 1∶1、戊二醛浓度 0.2%。接下来考察了 CLEAs 的温度和 pH 影响、稳定性、动力学参数和重复使用性等。固定化酶比游离酶展现出更突出的耐热稳定性和 pH 稳定性。重复使用 10 次后，Rha1-CLEAs 和 Glu4-CLEAs 均能保持 60% 以上催化活性。

二、双酶交联酶聚集体

工业生产往往涉及双酶甚至多酶催化反应，特别是在不同糖基的糖苷的水解过程中。多步酶催化反应如果逐个进行，往往会导致反应时间长、中间体积累量大、成本高的问题。在自然细胞的代谢途径中，由于酶的活性位点紧密相连，中间体的传质减小，无需扩散到整个环境中。因此，自然界多酶级联反应的存在启发了人工生物催化系统的设计。为了模拟这些级联酶的途径，多种酶的共固定化被认为是一个卓有成效的策略。基于无载体交联制备的单一酶 CLEAs 已被证实具有稳定性高、可重复使用等优点，因此，本书著者团队进一步构建 combi-CLEAs，优化如何准确有效地实现多酶共沉淀和交联，考察共固定化酶在合成阿可拉定中的应用。

1．combi-CLEAs 的制备

在确定了单一酶的 Rha1-CLEAs 和 Glu4-CLEAs 具有良好的催化性能和稳定性后，本书著者团队进一步构建了 Rha1 和 Glu4 复合 CLEAs（图 7-11）。

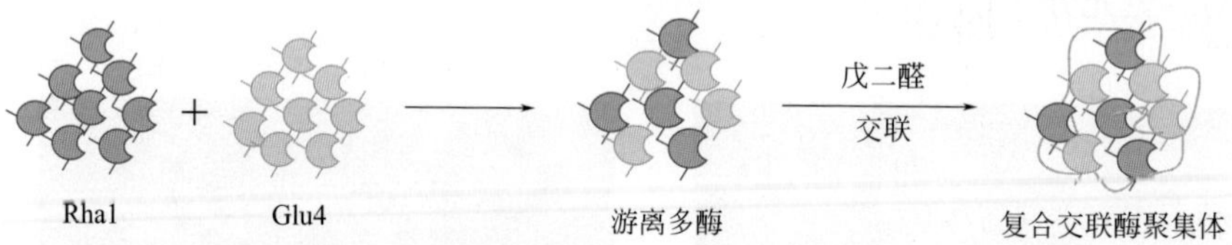

图7-11　双酶共固定交联酶聚集体的制备示意图

首先，优化了游离 Rha1 和 Glu4 的双酶比例，以实现最佳的催化效率。游离 Rha1/Glu4 的比值从 1∶1 增加到 4∶1 时，朝藿定 C 向阿可拉定的转化呈现先增加后降低的趋势。游离 Rha1（0.5U/mL）是 Glu4（0.25U/mL）的 2 倍时，转化效率最高，为 70.13%。这一结果表明，Rha1 是反应体系中的限速酶，其活性较 Glu4 低。因此，选择 0.5U/mL 的 Rha1 和 0.25U/mL 的 Glu4 制备 combi-CLEAs。

2．combi-CLEAs 的形貌表征

从图 7-12 的 SEM 照片中可以看出，combi-CLEAs 的结构比单一酶 CLEAs 的结构更不规则，类球较少，团簇较多。这可能是由于两种酶随机混合和固定化的不规律所致。

3．combi-CLEAs 的活性测定

用 combi-CLEAs 对朝藿定 C 进行水解，评价其催化活性。如图 7-13 所示，朝藿定 C 在 30min 内可被 combi-CLEAs 完全水解成阿可拉定，而游离混合酶仅能将 69.18% 的朝藿定 C 转化为阿可拉定。此外，共固定化酶的催化性能也比两种单一酶 CLEAs 混合物有所提高。combi-CLEAs 的阿可拉定得率分别是单一酶 CLEAs 混合物和游离酶混合物的 1.18 倍和 1.45 倍。由此可见 combi-CLEAs 的催化活性较高，说明在反应体系中朝藿定 C 向阿可拉定的转化速度更快。很有可

能是固定化的多酶反应为捕获底物和阻止中间体扩散提供了一个更合适和稳定的环境，从而使酶的反应比溶液中自由酶的反应更有效[76]。此外，共固定化后酶之间的接触面积越大，平均距离越小，有利于底物和产物的传质[77]。

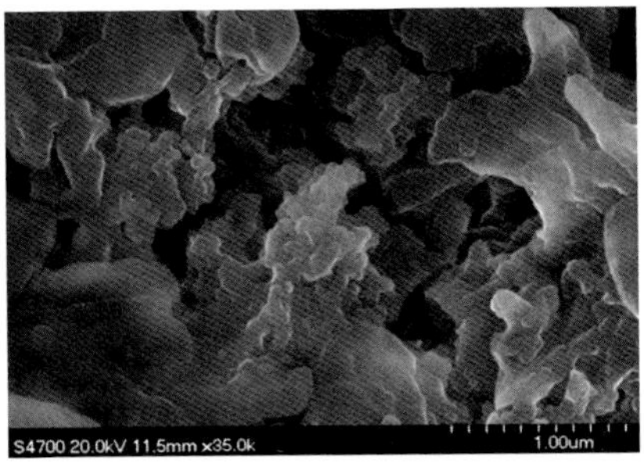

图7-12　combi-CLEAs的扫描电镜图

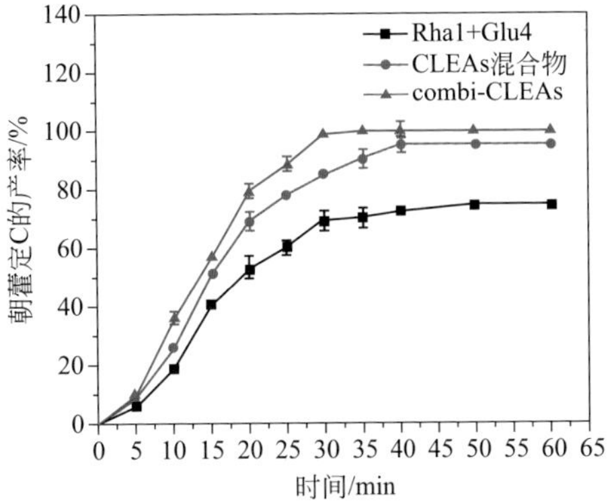

图7-13　游离酶和CLEAs对朝藿定C的转化

4．糖耐受性研究

糖苷酶在水解过程中很容易被释放的副产物糖抑制。因此，如何有效控制对副产物的抑制作用对于提高阿可拉定的产量尤为重要。如图 7-14 所示，当游离糖苷酶与糖接触时，糖诱导的变构效应引起游离酶催化中心的结构变化，导致酶活性显著降低。相反，在高浓度糖的条件下，CLEAs 更有利于维持原有的蛋白质结构。

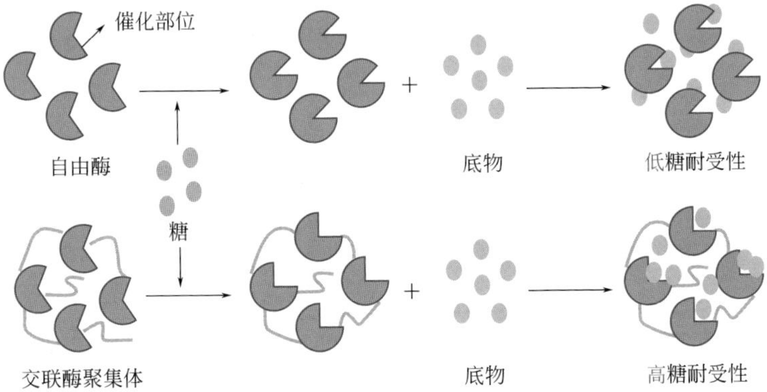

图7-14　副产物糖对游离酶和CLEAs结构影响的示意图

通过分析游离 Rha1 和 Glu4 不同比例下的 HPLC 结果，本书著者团队发现当鼠李糖苷酶比例过高时，Rha1 产生的中间体双鼠李糖基淫羊藿次苷Ⅱ出现大量积累。这一现象正好解释了为什么阿可拉定的产率从 0.5U/mL 开始，随着 Rha1 量的增加而显著下降。在短时间内产生大量的鼠李糖，反过来抑制了 Rha1 的活性。

为了进一步探讨沉淀和交联过程对鼠李糖苷酶耐受性的影响，本书著者团队还测试了在 0.5mol/L 糖浓度下四种不同形式的 Rha1 活性变化。如图 7-15 所示，两种固定化过程都在一定程度上提高了酶的耐糖性，其中沉淀过程形成的团聚体（73.98%）优于交联得到的交联酶（59.28%）。因此，糖耐受性增强也可能与沉淀和交联过程对蛋白质二级结构的影响有关。

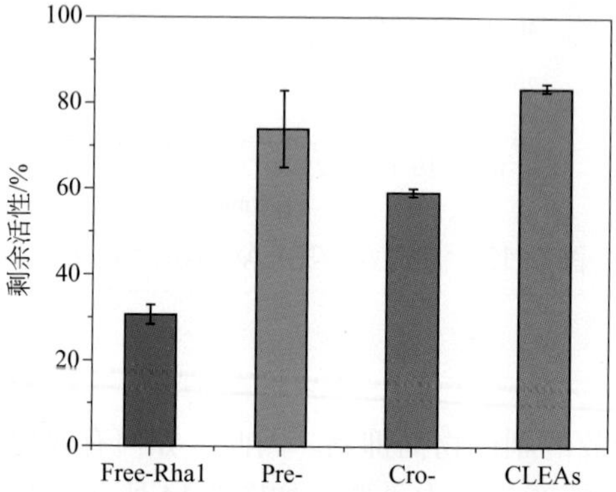

图7-15 不同形态的Rha1在0.5mol/L糖浓度下的剩余活性

5．combi-CLEAs 在阿可拉定制备中的应用

本书著者团队首先在不增加生物催化剂用量、底物浓度提高 20 倍的条件下测试了 combi-CLEAs 的催化性能。Rha1（0.5U/mL）和 Glu4（0.25U/mL）被用来水解 10mg/mL 的朝藿定 C。图 7-16（a）显示 combi-CLEAs 催化反应阿可拉定得率为 64.52%，而只有 9.36% 的朝藿定 C 被游离酶催化。显然，在较高底物条件下，combi-CLEAs 在生物合成中表现出较好的催化性能，其催化效率约为游离酶的 6.89 倍。由于生物催化剂浓度较低，反应时间大大延长，于是本书著者团队放大酶与底物浓度比例相等：10U/mL Rha1 和 5U/mL Glu4 水解 10mg/mL 的朝藿定 C。如图 7-16（b），combi-CLEAs 在 80min 实现阿可拉定得率为 98.87%，而相同时间里游离酶催化反应得率只有 30.62%。即使 180min 后，游离酶系统的转化率也仅为 36.01%，说明较高底物浓度时游离酶活性受到严重抑制。接下来，本书著者团队进一步研究了朝藿定 C 浓度为 50mg/mL、100mg/mL 和 150mg/mL 时 combi-CLEAs 的酶活性。图 7-16（c）显示 combi-CLEAs 具有突出的催化性能，其产率分别为 88.32%、77.45% 和 68.73%。这是首次关于在如此高底物浓度下制

备阿可拉定的报道。这些结果也表明了复合酶交联酶聚集体在未来工业应用中的巨大潜力。

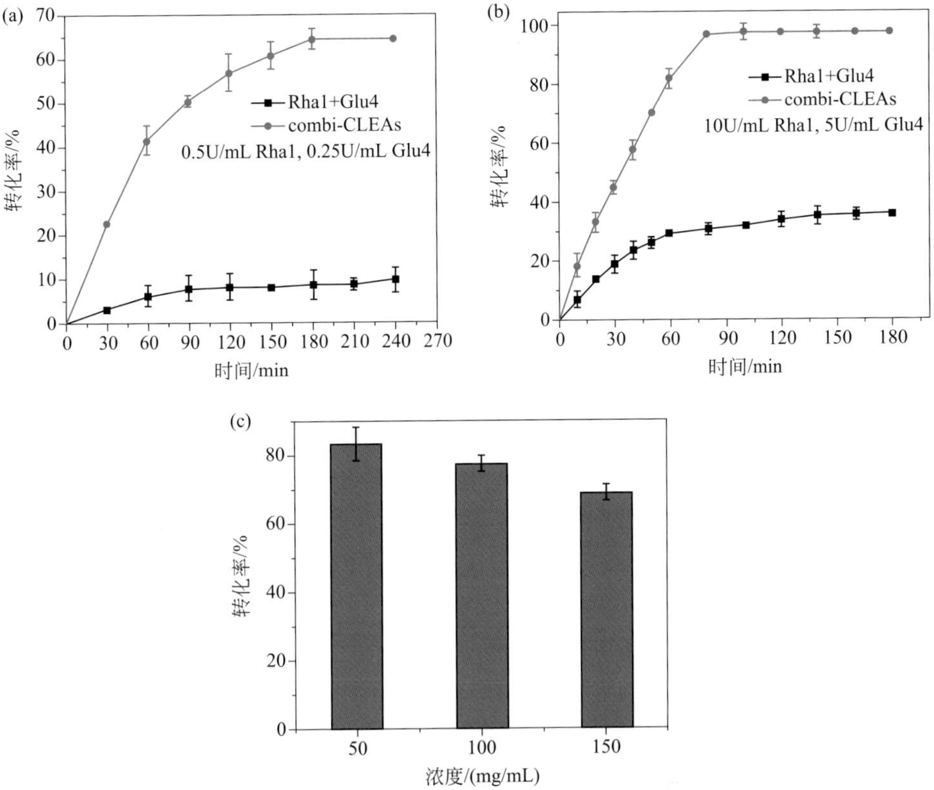

图7-16 高底物浓度下游离酶和combi-CLEAs催化性能差异：（a）0.5U/mL Rha1和0.25U/mL；（b）10U/mL Rha1和5U/mL Glu4与10mg/mL朝藿定C在pH 5.0、55℃下反应；（c）用50U/mL Rha1和50U/mL Glu4、100U/mL Rha1和100U/mL Glu4、150U/mL Rha1和150U/mL Glu4分别催化50mg/mL、100mg/mL和150mg/mL朝藿定C在pH 5.0、55℃条件下反应8h

本书著者团队对 *α*-L- 鼠李糖苷酶 Rha1 和 *β*-D- 葡萄糖苷酶 Glu4 进行了双酶共固定化，获得了复合酶交联酶聚集体 combi-CLEAs 并成功将其应用于阿可拉定的一锅法制备。通过 combi-CLEAs 催化朝藿定 C 在 30min 内可被完全水解成阿可拉定，共固定化酶的催化性能比两种单一酶 CLEAs 混合物亦有所提高。combi-CLEAs 催化反应的阿可拉定得率分别是单一酶 CLEAs 混合物和游离酶混合物的 1.18 倍和 1.45 倍。由于固定化后的副产物耐受性显著提高，combi-CLEAs 可以在短时间内催化高浓度的朝藿定 C。在较高底物条件下（10mg/mL），combi-

CLEAs 在生物合成中表现出较好的催化性能，其催化效率约为游离酶的 6.89 倍。即使朝藿定 C 浓度达到 100mg/mL，combi-CLEAs 催化反应的产率仍可达到 77.45%。本书著者团队采用交联酶聚集体的手段对之前筛选到的鼠李糖苷酶 Rha1 与葡萄糖苷酶 Glu4 进行单一交联和复合交联，与单独固定化的混合酶相比，多酶的共固定化不仅降低了循环利用的成本，而且提供了更好的催化反应结果 [78,79]。

第四节 小结与展望

阿可拉定是一种典型的类黄酮苷元，来源于天然植物淫羊藿，具有多种积极的药理和生物活性，特别是在治疗肝癌方面活性突出，被誉为继青蒿素之后中药的又一重大突破。目前阿可拉定软胶囊作为肝癌晚期治疗药物已于 2022 年 1 月在我国获批上市。随着药物市场需求的增加以及对绿色生产和可持续发展的重视，阿可拉定的生产越来越受到青睐和关注。

传统的阿可拉定制备方法成本高、操作复杂且环境污染大，不能有效满足生产需要。基于糖苷水解酶的生物转化解决了传统酸水解所带来的严重环境问题，选择在淫羊藿中含量最高的朝藿定 C 为底物有利于提高生产规模。然而，现有朝藿定 C 糖苷水解酶在酶活性、副产物耐受性、稳定性等方面难以满足生产需求。

本书著者团队通过微生物筛选、基因组分析以及蛋白质逐级纯化从 *Talaromyces stollii* CLY-6 中挖掘出 4 种新型糖苷水解酶，它们在水解阿可拉定方面具有重要作用。进一步通过质谱分析对酶的氨基酸序列进行鉴定，然后通过分子生物学手段实现酶在毕赤酵母中的异源表达，并对酶的功能进行详细探究，确定了它们对朝藿定 C 的催化路径。

后续通过 NCBI 数据库以及本书著者团队前期人员研究的糖苷酶进行的筛选，获得了具有朝藿定 C 鼠李糖苷键与葡萄糖苷键水解活性的新型高效糖苷酶。进一步基于无载体交联酶聚集体固定化手段，将 α-L- 鼠李糖苷酶和 β-D- 葡萄糖苷酶进行共固定化，成功构建复合酶交联酶聚集体，实现了阿可拉定的一锅法高效生物合成。

随着人们对淫羊藿素药理作用机制、制备方法、新剂型开发的不断深入探索，该成分有望在抗癌、防癌、防治骨质疏松、神经保护等领域得到应用，从而造福于人类。

参考文献

[1] 李子豪，柯仲成，封亮，等．宝藿苷 I 的制备方法及药理作用研究进展 [J]．中国中药杂志，2018, 43(17): 3444-3450.

[2] Jiang J, Zhao B J, Song J, et al. Pharmacology and Clinical Application of Plants in *Epimedium* L.[J]. Chinese Herbal Medicines, 2016, 8(1): 12-23.

[3] 郭宝林，何顺志，钟国跃，等．中国淫羊藿属（小檗科）二新种 [J]．植物分类学报，2007, 45(6): 813-821.

[4] 李子豪．淫羊藿低糖苷组分的制备技术及工艺工程化研究 [D]．镇江：江苏大学，2019.

[5] 张宇航，陈旺，冯自立，等．淫羊藿黄酮苷类化合物生物转化的研究进展 [J]．中国药房，2022, 33(12): 1525-1529.

[6] 赵冰洁．淫羊藿低糖苷组分转化规律、生物药剂学性质及其软胶囊的初步研究 [D]．南京：南京中医药大学，2016.

[7] 陈彦，贾晓斌，谭晓斌，等．大鼠在体肠灌流模型研究淫羊藿不同黄酮苷的吸收代谢 [J]．中国中药杂志，2009, 34(22): 2928-2931.

[8] 陈彦，贾晓斌．Caco-2 细胞单层研究淫羊藿黄酮类成分的吸收转运 [J]．中草药，2009, 40(2): 220-224.

[9] Chen Y, Wang J, Jia X, et al. Role of Intestinal Hydrolase in the Absorption of Prenylated Flavonoids Present in Yinyanghuo[J]. Molecules, 2011, 16(2): 1336-1348.

[10] Li W K, Zhang R Y, Xiao P G. Flavonoids from epimedium wanshanense[J]. Phytochemistry, 1996, 43(2): 527-530.

[11] Ma H P, He X R, Yang Y, et al. The genus epimedium: An ethnopharmacological and phytochemical review[J]. Journal of Ethnopharmacology, 2011, 134(3): 519-541.

[12] 孙彦君，陈豪杰，赵晨，等．淫羊藿素制备方法、制剂新技术研究进展 [J]．中成药，2021, 43(3): 717-722.

[13] Yang X J, Xi Y M, Li Z J. Icaritin: A Novel Natural Candidate for Hematological Malignancies Therapy[J]. BioMed Research International, 2019, 2019: 1-7.

[14] 彭瑶．阿可拉定抗肿瘤作用及其机制的研究 [D]．北京：北京中医药大学，2012.

[15] Guo Y M, Zhang X T, Meng J, et al. An anticancer agent icaritin induces sustained activation of the extracellular signal-regulated kinase (ERK) pathway and inhibits growth of breast cancer cells[J]. European Journal of Pharmacology, 2011, 658(2-3): 114-122.

[16] Tiong C T, Chen C, Zhang S J, et al. A novel prenylflavone restricts breast cancer cell growth through AhR-mediated destabilization of ERα protein[J]. Carcinogenesis, 2012, 33(5): 1089-1097.

[17] Yang J G, Lu R, Ye X J, et al. Icaritin Reduces Oral Squamous Cell Carcinoma Progression via the Inhibition of STAT3 Signaling[J]. International Journal of Molecular Sciences, 2017, 18(1): 132.

[18] Sun F, Indran I R, Zhang Z W, et al. A novel prostate cancer therapeutic strategy using icaritin-activated arylhydrocarbon-receptor to co-target androgen receptor and its splice variants[J]. Carcinogenesis, 2015, 36(7): 757-768.

[19] Huang X, Zhu D, Lou Y J. A novel anticancer agent, icaritin, induced cell growth inhibition, G1 arrest and mitochondrial transmembrane potential drop in human prostate carcinoma PC-3 cells[J]. European Journal of Pharmacology, 2007, 564(1-3): 26-36.

[20] Sun L, Peng Q S, Qu L L, et al. Anticancer agent icaritin induces apoptosis through caspase-dependent pathways in human hepatocellular carcinoma cells[J]. Molecular Medicine Reports, 2015, 11(4): 3094-3100.

[21] Qin S K, Li Q, Xu M J, et al. Icaritin - induced immunomodulatory efficacy in advanced hepatitis B virus - related hepatocellular carcinoma: Immunodynamic biomarkers and overall survival[J]. Cancer Science, 2020, 111(11):

4218-4231.

[22] Yu Z, Guo J F, Hu M Y, et al. Icaritin Exacerbates Mitophagy and Synergizes with Doxorubicin to Induce Immunogenic Cell Death in Hepatocellular Carcinoma[J]. ACS Nano, 2020, 14(4): 4816-4828.

[23] Gandhi G R, Neta M T S L, Sathiyabama R G, et al. Flavonoids as Th1/Th2 cytokines immunomodulators: A systematic review of studies on animal models[J]. Phytomedicine, 2018, 44: 74-84.

[24] Sun L B, Jiang Y Z, Yan X J, et al. Dichloroacetate enhances the anti-tumor effect of sorafenib via modulating the ROS-JNK-Mcl-1 pathway in liver cancer cells[J]. Experimental Cell Research, 2021, 406(1): 112755.

[25] Zulfiqar F, Khan S I, Ross S A, et al. Prenylated flavonol glycosides from *Epimedium grandiflorum*: Cytotoxicity and evaluation against inflammation and metabolic disorder[J]. Phytochemistry Letters, 2017, 20: 160-167.

[26] 韩惠，单淇，周福军，等. 箭叶淫羊藿中化学成分及其体外抗肿瘤活性研究 [J]. 现代药物与临床，2013, 28(3): 269-273.

[27] 牟关敏，蒲文臣，周敏，等. 淫羊藿素的合成 [J]. 有机化学，2013, 33(6): 1298-1303.

[28] Nguyen V S, Shi L, Li Y, et al. Total Synthesis of Icaritin via Microwave-assistance Claisen Rearrangement[J]. Letters in Organic Chemistry, 2014, 11(9): 677-681.

[29] 北京盛诺基医药科技有限公司. 一种淫羊藿素的合成方法 [P]：CN201710565481.4. 2019-10-15.

[30] 北京珅奥基医药科技有限公司. 一种酸解制备淫羊藿素的方法 [P]：CN201810250390.6. 2018-09-21.

[31] 祝江业，李晓龙. 淫羊藿苷酸法水解工艺的研究 [J]. 微量元素与健康研究，2010, 27(3): 49-51.

[32] 李丹凤. 淫羊藿黄酮水解产物化学成分的研究 [D]. 大连：大连工业大学，2009.

[33] Dell'Agli M, Galli G V, Dal Cero E, et al. Potent Inhibition of Human Phosphodiesterase-5 by Icariin Derivatives[J]. Journal of Natural Products, 2008, 71(9): 1513-1517.

[34] 贾东升，贾晓斌，薛璟，等. 蜗牛酶转化淫羊藿苷制备淫羊藿苷元的研究 [J]. 中国中药杂志，2010, 35(7): 857-860.

[35] 贾东升，贾晓斌，赵江丽，等. 纤维素酶转化淫羊藿苷制备宝藿苷 I 的研究 [J]. 中草药，2010, 41(6): 888-892.

[36] 高霞，刘璇，陈彦，等. 淫羊藿总黄酮的生物转化过程分析 [J]. 中国中药杂志，2013, 38(23): 4079-4083.

[37] 宋川霞，陈红梅，戴宇，等. Plackett-Burman 试验设计联用星点设计 - 效应面法优化纤维素酶水解淫羊藿苷为宝藿苷 I 的工艺 [J]. 中药材，2014, 37(11): 2082-2086.

[38] 李慧灵，陈宏基，林育成，等. 生物酶法制备淫羊藿素工艺条件的研究 [J]. 生物化工，2020, 6(1): 62-64+68.

[39] 许明淑，邢新会，罗明芳，等. 银杏叶黄酮的酶法强化提取工艺条件研究 [J]. 中国实验方剂学杂志，2006, 12(4): 2-4.

[40] 刘震，朱秋享，石贤爱，等. β- 葡萄糖苷酶体外分子改造研究进展 [J]. 福州大学学报 (自然科学版)，2015, 43(4): 565-571.

[41] Yadav V, Yadav P K, Yadav S, et al. α-L-rhamnosidase: A review[J]. Process Biochemistry, 2010, 45(8): 1226-1235.

[42] Yadav S, Yadav R S S, Yadav K D S. An α-L-rhamnosidase from *Aspergillus awamori* MTCC-2879 and its role in debittering of orange juice[J]. International Journal of Food Science & Technology, 2013, 48(5): 927-933.

[43] Puri M, Marwaha S S, Kothari R M. Studies on the applicability of alginate-entrapped naringiase for the debittering of kinnow juice[J]. Enzyme and Microbial Technology, 1996, 18(4): 281-285.

[44] Caldini C, Bonomi F, Pifferi P G, et al. Kinetic and immobilization studies on fungal glycosidases for aroma

enhancement in wine[J]. Enzyme and Microbial Technology, 1994, 16(4): 286-291.

[45] Li W N, Fan D D. Biocatalytic strategies for the production of ginsenosides using glycosidase: Current state and perspectives[J]. Applied Microbiology and Biotechnology, 2020, 104(9): 3807-3823.

[46] de Araújo M E M B, Moreira Franco Y E, Alberto T G, et al. Enzymatic de-glycosylation of rutin improves its antioxidant and antiproliferative activities[J]. Food Chemistry, 2013, 141(1): 266-273.

[47] Yadav S, Yadava S, Yadav K D S. α- L -rhamnosidase selective for rutin to isoquercitrin transformation from *Penicillium griseoroseum* MTCC-9224[J]. Bioorganic Chemistry, 2017, 70: 222-228.

[48] Ishikawa M, Kawasaki M, Shiono Y, et al. A novel *Aspergillus oryzae* diglycosidase that hydrolyzes 6-*O*-α-L-rhamnosyl-β-D-glucoside from flavonoids[J]. Applied Microbiology and Biotechnology, 2018, 102(7): 3193-3201.

[49] Matsumoto S, Yamada H, Kunishige Y, et al. Identification of a novel *Penicillium chrysogenum* rhamnogalacturonan rhamnohydrolase and the first report of a rhamnogalacturonan rhamnohydrolase gene[J]. Enzyme and Microbial Technology, 2017, 98: 76-85.

[50] Lyu Y B, Zeng W Z, Du G C, et al. Efficient bioconversion of epimedin C to icariin by a glycosidase from *Aspergillus nidulans*[J]. Bioresource Technology, 2019, 289: 121612.

[51] Shen Y P, Wang H Y, Lu Y, et al. Construction of a novel catalysis system for clean and efficient preparation of Baohuoside Ⅰ from icariin based on biphase enzymatic hydrolysis[J]. Journal of Cleaner Production, 2018, 170: 727-734.

[52] Wu T, Pei J J, Ge L, et al. Characterization of a α-L-rhamnosidase from *Bacteroides thetaiotaomicron* with high catalytic efficiency of epimedin C[J]. Bioorganic Chemistry, 2018, 81: 461-467.

[53] Xie J C, Zhang S S, Tong X P, et al. Biochemical characterization of a novel hyperthermophilic α-L-rhamnosidase from *Thermotoga petrophila* and its application in production of icaritin from epimedin C with a thermostable β-glucosidase[J]. Process Biochemistry, 2020, 93: 115-124.

[54] Morellon-Sterling R, Carballares D, Arana-Peña S, et al. Advantages of Supports Activated with Divinyl Sulfone in Enzyme Coimmobilization: Possibility of Multipoint Covalent Immobilization of the Most Stable Enzyme and Immobilization via Ion Exchange of the Least Stable Enzyme[J]. ACS Sustainable Chemistry & Engineering, 2021, 9(22): 7508-7518.

[55] Ciaurriz P, Bravo E, Hamad-Schifferli K. Effect of architecture on the activity of glucose oxidase/horseradish peroxidase/carbon nanoparticle conjugates[J]. Journal of Colloid and Interface Science, 2014, 414: 73-81.

[56] Palla K S, Hurlburt T J, Buyanin A M, et al. Site-Selective Oxidative Coupling Reactions for the Attachment of Enzymes to Glass Surfaces through DNA-Directed Immobilization[J]. Journal of the American Chemical Society, 2017, 139(5): 1967-1974.

[57] Zhang L, Shi J F, Jiang Z Y, et al. Bioinspired preparation of polydopamine microcapsule for multienzyme system construction[J]. Green Chemistry, 2011, 13(2): 300-306.

[58] Gao D Y, Sun X B, Liu M Q, et al. Characterization of Thermostable and Chimeric Enzymes via Isopeptide Bond-Mediated Molecular Cyclization[J]. Journal of Agricultural and Food Chemistry, 2019, 67(24): 6837-6846.

[59] Cui J D, Jia S R. Optimization protocols and improved strategies of cross-linked enzyme aggregates technology: Current development and future challenges[J]. Critical Reviews in Biotechnology, 2015, 35(1): 15-28.

[60] Quiocho F A, Richards F M. Intermolecular cross linking of a protein in the crystalline state :Carboxypeptidase-a [J]. Proceedings of the National Academy of Sciences, 1964, 52(3): 833-839.

[61] Vaghjiani J D, Lee T S, Lye G J, et al. Production and Characterisation of Cross-Linked Enzyme Crystals (Clecs®) for Application as Process Scale Biocatalysts[J]. Biocatalysis and Biotransformation, 2000, 18(2): 151-175.

[62] Cao L Q, van Rantwijk F, Sheldon R A. Cross-Linked Enzyme Aggregates: A Simple and Effective Method for

the Immobilization of Penicillin Acylase[J]. Organic Letters, 2000, 2(10): 1361-1364.

[63] Chávez G, Hatti-Kaul R, Sheldon R A, et al. Baeyer-Villiger oxidation with peracid generated in situ by CaLB-CLEA catalyzed perhydrolysis[J]. Journal of Molecular Catalysis B: Enzymatic, 2013, 89: 67-72.

[64] Badoei-Dalfard A, Karami Z, Malekabadi S. Construction of CLEAs-lipase on magnetic graphene oxide nanocomposite: An efficient nanobiocatalyst for biodiesel production[J]. Bioresource Technology, 2019, 278: 473-476.

[65] Wang M M, Wang H, Feng Y H, et al. Preparation and Characterization of Sugar-Assisted Cross-Linked Enzyme Aggregates (CLEAs) of Recombinant Cellobiose 2-epimerase from *Caldicellulosiruptor saccharolyticus* (CsCE)[J]. Journal of Agricultural and Food Chemistry, 2018, 66(29): 7712-7721.

[66] Li L, Li G, Cao L C, et al. Characterization of the Cross-Linked Enzyme Aggregates of a Novel β-Galactosidase, a Potential Catalyst for the Synthesis of Galacto-Oligosaccharides[J]. Journal of Agricultural and Food Chemistry, 2015, 63(3): 894-901.

[67] Chen L, Hu Y D, Li N, et al. Cross-linked enzyme aggregates of β-glucosidase from *Prunus domestica* seeds[J]. Biotechnology Letters, 2012, 34(9): 1673-1678.

[68] Ullah H, Pervez S, Ahmed S, et al. Preparation, characterization and stability studies of cross-linked α-amylase aggregates (CLAAs) for continuous liquefaction of starch[J]. International Journal of Biological Macromolecules, 2021, 173: 267-276.

[69] Pchelintsev N A, Youshko M I, Švedas V K. Quantitative characteristic of the catalytic properties and microstructure of cross-linked enzyme aggregates of penicillin acylase[J]. Journal of Molecular Catalysis B: Enzymatic, 2009, 56(4): 202-207.

[70] Aytar B S, Bakir U. Preparation of cross-linked tyrosinase aggregates[J]. Process Biochemistry, 2008, 43(2): 125-131.

[71] Nadar S S, Muley A B, Ladole M R, et al. Macromolecular cross-linked enzyme aggregates (M-CLEAs) of α-amylase[J]. International Journal of Biological Macromolecules, 2016, 84: 69-78.

[72] Hormigo D, García-Hidalgo J, Acebal C, et al. Preparation and characterization of cross-linked enzyme aggregates (CLEAs) of recombinant poly-3-hydroxybutyrate depolymerase from *Streptomyces exfoliatus*[J]. Bioresource Technology, 2012, 115: 177-182.

[73] Gürdaş S, Güleç H A, Mutlu M. Immobilization of *Aspergillus oryzae* β-Galactosidase onto Duolite A568 Resin via Simple Adsorption Mechanism[J]. Food and Bioprocess Technology, 2012, 5(3): 904-911.

[74] Schoevaart R, Wolbers M W, Golubovic M, et al. Preparation, optimization, and structures of cross-linked enzyme aggregates (CLEAs)[J]. Biotechnology and Bioengineering, 2004, 87(6): 754-762.

[75] Dong Y R, Zhang S S, Lu C N, et al. Immobilization of Thermostable β-Glucosidase and α-L-rhamnosidase from *Dictyoglomus thermophilum* DSM3960 and Their Cooperated Biotransformation of Total Flavonoids Extract from Epimedium into Icaritin[J]. Catalysis Letters, 2021, 151(10): 2950-2963.

[76] Bao J J, Liu N, Zhu L Y, et al. Programming a Biofilm-Mediated Multienzyme-Assembly-Cascade System for the Biocatalytic Production of Glucosamine from Chitin[J]. Journal of Agricultural and Food Chemistry, 2018, 66(30): 8061-8068.

[77] Qu J L, Cao S, Wei Q X, et al. Synthetic Multienzyme Complexes, Catalytic Nanomachineries for Cascade Biosynthesis *in Vivo*[J]. ACS Nano, 2019, 13(9): 9895-9906.

[78] Ren S Z, Li C H, Jiao X B, et al. Recent progress in multienzymes co-immobilization and multienzyme system applications[J]. Chemical Engineering Journal, 2019, 373: 1254-1278.

[79] Hwang E T, Lee S. Multienzymatic Cascade Reactions via Enzyme Complex by Immobilization[J]. ACS Catalysis, 2019, 9(5): 4402-4425.

第八章

酶法制备薯蓣皂素

薯蓣皂素是合成甾体激素类药物的主要起始原料，全球需求量巨大。目前，薯蓣皂素的生产主要通过甾体皂苷的水解实现。因为常规水解工艺中的废水色度高、酸度高和化学需氧量（COD）高，“重污染”被认为是工业薯蓣皂素生产的典型标志。酶催化具有底物转化率高、底物特异性强、反应条件相比较于化学法温和以及反应过程中出现的副产物少等特点而备受关注。然而现有的甾体皂苷水解酶在活性、稳定性或耐糖性方面存在不足，工业应用前景有限。新型生物催化剂挖掘在可持续和高效生产过程中占有重要地位，有望克服目前糖苷酶性能的不足。酶催化为皂素清洁生产提供了一种有希望的替代方法，可减少有害有机试剂和酸/碱的使用，并最大程度上减少原材料消耗和副产物生成。本章将主要介绍本书著者团队在薯蓣糖苷水解酶的挖掘鉴定表达以及薯蓣皂素的绿色生物制备方面的工作。

第一节
薯蓣皂素简介

一、薯蓣皂素理化性质

薯蓣皂素（diosgenin，$C_{27}H_{42}O_3$，CAS RN.512-04-9），俗称皂素，五环三萜类化合物，微黄色粉末，易溶于乙醇、氯仿、石油醚等有机溶剂，不溶于水，其结构式如图 8-1（a）所示。薯蓣皂素具有抗肿瘤、抗血栓、抗炎等众多生理和药理活性[1-3]。更重要的是，薯蓣皂素是甾体激素类药物和避孕药合成的主要起始原料（约占比 60%），享有“药用黄金”和“激素之母”美称。据不完全统计，利用皂素作为前体，可合成多达 300 种甾体激素，如可的松、康力龙、黄酮体、苯丙酸诺龙、强的松、性激素等[4,5]。初步估计，目前薯蓣皂素全球市场的年需求量在 3000t 以上，市场规模较大[6,7]。我国是薯蓣皂素主要原产国，每年供应量占全球的 30% 以上，且需求量仍在不断增加[8]。

二、薯蓣皂素的制备

盾叶薯蓣（*Dioscorea zingiberensis* C.H. Wright，DZW），俗称黄姜［图 8-1（b）、（c）］，具有清热解毒祛湿等功效，主要分布于我国陕甘以及两湖地区。研究表明，黄姜是薯蓣皂素含量最高的植物物种，然而游离薯蓣皂素在天然植物中含量较少，多以皂苷形式存在，且在不同薯蓣科植物中皂苷含量和种类有显著差异。

以黄姜为例，其薯蓣皂苷成分主要为盾叶新苷（S_1）、三角叶薯蓣皂苷（S_2）、薯蓣次皂苷 A（S_3）、三葡萄糖基薯蓣皂苷（S_4）、二葡萄糖基薯蓣皂苷（S_5）和单葡萄糖基薯蓣皂苷（延龄草苷）（S_6），具体结构如图 8-2 所示[10]。

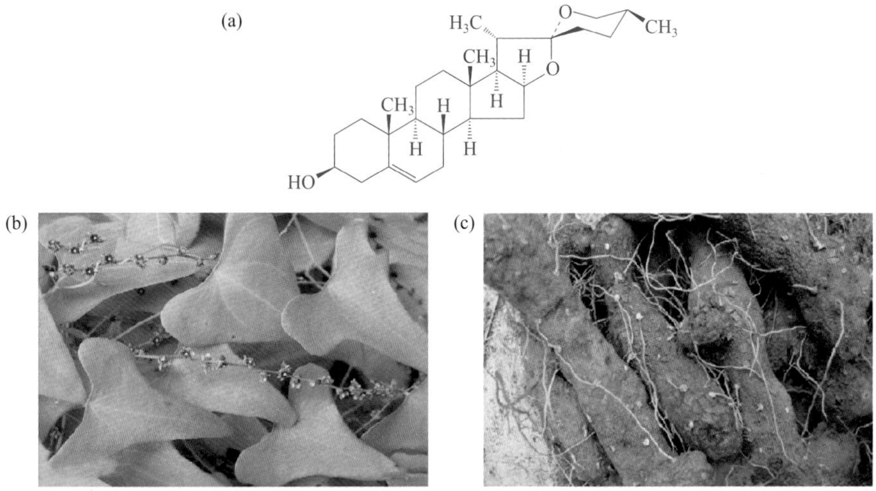

图8-1　薯蓣皂素的化学结构以及盾叶薯蓣植物:（a）薯蓣皂素；（b）盾叶薯蓣地上部分；（c）盾叶薯蓣地下部分[9]

朝藿定C

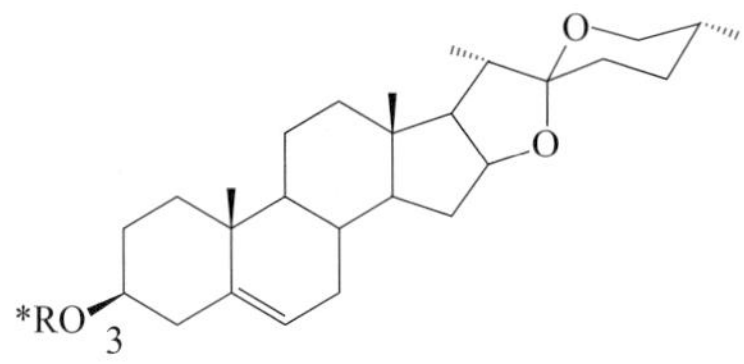

*R	名称
−Glc−Glc−Glc Rha	盾叶新苷(S_1)
−Glc−Glc Rha	三角叶薯蓣皂苷(S_2)
−Glc Rha	薯蓣次皂苷A(S_3)
−Glc−Glc−Glc	三葡萄糖基薯蓣皂苷(S_4)
−Glc−Glc	二葡萄糖基薯蓣皂苷(S_5)
−Glc	单葡萄糖基薯蓣皂苷(S_6)
−H	薯蓣皂素

图8-2　黄姜中甾体皂苷的化学结构

1．传统皂素生产

皂素的生产主要通过甾体皂苷的水解实现，涉及不同糖苷键的断裂，如葡萄糖、鼠李糖、木糖以及阿拉伯糖苷键等[11]。传统薯蓣皂素生产为化学酸解法。Rothrok 提出的直接酸水解法，即使用硫酸或盐酸等直接将粉碎后的黄姜粉末水解，再用汽油或有机溶剂将皂素提取，目前工业生产多采用此方法[12]。然而，黄姜块茎组织中含有大量淀粉和纤维素等物质，酸水解过程中会产生大量的高色度、高酸度和高化学需氧量废水。在过去几十年里，酸法生产产生的大量废水和废渣难以处理，且造成的污染难以在短时间内被生态系统消化，被认为是一种资源利用效率低下且不可持续的生产方式[13,14]。以 1t 薯蓣皂素生产为例，其原料、酸碱以及废水排放情况数据如表 8-1 所示[15]。不仅如此，底物薯蓣皂苷在强酸高温条件下容易出现副反应，如皂素母核 C3 位置羟基发生脱水产生 3,5- 二烯结构、母核 F 环开环以及羟基氯代反应等[16]。

表8-1　生产皂素资源消耗量[15]

组分	消耗量/t
黄姜	130～180
35%工业盐酸（硫酸）	15～20
10%NaOH	1
120#汽油	6
排放废水	500～1000

为解决传统皂素行业严重的污染问题，众多学者在传统酸水解工艺基础上提出多种预处理方法以减少酸碱用量，提高资源利用效率。高压酸解相对常压酸水解法可缩短反应时间[17]，降低酸用量并提高皂素生产效率，如在 $1.05kg/cm^2$ 系统压力、121℃条件下对 25mg/mL 底物进行 2h 酸解（0.5mol/L 硫酸），最终皂素收率高达 9.12mg/g[16]。此外，还可以通过预处理部分除去纤维素和淀粉，释放出薯蓣皂苷，从而增加皂素的收率，同时能够减少酸和碱的使用量，提高资源利用效率并减少环境污染。如采用纤维素酶预处理再结合酸水解对于皂苷释放有显著提高[18]。由于植物组成成分复杂，采用混合酶预处理效果更佳，比如使用纤维素酶、果胶酶、淀粉酶以及糖化酶直接对粉碎后的黄姜进行酶反应，再结合酸解使得皂素收率达到了 98%，并减少了酸用量[19]。此外，还可以在酸解之前将淀粉和纤维素等分离出来，并用来生产燃料乙醇，剩下酒糟可用作农肥，提高资源综合利用度。还有一些其他酸解改进法被陆续报道，如酸功能化离子液体水解法[20]、磁性固体酸的醇解[21]以及加压双相酸水解[22]等。然而，尽管改良工艺

一定程度上可提高皂素生产效率，但这些方式依旧无法避免酸碱的过度使用，工业生产受到极大限制。随着国家对绿色工业制造要求的深入贯彻实施，高污染、高消耗产业必将逐渐退出历史舞台，大量中小皂素生产企业由于巨大环保压力而被迫停产。目前，全国一半以上皂素生产企业面临关停局面，皂素生产成本也不断上升，严重制约了皂素产业发展。

2．微生物转化法

近些年来，微生物转化法已被广泛应用于天然药物开发领域，如稀有天然化合物制备以及新药发现等[23]。微生物转化甾体皂苷制备皂素具有条件温和、污染小、成本低等优势，是一种可持续绿色生产工艺。董悦生等[10]使用米曲霉（*Aspergillus oryzae*）在 pH 6.0、37℃的条件下发酵黄姜 84h，然后调节温度至 50℃转化 8h，最终皂素得率为 17.06mg/g。此外，使用青霉菌（*Penicillium dioscin*）在 30℃条件下固体发酵 50h，可以将黄姜中 90% 的皂苷转化为皂素[24]。Zhu 等[25]使用淀粉酶对黄姜进行预处理，再使用里氏木霉（*Trichoderma reesei*）对黄姜进行发酵转化，7 天后皂素产量可达酸解的 89.5%，同时可减少 99.2% 的还原糖产生和 99.4% 的 COD 排放。Liu 等[26]使用哈茨木霉（*Trichoderma harzianum*）对黄姜进行发酵转化，可实现最高达 50.28% 的皂苷转化率。Xiang 等[27]使用镰刀菌（*Fusarium* sp.）发酵，采用响应面法优化发酵参数，在硫酸铵含量为 14.5%、接种量为 12.3% 的条件下发酵 22 天，最终皂素得率为 2.16%。然而，目前微生物转化法制备皂素的效率仍有待提高。此外，微生物发酵周期略长，实际生产中应用前景有限。

3．酶催化法

酶催化法具有效率高、特异性高、反应条件温和、环境友好、成本低等优点，为皂素绿色生产提供了有价值的选择[28-30]。当前已有多种糖苷酶被报道用于甾体皂苷的水解。Qian 等[31]从猪肝中分离纯化获得一种可实现甾体皂苷末端 α-1,2- 鼠李糖苷键和 1,4- 鼠李糖苷键的水解（42℃，pH 7.0）的 α- 鼠李糖苷酶。Liu 等[32]报道来源于米曲霉的原薯蓣皂苷酶（PGase1）可水解甾体皂苷 C26 位置 β- 葡萄糖苷键以及 C3 位置末端 α-1,4- 鼠李糖苷键，但对 C3 位置末端 α-1,2- 鼠李糖苷键和 β- 葡萄糖苷键无水解作用。Fu 等[33]从犁头霉菌（*Absidia* sp.38）中分离得到一种薯蓣皂苷糖苷酶，它可同时水解 C3 位置末端 α-1,2- 鼠李糖苷键和 α-1,4- 鼠李糖苷键（40℃、pH 5.0）。此外，Feng 等[34]报道了来源于新月弯孢霉（*Curvularia lunata* 3.4381）的葡萄糖淀粉酶可实现甾体皂苷 C3 位置末端 α-1,2- 鼠李糖苷键的特异性水解。最近，Huang 等[35]从黄曲霉（*Aspergillus flavus*）中分离得到一种葡萄糖苷酶可以水解三角叶薯蓣皂苷和延龄草苷 C3 位置末端葡萄糖苷键（65℃，pH 5.0）。然而，目前甾体皂苷水解酶的研究深度略显不足，大多报道的酶缺之基因信息。此外，相关酶的催化效率、耐糖性以及稳定性等有待进一步提高。

第二节
酶法制备薯蓣皂素工艺

为了克服传统水解法制备薯蓣皂素时带来的诸多环境问题，底物转化率高、特异性强、反应更加温和绿色的酶法备受关注。然而现有的甾体皂苷水解酶在活性、稳定性或耐糖性方面表现差，工业应用前景有限。目前，利用微生物资源已成为新酶挖掘的有效策略。此外，基于基因组学分析关键酶详细遗传信息和催化功能阐释将有利于发现新型高效催化剂、指导天然产物的体外催化生产或通过代谢调节进一步提高微生物转化效率。本书著者团队以薯蓣皂素生产为目标，首选通过微生物筛选确定水解制备薯蓣皂素的关键菌株，对其中甾体皂苷关键水解酶进行逐级分离纯化，并进一步探究其氨基酸序列信息、酶学性质，进而建立高效酶催化生产工艺，为薯蓣皂素的酶法工业化生产奠定了基础。

一、微生物转化筛选及水解酶分级纯化

新型生物催化剂的挖掘在可持续和高效生产过程中占有重要地位，有望克服目前糖苷酶性能不足的问题[36]。本书著者团队使用黄姜提取物为原料，分离到几种微生物，推测其可能具有降解甾体皂苷的能力，并命名为 *Fungus* CLY-1、*Fungus* CLY-2、*Fungus* CLY-3、*Fungus* CLY-4、*Fungus* CLY-5 以及 *Fungus* CLY-6。此外还选取了炭黑曲霉（*Aspergillus carbonarius*）、绿色木霉（*Trichoderma viride*）、菌核青霉（*Penicillium sclerotiorum*）、里氏木霉（*Trichoderma reesei*）、哈茨木霉（*Trichoderma harzianum*）和青霉（*Penicillium* sp.）等 6 种富产糖苷酶系的真菌微生物作为筛选对象，以期获得高效转化甾体皂苷的优势菌种。

使用上述菌株制备的粗酶液转化薯蓣皂苷并计算皂素得率，发现自 *Fungus* CLY-6 提取到的粗酶对甾体皂苷转化效果最好，皂素得率高达 72.5%，可将黄姜提取物中的薯蓣皂苷 S_1、S_2、S_3 和 S_4 全部转化（图 8-3）。基于转化结果推测，*Fungus* CLY-6 发酵液中可能同时含有甾体皂苷鼠李糖苷键和葡萄糖苷键水解酶。

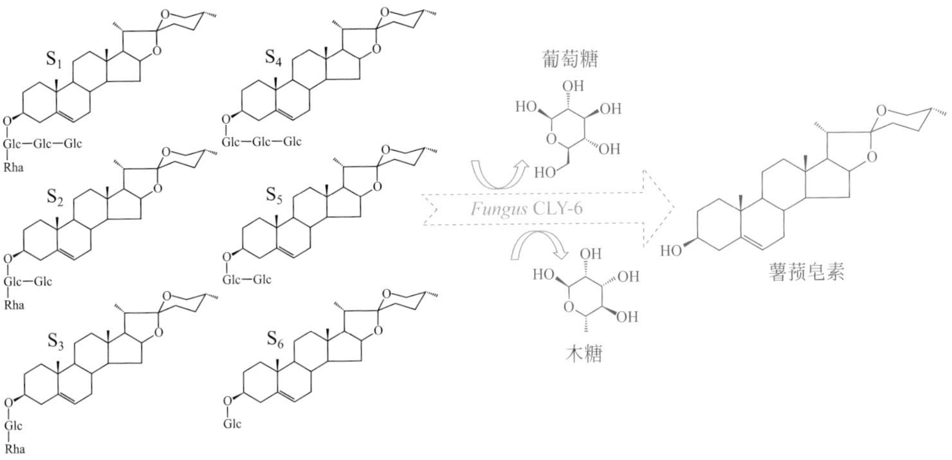

图8-3 *Fungus* CLY-6转化甾体皂苷到皂素过程示意图

本书著者团队通过对 *Fungus* CLY-6 进行基因序列比对、系统发育树描绘分析，并选取 *β*- 微管蛋白和钙调蛋白进行测序分析。最终，*Fungus* CLY-6 被鉴定为 *Talaromyces stollii* CLY-6，目前 *Talaromyces stollii* CLY-6 已被送至 CGMCC 保藏，保藏号为 CGMCC No. 3.16013。

当前，本书著者团队已完成 *Talaromyces stollii* CLY-6 基因组测序以及基因功能注释，并建立特异性碳水化合物活性酶库。为了进一步阐释底物转化过程中涉及的关键水解酶及其具体转化机制（路径），从而发现新型高效催化剂用于指导天然产物的体外催化生产，进一步提高微生物转化效率，本书著者团队决定继续对 *Talaromyces stollii* CLY-6 中甾体皂苷关键水解酶进行逐级分离纯化，并进一步对纯化蛋白进行鉴定，揭示 *Talaromyces stollii* CLY-6 中甾体皂苷关键水解酶氨基酸序列信息，为新酶发现以及酶催化工艺建立奠定基础。

作为一种新兴软电离质谱技术，MALDI-TOF/TOF 在蛋白质指纹图谱绘制方面发挥了重要作用，具有准确度高、检测快速、灵敏等优点[37]。而 LC-MS/MS 是一种相对于 MALDI-TOF/TOF 更精确的质谱鉴定技术，它在质谱分析之前增加了化合物分离的步骤。因此 LC-MS/MS 可用于同时分析复杂样品中多个化合物；此外，其精确度和分辨率较 MALDI-TOF/TOF 更高，能很好分析复杂组分体系样品中微量组分[38]。

本书著者团队通过固体发酵法培养 *Talaromyces stollii* CLY-6，提取蛋白并采用硫酸铵沉淀对得到的蛋白粗提液进行初步的纯化和浓缩。进一步采用 Q- 琼脂糖凝胶色谱（强阴离子交换色谱）、DEAE- 琼脂糖凝胶色谱（强阴离子交换色谱）以及凝胶过滤色谱对硫酸铵沉淀后的 *Talaromyces stollii* CLY-6 粗蛋白溶液进行逐级分离纯化，以获取其中具有甾体皂苷水解活性的纯蛋白。

以黄姜提取物（总甾体皂苷含量：约 40%）为底物对 Q- 柱纯化后的蛋白馏分进行活性检测。筛选出两种分别能够水解薯蓣皂苷鼠李糖苷键及葡萄糖苷键的酶，将其命名为 Rhase-TS 以及 Gluase-TS。

二、薯蓣皂素水解酶的异源表达及其功能探究

随着技术的进步，蛋白质工程在食品、能源、医药等生命科学领域得到广泛应用[39]。利用蛋白异源表达技术可实现高纯蛋白的制备，为后续蛋白功能研究以及酶的应用提供有力支持。目前常用的外源蛋白表达系统主要有原核、真核、哺乳动物细胞以及昆虫细胞等[40]。其中，原核蛋白表达系统通常具有比较高的蛋白表达量，而且由于培养基简单，具有相对低的表达成本，性价比较高。然而原核表达系统仍存在一些不足之处，如原核系统翻译后的蛋白经常不正确折叠，这样会导致无活性包涵体形态的形成，能够代表这类表达系统的典型生物是大肠埃希菌（大肠杆菌）[41]。而真核表达系统由于具有翻译后加工机制，能够表达很多真核来源的蛋白，而且还同时具有原核表达系统的一系列的长处，因此被当作规模化蛋白表达强劲工具，可实现多数高等真核生物来源活性蛋白的表达，代表性表达系统为酵母[42]。哺乳动物细胞和昆虫细胞表达系统相对于上述两种表达系统而言，更适合表达高等生物的蛋白质，拥有最完善的蛋白质加工机制，但技术难度大、表达量低、成本高[43]。

1. 大肠埃希菌及毕赤酵母表达系统

在过去的几十年中，重组蛋白技术取得了令人瞩目的进步，已将数百种治疗性蛋白带入临床应用。大肠埃希菌表达系统在细菌表达系统中占主导地位，并且仍然是实验室研究和商业化规模制备初步开发的首选，或是作为各种表达平台之间比较的有用基准。但大肠埃希菌表达系统缺少真核生物的蛋白翻译后进行加工和修饰的功能，这可能不可避免地影响蛋白的活性和溶解性。

酵母是单细胞低等真核生物，既具有原核生物细胞生长速度快、容易培养、操作简单等优点，又具有真核生物表达时对蛋白质的加工和修饰等功能。另外，酵母表达系统比其他真核表达系统如昆虫细胞、哺乳动物细胞等表达系统快速、简便、成本低。

酿酒酵母（*Saccharomyces cerevisiae*）是最早被使用的酵母表达系统。1981 年 Hitzeman 等在其中成功进行了人干扰素基因表达[44]。第一个商品化的重组疫苗也是由酿酒酵母表达的[45]，但是由于其具有难以高密度培养、缺乏强有力的启动子、分泌效率低等局限性，因此人们在此基础上又寻找了新的酵母表达系统

宿主——毕赤酵母（*Pichia pastoris*）。

毕赤酵母菌株与其他真核和原核表达系统相比具有几个优势：①生长速度快，易于高细胞密度发酵；②在几乎不含蛋白质的培养基中具有高水平的生产力；③可以消除内毒素和噬菌体污染；④易于对酵母载体进行基因操作；⑤多种翻译后修饰，包括多肽折叠、糖基化、甲基化、酰化、蛋白水解调节和靶向亚细胞区室。从毕赤酵母中纯化蛋白质也很简单，可以通过离心分离菌体和培养基直接回收分泌的可溶性蛋白质。通过对上清液进行超滤、沉淀和 / 或吸附 / 洗脱色谱法进行浓缩和纯化。在发酵过程中，分泌蛋白的产量可以通过利用多种工艺如补料分批发酵等来显著提高。

2．薯蓣皂素水解酶的异源表达及功能研究

由于甾体皂苷水解酶 Rhase-TS 和 Gluase-TS 来源于真菌微生物，因此本书著者团队决定以毕赤酵母为表达宿主进行蛋白异源表达研究。发现重组蛋白的表观分子量要比 Rhase-TS（87.5kDa）和 Gluase-TS（91.4kDa）理论蛋白分子量高出很多，这是由于蛋白在表达过程中被过度 *N*- 糖基化修饰导致的。

为确定酶对底物催化转化路径，本书著者团队对 Rhase-TS 和 Gluase-TS 的催化功能进行了进一步探究。Rhase-TS 可分别将 S_1、S_2 和 S_3 上的末端鼠李糖苷键水解，转化产物分别为 S_4、S_5 和 S_6；而 Gluase-TS 可将 S_1 的 C3 位置葡萄糖苷键逐步水解断裂，底物 S_1 先被转化为 S_2，再转化为 S_3，转化路径为 $S_1 \rightarrow S_2 \rightarrow S_3$；此外 Gluase-TS 还可逐步水解 S_4 的 C3 位置葡萄糖苷键得到 S_5、S_6 以及最终产物皂素，转化路径为 $S_4 \rightarrow S_5 \rightarrow S_6 \rightarrow$皂素，转化路径图见图 8-4（a）。此外，经过计算发现 Gluase-TS（1.22U/mg）的水解效率远低于 Rhase-TS（139.6U/mg），故最终产物中除皂素外，仍有 S_5 和 S_6 残余。

为了更进一步开发鼠李糖苷水解酶 Rhase-TS，本书著者团队对 Rhase-TS 的底物谱进行了研究以拓宽其应用范围。结果（表 8-2）显示，除 S_1、S_2 和 S_3 之外，Rhase-TS 还对薯蓣皂苷以及重楼皂苷Ⅰ的末端 *α*-L-1,2- 鼠李糖苷键有水解活性，但不能进一步水解断裂薯蓣皂苷末端 *α*-L-1,4- 鼠李糖苷键以及重楼皂苷Ⅰ末端 *α*-L-1,2- 阿拉伯糖苷键。薯蓣皂苷和重楼皂苷Ⅰ水解转化路径见图 8-4（b）和图 8-4（c）。此外，Rhase-TS 对朝藿定 C、芦丁、杨梅苷、柚皮苷、人参皂苷 Rg_2 以及人参皂苷 Re 的末端鼠李糖苷键均无水解活性。上述结果表明 Rhase-TS 具有很强的底物选择性，只对甾体皂苷类的末端 *α*-L-1,2- 鼠李糖苷键有水解活性。与文献报道相比，目前仅来源于 *Trichoderma reesei* 的 α-Rhamnase 和来源于 *Curvularia lunata* 的葡萄糖淀粉酶（12.34U/mg）与 Rhase-TS 具有相同功能，但其活性远低于 Rhase-TS（136.34U/mg）。

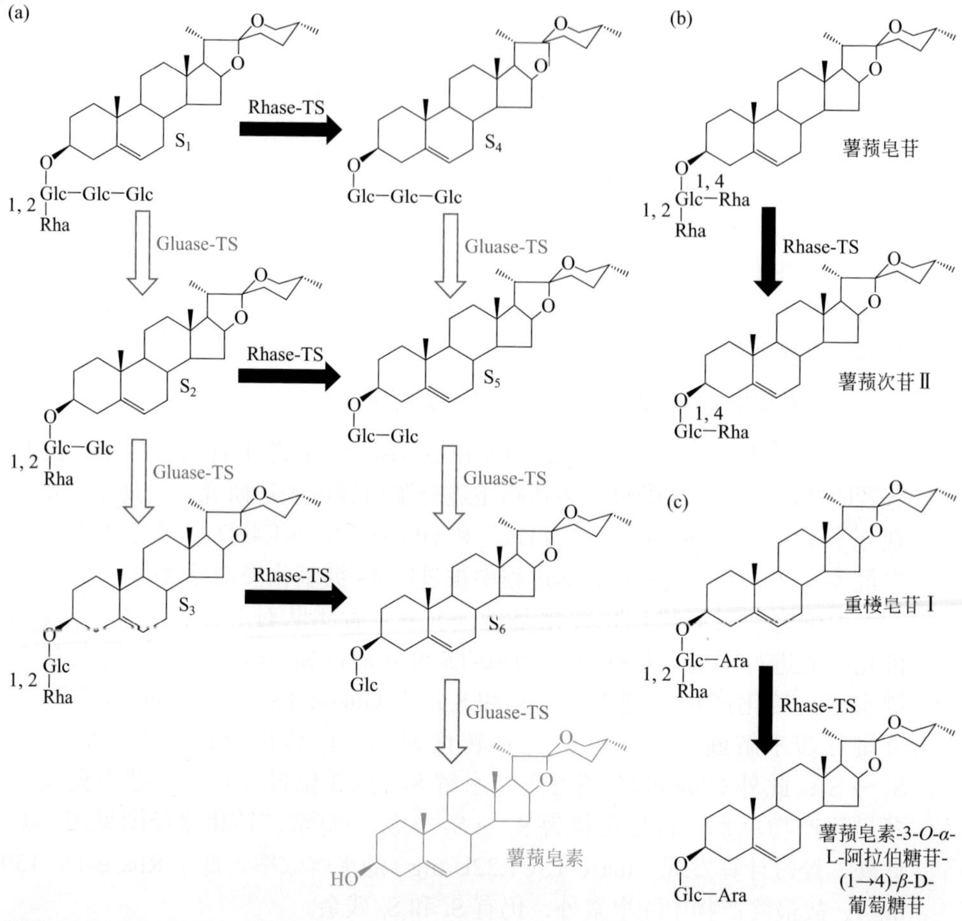

图8-4　（a）Rhase-TS和Gluase-TS转化甾体皂苷路径图；（b）Rhase-TS转化薯蓣皂苷路径图；（c）Rhase-TS转化重楼皂苷Ⅰ路径图

表8-2　Rhase-TS底物谱

底物	水解性能	产物	比活力/（U/mg）
S_1	α-L-(1→2)-Rha	S_4	156.34
S_2	α-L-(1→2)-Rha	S_5	145.24
S_3	α-L-(1→2)-Rha	S_6	138.24
薯蓣皂苷	α-L-(1→2)-Rha	薯蓣次苷Ⅱ	136.34
重楼皂苷Ⅰ	α-L-(1→2)-Rha	化合物A[a]	126.56
朝藿定C	—	—	—
淫羊藿苷	—	—	—
芦丁	—	—	—
杨梅苷	—	—	—

续表

底物	水解性能	产物	比活力/（U/mg）
新橙皮苷	—	—	—
牡荆苷	—	—	—
柚皮苷	—	—	—
人参皂苷Rg_2	—	—	—
人参皂苷Re	—	—	—

a. 化合物 A，薯蓣皂素 -3-*O*-α-L- 腺嘌呤 -(1 → 4)-*β*-D- 吡喃葡萄糖苷。

三、Rhase-TS和Gluase-TS酶学性质研究及催化残基预测

作为一种生物催化剂，酶相比化学催化剂具有多种优势，例如酶的催化特异性和效率较高、反应所需要的条件比较温和、副产物较少等。当前，酶已在食品、饲料、农业、造纸、皮革和纺织工业中发挥重要作用[46]。酶作为一种蛋白质，相较化学催化剂，它不需要高温、高压、强酸、强碱等极端环境，但也因此受到更多的影响因素，如温度、pH 以及有机溶剂等。酶学性质表征可帮助研究人员全面了解酶基本性能，并对酶优缺点进行全面评估，从而确定酶催化最佳反应条件，为未来通过蛋白质工程改善酶功能性质的研究提供方向。此外，对酶催化特点的全面了解还有利于指导未来酶催化工艺的建立，对实际生产中降低成本、提高产业的经济效益、提高产品的生产效率和产品的质量非常重要。

在后续的研究中，本书著者团队对 Rhase-TS 和 Gluase-TS 进行了系统全面的性质表征，探究温度、pH、化学试剂、有机试剂、鼠李糖和葡萄糖对酶的影响，并进一步对酶底物特异性以及动力学展开研究，以评估其在生产中的应用潜力，为后续酶实际应用奠定基础。此外，本书著者团队还将对上述水解酶进行初步计算分析，预测酶的潜在催化残基以及底物结合机制，从分子水平理解酶催化作用，为未来通过蛋白质工程提高酶学性能提供理论依据。

1．酶学性质探究

如图 8-5（a）和图 8-5（c）所示，Rhase-TS 和 Gluase-TS 均在 60℃左右具有最高酶活，因此 Rhase-TS 和 Gluase-TS 最适温度被确定为 60℃。此外，在 50 ～ 70℃范围内，Rhase-TS 和 Gluase-TS 酶活都在最大酶活的 80% 以上，说明二者对温度波动不太敏感。甚至在 80℃时，Rhase-TS 仍有 40% 以上酶活。Rhase-TS 和 Gluase-TS 均有显著热稳定性，在 70℃以下环境中处理 1h 后，它们仍保持最大活力的 80% 以上。与现有甾体皂苷水解酶相比，Rhase-TS 和 Gluase-TS 表现出目前最好的热稳定性[31,33-35,47-49]，这可能与 *Talaromyces* 是嗜热真菌属有关[50,51]。Rhase-TS 和 Gluase-TS 最适 pH［图 8-5（b）和图 8-5（d）］均为 4.5，

当 pH 在 6.0 以上时，酶活明显下降，尤其是 Gluase-TS 活力仅有最大活力的 20% 左右。值得注意的是，Rhase-TS 具有极佳的 pH 稳定性，在 3 ～ 10 的 pH 值环境中孵育 4h 后 Rhase-TS 仍保持 90% 以上最大活力，优于其他甾体皂苷鼠李糖苷水解酶 [31,33,34]，而 Gluase-TS 则倾向在酸性环境中稳定，当 pH 值超过 6.0，酶剩余活性下降明显，这点与 *Talaromyces amestolkiae* 来源的 *β*- 葡萄糖苷酶 [52]（97.45% 相似度）类似。

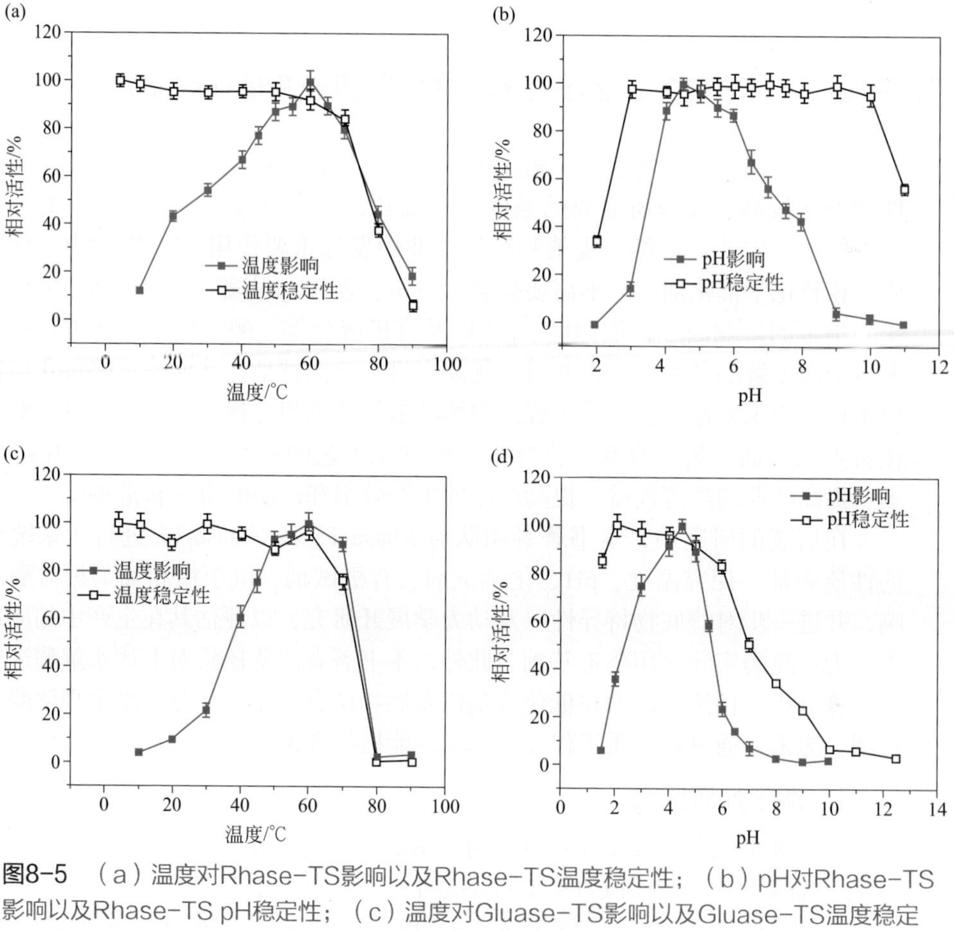

图8-5 （a）温度对Rhase-TS影响以及Rhase-TS温度稳定性；（b）pH对Rhase-TS影响以及Rhase-TS pH稳定性；（c）温度对Gluase-TS影响以及Gluase-TS温度稳定性；（d）pH对Gluase-TS影响以及Gluase-TS pH稳定性

注：相对活力定义为Rhase-TS或Gluase-TS最大活力的百分比。

接下来，本书著者团队通过在反应体系中添加不同比例的有机溶剂，测定水解酶的催化活性发现，当有机溶剂比例低于 25%（*v/v*）时，甲醇、乙醇和 DMSO 对 Rhase-TS 的活力均有不同程度激活作用［图 8-6（a）］，比空白组高出近 1 倍。而当甲醇、乙醇以及 DMSO 比例高于 25%（v/v）时，Rhase-TS 活力开始受到抑制。分析原因发现，这种现象可能是由于 Rhase-TS 活力测定使用了疏水性底物 S_3，在低浓度有机溶剂存在下，底物溶解度的提高使得酶与底物接触更充分，而当有机溶剂浓度继续提高直至底物溶解度的提高已经无法弥补有机溶剂对酶影响时，酶活开始呈现被抑制现象。在实际生产中，由于甾体皂苷底物疏水性强，因此通过添加有机试剂来对底物增溶将是提高皂素生产效率的有效策略之一，对工业化生产具有重要意义。对于 Gluase-TS，它在甲醇中稳定性要好于乙醇和 DMSO 中。当甲醇浓度低于 15%（v/v）时，Gluase-TS 相对较稳定，而乙醇和 DMSO 对 Gluase-TS 影响较大，随着有机试剂浓度提高，Gluase-TS 活力下降明显，当浓度达到 40%（v/v）后，Gluase-TS 几乎失活［图 8-6（b）］。

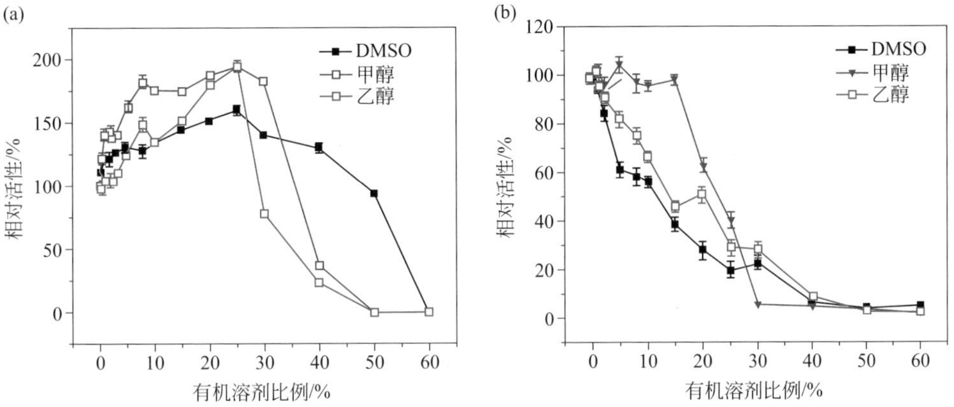

图8-6　有机试剂（甲醇、乙醇和DMSO）对Rhase-TS（a）和Gluase-TS（b）影响

注：相对活力定义为对照组酶活的百分比。

如表 8-3 所示，Rhase-TS 对甾体皂苷具有较好的亲和力以及催化效率，其中对 S_1 的亲和力（米氏常数 K_m：0.070±0.002）和催化效率（K_{cat}/K_m：97.29mmol^{-1}·L·s^{-1}）最高。相较之下，Gluase-TS 对甾体皂苷催化效率相对较低，最高仅有 0.25mmol^{-1}·L·s^{-1}（S_6），但 Gluase-TS 对人工底物 pNPG 有很好的催化作用，其中 K_m 值和 K_{cat}/K_m 分别为（1.52±0.12）mmol/L 和 218.89mmol^{-1}·L·s^{-1}。最后，本书著者团队对 Rhase-TS 和 Gluase-TS 的糖耐受性进行测试，结果显示当鼠李糖浓度高达 0.5mol/L 时，Rhase-TS 酶活保留仍有 50%（抑制常数 K_i：0.5mol/L），表明 Rhase-TS 是一种天然高糖耐受糖苷酶，工业应用潜力大；而在 6mmol/L 葡萄糖存在下，Gluase-TS 活力就受到 50% 的抑制，糖耐受性远不如 Rhase-TS。*Talaromyces stollii* CLY-6 在生物转化 E-DZW 过程中，底物 S_5 和 S_6 无法在同等时间内被转化完全，其中原因可能是体系中积累的葡萄糖严重地抑制了 Gluase-TS 活性。

表8-3　Rhase-TS和Gluase-TS对不同底物的动力学参数

酶	底物	K_m /(mmol/L)	V_{max} /［μmol/（h·mg）］	K_{cat} /s^{-1}	K_{cat}/K_m /［mmol/（L·s）］
Rhase-TS	S_1	0.070±0.002	175.12±5.25	6.81	97.29
	S_2	0.085±0.003	168.45±6.74	6.55	77.06
	S_3	0.103±0.004	155.76±6.50	6.06	58.83
	重楼皂苷Ⅰ	0.122±0.004	139.56±4.69	5.43	44.51
	薯蓣皂苷	0.112±0.004	151.35±5.14	5.89	52.59
	pNPG	1.52±0.12	7025.52±200.25	332.71	218.89
Gluase-TS	S_1	2.34±0.15	2.54±0.15	0.12	0.05
	S_2	3.21±0.18	2.1±0.11	0.1	0.03
	S_4	2.13±0.21	3.12±0.14	0.15	0.07
	S_5	1.35±0.16	2.65±0.16	0.13	0.1
	S_6	0.68±0.32	3.67±0.08	0.17	0.25

注：K_m 为米氏常数；K_{cat} 为酶催化效率。

如表 8-4 和表 8-5 所示，Rhase-TS 和 Gluase-TS 从来源、分子量和催化性能上和报道的酶都不同，是一类新型甾体皂苷糖苷酶。值得注意的是，大部分报道的同工酶基因信息仍然缺乏，仅 *Trichoderma reesei* 来源的 α- 鼠李酶、*Fusarium* sp. CPCC 400709 来源的 FBG1 和 *Trichoderma viride* 来源的 β-D- 葡萄糖苷酶公开了其相关氨基酸序列信息。尽管如此，这些酶的催化条件甚至酶活性都未被进一步研究。Rhase-TS 具有目前最高的催化效率（136.34U/mg），在皂素的酶催化生产中优势明显。此外，Rhase-TS 可特异性水解甾体皂苷末端 α-L-（1→2）- 鼠李糖苷键，与 *Curvularia lunata* 来源的葡萄糖淀粉酶以及 *Trichoderma reesei* 来源的 α- 鼠李酶类似，和 *Absidia* sp. d38 来源的薯蓣皂苷糖苷酶以及猪肝来源的薯蓣皂苷 -α-L- 鼠李糖苷酶不同。与已报道的甾体皂苷葡萄糖苷酶相比，Gluase-TS 对 S_6 的催化效率目前最高（1.22U/mg），但与 Rhase-TS 相比，其活性仍有待提高。

表8-4　甾体皂苷鼠李糖苷酶的性质比较

酶	来源	分子量 /kDa	基因信息	甾体皂苷水解功能	催化条件	比活力 /（U/mg）
葡萄糖淀粉酶[34]	*Curvularia lunata*	66	未提供	α-L-（1→2）- 鼠李糖苷	50℃，pH4.0	12.34
薯蓣皂苷糖苷酶[33]	*Absidia* sp. d38	55	未提供	α-L-（1→4）- 鼠李糖苷 α-L-（1→2）- 鼠李糖苷	40℃，pH5.0	116.2
薯蓣皂苷α-L-鼠李糖苷酶[31]	猪肝	47	未提供	α-L-（1→2）- 鼠李糖苷 α-L-（1→4）- 鼠李糖苷	42℃，pH7.0	未提供

续表

酶	来源	分子量/kDa	基因信息	甾体皂苷水解功能	催化条件	比活力/(U/mg)
α-鼠李酶[47]	*Trichoderma reesei*	60	MH748522	α-L-(1→2)-鼠李糖苷	未提供	未提供
Rhase-TS	*Talaromyces stollii* CLY-6	130	MT779018	α-L-(1→2)-鼠李糖苷	60℃，pH4.5	136.34

表8-5 甾体皂苷葡萄糖苷酶的性质比较

酶	来源	分子量/kDa	基因信息	甾体皂苷水解功能	催化条件	比活力/(U/mg)
人参皂苷糖苷酶[35]	*Aspergillus flavus*	120	未提供	3-*O*-*β*-D-葡萄糖苷	50℃，pH5.5	未提供
AfG[48]	*Aspergillus fumigates*	113	未提供	3-*O*-*β*-D-葡萄糖苷	65℃，pH4.6	0.0017
薯蓣皂苷糖苷酶[33]	*Absidia* sp. d38	55	未提供	3-*O*-*β*-D-葡萄糖苷	40℃，pH5.0	未提供
FBG1[49]	*Fusarium* sp. CPCC 400709	95	MT793646	3-*O*-*β*-D-葡萄糖苷	50℃，pH5.0	未提供
β-D-葡萄糖苷酶[47]	*Trichoderma viride*	36	MH748523	3-*O*-*β*-D-葡萄糖苷	未提供	未提供
Gluase-TS	*Talaromyces stollii* CLY-6	140	MT779019	3-*O*-*β*-D-葡萄糖苷	60℃，pH4.5	1.22

2．催化残基预测

酶在大多数生物过程中发挥着重要作用。尽管只有一小部分残基直接参与催化反应，但这些催化残基是酶中最关键的部分。广义的酸碱催化是指水分子以外的分子作为质子供体或受体参与催化，这种机制参与绝大多数酶的催化。蛋白质分子上的某些侧链基团（如天冬氨酸、谷氨酸和组氨酸）可以提供质子并将质子转移到反应的过渡态中间物而达到稳定过渡态的效果。如果一个侧链基团的 pK_a 值接近 7，那么该侧链基团就可能是最有效的广义的酸碱催化剂。如蛋白质分子上的组氨酸残基的咪唑基就是这样的基团，因此它可以作为很多酶的催化残基。除此之外，还有近三分之一已知酶的活性需要金属离子的存在，这些酶分为两类，一类为金属酶，另一类为金属激活酶。前者含有紧密结合的金属离子，多数为过渡金属，如 Fe^{2+}、Fe^{3+}、Cu^{2+}、Zn^{2+}、Mn^{2+} 或 Co^{3+}，后者与溶液中的金属离子松散地结合，通常是碱金属或碱土金属，例如 Na^{+}、K^{+}、Mg^{2+} 或 Ca^{2+}。许多氨基酸残基的侧链可作为共价催化剂，例如 Lys（赖氨酸）、His（组氨酸）、Cys（半胱氨酸）、Asp（天冬氨酸）、Glu（谷氨酸）、Ser（丝氨酸）或 Thr（苏氨酸），此外，一些辅酶或辅基也可以作为共价催化剂，例如硫胺素焦磷酸（TPP）和磷酸吡哆醛。

了解酶催化的分子机制对于研究各种复杂的生物过程很重要。在过去十年中，蛋白质数据库 [53] 中的蛋白质结构的数量迅速增加。然而，大部分酶的功能和催化残基还没有得到很好的研究和理解。用于鉴定酶催化残基的实验方法，如定点诱变，既费时又昂贵。需要设计用于识别催化残基的计算方法来有效处理大量未确定催化位点的蛋白质。目前已经开发了许多方法来基于从蛋白质序列和结构中提取的信息预测蛋白质催化位点。最直接的策略之一是寻找功能和催化残基已知的同源酶[54-58]。

为尝试在分子水平上理解酶对底物的催化作用，本书著者团队通过从头预测以及同源模拟对 Rhase-TS 和 Gluase-TS 结构建模并进行了序列保守分析从而预测酶的潜在催化残基以及底物结合机制。结果显示，Rhase-TS 和 Gluase-TS 的 *Z* 值分别为 −5.4 和 −9.6。此外，通过使用 PROCHECK[59] 工具评估得到的拉氏图显示，Rhase-TS 中 98.3% 的氨基酸残基在允许区域［图 8-7（a）］，而 Gluase-TS 中 99.9% 的氨基酸残基在允许区域［图 8-7（b）］。以上结果表明构建的 Rhase-TS 和 Gluase-TS 三维结构模型有效和可靠。

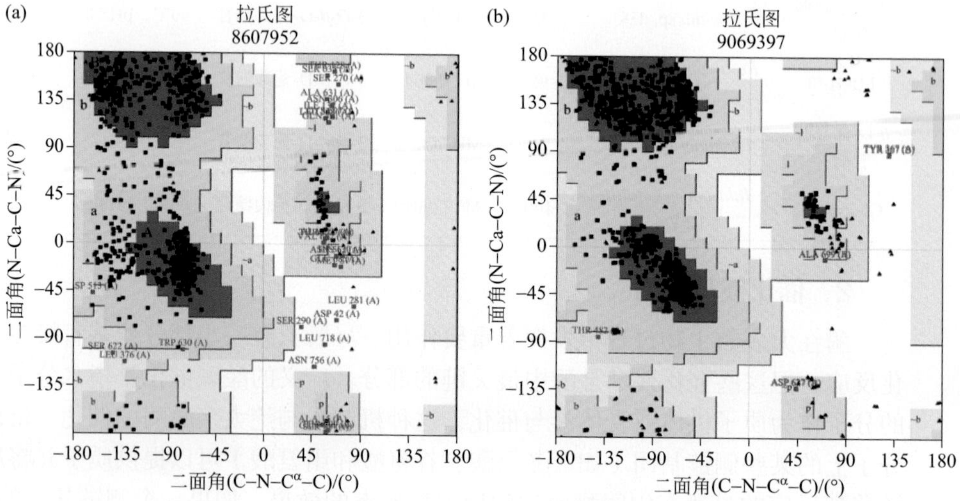

图8-7　Rhase-TS（a）和Gluase-TS（b）三维结构拉氏图

使用 PyMol 软件将 Rhase-TS 与和其结构最相似的两种蛋白（PDB ID：3w5m；PDB ID：6gsz）进行结构叠加。如图 8-8（a）所示，Rhase-TS 的 Asp 386 和 Glu 680 与 3w5m 的 Glu 636（亲核试剂）和 Glu 895（酸碱试剂）具有相似位置和方向。当以蛋白 6gsz 为模板时，Rhase-TS 的 Asp 386 和 Glu 680 也与 6gsz 的 Glu 467（亲核试剂）和 Glu 741（酸碱试剂）具有相似位置和方向［图 8-8（b）］，同理，将模板 5FJI（0.195nm，链 A）与 Gluase-TS 进行结构叠加，发现模板的催化残基 Asp 281（亲核试剂）和 Glu 510（酸碱试剂）与 Gluase-TS 的 Asp 273 和 Glu 503 分别具有相似位置和方向［图 8-8（c）］。综合序列保守分析的结果，Asp386（亲核试剂）和 Glu680（酸碱试剂）被预测为 Rhase-TS 的潜在催化残基，Asp273（亲核试剂）和 Glu503（酸碱试剂）被预测为 Gluase-TS 的潜在催化残基。

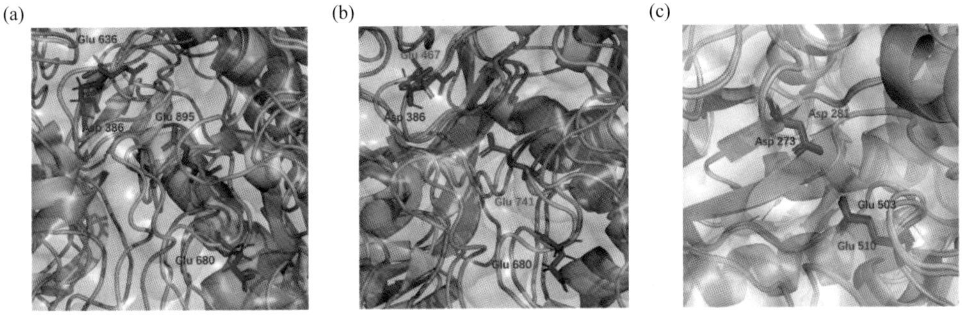

图8-8 （a）Rhase-TS模型（黄色）和模板3w5m[60]（青绿色）的结构叠加图，模板的催化残基（Glu636和Glu895）用红色显示，Rhase-TS的潜在催化残基（Asp386和Glu680）用蓝色显示；（b）Rhase-TS模型（黄色）和模板6gsz[61]（蓝绿色）的结构叠加图，模板的催化残基（Glu467和Glu741）用粉红色显示，Rhase-TS的潜在催化残基（Asp386和Glu680）用蓝色显示；（c）Gluase -TS模型（绿色）和模板5FJI[62]（浅橙色）的结构叠加图，模板的催化残基（Asp281和Glu510）用红色显示，Gluase-TS的潜在催化残基（Asp273和Glu503）用蓝色显示

将构建的 Rhase-TS 和 Gluase-TS 三维模型与底物 S_3 和 S_6 分别进行分子对接计算。Rhase-TS 中的 Asp 381 和 Asp 442 与底物 S_3 通过氢键相互作用结合［图 8-9（a）］，而 Trp 509、Leu 690 和 Pro 639 通过疏水相互作用与底物 S_3 结合。Gluase-TS 中 His 186、Tyr 190、Asp 273、Trp 274、Ser 444 和 Glu 503 与底物 S_6 通过氢键相

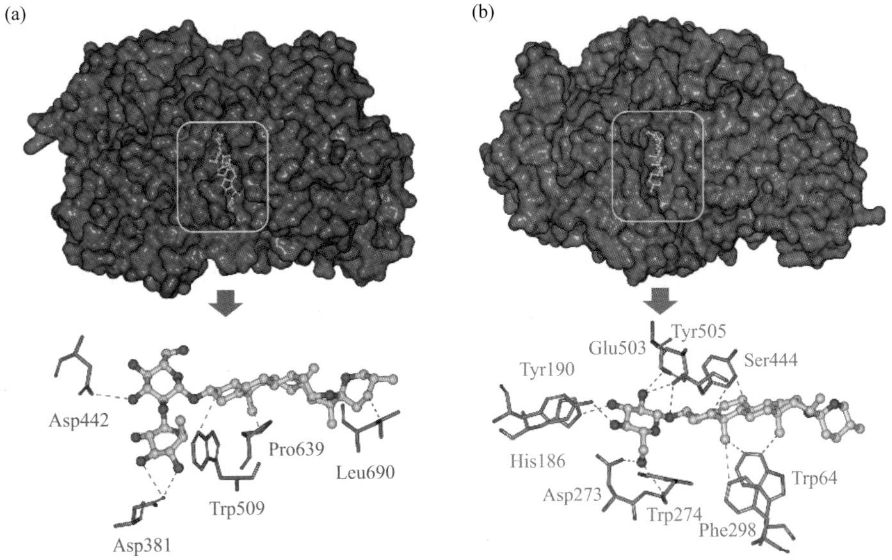

图8-9 Rhase-TS（a）和Gluase-TS（b）与S_3和S_6对接姿态以及潜在结合机制

互作用结合，而 Trp 64、Phe 298 和 Tyr 505 则通过疏水相互作用与底物 S_6 结合［图 8-9（b）］。以上所述残基被预测为 Rhase-TS 和 Gluase-TS 的潜在功能残基。上述计算分析为 Rhase-TS 和 Gluase-TS 的分子水平催化作用以及底物识别机制提供了初步见解，为未来通过蛋白质工程提高酶性能奠定基础。

四、酶催化制备薯蓣皂素

常规水解工艺的废水色度高、酸度高和 COD 高，因此“重污染”被认为是工业薯蓣皂素生产的典型标志[14]。酶催化为皂素清洁生产提供了一种有希望的替代方法，可减少有害有机试剂和酸 / 碱的使用，并最大程度上减少原材料消耗和副产物生成。因此，开发酶催化甾体皂苷制备薯蓣皂素具有重要意义。

由 *Talaromyces stollii* CLY-6 转化 E-DZW 机制可知，通过末端鼠李糖苷酶和葡萄糖苷酶即可实现 E-DZW 中甾体皂苷的水解得到皂素。Rhase-TS 具有目前最高的催化效率以及高糖耐受性，因此被选择用来水解甾体皂苷末端鼠李糖苷键。此外，通过商品酶筛选发现，由青岛蔚蓝生物股份有限公司提供的纤维素酶 Cel-TL4（50℃，pH 5.0）具有显著甾体皂苷葡萄糖苷键水解活性，比酶活高达 10.5U/mg（底物为 S_6），是 Gluase-TS（1.4U/mg）的 7.5 倍。因此，选择 Cel-TL4 完成薯蓣皂苷葡萄糖苷键的水解。

1．一锅法酶催化制备薯蓣皂素

依赖于单一催化策略的传统催化途径在过去几十年中已被发现可用于大量化学转化，但在处理复杂的目标分子和转化时，它们往往无法提供预期的结果[63]。为了克服这一困难，已经努力用一锅集成的多催化过程代替多步反应。这不仅可以避免时间和产量损失，而且无需借助中间体的分离和纯化。这带来了良好的经济性，并在环境友好的条件下显著消除了用于精细化学品制造的有害中间体的原位生成。近年来通过使用多催化、环保、原子经济的多米诺 / 级联和串联 / 顺序型工艺取得了显著进展[64]。

本书著者团队首先尝试探究一锅法酶催化 E-DZW 制备薯蓣皂素工艺。如图 8-10（a）所示，当 Rhase-TS（141.3U/mg）添加量在 0.8U/mL 以上时，甾体皂苷在 4h 内基本被完全水解，而当 Rhase-TS 添加量在 0.4U/mL 以下时，甾体皂苷在 16h 后才被完全水解。为让甾体皂苷在 8h 内完全水解，Rhase-TS 最适添加量被定为 0.6U/mL。同理，为实现反应在 8h 内结束，纤维素酶 Cel-TL4 最适添加量被定为 2.0U/mL［图 8-10（b）］。此外，由于 Rhase-TS 和 Cel-TL4 最适温度不一致，因此进一步对一锅法催化的反应温度进行优化。如图 8-10（c）所示，当温度在 52℃时，皂素得率达到最高，提高温度或降低温度均会降低皂素产率。

因此，最适反应温度被定为52℃。最后，本书著者团队探究E-DZW浓度对皂素得率的影响。如图8-10（d）所示，当E-DZW浓度在150mg/mL以上时，甾体皂苷无法被完全转化。当E-DZW浓度为120mg/mL时，甾体皂苷在24h左右基本被转化完全，且随着E-DZW浓度降低，反应时间相应减少。

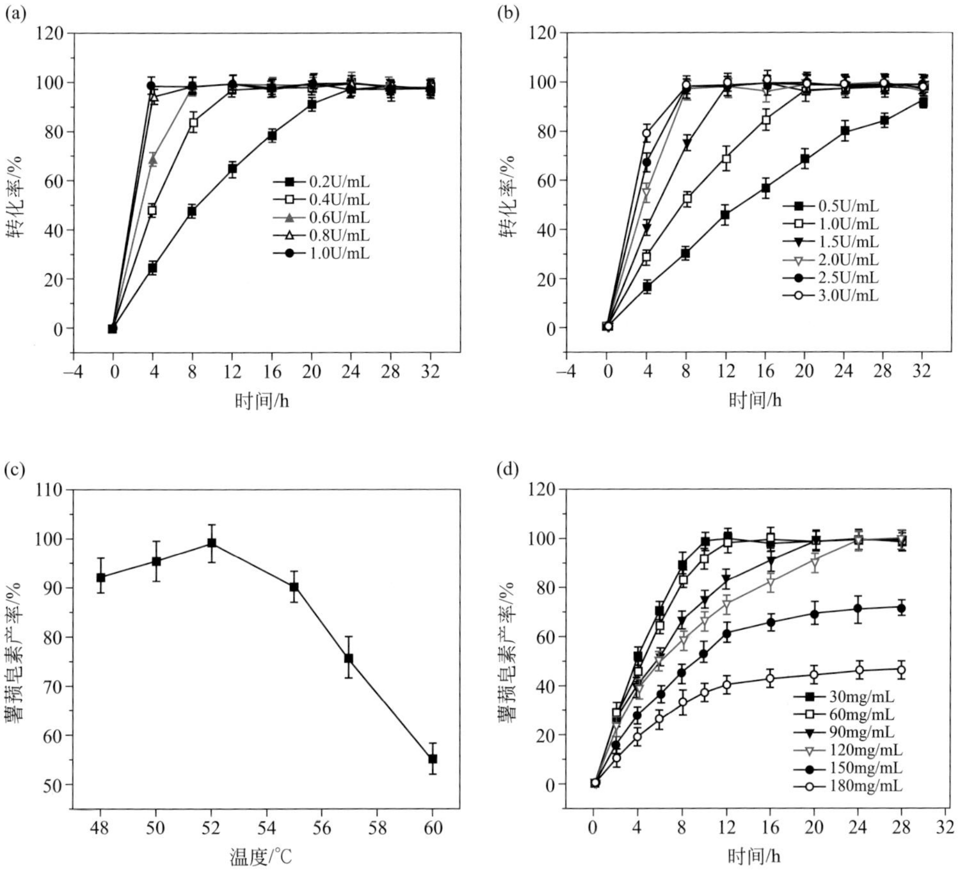

图8-10 （a）Rhase-TS添加量对甾体皂苷转化率的影响；（b）Cel-TL4添加量对薯蓣皂素产率的影响；（c）反应温度对薯蓣皂素产率的影响；（d）E-DZW浓度对薯蓣皂素产率的影响

在优化条件下（Cel-TL4∶24U/mL；Rhase-TS：7.2U/mL；pH 4.5；52℃），10g的E-DZW在24h内可转化得到1.82g皂素，而传统硫酸酸解法仅能得到1.66g皂素。酶催化法具有更高的皂素得率（98.5%）。更重要的是，酶催化法仅需少量无机盐来维持体系酸碱环境，而酸解法需要消耗大量强酸和强碱，后者对环境有巨大影响。此外，由于酶催化技术的内在优势，在回收鼠李糖之前，溶液无需脱色处理，利于简化后续工艺[65]。据本书著者团队所知，这是目前第一次实现利用重组酶催化高效生产皂素，为未来实现皂素的工业化生物制备奠定基础。

2．两步法酶催化制备薯蓣皂素

理论上催化 10g 的 E-DZW 可联产 0.6g 鼠李糖和 1.6g 葡萄糖，其中鼠李糖是一种高附加值产品，通过回收鼠李糖有望进一步增加皂素生产行业的经济效益，并对减少废水 COD 有利。考虑到一步法催化中鼠李糖和葡萄糖较难分离，因此本书著者团队进一步尝试探究两步酶法催化制备薯蓣皂素。

有两种转化路径可实现皂素两步酶法催化生产：①先 Rhase-TS 催化水解甾体皂苷鼠李糖苷键，后 Cel-TL4 催化水解甾体皂苷葡萄糖苷键；②先 Cel-TL4 催化水解甾体皂苷葡萄糖苷键，后 Rhase-TS 催化水解甾体皂苷鼠李糖苷键。通过分析发现，若先采用 Cel-TL4 水解断裂葡萄糖苷键，中间产物主要为 S_3 和皂素，而 S_3 侧链上仍带有葡萄糖基；而采用先 Rhase-TS 水解，则可以将底物中末端鼠李糖苷键水解完全，进而再用 Cel-TL4 可将余下葡萄糖苷一步水解得到皂素。因此，本书著者团队采用路径①探究两步酶法催化生产皂素。

以 Rhase-TS 催化 E-DZW 后的中间产物为底物探究第二步酶催化中 Cel-TL4 最适添加量。结果显示［图 8-11（a）］，当 Cel-TL4 添加量为 2.0U/mL 时，皂素得率在 8h 内达到 98% 以上。因此，最适 Cel-TL4 添加量被确定为 2.0U/mL。进一步对 E-DZW 最适浓度进行优化。首先，探究第一步中 Rhase-TS 催化 E-DZW 的最适 E-DZW 浓度。如图 8-11（b）所示，当 E-DZW 浓度达到 210mg/mL 时，甾体皂苷转化率在 8h 左右仍能达到 98% 以上，这可能是得益于 Rhase-TS 较高的鼠李糖耐受性（K_i：0.5mol/L）。当继续提高 E-DZW 浓度后，发现体系中溶液流动性极差，严重影响了催化反应进行。因此，第一步催化反应的最适 E-DZW 浓度定为 210mg/mL。对于第二步中 Cel-TL4 催化水解中间产物（S_4、S_5 和 S_6）制备皂素过程，当初始 E-DZW 浓度达到 120mg/mL 以上后［图 8-11（c）］，皂素得率下降明显，可能是体系中葡萄糖积累严重抑制了 Cel-TL4 活性。综上，两步酶法的最适 E-DZW 浓度为 120mg/mL。

为保证底物尽量完全转化，本书著者团队将第一步酶催化时间延长至 10h，将第二步酶催化时间延长至 25h。最终，10g 的 E-DZW 在 Rhase-TS（pH 4.5，60℃）和 Cel-TL4（pH 5.0，50℃）分步催化下可得到 1.82g 皂素（98.5%），与一锅法生产水平相当。相对于一锅法酶催化，两步法酶催化可实现在不同催化阶段对鼠李糖和葡萄糖进行收集。由于传统方法多采用微生物发酵消耗葡萄糖方式实现鼠李糖和葡萄糖的分离，而两步酶催化虽反应过程更复杂、用水量更多，但可实现鼠李糖和葡萄糖自然分离，简化下游鼠李糖回收工艺，间接上可降低成本并增加经济效益。总而言之，无论是一锅法还是两步法酶催化，它们在控制污染和提高经济效益方面比传统酸解更具优势。

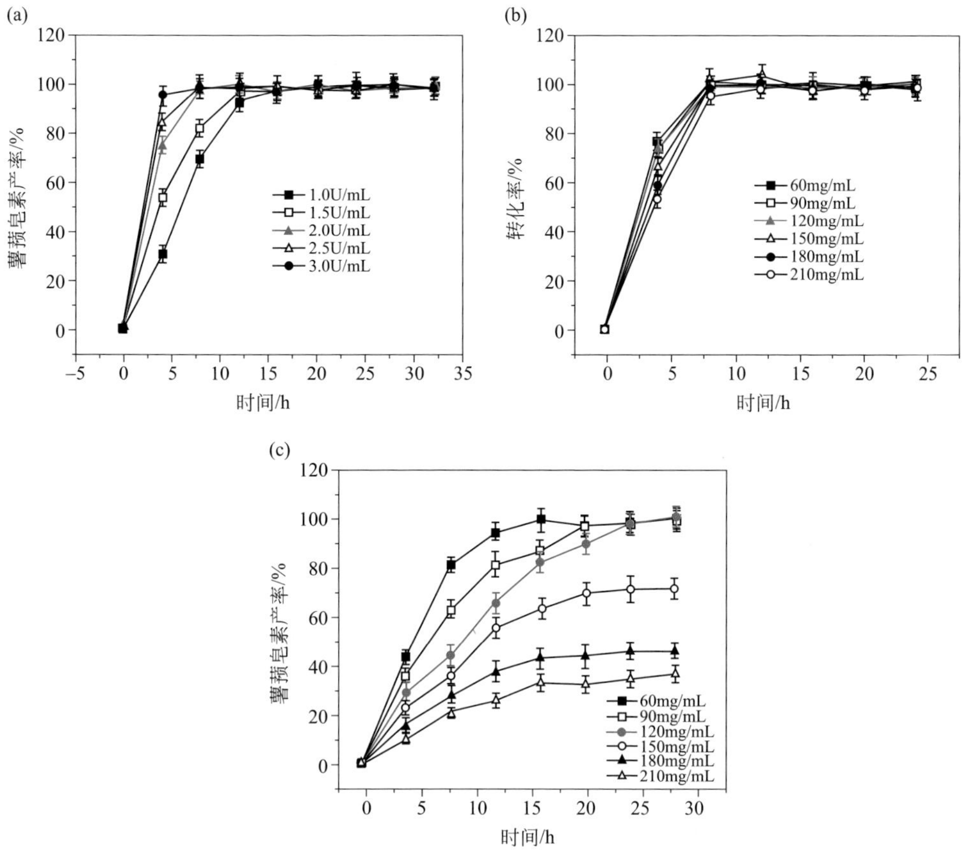

图8-11 （a）Cel-TL4添加量对皂素得率的影响；（b）E-DZW浓度对第一步催化底物转化率的影响；（c）E-DZW浓度对第二步催化皂素得率的影响

第三节 小结与展望

薯蓣皂素是性激素、避孕药、可的松等多种合成甾体药物的重要原料。通过酶催化生产薯蓣皂苷元为避免传统酸水解引起的严重环境问题提供了解决方案。然而，探索高效酶和建立催化过程仍然具有挑战性。在此，我们筛选出一种具有薯蓣皂苷水解活性的菌株，鉴定并命名为 *Talaromyces stollii* CLY-6。通过基因组分析和蛋白质指纹图谱，从 *Talaromyces stollii* 中发现了两种新型甾体皂苷糖苷酶（Rhase-TS：α- L- 鼠李糖苷酶；Gluase-TS：β- D- 葡萄糖苷酶），并通过毕赤酵母进行了水解酶的异源表达。值得注意的是，Rhase-TS 表现出优异的酶学特性，具有高热稳定性（＜70℃）、广泛的 pH 稳定性（pH 3.0 至 10.0）、高鼠李糖耐受性（K_i: 0.5M）和高催化活性（136.34U • mg^{-1}）。受上述研究的启发，探索并优化了一种全酶催化方法，实现了在克级底物浓度下制备薯蓣皂素（产率高达 96.5%）。与传统的酸水解相比，这种基于酶的方法在减少环境污染和提高经济效益方面显示出显著优势，为绿色环保的薯蓣皂素生产提供了一种有前景的替代方案。但是研究仍存在一些不足之处，有待进一步探究和提高。

（1）与鼠李糖苷酶相比，葡萄糖苷酶的催化活性以及糖耐受性不足，不利于未来工业化生产，下一步可尝试通过挖掘其他微生物来源的新型催化剂或采用蛋白质工程改造策略以获得更高效、更耐糖的糖苷酶。

（2）本研究中的蛋白缺乏三维结构信息，不利于催化机制的揭示以及未来通过蛋白质理性改造提高酶性能的研究，因此，进一步揭示其晶体学结构信息具有重要意义。

（3）酶在催化反应过程中大多难以重复回收利用，可尝试利用酶固定化提高酶的有效利用率和催化性能，降低生产成本。

（4）水解甾体皂苷生产薯蓣皂素的过程中会联产大量的高附加值的鼠李糖，因此有必要开发鼠李糖分离纯化回收工艺，既可提高经济效益，又能进一步减少环境污染。

参考文献

[1] Sethi G, Shanmugam M K, Warrier S, et al. Pro-apoptotic and anti-cancer properties of diosgenin: A comprehensive and critical review [J]. Nutrients, 2018, 10(5): 645.

[2] Mafalda J, Martins A P J, Eugenia G, et al. Diosgenin: Recent highlights on pharmacology and analytical methodology [J]. Journal of Analytical Methods in Chemistry, 2016, 2016: 1-16.

[3] Zhang X, Jin M, Tadesse N, et al. *Dioscorea zingiberensis* C. H. Wright: An overview on its traditional use, phytochemistry, pharmacology, clinical applications, quality control, and toxicity [J]. Journal of Ethnopharmacol, 2018, 220: 283-293.

[4] Lemin A, Djerassi C. The conversion of diosgenin to cortisone via 11-ketosteroids of the 5β-series [J]. Journal of the American Chemical Society, 1954, 76(22): 5672-5674.

[5] Deshpande H, Bhalsing S. Plant derived novel biomedicinal: Diosgenin [J]. International Journal of Pharmacognosy and Phytochemical Research, 2014, 6: 780-784.

[6] Xue N, Zhang G, Chen J, et al. Evaluation on diosgenin production processes from *Dioscorea zingiberensis* CH

Wright using analytical hierarchy process-grey relational analysis [J]. Research Journal of Environmental Sciences, 2014, 27(1): 99-105.

[7] Dangi R, Misar A, Tamhankar S, et al. Diosgenin content in some *Trigonella* species [J]. Indian Journal of Agricultural Sciences, 2014, 1: 47-51.

[8] 龚金梅，肖红卫，安庆，等. 甾体类激素原料药地塞米松生产工艺与市场分析 [J]. 云南科技管理，2012, 25(6): 69-72.

[9] Zhang X, Jin M, Tadesse N, et al. Methods to treat the industrial wastewater in diosgenin enterprises produced from *Diosorea zingiberensis* C. H. Wright [J]. Journal of Cleaner Production, 2018, 186(10): 34-44.

[10] 董悦生，齐珊珊，刘琳，等. 米曲霉直接转化盾叶薯蓣生产薯蓣皂苷元 [J]. 过程工程学报，2009, (05): 993-998.

[11] Feng B, Ma B P, Kang L P, et al. The microbiological transformation of steroidal saponins by Curvularia lunata [J]. Tetrahedron, 2005, 61(49): 11758-11763.

[12] 李伯刚. 中国药用薯蓣资源植物研究与产业化开发 [M]. 北京：科学出版社，2006.

[13] Yang Z, Wang Y, Liu Z, et al. Pathways for the steroidal saponins conversion to diosgenin during acid hydrolysis of Dioscorea zingiberensis CH Wright [J]. Chemical Engineering Research and Design , 2011, 89(12): 2620-2625.

[14] Zhang X, Jin M, Tadesse N, et al. Methods to treat the industrial wastewater in diosgenin enterprises produced from Diosorea zingiberensis CH Wright [J]. Journal of Cleaner Production, 2018, 186: 34-44.

[15] 孙欣，邓良伟，吴力斌. 皂素生产废水污染特点及治理现状 [J]. 中国沼气，2005, (01): 25-28.

[16] Yang Z, Wang Y, Liu Z, et al. Pathways for the steroidal saponins conversion to diosgenin during acid hydrolysis of Dioscorea zingiberensis C. H. Wright [J]. Chemical Engineering Research, 2011, 89(12): 2620-2625.

[17] 阴春晖，李培琴，赵江林，等. 从盾叶薯蓣组培苗中高压酸解制备薯蓣皂苷元 [J]. 天然产物研究与开发，2011, 23(1): 114-117.

[18] Liu W, Huang W, Sun W L, et al. Production of diosgenin from yellow ginger (*Dioscorea zingiberensis* C. H. Wright) saponins by commercial cellulase [J]. World Journal of Microbiology Biotechnology, 2010, 26(7): 1171-1180.

[19] 张裕卿，王东青，李滨县，等. 阶梯生物催化协同提取盾叶薯蓣中薯蓣皂苷元的研究 [J]. 中草药，2006, 37(5): 688-691.

[20] Wang P, Ma C Y, Chen S W, et al. Conversion of steroid saponins into diosgenin by catalytic hydrolysis using acid-functionalized ionic liquid under microwave irradiation [J]. Journal of Cleaner Production, 2014, 79: 265-270.

[21] Shen B, Yu X, Zhang F, et al. Green production of diosgenin from alcoholysis of *Dioscorea zingiberensis* CH wright by a magnetic solid acid [J]. Journal of Cleaner Production, 2020, 271: 122297.

[22] Yang H, Yin H W, Shen Y P, et al. A more ecological and efficient approach for producing diosgenin from *Dioscorea zingiberensis* tubers via pressurized biphase acid hydrolysis [J]. Journal of Cleaner Production, 2016, 131: 10-19.

[23] 贺赐安，余旭亚，孟庆雄，等. 生物转化对天然药物进行结构修饰的研究进展 [J]. 天然产物研究与开发，2012, 24(5): 843-847.

[24] Dong J, Lei C, Lu D, et al. Direct biotransformation of dioscin into diosgenin in rhizome of *Dioscorea zingiberensis* by *Penicillium dioscin* [J]. Indian Journal of Microbiology, 2015, 55(2): 200-206.

[25] Zhu Y, Huang W, Ni J. A promising clean process for production of diosgenin from *Dioscorea zingiberensis* C. H. Wright [J]. Journal of Cleaner Production, 2010, 18(3): 242-247.

[26] Liu L, Dong Y S, Qi S S, et al. Biotransformation of steriodal saponins in *Dioscorea zingiberensis* C. H. Wright to diosgenin by *Trichoderma harzianum* [J]. Applied Microbiology Biotechnology, 2010, 85(4): 933-940.

[27] Xiang H, Zhang T, Pang X, et al. Isolation of endophytic fungi from *Dioscorea zingiberensis* C. H. Wright and

application for diosgenin production by solid-state fermentation [J]. Applied Microbiology Biotechnology, 2018, 102(13): 5519-5532.

[28] Schmid A, Dordick J S, Hauer B, et al. Industrial biocatalysis today and tomorrow [J]. Nature, 2001, 409(6817): 258-268.

[29] Fryszkowska A, Devine P N. Biocatalysis in drug discovery and development [J]. Current Opinion in Chemical Biology , 2020, 55: 151-160.

[30] Cheng L, Zhang H, Cui H, et al. Efficient production of the anti-aging drug cycloastragenol: Insight from two glycosidases by enzyme mining [J]. Applied Microbiology Biotechnology, 2020, 104(23): 9991-10004.

[31] Qian S, Yu H, Zhang C, et al. Purification and characterization of dioscin-α-L-rhamnosidase from pig liver [J]. Chemical & Pharmaceutical Bulletin, 2005, 53(8): 911-914.

[32] Liu T, Yu H, Liu C, et al. Protodioscin-glycosidase-1 hydrolyzing 26-*O*-β-D-glucoside and 3-*O*-(1 →4)-α-l-rhamnoside of steroidal saponins from *Aspergillus oryzae* [J]. Applied Microbiology Biotechnology, 2013, 97(23): 10035-10043.

[33] Fu Y, Yu H, Tang S H, et al. New dioscin-glycosidase hydrolyzing multi-glycosides of dioscin from *Absidia* strain [J]. Journal of Industrial Microbiology & Biotechnology, 2010, 20(6): 1011-1017.

[34] Feng B, Hu W, Ma B P, et al. Purification, characterization, and substrate specificity of a glucoamylase with steroidal saponin-rhamnosidase activity from *Curvularia lunata* [J]. Applied Microbiology Biotechnology, 2007, 76(6): 1329-1338.

[35] Huang H, Zhao M, Lu L, et al. Pathways of biotransformation of zingiberen newsaponin from *Dioscorea zingiberensis* CH Wright to diosgenin [J]. Journal of Molecular Catalysis B: Enzymatic, 2013, 98: 1-7.

[36] Nestl B M, Nebel B A, Hauer B. Recent progress in industrial biocatalysis [J]. Current Opinion in Chemical Biology, 2011, 15(2): 187-193.

[37] Medzihradszky K F, Campbell J M, Baldwin M A, et al. The characteristics of peptide collision-induced dissociation using a high-performance MALDI-TOF/TOF tandem mass spectrometer [J]. Analytical Chemistry, 2000, 72(3): 552-558.

[38] Jemal M. High - throughput quantitative bioanalysis by LC/MS/MS [J]. Biomedical Chromatography, 2000, 14(6): 422-429.

[39] 范翠英，冯利兴，樊金玲，等．重组蛋白表达系统的研究进展 [J]．生物技术，2012, 22(2): 76-80.

[40] 郭广君，吕素芳，王荣富．外源基因表达系统的研究进展 [J]．科学技术与工程，2006, 6(5): 582-587.

[41] 解庭波．大肠杆菌表达系统的研究进展 [J]．长江大学学报（自然科学报），2008, 5(3): 77-82.

[42] 罗竞红，游自立．巴斯德毕赤酵母表达系统在外源基因表达中的研究进展 [J]．生物技术通报，2007, (3): 75-79.

[43] 高云，黄宇烽．真核表达系统的研究进展 [J]．中华男科学杂志，2002, 8(4): 292-294.

[44] Hitzeman R A, Hagie F E, Levine H L, et al. Expression of a human gene for interferon in yeast [J]. Nature, 1981, 293(5835): 717-722.

[45] Valenzuela P, Medina A, Rutter W J, et al. Synthesis and assembly of hepatitis B virus surface antigen particles in yeast [J]. Nature, 1982, 298(5872): 347-350.

[46] 唐存多，史红玲，唐青海，等．生物催化剂发现与改造的研究进展 [J]．中国生物工程杂志，2014, 34(9):113-121.

[47] Huang J, Wang Y, Fang L, et al. Purification, molecular cloning and expression of three key saponin hydrolases from *Trichoderma reesei*, *Trichoderma viride* and *Aspergillus fumigatus* [J]. Nature Environment and Pollution Technology, 2019, 18(3): 755-764.

[48] Lei J, Niu H, Li T, et al. A novel β-glucosidase from *Aspergillus fumigates* releases diosgenin from spirostanosides of *Dioscorea zingiberensis* CH Wright (DZW) [J]. World Journal of Microbiology and Biotechnology, 2012, 28(3): 1309-1314.

[49] Liu W, Xiang H, Zhang T, et al. Development of a new high-cell density fermentation strategy for enhanced production of a fungus β-glucosidase in *Pichia pastoris* [J]. Frontiers in Microbiology, 2020, 11: 1988.

[50] Maalej I, Belhaj I, Masmoudi N F, et al. Highly thermostable xylanase of the thermophilic fungus *Talaromyces thermophilus*: purification and characterization [J]. Applied Biochemistry and Biotechnology, 2009, 158(1): 200-212.

[51] Guo J P, Tan J L, Wang Y L, et al. Isolation of Talathermophilins from the Thermophilic Fungus *Talaromyces thermophilus* YM3-4 [J]. Journal of Natural Products, 2011, 74(10): 2278-81.

[52] Méndez-Líter J A, de Eugenio L I, Prieto A, et al. The β-glucosidase secreted by *Talaromyces amestolkiae* under carbon starvation: a versatile catalyst for biofuel production from plant and algal biomass [J]. Biotechnology for Biofuels, 2018, 11(1): 1-14.

[53] Sussman J L, Abola E E, Lin D, et al. The protein data bank [J]. Genetica, 1999, 106(1): 149-158.

[54] Capra J A, Singh M. Predicting functionally important residues from sequence conservation [J]. Bioinformatics, 2007, 23(15): 1875-1882.

[55] La D, Sutch B, Livesay D R. Predicting protein functional sites with phylogenetic motifs [J]. Proteins: Structure, Function, and Bioinformatics, 2005, 58(2): 309-320.

[56] Ota M, Kinoshita K, Nishikawa K. Prediction of Catalytic Residues in Enzymes Based on Known Tertiary Structure, Stability Profile, and Sequence Conservation [J]. Journal of Molecular Biology, 2003, 327(5): 1053-1064.

[57] Sterner B, Singh R, Berger B. Predicting and Annotating Catalytic Residues: An Information Theoretic Approach [J]. Journal of Computational Biology, 2007, 14(8): 1058-1073.

[58] Torrance J W, Bartlett G J, Porter C T, et al. Using a Library of Structural Templates to Recognise Catalytic Sites and Explore their Evolution in Homologous Families [J]. Journal of Molecular Biology, 2005, 347(3): 565-581.

[59] Laskowski R A, Macarthur M W, Moss D S, et al. Procheck - a Program to Check the Stereochemical Quality of Protein Structures [J]. Journal of Applied Crystallography, 1993, 26(2): 283-291.

[60] Fujimoto Z, Jackson A, Michikawa M, et al. The structure of a *Streptomyces avermitilis* α-L-rhamnosidase reveals a novel carbohydrate-binding module CBM67 within the six-domain arrangement [J]. Journal of Biological Chemistry, 2013, 288(17): 12376-12385.

[61] Pachl P, Škerlová J, Šimčíková D, et al. Crystal structure of native *α*-L-rhamnosidase from *Aspergillus terreus* [J]. Acta Crystallographica Section D, 2018, 74(11): 1078-1084.

[62] Agirre J, Ariza A, Offen W A, et al. Three-dimensional structures of two heavily *N*-glycosylated *Aspergillus* sp. family GH3 β-D-glucosidases [J]. Acta Crystallographica Section D, 2016, 72(2): 254-265.

[63] Notestein J M, Katz A. Enhancing heterogeneous catalysis through cooperative hybrid organic-inorganic interfaces [J]. Chemistry, 2006, 12(15): 3954-3965.

[64] Armor J N. Fundamentals of Industrial Catalytic Processes: Robert Farrauto and Calvin Bartholomew; Chapmann and Hall, 1997, ISBN 0 7514 0406 3 [J]. Applied Catalysis A: General, 2001, 208(1): 429-430.

[65] Liu S, Hou Y, Li X, et al. Study on extraction of rhamnose from dioscin hydrolyzation liquid of *Dioscorea zingiberensis* CH Wright [J]. Science and Technology of Food Industry, 2011, 32(9): 239-242.

第九章

酶法制备甘油葡萄糖苷

甘油葡萄糖苷（glucosyl glycerol，GG）是一种来源于蓝细菌、密罗木、百合的糖苷类化合物。甘油葡萄糖苷在滋润皮肤、增强皮肤弹性、改善皮肤屏障功能、稳定生物大分子以抵御高温和干燥、抑制肿瘤生长等方面表现出优良的性能。作为优秀的保湿因子，甘油葡萄糖苷已被应用于面膜、面霜、浴液和化妆水等多种化妆品和个人护理产品中。目前，合成甘油葡萄糖苷方法主要有化学法和生物法，其中，生物法又包括合成生物学法和酶催化法。化学法合成甘油葡萄糖苷的后处理和产品纯化过程十分复杂，并不适合大规模工业化生产。合成生物学法能够在单一细胞内实现从二氧化碳到甘油葡萄糖苷产品的直接转化，具有高转化效率和低碳排放的优点，但微生物生产过程难以放大，且产量低，成本高，应用于工业化生产还有很大阻碍。本书著者团队通过 NCBI 数据库和同源序列比对筛选出一种高活性蔗糖磷酸化酶，用于催化制备单一构型的 2-*O*-*α*- 甘油葡萄糖苷。此方法具有成本低、产物构型单一、操作条件简单、反应条件温和的优势，是一种有着广阔工业化前景的方法。为了解决游离酶本身存在的稳定性差、成本高、副产物耐受性差等问题，本书著者团队通过特异性吸附和静电吸附作用，将蔗糖磷酸化酶分别固定在琼脂糖微球和有机 - 无机杂化材料上，制备了高稳定性酶制剂，对于蔗糖磷酸化酶的工业化应用具有重要意义。

第一节
甘油葡萄糖苷简介

一、甘油葡萄糖苷简介及来源

甘油葡萄糖苷（GG）是一种由一分子葡萄糖和一分子甘油通过糖苷键连接而成的糖苷类化合物。根据糖苷键连接的立体构象，自然界中的甘油葡萄糖苷一般分为两种构型：*α*- 甘油葡萄糖苷和 *β*- 甘油葡萄糖苷（图 9-1）。其中，*α*- 甘油

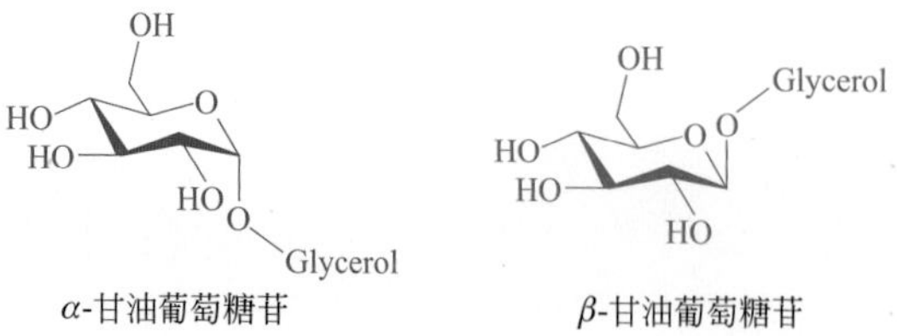

图9-1
α-甘油葡萄糖苷和*β*-甘油葡萄糖苷的化学结构图

葡萄糖苷主要存在于蓝藻、嗜硫红假单胞菌、门多萨假单胞菌等微生物中，*β*-甘油葡萄糖苷目前为止仅在密罗木、麝香百合等高等植物中发现。

1974年，Kaneda等[1]在分析百合花叶和茎的天然成分时，发现了两个由葡萄糖和甘油组成的无色化合物2-*O*-*β*-GG（百合花苷B，lilioside B）和2-*O*-乙酰基-*β*-GG（百合花苷A，lilioside A）。此后，广大研究人员从百合属物种中发现了一系列不同构型的甘油葡萄糖苷及其类似物。在结构上，这些化合物显示出高度的多样性，其结构特点也因物种而异。比如，麝香百合的糖苷键在甘油的Sn-2位形成，而日本百合的糖苷键在甘油的Sn-1或Sn-3位形成。此外，甘油葡萄糖苷分子内也存在着*R*和*S*立体构象。例如，*R*构象产物（2*R*）-3-*O*-*β*-GG存在于黄金卷丹中[2]，*S*构象产物（2*S*）-1-*O*-*β*-GG和（2*S*）-3-*O*-乙酰基-1-*O*-*β*-GG在日本百合中[3]被发现。除了百合科植物外，复活植物密罗木也能自身合成2-*O*-*β*-GG[4]。

与高等植物中主要合成*β*构型的甘油葡萄糖苷不同，在蓝藻等微生物细胞内主要合成2-*O*-*α*-甘油葡萄糖苷，并作为兼容溶质保护微生物细胞。兼容溶质是一个低分子量、高水溶性、不带电的化合物功能组，包括糖、多元醇、杂苷、氨基酸及其衍生物[5]。当外部环境中盐离子浓度较高时，许多微生物从头开始合成并积累兼容溶质，使其在细胞内达到高浓度，以维持细胞张力和保护大分子，并且不干扰细胞代谢[6]。Tatsuuma-Honke Brewing公司的科研人员[7]在分析清酒中的成分时，首次在发酵食品中发现了*α*-甘油葡萄糖苷的三种异构体。

二、甘油葡萄糖苷的功效及市场前景

自从在日本发酵食品中发现甘油葡萄糖苷以来，甘油葡萄糖苷的生物特性和活性及其潜在的应用也被广泛研究。*α*-甘油葡萄糖苷具有明显的甜味，其甜度是蔗糖的0.55倍，并且没有苦味，可作为潜在的甜味剂[7]。2-*O*-*α*-甘油葡萄糖苷的化学结构与现有的*α*-葡萄糖苷酶抑制剂伏格列波糖十分相似。伏格列波糖是缬氨酰胺的*N*取代衍生物，对*α*-葡萄糖苷酶具有出色的抑制活性，对高血糖症和由高血糖症引起的各种疾病具有抗药性，并且已作为上市药物用于治疗糖尿病[8]。根据结构决定性质原理，2-*O*-*α*-甘油葡萄糖苷有望成为治疗糖尿病的先导化合物[7,9]。据文献报道，甘油葡萄糖苷在增强蛋白质稳定性[10]、保护生物膜[11]、抗肿瘤[12]、抗真菌[13]等方面也有一定的功效。除了在食品和医药领域的应用外，甘油葡萄糖苷在化妆品领域也表现出巨大的应用潜力。甘油葡萄糖苷在滋润皮肤、增强皮肤弹性[7]、改善皮肤屏障功能[14]、稳定生物大分子以抵御高温和干燥、抑制肿瘤生长等方面表现出优良性能[15]。例如，甘油葡萄糖苷的保湿性能远远优于山梨醇和甘油，并可刺激APQ3水分子蛋白的表达[16]。

随着甘油葡萄糖苷的生物活性和功能被逐步明确，近年来甘油葡萄糖苷在化妆品领域的应用越来越广泛。作为优秀的保湿剂，甘油葡萄糖苷常被补充到许多化妆品和个人护理产品中，如面膜、面霜、浴液和化妆水等[17]。甘油葡萄糖苷的市场需求和含甘油葡萄糖苷产品的数量正在迅速增长。例如，2009 年，日本化妆品市场上只有一种含甘油葡萄糖苷的化妆品，但在 2021 年，市面上含甘油葡萄糖苷的化妆品增加至 647 种。同样，国内注册的含甘油葡萄糖苷的化妆品配方数量也从 2014 年的 83 个增加到 2019 年的 6112 个。快速增长的需求大大推动了甘油葡萄糖苷大规模生产技术的发展。

三、甘油葡萄糖苷的制备方法

目前合成甘油葡萄糖苷的方法主要有化学法和生物法，其中，生物法包括合成生物学法和酶催化法[18]。2000 年，Tatsuuma-Honke Brewing 公司[15]首次报告了甘油葡萄糖苷的化学合成方法。此方法是在乙酸、四乙酸铅、硼氢化钠的催化下，将异麦芽糖和海藻糖分别转化为（2*S*）-1-*O*-*α*- 甘油葡萄糖苷和（2*S*）-1-*O*-*α*- 甘油葡萄糖苷的混合物。尽管这些方法成功地实现了 *α*- 甘油葡萄糖苷的合成，但转化率很低，仅为 18%，而且后处理和产品纯化过程十分复杂，并不适合大规模工业化生产。

与化学法相比，微生物体内生产甘油葡萄糖苷有着独特的优势。中国科学院青岛生物能源与过程研究所于 2015 年[19]利用基因工程和分子生物学技术改造蓝藻 Syn6803 细胞，通过半连续培养 24 天后，实现了 982mg/L 的 2-*O*-*α*- 甘油葡萄糖苷总回收。然而，由于蓝藻代谢工程领域存在常见问题，如目标产品产量低、规模化栽培和生物质收获困难。对于甘油葡萄糖苷的生物合成，除了微生物法，细菌或真菌来源的 *α*- 葡萄糖苷酶（EC 3.2.1.20）、环糊精葡聚糖转移酶（EC 3.2.1.20）、蔗糖磷酸化酶（EC 2.4.1.7）、淀粉酶（EC 2.4.1.4）、曲二糖磷酸化酶（EC 2.4.1.230）、甘油葡萄糖苷磷酸化酶（EC 2.4.1.332）、*β*- 葡萄糖苷酶（EC 3.2.1.21）也能在体外系统中催化甘油葡萄糖苷的合成。由 *α*- 葡萄糖苷酶[15,20]、环糊精葡聚糖转移酶[21]、曲二糖磷酸化酶[22]、淀粉酶[23]催化产生的甘油葡萄糖苷是 2-*O*-*α*- 甘油葡萄糖苷、（2*R*）-1-*O*-*α*- 甘油葡萄糖苷、（2*S*）-1-*O*-*α*- 甘油葡萄糖苷的立体异构体混合物。不同构型的甘油葡萄糖苷可能在某一方面的应用有着显著的差异，这就严重限制了甘油葡萄糖苷在医疗、化妆品领域的应用。蔗糖磷酸化酶属于糖苷水解酶 13 家族，能够催化蔗糖的可逆磷酸解。利用其广泛的底物特异性，蔗糖磷酸化酶可以将葡萄糖基转移至不同的受体合成 *α*- 熊果苷、2-*O*-*α*- 甘油葡萄糖苷、低聚糖及多酚化合物的衍生物等产物。

第二节
酶法制备甘油葡萄糖苷关键技术

2008 年，Goedl 等 [24] 首次报道了利用来源于肠膜明串珠菌的蔗糖磷酸化酶的转糖基化活性生产 2-*O*-*α*- 甘油葡萄糖苷。在最适条件下，蔗糖的转化率达到约 90%。近年来，Lei 等 [25] 通过半理性设计、氨基酸定点突变等手段改造蔗糖磷酸化酶，显著提升了酶活性，在 48h 内催化制备 177.6g/L 2-*O*-*α*- 甘油葡萄糖苷。但是蔗糖磷酸化酶催化法也存在着反应时间长、酶活低、重复使用性差的问题。因此，通过同源序列比对、基因工程与分子生物学技术、酶固定化等手段，筛选、表达、固定化一种酶活性高的蔗糖磷酸化酶，实现 2-*O*-*α*- 甘油葡萄糖苷的高效、规模化、可持续合成是有十分重要意义的。

一、蔗糖磷酸化酶的筛选、表达、活性研究

本书著者团队基于 NCBI 数据库和同源序列比对，筛选了四种分别来源于假肠膜明串珠菌（LPMSPase，LPM）、肠膜明串珠菌（LMSPase，LM）、青春双歧杆菌（BaSPase，Ba）、长双歧杆菌（BLSPase，BL）的蔗糖磷酸化酶。四种蔗糖磷酸化酶在大肠埃希菌 BL21（DE3）的异源表达结果如图 9-2 所示，这四种蔗糖磷酸化酶的沉淀中都几乎不含蛋白质，说明四种酶均能高效地可溶性表达，并且几乎没有包涵体，这对后续的酶催化应用十分关键。

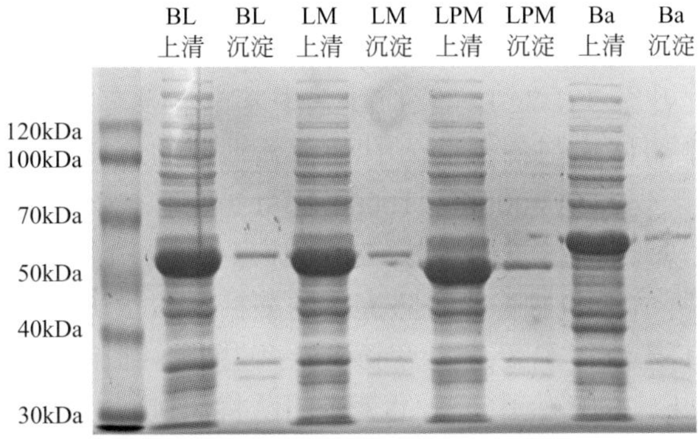

图9-2
BL上清、BL沉淀、LM上清、LM沉淀、LPM上清、LPM沉淀、Ba上清、Ba沉淀的聚丙烯酰胺凝胶蛋白电泳图

在确定四种蔗糖磷酸化酶均能可溶性表达后，本书著者团队测定了四种

酶催化合成 2-*O*-*α*- 甘油葡萄糖苷的活性。如表 9-1 所示，BLSPase 的比酶活最高，为 3.38U/mg，BaSPase 的比酶活最低，为 0.51U/mg。LMSPase 是目前合成 2-*O*-*α*- 甘油葡萄糖苷最常用的蔗糖磷酸化酶，比酶活为 0.84U/mg。罗伊氏乳杆菌来源的蔗糖磷酸化酶（LrSPase）比酶活为 1.25U/mg[26]。本书著者团队筛选的 BLSPase 的比酶活是 LMSPase 的 4.02 倍，有潜力作为一种高效生物催化剂制备 2-*O*-*α*- 甘油葡萄糖苷。基于 BLSPase 的高酶活，本书著者团队的后续工作均围绕 BLSPase 进行。

表9-1 LMSPase、LPMSPase、BLSPase、BaSPase的酶活性对比

酶的名称	菌体来源	酶活性/（U/mg）
LMSPase	肠膜明串珠菌	0.84±0.06
LPMSPase	假肠膜明串珠菌	1.75±0.02
BLSPase	长双歧杆菌	3.38±0.11
BaSPase	青春双歧杆菌	0.51±0.04

二、蔗糖磷酸化酶催化制备2-*O*-*α*-甘油葡萄糖苷

蔗糖磷酸化酶催化制备 2-*O*-*α*- 甘油葡萄糖苷主要分为全细胞催化法和游离酶催化法。Wei 等[27] 采用全细胞催化法，以 OD_{600} 浓度为 15 的大肠埃希菌细胞为催化剂，催化 1mol/L 蔗糖和 1.5mol/L 甘油，制备 237.68g/L 2-*O*-*α*- 甘油葡萄糖苷，是迄今为止蔗糖磷酸化酶全细胞催化法制备 2-*O*-*α*- 甘油葡萄糖苷的最高产量。本书著者团队采用游离酶催化法，以筛选的 BLSPase 为催化剂，通过提高酶浓度、放大反应体系等手段实现了 2-*O*-*α*- 甘油葡萄糖苷的规模化合成。如图 9-3（a）所示，当蔗糖浓度和甘油浓度分别为 2mol/L 和 3mol/L，酶浓度为 2.23U/mL，反应体系为 20mL，反应 72h 时，2-*O*-*α*- 甘油葡萄糖苷的产量为 337.6g/L，将酶浓度提升至 11.15U/mL，在反应体系、底物浓度、反应时间都不变的条件下，2-*O*-*α*- 甘油葡萄糖苷的产量提升至 391.7g/L，反应体系中基本上没有蔗糖剩余，此产量是迄今为止报道胞外单酶催化制备 2-*O*-*α*- 甘油葡萄糖苷的最高产量。随后本书著者团队又将反应体系放大至 300mL、1000mL、1500mL，产量基本上没有变化，2-*O*-*α*- 甘油葡萄糖苷的产量分别为 390.6g/L、391.2g/L、389.5g/L［图 9-3（b）］。如图 9-3（c）所示，本书著者团队提出的蔗糖磷酸化酶催化规模化合成 2-*O*-*α*- 甘油葡萄糖苷工艺流程主要分为大肠埃希菌发酵、细胞破碎、酶催化、HPLC 检测四步。在接下来的研究中，本书著者团队将通过间歇加料、中试放大等方式，进一步缩短反应时间，扩大反应规模，为推动 BLSPase 催化合成 2-*O*-*α*- 甘油葡萄糖苷的工业化生产做出一定的贡献。

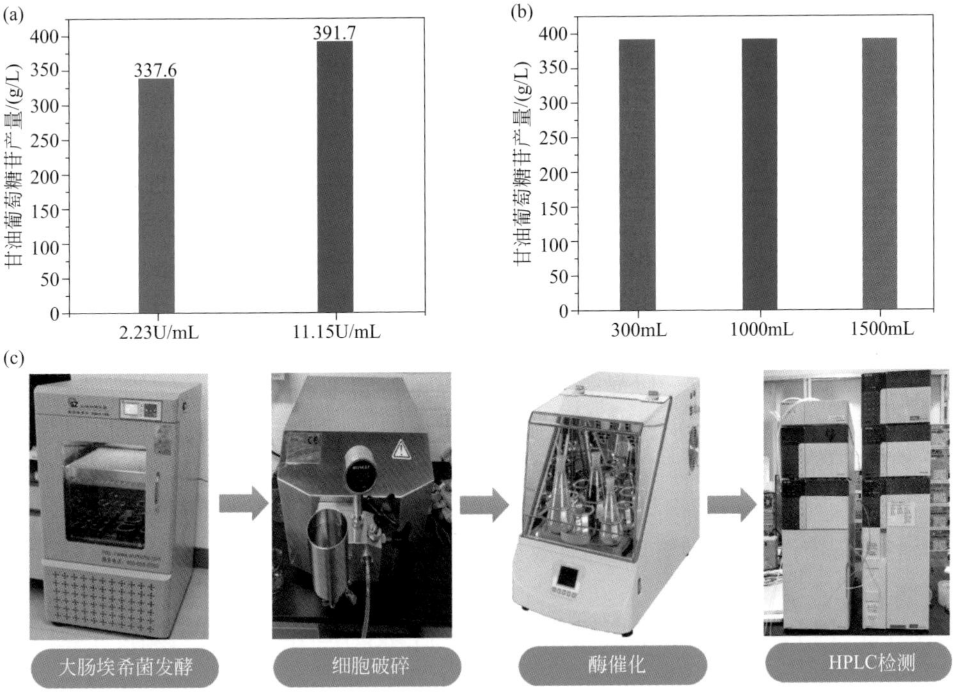

图9-3 提高酶浓度（a）和放大反应体系（b）时2-*O*-α-甘油葡萄糖苷产量的变化；2-*O*-α-甘油葡萄糖苷的生产工艺流程（c）

第三节 固定化酶制备甘油葡萄糖苷关键技术

随着现代工业化学中对环保、绿色、可持续的要求越来越高，酶作为一种绿色、环保的催化剂越来越受到广泛的关注[6]。酶的高选择性和特异性可以最大限度地提高原子经济性，并且酶在发挥其催化功能时，通常在温和条件下，水介质中。然而，酶作为生物催化剂，存在稳定性差、不能重复利用等一系列天然问题[27]，严重阻碍酶在工业化过程中的应用。固定化是一种简单的方法，可以克服工业生产中游离酶稳定性差、不可重复使用的缺点[28]。静电吸附、共价结合、特异性吸附、共沉淀和交联酶聚集体是几种广泛使用的固定化技术[29]。到目前为止，关于蔗糖磷酸化酶固定化的报道很少，仅有交联酶聚集体固定化[30,31]和

Z_{basic2}[32] 静电吸附固定化两种。交联酶聚集体主要改善了蔗糖磷酸化酶的热稳定性，固定化酶在 60℃ 下放置 7 天后仍然保持 100% 的相对活性。Z_{basic2} 静电吸附固定蔗糖磷酸化酶被应用于微结构流动反应器中连续生产 2-*O*-*α*- 甘油葡萄糖苷，时空产量为 500mmol/（L・h）。然而，现有的蔗糖磷酸化酶固定化方法都是十分复杂、耗时、缺乏特异性的，并且不能克服高浓度果糖副产物抑制蔗糖磷酸化酶活性的问题。

因此，本书著者团队建立了两种简单、特异性的固定化方法，快速、高效固定化 BLSPase，提升 BLSPase 的稳定性和重复使用性，并解决了果糖副产物抑制酶活性的难题。第一种方法是通过 Ni-NTA 功能化琼脂糖微球对 BLSPase 通过特异性吸附进行固定，以显著提高 BLSPase 稳定性和果糖耐受性 [33]。第二种方法是通过生物大分子调控的仿生矿化作用构建了一种新型有机 - 无机杂化纳米花，用于固定 BLSPase[34]。上述两种方法均通过分析固定前后 BLSPase 二级结构的变化，探究了二级结构与副产物耐受性提高之间的关系，这会成为解决天然糖苷制备过程中严重副产物抑制的有效方法，具有广阔的工业应用前景。

一、Ni-NTA功能化琼脂糖微球特异性吸附固定化蔗糖磷酸化酶

1. 特异性吸附载体的筛选和固定化条件的优化

通常情况下，固定化需要纯酶，这导致了固定化的成本较高 [35]。因此，开发一种简单且高效的方法，实现酶的一步纯化固定化有着重要的意义。在本书著者团队之前的研究中，我们发现锆基金属有机框架材料（UIO-66）可以选择性地吸附带有组氨酸标签的蛋白质 [27]。因此，本书著者团队首先选择了 UIO-66 和磁性四氧化三铁纳米颗粒杂交的磁性金属有机框架材料（Fe_3O_4@UIO-66）特异性地固定组氨酸标签标记的 BLSPase。如图 9-4（a）所示，UIO-66 的固载率不足 40%，整个固定化过程导致 60% 的酶损失，并且 Fe_3O_4@UIO-66 几乎没有固定 BLSPase。本书著者团队也进一步分析了 UIO-66 和 Fe_3O_4@UIO-66 低固载率的原因，首先分别测试了 UIO-66、Fe_3O_4@UIO-66、BLSPase 的 Zeta 电位［图 9-4（b）］。在 pH 7.5 的磷酸氢二钠 - 磷酸二氢钠缓冲液中，Fe_3O_4@UIO-66 和 BLSPase 的电位分别为 −8mV 和 −2.5mV，UIO-66 的电位为 +10mV。因此，Fe_3O_4@UIO-66 纳米颗粒与 BLSPase 存在静电排斥作用，很难特异性吸附带负电的 BLSPase。UIO-66 与 BLSPase 之间存在静电吸附作用，BLSPase 可能主要通过静电吸附作用与 UIO-66 结合，而不是通过与 Zr^{4+} 配位特异性吸附结合，这导致了 UIO-66 的固载率较低。

琼脂糖具有良好的生物相容性，常被用于蛋白质的分离和纯化 [4]。本书著者

团队选择用镍离子 - 氮基三乙酸（Ni-NTA）或镍离子 - 亚氨基二乙酸（Ni-IDA）修饰的琼脂糖微球，通过镍离子与组氨酸的特异性吸附作用固定 BLSPase。实验结果表明，Ni-NTA 功能化琼脂糖微球的固载率约为 80%，而 Ni-IDA 功能化琼脂糖微球的固载率为 60%。上述结果可能与修饰基团和琼脂糖之间的螯合强度相关。Ni-NTA 的四价螯合作用比 Ni-IDA 的三价螯合作用强，Ni-IDA 的稳定常数比 Ni-NTA 的稳定常数低 [36]。因此，在固定化过程中，Ni-IDA 很容易从 Ni-IDA 琼脂糖微球表面脱落，使得琼脂糖微球不能特异性地吸附组氨酸标签标记的 BLSPase。综上所述，Ni-NTA 功能化琼脂糖微球被选择用于 BLSPase 的固定化。

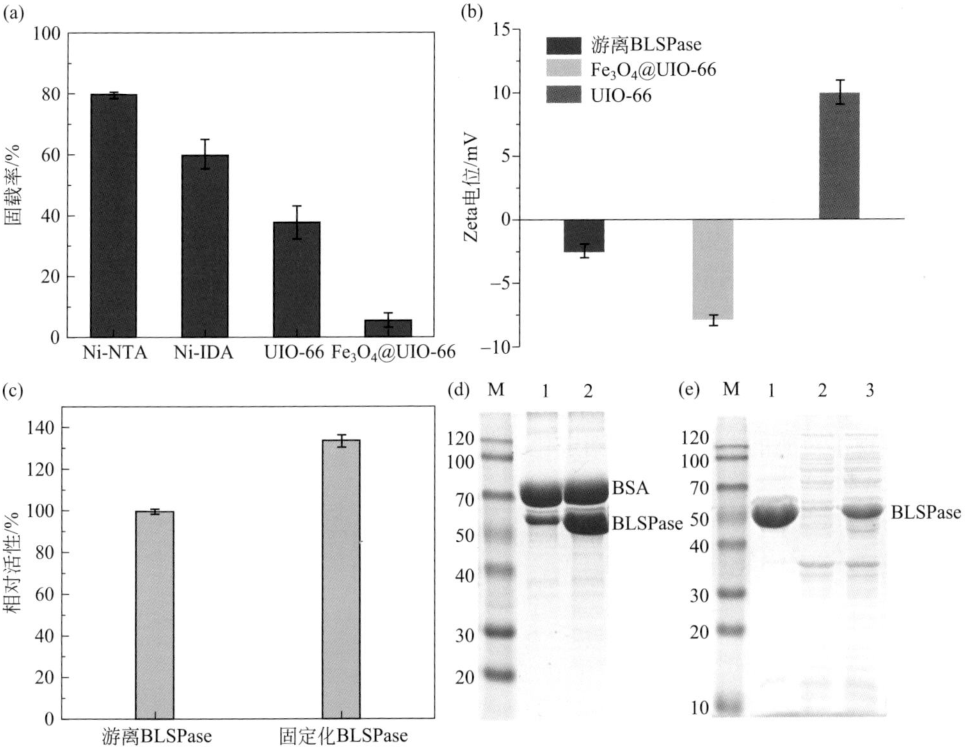

图9-4 不同载体的固载率（a）；游离BLSPase、Fe_3O_4@UIO-66和UIO-66的Zeta电位（b）；游离和固定化BLSPase的相对活性（c）；聚丙烯酰胺凝胶电泳（SDS-PAGE），条带1：固定化后的牛血清白蛋白和BLSPase，条带2：固定化前的牛血清白蛋白和BLSPase（d）；聚丙烯酰胺凝胶电泳（SDS-PAGE），条带1：纯化后的BLSPase，条带2：固定化后的细胞裂解液，条带3：固定化前的细胞裂解液（e）

载体容量和固定化效率是工业应用的关键因素 [37]。因此，优化固定化时间和蛋白质的负载量是十分必要的。如图 9-5（a）所示，随着反应时间的延长，上清液中的蛋白质浓度逐渐下降，100min 后，BLSPase 的最高固载率达到 80%。当外加 20mg Ni-NTA 功能化琼脂糖微球时，随着酶浓度的增加，固载率不断增加，在 0.6mg/mL BLSPase 时，最高固载率为 80.22%［图 9-5（b）］。酶分子在载体上的积累，造成了空间障碍或扩散限制，阻碍了酶分子与载体的进一步结合，使酶的固载率不能进一步提升。与 UIO-66 和 Fe_3O_4 @UIO-66 相比，镍离子和组氨酸标签之间的特异性吸附作用比 UIO-66 和 BLSPase 之间的静电吸附强很多。因此，Ni-NTA 功能化琼脂糖微球具有更高的固载能力和固载率，在实际应用中大大减少了载体的浪费和蛋白质的损失，降低了生产成本，有利于工业化应用。而且，与等量的游离酶相比，用 Ni-NTA 功能化琼脂糖微球固定后，BLSPase 的催化活性增加了 30%［图 9-4（c）］。本书著者团队也对这一现象进行了进一步分析，众所周知，蔗糖和甘油具有良好的水溶性。作为亲水载体，琼脂糖有利于水溶性底物与酶活性位点结合，并为 BLSPase 分子构建稳定的微环境，进而提升了 BLSPase 的催化活性。为了进一步证明 Ni-NTA 功能化琼脂糖微球对组氨酸标签标记的 BLSPase 的特异性吸附，我们在固定化体系中同时加入牛血清白蛋白（BSA）和组氨酸标签标记的 BLSPase，通过 Ni-NTA 功能化琼脂糖微球固定。聚丙烯酰胺凝胶电泳（SDS-PAGE）［图 9-4（d）］表明 Ni-NTA 功能化琼脂糖只特异性地吸附组氨酸标签标记的 BLSPase。此外，Ni-NTA 功能化琼脂糖微球也能在细胞裂解液中选择性地吸附组氨酸标签标记的 BLSPase［图 9-4（e）］。因此，在随后的研究中，细胞裂解中组氨酸标签标记的BLSPase通过特异性吸附直接固定在载体上，实现了对酶的一步纯化和固定化，对于固定化酶的工业化应用有着重要的意义。

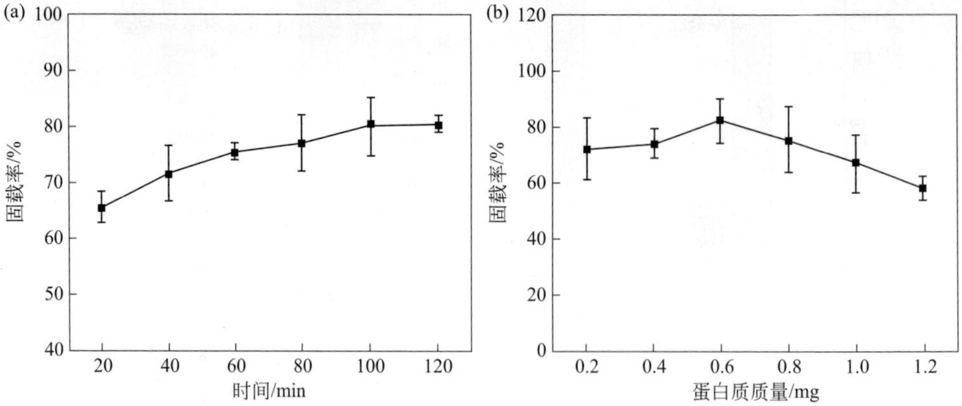

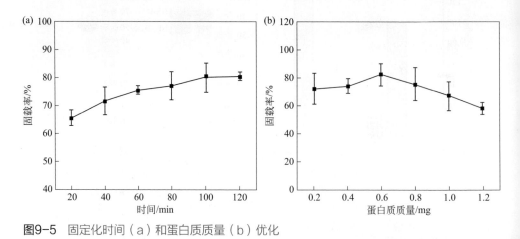

图9-5　固定化时间（a）和蛋白质质量（b）优化

2. Ni-NTA 功能化琼脂糖微球和固定化酶的表征

场发射扫描电子显微镜（scanning electron microscopy，SEM）常用来表征

载体的表面结构。如图 9-6（a）和图 9-6（b）所示，Ni-NTA 功能化琼脂糖微球是一个表面光滑、规则的球形载体。当 BLSPase 特异性地吸附在载体上时，Ni-NTA 功能化琼脂糖微球的球形结构保持不变［图 9-6（b）］，说明 Ni-NTA 功能化琼脂糖微球具有良好的结构稳定性。但是在 BLSPase 固定化后，Ni-NTA 功能化琼脂糖微球的表面变得非常粗糙，甚至出现裂纹［图 9-6（c）］，这些现象证明了 BLSPase 成功固定在 Ni-NTA 功能化琼脂糖微球的表面。由于琼脂糖的孔径较大，BLSPase 分子可能被吸附在载体表面或被包裹在载体内部。为了揭示 BLSPase 在固定化载体中的分布情况，本书著者团队使用激光扫描共聚焦显微镜（confocal laser scanning microscope，CLSM）观察用荧光染料罗丹明 B 标记后的 BLSPase 在载体上的分布情况。如图 9-6（d）所示，红色荧光标记的 BLSPase 被吸附在 Ni-NTA 功能化琼脂糖的表面，表明 BLSPase 被固定在载体颗粒表面，也进一步证实了 Ni-NTA 功能化琼脂糖微球主要是通过表面特异性吸附来固定 BLSPase。

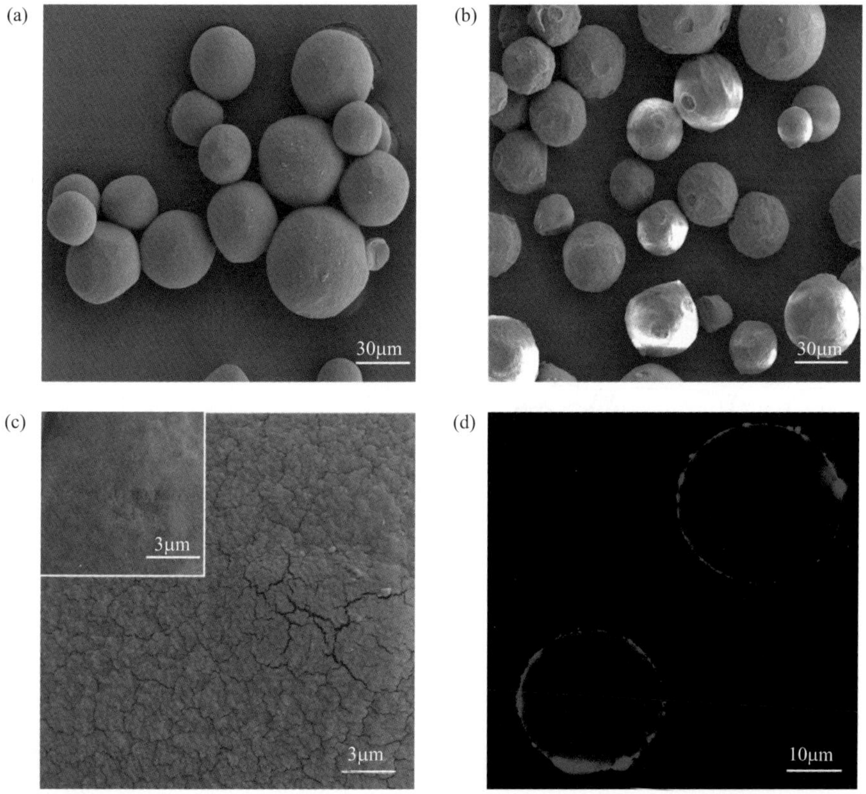

图9-6　Ni-NTA功能化琼脂糖微球和固定化BLSPase的扫描电子显微镜图像（a）～（c）；固定化BLSPase的激光共聚焦显微镜图像（d）

傅里叶变换红外光谱仪（Fourier transform infrared spectrometer，FTIR）被用来表征 BLSPase、固定化酶及载体的官能团。如图 9-7（a）所示，BLSPase 结构中酰胺键的特征吸收峰在 1642cm^{-1} 和 1190cm^{-1}。琼脂糖分别在 879cm^{-1}，932cm^{-1}，1042cm^{-1}，1458cm^{-1}，2932cm^{-1} 和 3387cm^{-1} 处有特征吸收峰。其中，琼脂糖的骨架结构在 879cm^{-1} 和 932cm^{-1} 处有特征吸收峰，1042cm^{-1} 和 1458cm^{-1} 是糖苷键的特征吸收峰，2932cm^{-1} 和 3387cm^{-1} 处的吸收峰分别与—CH_2—和—OH 官能团相对应。固定化后，固定化酶比 Ni-NTA 功能化琼脂糖微球多两个新的吸收峰，分别在 1190cm^{-1} 和 1642cm^{-1} 处，这一现象证明了 BLSPase 成功地固定在 Ni-NTA 功能化琼脂糖上。本书著者团队还通过热重分析（thermogravimetric analysis，TGA）进一步研究了 Ni-NTA 功能化琼脂糖微球和固定化酶的热稳定性行为。载体和固定化酶的 TGA 曲线如图 9-7（b）所示。在 0 ～ 180℃的范围内，由于水分蒸发，载体和固定化酶的重量损失超过 10%。当温度上升至 800℃时，载体内的螯合琼脂糖结构断裂，导致了载体大约 77% 的重量损失。在相同的温度范围内，固定化酶损失了 92% 的重量，进一步证明了 BLSPase 在 Ni-NTA 功能化琼脂糖上的成功固定化。根据 BLSPase 和 Ni-NTA 功能化琼脂糖的重量变化，酶在每克载体上的负载量为 30mg。

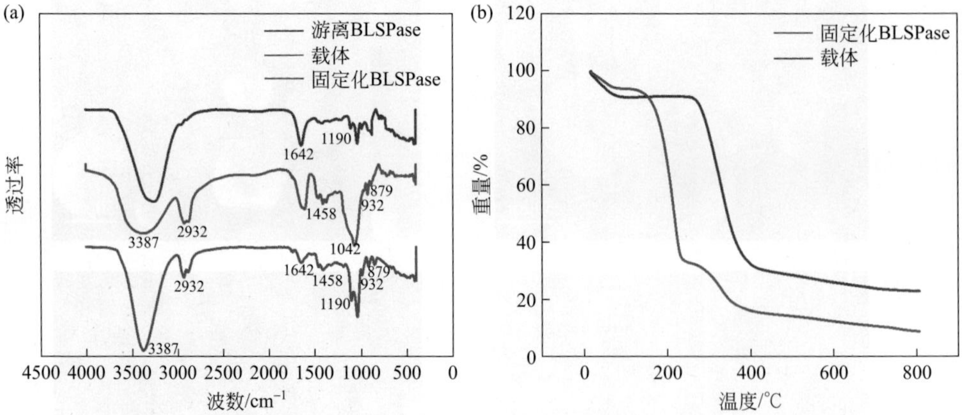

图9-7 游离BLSPase、载体、固定化BLSPase的傅里叶变换红外光谱图（a）；固定化BLSPase、载体的热重分析图（b）

3．游离 BLSPase 和固定化 BLSPase 的酶学性质

温度和 pH 值是影响酶催化活性的主要因素[38]。本书著者团队在 20 ～ 60℃范围内，研究了游离 BLSPase 和固定化 BLSPase 催化活性随温度的变化情况。如图 9-8（a）所示，游离 BLSPase 的最适温度为 35℃，固定化后，BLSPase 的

最适温度变为 40℃。游离 BLSPase 和固定化 BLSPase 的催化构象可能会有明显区别，导致 BLSPase 与底物结合的活化能增加，进而导致最适温度的变化。在温度为 40℃、45℃、50℃时，固定化 BLSPase 的相对活性均在 100% 左右，表明固定化 BLSPase 在高温条件下仍保持高催化活性。此外，本书著者团队在 pH 4 ～ 10 范围内，研究了游离 BLSPase 和固定化 BLSPase 催化活性随 pH 的变化情况［图 9-8（b）］。与游离 BLSPase 相比，固定化 BLSPase 在宽泛的 pH 值范围仍有较高的催化活性。在 pH 5.5 ～ 8.5 的范围内，固定化 BLSPase 的相对活性都在 100% 左右。这是因为 Ni-NTA 功能化琼脂糖微球保护了 BLSPase 的催化活性位点，进一步扩大了 BLSPase 最适 pH 值范围。

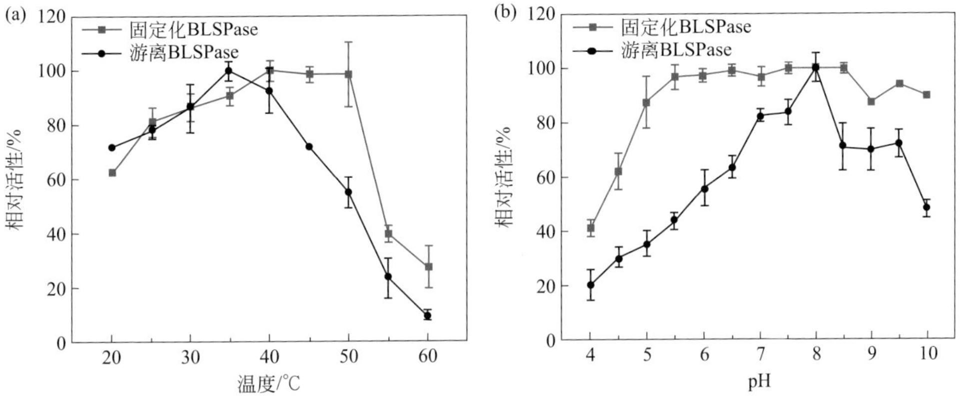

图9-8　游离BLSPase和固定化BLSPase的最适温度（a）、最适pH（b）

BLSPase 的动力学实验结果表明（表 9-2），固定化 BLSPase 的最大反应速率（2.48μmol•L^{-1}•s^{-1}）比游离 BLSPase（3.18μmol•L^{-1}•s^{-1}）低，这可能是由于酶被 Ni-NTA 功能化琼脂糖固载后造成的底物扩散限制，并且 BLSPase 分子聚集在载体表面，导致催化活性位点被掩盖。米氏常数的含义是酶促反应达最大速度一半时的底物浓度，它代表 BLSPase 对底物的亲和力。固定化 BLSPase（40.56mmol•L^{-1}）显示出比游离 BLSPase（55.68mmol•L^{-1}）更低的米氏常数，表明 BLSPase 在固定化后对其底物的亲和力增加了 0.37 倍。

表9-2　游离BLSPase和固定化BLSPase的最大反应速率和米氏常数

酶	最大反应速率/μmol・L^{-1}・s^{-1}	米氏常数/mmol・L^{-1}
游离BLSPase	3.18881±0.09928	55.68386±6.95289
固定化BLSPase	2.48333±0.13914	40.56327±12.35754

4．游离 BLSPase、固定化 BLSPase 的副产物耐受性、酸碱稳定性、放置稳定性、可重复使用性

众所周知，酶的热稳定性和酸碱稳定性与其商业化价值息息相关[39]。本书著者团队在 pH 4 ～ 9 的条件下，测定了游离 BLSPase 和固定化 BLSPase 的 pH 稳定性。如图 9-9（a）所示，固定化 BLSPase 在酸性、中性、碱性条件下均比游离 BLSPase 更稳定。固定化 BLSPase 在 pH 4 ～ 9 时均保持 80% 以上的相对活性。但游离 BLSPase 在酸性条件下（pH 4 ～ 6.5）失去 40% ～ 60% 的相对活性。酶活性在高温条件下被严重抑制甚至失活是一个普遍现象。如图 9-9（b）所示，固定化 BLSPase 在 60℃时的相对活性几乎是游离 BLSPase 的两倍。这些结果可能是因为 BLSPase 与 Ni-NTA 功能化琼脂糖之间的特异性吸附，稳定了 BLSPase 的催化构象，使 BLSPase 对强酸和高温引起的变性不敏感。固定化酶的可重复使用性和放置稳定性可以减轻酶的成本负担[40]。为此，本书著者团队分析了游

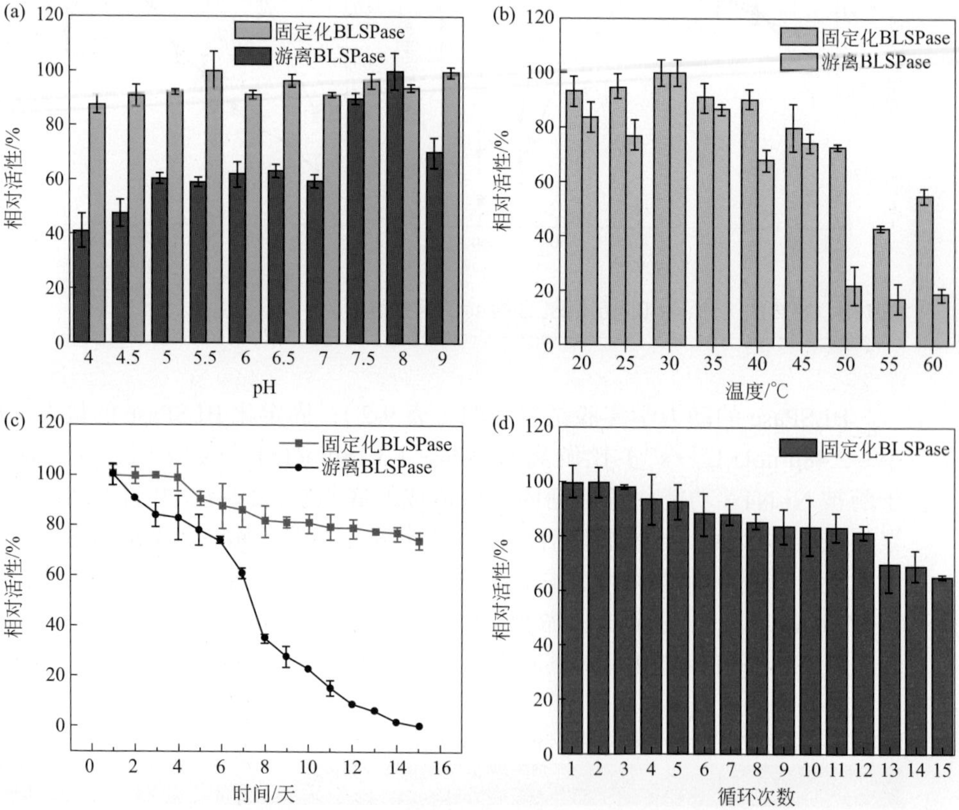

图9-9 游离BLSPase和固定化BLSPase的pH稳定性（a）、温度稳定性（b）、放置稳定性（c）、可重复使用性（d）

离 BLSPase 和固定化 BLSPase 在 4℃下，放置 15 天的稳定性［图 9-9（c）］。结果发现，固定化 BLSPase 在 4℃下放置 15 天后仍然保留了 70% 以上的相对活性，但游离 BLSPase 几乎没有活性。如图 9-9（d）所示，固定化 BLSPase 可以重复使用 15 个循环。在固定化 BLSPase 重复使用 12 个循环后仍保持 80% 以上的活性，即使在 15 个循环后也仍保持 60% 以上的活性。酶在固定化后，放置稳定性和可重复使用性的显著提升对于酶的工业应用有着重大的意义。

果糖是葡萄糖糖基化反应的常见副产物，在反应过程中果糖的不断产生会严重抑制 BLSPase 的酶活性。因此，果糖的副产物抑制效应不仅限制了 BLSPase 的工业应用，而且严重阻碍了 2-*O*-*α*- 甘油葡萄糖苷产量的进一步提高。研究不同浓度的果糖对游离和固定化 BLSPase 活性的影响是十分必要的。如图 9-10（a）所示，当反应体系中额外加入 0.6mol/L 果糖时，游离 BLSPase 催化合成 2-*O*-*α*- 甘油葡萄糖苷的相对活性下降了近 30%，表明在低浓度果糖存在下游离 BLSPase 的催化活性也会受到严重抑制。然而，在相同条件下，固定化 BLSPase 催化合成 2-*O*-*α*- 甘油葡萄糖苷的产量在 24h 内可达到 89.1mg/mL，并保留 98% 的催化活性。即使果糖浓度增加至 3mol/L，固定化 BLSPase 仍然有 80% 的相对催化活性。为了进一步分析在高浓度果糖下固定化 BLSPase 活性提升的原因，我们通过拉曼光谱（Raman spectra，RS）分析了游离和固定化 BLSPase 的二级结构。酶的二级结构与催化活性密切相关。由于酶和载体之间的相互作用，固定化后酶的原始构象可能会发生较大变化。拉曼光谱是一种分析蛋白质二级结构的常用方法。为了研究固定化前后 BLSPase 二级结构的变化，本书著者团队用拉曼光谱分别分析了游离和固定化 BLSPase 的二级结构。如图 9-10（b）所示，经 Ni-NTA 功能化琼脂糖微球固定化后，BLSPase 的 α- 螺旋结构含量从 18% 下降至 4.63%，β- 折叠结构含量从 32.52% 上升到 63.6%。据文献报道，由于氢键的存在，β- 折叠结构与酶结构的刚性相关。α- 螺旋结构含量的减少可能会导致更高的催化活性。固定化 BLSPase 的 β- 折叠结构含量比游离 BLSPase 高得多，增强了 BLSPase 的刚性结构，从而使其具有更好的酸碱稳定性和热稳定性。一般来说，固定化后蛋白质的有序结构增加是提高酶活性和稳定性的根本原因。在果糖耐受性研究中，额外加入 0.6mol/L 果糖条件下，固定化 BLSPase 的活性比游离 BLSPase 高 30% 左右。如图 9-10（c）所示，当在反应体系中加入 0.6mol/L 果糖时，游离 BLSPase 的 α- 螺旋结构含量从 18% 增加至 24%，β- 折叠结构含量从 32% 减少至 28%。然而，在相同果糖浓度下，固定化 BLSPase α- 螺旋结构含量从 4.63% 减少至 4.15%，而 β- 折叠结构含量从 63.6% 增加至 72%。高浓度的果糖破坏了游离 BLSPase 的刚性结构，游离 BLSPase 的催化活性被抑制 30%。与游离 BLSPase 相比，固定化 BLSPase 的刚性结构和催化活性仍然保留，这证实了固定化稳定了 BLSPase 的催化构象，提高了 BLSPase 对果糖的耐受性。

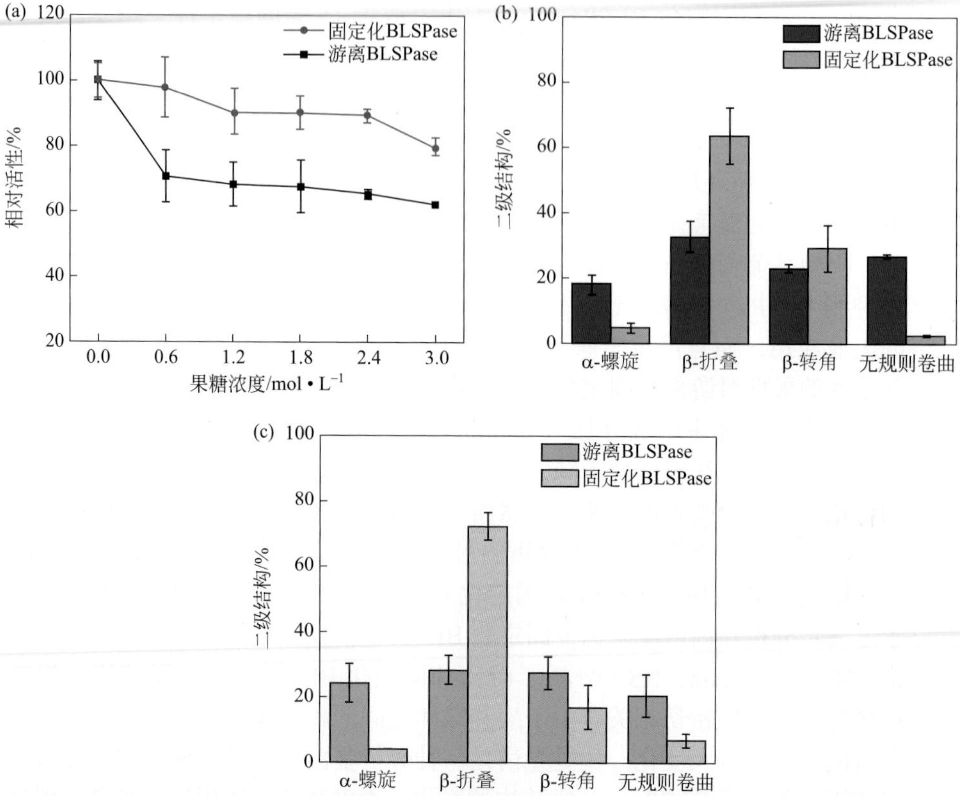

图9-10　游离BLSPase和固定化BLSPase的果糖副产物耐受性（a）、二级结构（b）、在外加0.6mol • L^{-1}果糖下的二级结构（c）

二、壳聚糖调控的仿生杂化纳米花自组装固定化蔗糖磷酸化酶

蛋白质 - 无机杂化纳米花是一类花状的功能性材料，由于其合成简单、反应条件温和、稳定性高、生物相容性好而被广泛用于酶的固定化。在过去的十年中，这些优异的功能促进了有机 - 无机杂化纳米花在漆酶、脂肪酶、α- 淀粉酶等固定化中的应用[41]。蛋白质 - 无机杂化纳米花的形成是一个典型的仿生矿化过程。在这个过程中，酶分子既作为无机晶体的成核部位，又作为重要的核心催化单元。表面带负电的蛋白质分子可以通过静电作用与带正电的无机金属离子结合。在过饱和状态下，无机矿物会自发地在酶的表面形成。但是，传统的蛋白质 - 无机杂化纳米花的应用仍然面临一些难以克服的挑战，比如反应时间长、机械稳定性弱以及产量低。因此，如何合理地调控仿生矿化是构建具有强稳定性和

高催化活性固定化酶的关键[42]。

随着仿生矿化研究的不断深入，最近发现生物大分子可以调控仿生矿化过程，控制无机物成核结晶过程中的反应动力学，实现了仿生材料的可控合成。生物大分子，如明胶和壳聚糖具有大量的氨基和羟基，可以降低晶体形成的核屏障，促进无机矿物的异质成核过程。因此，生物大分子能够调节无机物的结晶动力学过程，实现无机物的可控矿化。生物大分子调控的仿生矿化已成功应用于染料吸附、骨再生和药物输送领域，但几乎没有应用于酶的固定化。

如图 9-11 所示，本书著者团队旨在通过生物大分子调控的仿生矿化作用制备一种新型杂化纳米材料，并将其应用于蔗糖磷酸化酶的固定化。本书著者团队首先筛选出了最适合固定 BLSPase 的生物大分子和无机离子[34]。此外，通过生物大分子调控的仿生矿化作用固定 BLSPase 机制也被深入研究。固定化 BLSPase 的特性，包括酶活性、负载率、动力学参数、热稳定性、可重复使用性、放置稳定性、有机溶剂耐受性和副产物耐受性等，都与游离 BLSPase 进行了比较。为了探索 BLSPase 稳定性增强机制，本书著者团队用拉曼光谱法分析了固定化前后 BLSPase 的二级结构。生物大分子调控的仿生矿化技术作为一种新型的固定化方法，在糖苷酶的固定化方面显示出明显的优越性，在生物催化剂的应用方面具有很大的潜力。

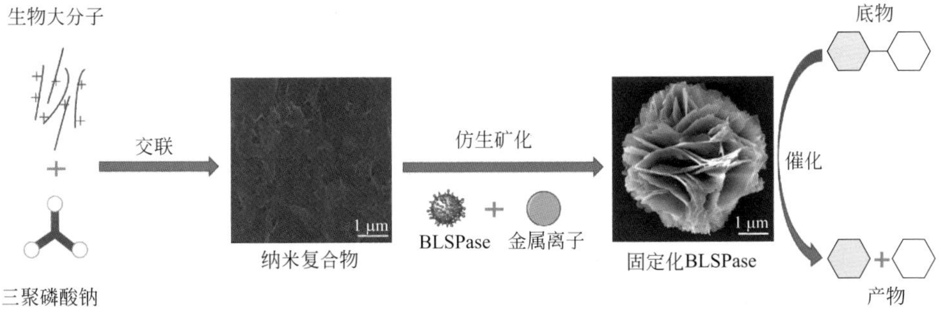

图9-11　生物大分子调控的仿生矿化作用固定化BLSPase的摘要图

1．生物大分子和无机金属离子的筛选

生物大分子和金属离子都是形成仿生杂化材料骨架的重要组成部分[43]。为了尽量减少它们对 BLSPase 活性和稳定性的影响，本书著者团队首先测试了加入生物大分子和金属离子后游离 BLSPase 的催化性能。如图 9-12（a）所示，当反应体系中加入 2mg/mL 的壳聚糖、明胶、多聚赖氨酸时，BLSPase 的相对活性保持稳定，几乎没有变化。因此，壳聚糖、明胶、多聚赖氨酸不会降低 BLSPase 的催化性能。

金属离子是有机 - 无机杂化材料的无机成分。据报道，二价金属离子常用于有机 - 无机杂化纳米花的构建。因此，我们评估了钴离子、锌离子、亚铁离子、铜离子、锰离子、钙离子对 BLSPase 催化活性的影响。如图 9-12（b）所示，铜离子、锌离子、亚铁离子显著抑制了 BLSPase 的催化活性，而在锰离子、钴离子、钙离子的存在下，BLSPase 的相对活性略有增强，分别提升了 0.08、0.09、0.19 倍。铜离子、锌离子、亚铁离子作为 BLSPase 的抑制剂，可能改变了该酶的三级结构，进而严重降低了酶的催化活性。综上所述，本书著者团队选择锰离子、钴离子、钙离子作为固定 BLSPase 的无机离子。

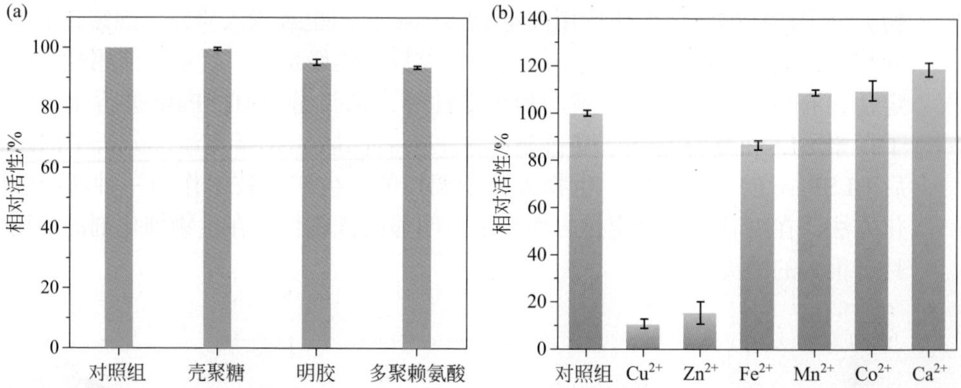

图9-12　在加入不同生物大分子（a）和无机金属离子（b）下BLSPase的相对活性

在完成生物大分子和无机金属离子的筛选后，本书著者团队利用不同的生物大分子与无机金属离子制备固定化 BLSPase。三聚磷酸钠，作为一种无毒的交联剂，是生物大分子和无机金属离子之间仿生矿化的桥梁，通过电离凝胶作用迅速与生物大分子交联，形成纳米复合物，并水解成焦磷酸根离子和正磷酸根离子，诱导无机金属离子的仿生矿化[44]。通过生物大分子和无机金属离子的仿生矿化作用制备固定化 BLSPase 的过程如图 9-13（a）所示。在加入生物大分子几分钟后，只有壳聚糖能与锰离子、钴离子、钙离子形成白色沉淀物［图 9-13（b）］。如图 9-13（c）所示，加入钙离子后，BLSPase 可以通过壳聚糖调节的仿生矿化作用有效地固载，负载率为 93.77%。但是，当使用明胶和多聚赖氨酸作为生物大分子时，BLSPase 的负载率分别仅有 59.63% 和 8.2%。基于壳聚糖和钙离子优异的固定化性能，本书著者团队接下来重点研究了以壳聚糖为生物大分子和钙离子为无机单元，通过仿生矿化作用固定化 BLSPase。

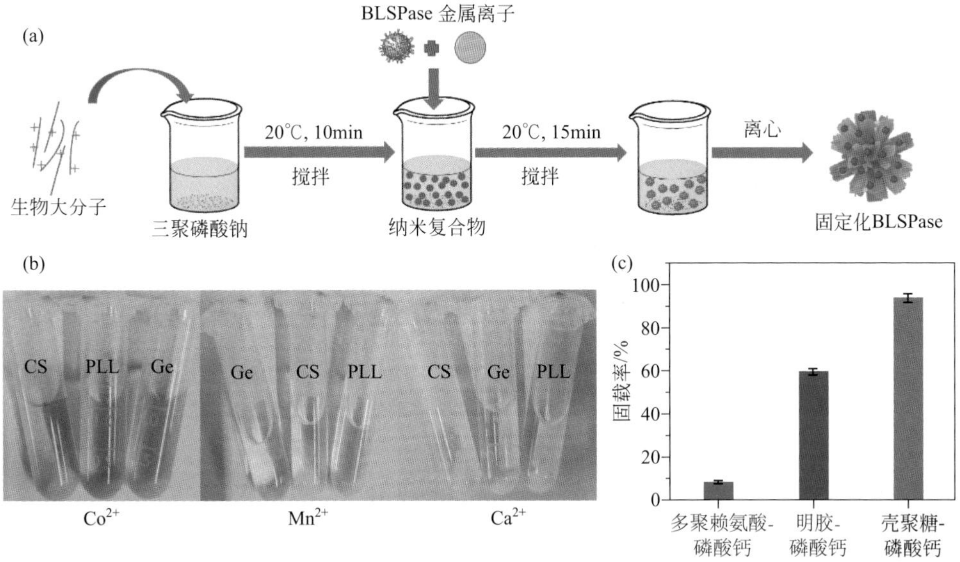

图9-13 通过生物大分子调控的生物矿化作用固定化BLSPase示意图（a）；不同生物大分子和无机金属离子生成的矿化产物图（b）；不同生物大分子调控的磷酸钙生物矿化作用固定化BLSPase固载率（c）

2．主客体浓度对 BLSPase 固载率和相对活性的影响

在形成仿生有机 - 无机杂化纳米材料时，主体和客体分子的浓度与杂化材料的结构和形貌以及客体分子的固载率相关。如图 9-14（a）所示，没有壳聚糖，BLSPase 就不能被固定化。在壳聚糖浓度为 2mg/mL 时，BLSPase 的固载率最高，催化活性损失较少。当壳聚糖的浓度增加至 4mg/mL 时，扫描电子显微镜观察到的杂化材料形貌是纳米片而不是纳米花［图 9-14（e）］。与纳米花相比，纳米片结构自身的传质阻力更强，导致酶的活性损失更高。如图 9-14（b）所示，随着钙离子浓度从 80mmol/L 增加至 100mmol/L，BLSPase 的相对活性和固载率不断增加。当钙离子浓度超过 100mmol/L 时，BLSPase 的固载率几乎没有变化。但是，在钙离子浓度为 120mmol/L 和 140mmol/L 时，BLSPase 的相对活性急剧下降。这可能是由于较高浓度的金属离子增加了固定化 BLSPase 的厚度，导致底物和固定化 BLSPase 之间的传质阻力增加。在三聚磷酸钠浓度为 125mg/mL 时，BLSPase 的固载率和相对活性是最高的［图 9-14（c）］。当三聚磷酸钠浓度从 150mg/mL 增加至 200mg/mL 时，杂化纳米材料的形貌也是纳米片［图 9-14（f），图 9-14（g）］，同样会导致 BLSPase 的固载率和相对活性降低。如图 9-14（d）所示，当 BLSPase 浓度在 0.2mg/mL 至 1mg/mL 之间时，BLSPase 的固载率几乎为 100%。由于低蛋白质浓度下的高传质阻力，最适 BLSPase 浓度为 0.8mg/mL。

综上所述，最适的主体和客体浓度分别为 2mg/mL 壳聚糖、100mmol/L 钙离子、125mg/mL 三聚磷酸钠和 0.8mg/mL BLSPase。

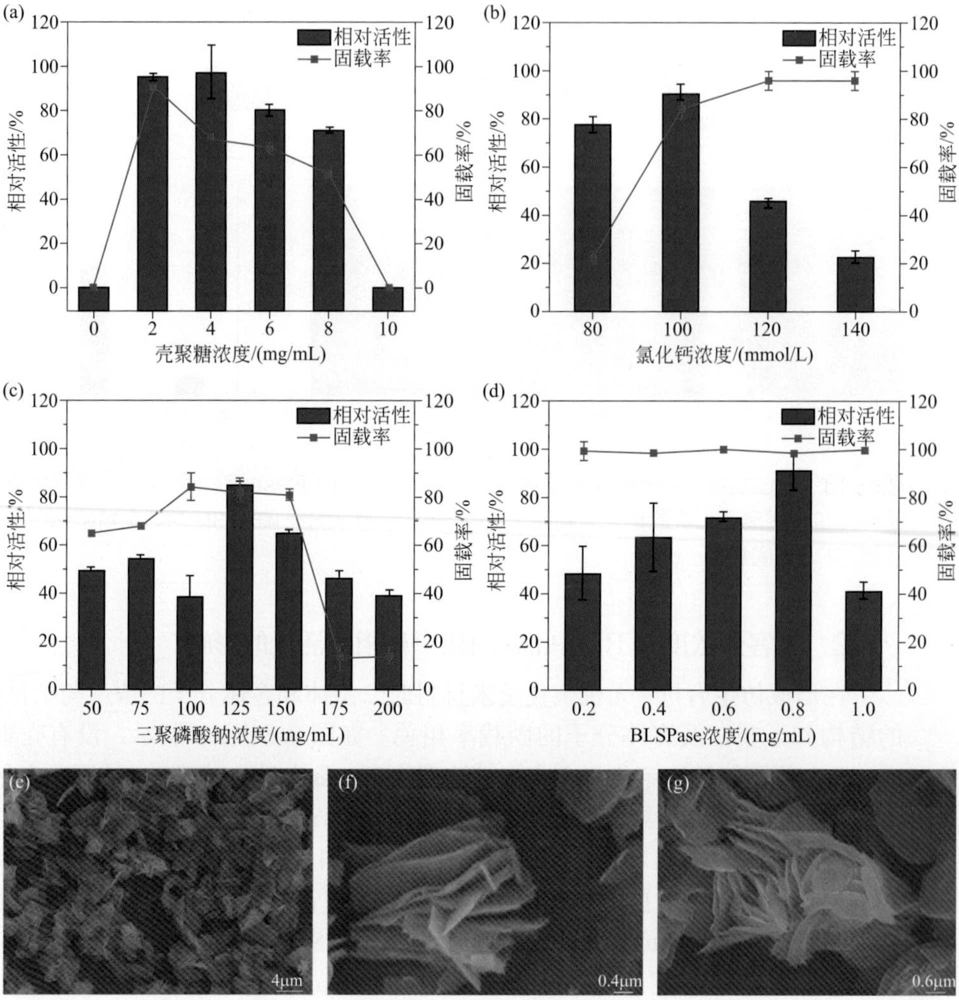

图9-14 壳聚糖浓度（a）、氯化钙浓度（b）、三聚磷酸钠浓度（c）、BLSPase浓度（d）对BLSPase固载率的影响；壳聚糖浓度为4mg/mL（e），三聚磷酸钠浓度为150mg/mL（f）、200mg/mL（g）时的扫描电镜图

3．生物大分子调控的仿生矿化作用固定化酶机制

上述研究结果表明，BLSPase 通过壳聚糖调控的仿生矿化作用，被成功地固定在有机 - 无机杂化纳米材料中。据报道，阴阳离子的结合是仿生矿化的主要驱动力。因此，静电相互作用和氢键相互作用可能是 BLSPase 与杂化纳米材料结

合的主要作用力。为了确定 BLSPase 与杂化纳米材料之间的结合力，本书著者团队在反应体系中额外加入葡萄糖和氯化钠，研究其对 BLSPase 在杂化纳米材料中固载率的影响。

葡萄糖的化学结构中有很多羟基，作为一种共溶物会干扰载体与酶之间的氢键相互作用。如图 9-15（a）所示，当固定化体系中额外加入 0 ～ 1000mmol/L 的葡萄糖时，BLSPase 的固载率基本保持不变。这一结果说明 BLSPase 与杂化纳米材料之间并未通过氢键相互作用结合。氯化钠作为一种静电干扰剂，已被广泛用于研究静电相互作用。如图 9-15（b）所示，在氯化钠存在的情况下，BLSPase 的固载率表现出明显的下降趋势。在额外加入 200mmol/L 的 NaCl 后，BLSPase 的固载率从 83% 降至 53%。随着 NaCl 浓度的进一步增加至 1000mmol/L，BLSPase 的固载率降低至约 35%。此外，我们测试了 BLSPase、壳聚糖 - 三聚磷酸钠纳米复合物、钙离子的 Zeta 电位。BLSPase、壳聚糖 - 三聚磷酸钠纳米复合物、钙离子的 Zeta 电位分别为 −3.78mV、−7.65mV、+9.17mV［图 9-15（c）］。并且随着钙离子的浓度从 20mmol/L 增加至 100mmol/L，BLSPase 的固载率从 15% 提升至 85%［图 9-15（d）］。固定化体系中的钙离子越多，BLSPase 就越容易通过壳聚糖调控的仿生矿化作用被固定。上述结果证实，静电相互作用是制备固定化 BLSPase 的主要相互作用力。

在确定 BLSPase 通过静电作用与有机 - 无机杂化纳米材料结合后，图 9-15（e）描述了 BLSPase 通过壳聚糖调控的仿生矿化作用固定化的机制。首先，壳聚糖 - 三聚磷酸钠纳米复合物是由壳聚糖和三聚磷酸钠交联形成的。与此同时，三聚磷酸钠部分被水解为磷酸根离子，然后被吸附在壳聚糖 - 三聚磷酸钠纳米复合物上。BLSPase 与钙离子通过静电吸附作用结合形成 BLSPase- 钙离子复合物。随后，BLSPase- 钙离子复合物在壳聚糖 - 三聚磷酸钠的表面进行生物矿化。随着磷酸钙晶体的生长，BLSPase 被固定在壳聚糖 - 磷酸钙杂化纳米花中。

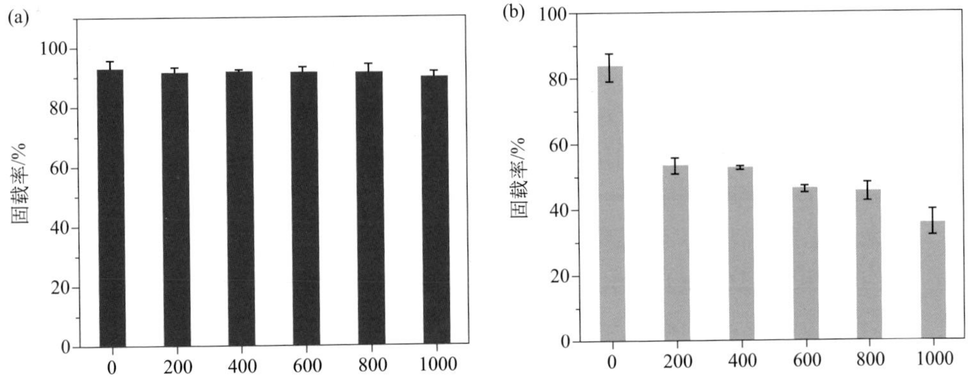

图9-15

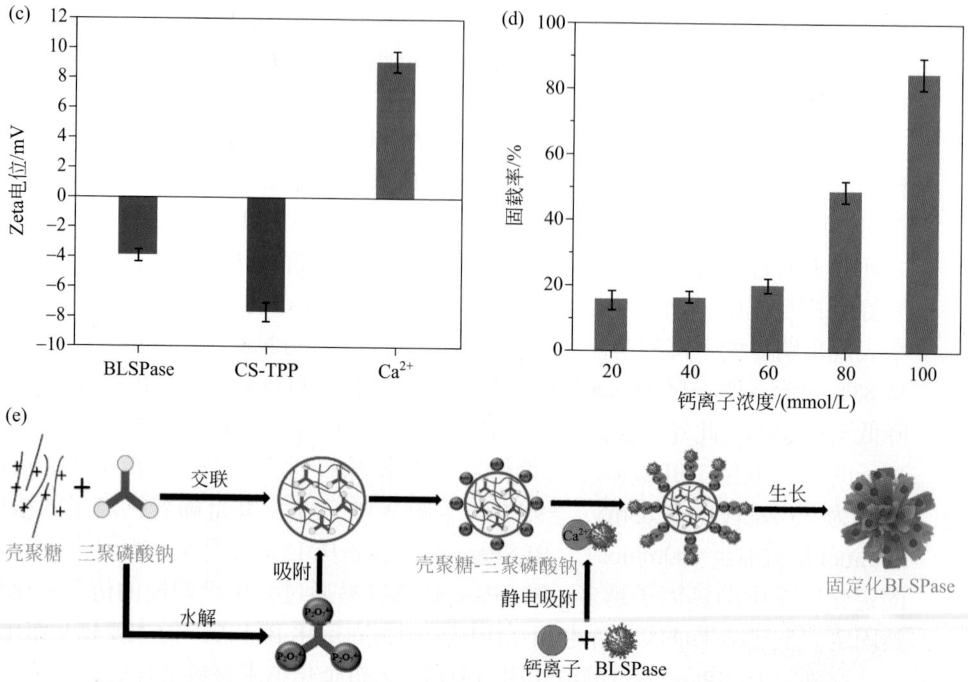

图9-15 在额外加入不同浓度葡萄糖（a）和氯化钠（b）的条件下，BLSPase的固载率变化；BLSPase、壳聚糖-三聚磷酸钠纳米复合物、钙离子的Zeta电位（c）；不同钙离子浓度下的BLSPase固载率（d）；壳聚糖调控的磷酸钙生物矿化作用固定化BLSPase机理图（e）

4. 固定化 BLSPase 的形貌、元素组成、化学成分和晶体结构表征

扫描电子显微镜（SEM）图像［图 9-16（a），9-16（b）］和透射电子显微镜（TEM）图像［图 9-16（c），图 9-16（d）］清楚地显示，固定化 BLSPase 是由许多花瓣组成的花状结构。杂化纳米花的平均直径为（3±1）μm，并且很容易堆积在一起形成团簇状。固定化 BLSPase 通过中央核心连接，形成了一个三维层次结构。固定化 BLSPase 的多孔和分层结构由片状纳米粒子组成。在没有壳聚糖的调控下，磷酸钙的仿生矿化作用并不能形成花状结构的杂化材料，这说明生物大分子在调节磷酸钙的结构方面发挥了重要作用。X 射线衍射（XRD）被用来表征壳聚糖 - 三聚磷酸钠纳米复合物、磷酸钙、壳聚糖 - 磷酸钙的表面晶体结构，如图 9-16（e）所示。壳聚糖 - 三聚磷酸钠纳米复合物没有明显的特征峰。与磷酸钙类似，壳聚糖 - 磷酸钙的特征峰在 2θ=13.1°、18.8°、19.2°、23.2°、25.8°、28.2°、29°、30.2°、31.3°、33°、40.8°和 50.3°。其中，13.1°、18.8°、23.2°、29°和 33°的特征峰为 $Ca_3(PO_4)_2$，28.2°、30.2°、50.3°的特征峰为 $Ca_2P_2O_7 \cdot 4H_2O$，19.2°、25.8°、29°、31.3°、40.8°的特征峰为 $Ca_2P_2O_7 \cdot 2H_2O$，

说明壳聚糖 - 磷酸钙是由三种晶体组成的混合物。壳聚糖 - 磷酸钙的相对元素分析［图 9-16（f）］和 EDS 能谱图［图 9-16（g）］显示了钙、磷、氧、碳和氮元素的分布。其中，碳和氮元素的存在证实了壳聚糖是纳米花的一个组成部分。此外，EDS 图谱分析表明，钙、磷、碳元素主要分布在组成纳米花的纳米片中，表明磷酸钙和壳聚糖都是构成有机 - 无机杂化材料骨架的主要成分。

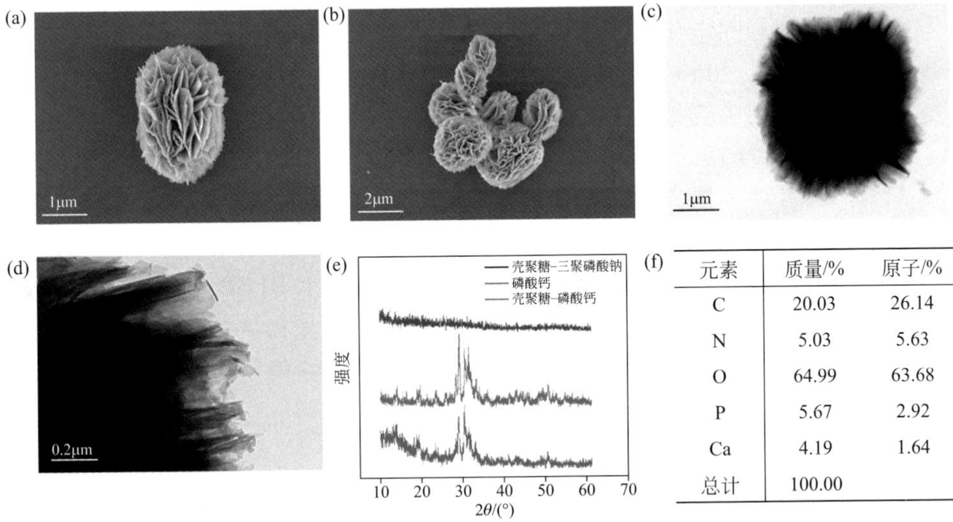

(f)

元素	质量/%	原子/%
C	20.03	26.14
N	5.03	5.63
O	64.99	63.68
P	5.67	2.92
Ca	4.19	1.64
总计	100.00	

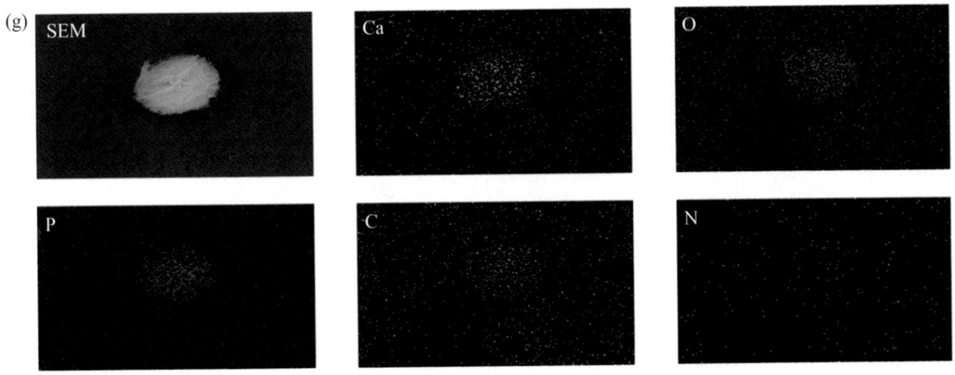

图9-16　固定化BLSPase的扫描电子显微镜图像（a）、（b）和透射电子显微镜图像（c）、（d）；壳聚糖-三聚磷酸钠、磷酸钙、壳聚糖-磷酸钙的X射线单晶衍射图（e）；壳聚糖-磷酸钙的相对元素分析（f）和EDS能谱图（g）

此外，本书著者团队还利用傅里叶变换红外光谱仪（FTIR）测定了壳聚糖 - 磷酸钙杂化纳米材料和固定化 BLSPase 的官能团。如图 9-17（a）所示，壳聚糖 - 磷酸钙在 3454cm^{-1} 和 2936cm^{-1} 处分别有两个强吸收峰，这两个吸收峰分别对应于壳聚糖中的 -OH 和 C-H 键 [40]。其化学结构中的由于壳聚糖交联形成的 C-N

键在 1658cm^{-1} 处有特征吸收峰。此外，在 903cm^{-1}、758cm^{-1}、698cm^{-1} 处均是 P-O 键的特征吸收峰。固定化后，与壳聚糖 - 磷酸钙的红外光谱图相比，固定化 BLSPase 分别在 1110cm^{-1} 和 1510cm^{-1} 处出现了两个新的吸收峰，分别对应于酶结构中的 -NH_2 基团和 C-N 键，这一结果表明 BLSPase 被成功固定在壳聚糖 - 磷酸钙杂化纳米材料中。

本书著者团队还通过热重分析仪（TGA）进一步分析了壳聚糖 - 磷酸钙杂化纳米材料和固定化 BLSPase 的热稳定性行为。如图 9-17（b）所示，壳聚糖 - 磷酸钙在 0 ～ 200℃ 范围内，由于水的蒸发而损失了近 8.5% 的重量。由于壳聚糖 - 磷酸钙中壳聚糖 - 三聚磷酸钠纳米复合物的分解，在 200 ～ 800℃之间重量损失约为 19.5%。在相同的温度范围内，固定化 BLSPase 的重量损失为 31%，两者重量损失存在明显的差值也证明了 BLSPase 成功地固定在壳聚糖 - 磷酸钙杂化纳米材料中。根据 BLSPase 和壳聚糖 - 磷酸钙的重量变化，计算出 BLSPase 在每克载体中的负载量为 30.93mg。关于 BLSPase 和壳聚糖 - 磷酸钙的一系列表征结果，充分证明了 BLSPase 通过壳聚糖调节的仿生矿化作用有效地固定在壳聚糖 - 磷酸钙中，形成了由壳聚糖、磷酸钙、BLSPase 组成的纳米生物催化剂。

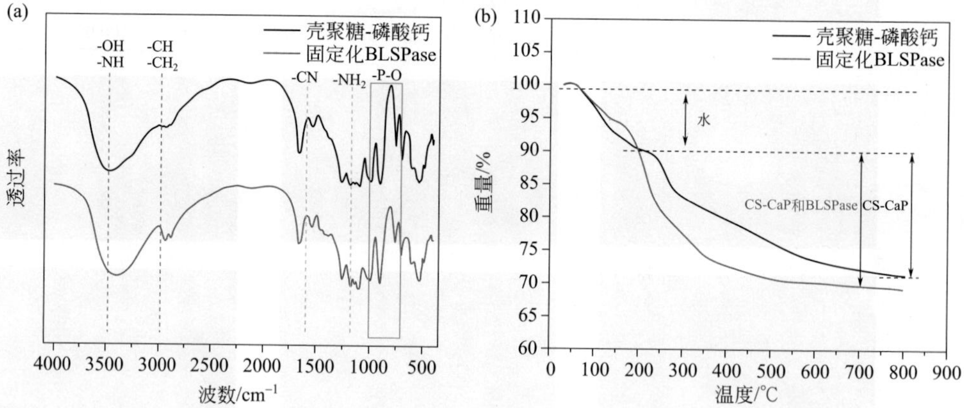

图9-17 壳聚糖-磷酸钙和固定化BLSPase的傅里叶变换红外光谱图（a）和热重分析图（b）

5．游离 BLSPase 与固定化 BLSPase 的最适温度、pH 和动力学参数对比

温度和 pH 是影响酶催化活性的重要因素。如图 9-18（a）所示，游离 BLSPase 的最适温度为 35℃，而固定化 BLSPase 的最适温度为 25℃。与游离 BLSPase 相比，固定化 BLSPase 在高温条件下（45 ～ 60℃）具有更高的相对活性。在 60℃时，固定化 BLSPase 大约有 70% 的相对活性，但是游离 BLSPase 仅

有 10% 的相对活性。这些结果表明，固定化后的 BLSPase 催化构象没有在高温下发生明显转变。此外，如图 9-18（b）所示，8.5 和 8 分别是游离 BLSPase 和固定化 BLSPase 的最适 pH。与游离 BLSPase 相比，固定化 BLSPase 在酸性和中性条件下保有更高的相对活性。特别是在 pH 值为 7 时，固定化 BLSPase 保留了 90% 的相对活性，而游离 BLSPase 仅保留了 65% 的相对活性。上述实验结果均表明，壳聚糖 - 磷酸钙纳米材料表面的活性基团可以通过离子效应与 H^+ 相互作用，这可以减少 H^+ 对 BLSPase 活性的影响。因此，固定化后的 BLSPase 在酸性、碱性和高温环境下均保持了优异的催化性能。为了评估酶的催化特性，本书著者团队也测定了游离 BLSPase 和固定化 BLSPase 的动力学常数（表 9-3）。固定化后，BLSPase 分子被包裹在纳米级的分层花瓣中，这导致了底物扩散的限制。因此，固定化 BLSPase 的最大反应速率 [2.38μmol/(L • s)] 比游离 BLSPase[3.18μmol/(L • s)] 略低。固定化后，由于蔗糖分子在生物催化剂表面的聚集，BLSPase 可与底物充分接触，导致酶对底物的亲和力增强，进而使固定化 BLSPase 的米氏常数 K_m 降低 0.365 倍。

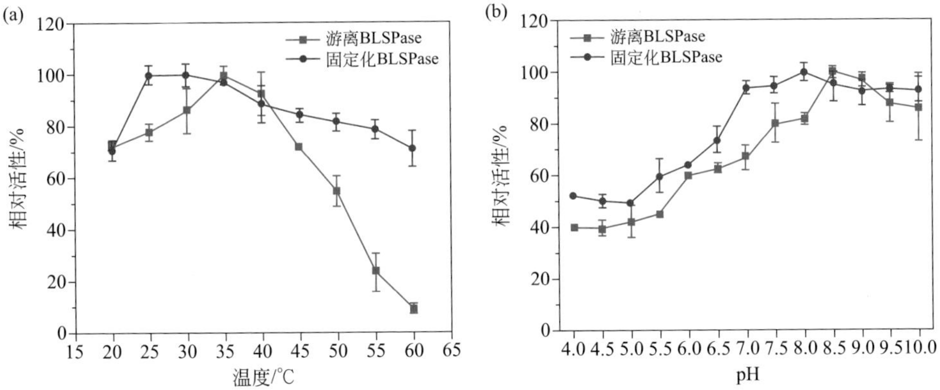

图9-18　游离BLSPase和固定化BLSPase的最适温度（a）和最适pH（b）

表9-3　游离BLSPase和固定化BLSPase的最大反应速率和米氏常数

酶	最大反应速率/[μmol/(L • s)]	米氏常数/(mmol/L)
游离BLSPase	3.189±0.099	55.684±6
固定化BLSPase	2.378±0.039	40.793±12

6．游离 BLSPase 与固定化 BLSPase 的 pH 稳定性、热稳定性、放置稳定性、可重复使用性

本书著者团队将游离 BLSPase 和固定化 BLSPase 分别放置在不同温度和 pH 下 2h，然后测定 BLSPase 活性以评估其稳定性。如图 9-19（a）所示，固定化

BLSPase 在所有测试的 pH 条件下（pH 4 ～ 9）均保持了 80% 以上的相对活性，但游离 BLSPase 在酸性条件下（pH 4 ～ 6.5）下失去了 40% ～ 60% 的相对活性。在酸性条件下（pH 4），固定化 BLSPase 的相对活性高于 80%，比游离 BLSPase 活性高 2.42 倍。这主要是因为固定化 BLSPase 具有由壳聚糖调控的仿生矿化作用形成的花状结构，在酸性条件下对酶的催化构象起到一定的保护作用。作为一种生物催化剂，酶活性对温度非常敏感，在高温条件下酶催化活性可能被严重抑制甚至失活。因此，本书著者团队在 20 ～ 50℃范围内研究了 BLSPase 的热稳定性。如图 9-19（b）所示，BLSPase 的热稳定性在固定化后明显增强。通过壳聚糖调控的仿生矿化作用将 BLSPase 包裹在壳聚糖 - 磷酸钙杂化纳米材料中，可能会导致 BLSPase 对高温引起的蛋白质变性不敏感。总的来说，通过壳聚糖调控的仿生矿化法制备的固定化 BLSPase 在强酸、强碱、高温条件下均表现出良好的稳定性。

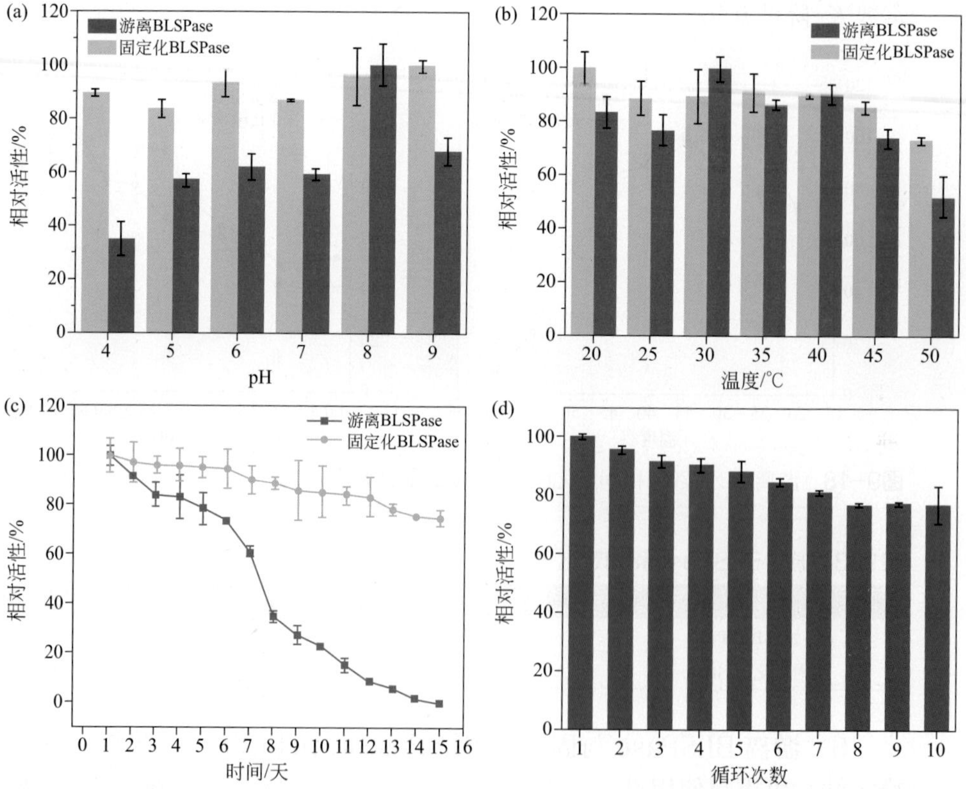

图9-19　游离BLSPase和固定化BLSPase的pH稳定性（a）、温度稳定性（b）、放置稳定性（c）、可重复使用性（d）

由于其可重复使用性和放置稳定性，固定化酶在工业应用中具有广阔的前景。本书著者团队进一步分析了游离 BLSPase 和固定化 BLSPase 在 4℃下，放置 15 天的储存稳定性。固定化 BLSPase 在 4℃下放置 15 天后，其相对活性仅降低了 20% 左右，但游离 BLSPase 几乎完全失去了活性［图 9-19（c）］。这一结果说明，通过壳聚糖调控的仿生矿化作用形成的花状外壳，形成的立体效应一定程度上抑制了 BLSPase 分子的展开和变性，进而显著提高了 BLSPase 的稳定性。如图 9-19（d）所示，固定化 BLSPase 可以重复使用 10 个循环。5 次循环使用后，固定化 BLSPase 的相对活性仍然保留了 90% 以上。并且，固定化 BLSPase 在 10 个循环使用后依然保持了约 70% 的相对活性，表明基于生物大分子和钙离子之间杂化结构的固定化 BLSPase 表现出良好的可重复使用性。当采用有机 - 无机杂化纳米材料固定酶时，生物大分子的引入已被证明是一种提高酶的储存和操作稳定性的有效途径。

7．游离 BLSPase 与固定化 BLSPase 的副产物耐受性、有机溶剂耐受性、二级结构分析

蔗糖磷酸化酶能够将蔗糖的葡萄糖基转移至水，无机磷酸盐和含有醇羟基、酚羟基、羧基等多种糖基化受体化合物中[45]。作为转糖基化反应的副产物，果糖的持续积累显著抑制了蔗糖磷酸化酶的催化活性。因此，提高 BLSPase 对果糖的耐受性会显著提高其催化效率。本书著者团队深入调查了固定化 BLSPase 和游离 BLSPase 在不同副产物浓度下的果糖耐受性。如图 9-20（a）所示，在反应体系中额外加入 1.2mol/L 果糖的条件下，游离 BLSPase 的催化活性被抑制了约 30%，但固定化 BLSPase 仅仅损失了约 5% 的相对活性。即使果糖的浓度提高 4 倍，固定化 BLSPase 仍然保留了约 80% 的相对活性。果糖副产物主要通过和蛋白质表面之间的氢键相互作用抑制酶活性。固定化后，BLSPase 被封装在壳聚糖 - 磷酸钙杂化纳米花材料内部，这阻碍了果糖和 BLSPase 表面之间的氢键相互作用。因此，固定化 BLSPase 表现出良好的果糖耐受性，这对生物催化的应用至关重要。

蔗糖磷酸化酶常用于疏水性底物的糖基化反应。酶催化反应体系中添加有机溶剂可以显著增强疏水性底物的溶解度，添加有机溶剂是一种常用的方法。因此，本书著者团队进一步评估了游离 BLSPase 和固定化 BLSPase 对几种水溶性有机溶剂的耐受性。如图 9-20（b）所示，在测试的甲醇、乙醇、丙酮、二甲基亚砜、乙腈溶剂中，固定化 BLSPase 表现出比游离 BLSPase 更好的耐受性。特别是在乙腈中，固定化 BLSPase 保留了 80% 以上的相对活性，而游离 BLSPase 的相对活性不到 20%。据报道，有机溶剂通过破坏蛋白质的疏水核心使酶变性。壳聚糖调节磷酸钙仿生矿化作用形成花状杂化材料，将 BLSPase 包裹在内部，

在有机溶剂中保护蛋白质的疏水核心。因此，固定化 BLSPase 在大多数溶剂中表现出较高的相对活性，这表明其作为纳米生物催化剂在改性多酚类化合物方面具有巨大潜力。

为了研究固定化 BLSPase 的稳定性、果糖耐受性、有机溶剂耐受性的增强机制，本书著者团队也使用拉曼光谱，在 1600 ～ 1700cm^{-1} 的酰胺Ⅰ带［图 9-20（c）］，分析了游离 BLSPase 和固定化 BLSPase 的二级结构组成。固定化前后，BLSPase 的 α- 螺旋结构含量没有明显变化。固定化 BLSPase 的 β- 折叠结构含量（31.15%）明显高于游离 BLSPase（27.96%），这表明 BLSPase 的刚性在固定化后得到加强，从而使 BLSPase 具有更好的稳定性和对有机溶剂和果糖的耐受性。此外，固定化后，BLSPase 的有序结构从 52.24% 增加到 56.89%，是酶的稳定性增强的基本原因。

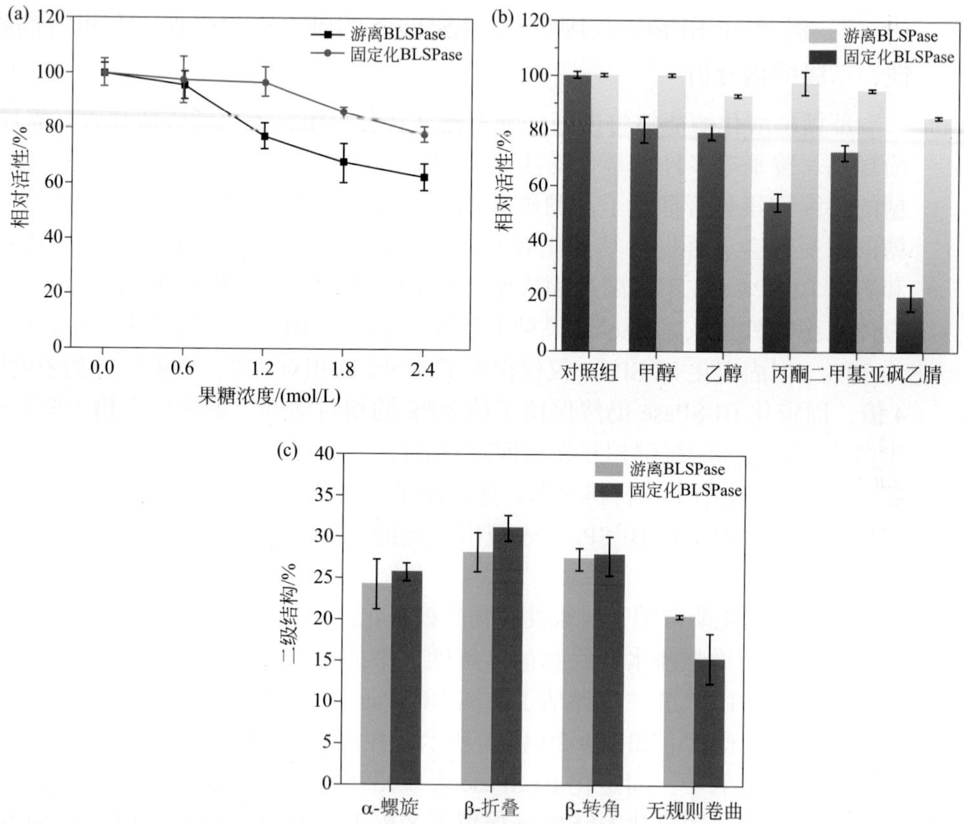

图9-20　游离BLSPase和固定化BLSPase的果糖副产物耐受性（a）、有机溶剂耐受性（b）、二级结构组分（c）

第四节
小结与展望

本书著者团队基于 NCBI 数据库和同源序列比对，从长双歧杆菌中筛选了一种高活性的蔗糖磷酸化酶（BLSPase）。我们将 BLSPase 应用于 2-*O*-*α*- 甘油葡萄糖苷的规模化合成，在 1.5L 的反应体系中，2-*O*-*α*- 甘油葡萄糖苷的产量高达 391.7g/L，蔗糖转化率 95%。此产量是迄今为止报道的体外单酶催化合成 2-*O*-*α*- 甘油葡萄糖苷的最高产量。此外，基于酶自身存在的稳定性差、副产物耐受性低的问题。本书著者团队提出来两种固定化 BLSPase 的新方法，以提升其稳定性和副产物耐受性。第一种方法是，通过特异性吸附将 BLSPase 成功地固定在 Ni-NTA 功能化琼脂糖微球上。与游离 BLSPase 相比，固定化 BLSPase 在广泛的 pH 值和温度范围内表现出更好的催化活性和良好的果糖耐受性。此外，二级结构分析结果显示固定化后 BLSPase 稳定性和果糖耐受性的提高是由于其 β- 折叠结构含量的增加。第二种方法是，通过壳聚糖调控的磷酸钙仿生矿化作用固定化 BLSPase。固定化后，BLSPase 在酸性条件下（pH4）的稳定性提高了 2.42 倍。即使存在高浓度的副产品果糖（1.2mol/L），固定化 BLSPase 的催化活性也接近 100%，但游离 BLSPase 的相对活性仅有 70%。此外，固定化 BLSPase 的相对活性在 10 个循环后仍保持约 80%，放置 15 天后保持 75%。这种具有出色稳定性和催化活性的生物催化剂可被广泛用于甘油葡萄糖苷的生物合成。考虑到制备固定化酶的简单有效的程序和理想的性能，本研究提出的策略有利于设计和开发固定化酶的有机 - 无机杂化材料。此外，本研究中开发的生物大分子调控策略可以发展成为生物技术和蛋白质工程应用的酶固定化的通用平台。

在甘油葡萄糖苷的基础研究方面，近几十年来虽然取得了很大的进展，但也存在一些显著的问题。①甘油葡萄糖苷的构型与其来源密切相关，由不同微生物产生的所有甘油葡萄糖苷均为 *α*- 甘油葡萄糖苷，而由高等植物产生的甘油葡萄糖苷基本上为 *β*- 甘油葡萄糖苷。因为 GGPS-GGPP 是微生物合成甘油葡萄糖苷的主要途径，该途径决定了 *α*- 糖苷键的立体特异性建立。并且 *α*- 甘油葡萄糖苷的产生途径和形成机制被研究得十分透彻。与特征明确的 *α*- 甘油葡萄糖苷生物合成相比，*β*- 甘油葡萄糖苷生物合成的机制基本上没有任何深入的研究。高等植物中 *β*- 甘油葡萄糖苷生物合成的遗传基础、生物化学过程和酶学特征仍有待阐明。②蓝藻中甘油葡萄糖苷生物合成的调控，主要是通过调节关键的甘油葡萄糖苷合成酶 GGPS 的活性，通过酶 - 核酸离子的相互作用来完成的，但这种相互作用是否以及如何影响酶的结构和活性仍然是未知的。对 GGPS 的结构功能研究仍需要进一步推进。③为了改善微生物的甘油葡萄糖苷生产，大多数工作都是采用遗传策略，如过量表达合成酶、灭活竞争途径和重新定向碳流。考虑到蓝藻中甘油葡萄糖苷合成代谢的调控主要发生在生化水平上，这些策略的功效是有限的。系统分析、设计和修改关键的 GG 代谢酶可能是提高宿主甘油葡萄糖苷合成能力的一种替代策略。④目前，酶催化法和全细胞催化法也被广泛用于 *α*- 甘油葡萄糖苷。蔗糖磷酸化酶催化法合成 2-*O*-*α*- 甘油葡萄糖苷基本上实现了高底物浓度转化、规模化转化、高产率转化。但是其后续的分离与纯化步骤仍十分繁琐复杂，并且目前报道的分离纯化 2-*O*-*α*- 甘油葡萄糖苷的方法均不适用于工业化生产。建立一种低成本、高产率、步骤简单的分离纯化 2-*O*-*α*- 甘油葡萄糖苷的方法仍是目前研究的重难点。与酶催化法合成 2-*O*-*α*- 甘油葡萄糖苷相比，全细胞催化法合成 2-*O*-*α*- 甘油葡萄糖苷可以通过简单的离心将催化剂和底物分离，避免了细菌细胞内的内毒素等物质对产品纯度及其后续应用的影响。但是现有的全细胞催化法合成 2-*O*-*α*- 甘油葡萄糖苷的最高产量仅是酶催化的四分之一，并且全细胞催化法合成并不能完成在高底物浓度下的完全转化。因此，后续关于全细胞催化法合成 2-*O*-*α*- 甘油葡萄糖苷的研究应着重于产量的提升和高底物浓度的完全转化。

甘油葡萄糖苷现在主要被用作化妆品的保湿剂，其在食品服务、保健和医药领域的应用仍然有限。造成这一现象的主要原因是对甘油葡萄糖苷功能的基础研究不够和甘油葡萄糖苷所应用领域的高准入门槛。在生理学、生物化学、细胞生物学、药理学甚至临床医学方面对甘油葡萄糖苷的进一步功能研究是必要的。这将极大地提高甘油葡萄糖苷的实用价值，并将其应用范围从化妆品、保健品扩大至医学、健康食品、医药。

参考文献

[1] Kaneda M, Mizutani K, Takahashi Y, et al. Lilioside A and B, two new glycerol glucosides isolated from *Lilium longiflorum Thunb* [J]. Tetrahedron Letters, 1974, 45: 3937-3940.

[2] Miyuki K, Kiyoyasu M, Keiko T. Lilioside C, a glycerol glucoside from *Lilium lancifolium* [J]. Phylochemistry, 1982, 21(4): 891-893.

[3] Miyuki K, Kyoko K, Kayo N, et al. Liliosides D and E, two glycerol glucosides from *Lilium japonicum** [J]. Phytochmistry, 1984, 23(4): 795-798.

[4] Topuz F, Nadernezhad A, Caliskan O S, et al. Nanosilicate embedded agarose hydrogels with improved bioactivity [J]. Carbohydr Polym, 2018, 201: 105-112.

[5] Schwentner A, Neugebauer H, Weinmann S, et al. Exploring the potential of *Corynebacterium glutamicum* to

produce the compatible solute mannosylglycerate [J]. Front Bioeng Biotechnol, 2021, 9: 748155.

[6] Ashkan Z, Hemmati R, Homaei A, et al. Immobilization of enzymes on nanoinorganic support materials: An update [J]. Int J Biol Macromol, 2021, 168: 708-721.

[7] Fumihito T, Hirofumi U. Synthesis of α-D-glucosylglycerol by α-glucosidase and some of its characteristics [J]. Biosci Biotechnol Biochem, 2000, 64(9): 1821-1826.

[8] Kato J, Shirakami Y, Mizutani T, et al. Alpha-glucosidase inhibitor voglibose suppresses azoxymethane-induced colonic preneoplastic lesions in diabetic and obese mice [J]. Int J Mol Sci, 2020, 21(6): 1-16.

[9] Fumihito T, Hirofumi U. Effects of α-D-glucosylglycerol on the in vitro digestion of disaccharides by rat intestinal enzymes [J]. Bioscience, Biotechnology, and Biochemistry, 2001, 65(7): 1458-1463.

[10] Borges N, Ramos A, Raven N D, et al. Comparative study of the thermostabilizing properties of mannosylglycerate and other compatible solutes on model enzymes [J]. Extremophiles, 2002, 6(3): 209-216.

[11] Sawangwan T, Goedl C, Nidetzky B. Glucosylglycerol and glucosylglycerate as enzyme stabilizers [J]. Biotechnol J, 2010, 5(2): 187-191.

[12] Diego C, Antonio S, Ida M T, et al. 1-*O*-, 2-*O*- and 3-*O*-β-glycosyl-*sn*-glycerol: Structure-anti-tumor-promoting activity relationship [J]. Bioorganic & Medicinal Chemistry Letters, 1996, 6(10): 1187-1190.

[13] Guillotin L, Cancellieri P, Lafite P, et al. Chemo-enzymatic synthesis of 3-*O*-(β-D-glycopyranosyl)-*sn*-glycerols and their evaluation as preservative in cosmetics [J]. Pure and Applied Chemistry, 2017, 89(9): 1295-1304.

[14] Harada N, Zhao J, Kurihara H, et al. Effects of topical application of alpha-D-glucosylglycerol on dermal levels of insulin-like growth factor-i in mice and on facial skin elasticity in humans [J]. Biosci Biotechnol Biochem, 2010, 74(4): 759-765.

[15] Zhao J X, Ma M M, Yan X H, et al. Immobilization of lipase on beta-cyclodextrin grafted and aminopropyl-functionalized chitosan/Fe_3O_4 magnetic nanocomposites: An innovative approach to fruity flavor esters esterification [J]. Food Chem, 2021, 366: 130616.

[16] Schrader A, Siefken W, Kueper T, et al. Effects of glyceryl glucoside on AQP3 expression, barrier function and hydration of human skin [J]. Skin Pharmacol Physiol, 2012, 25(4): 192-199.

[17] Luo Q, Duan Y K, Lu X F. Biological sources, metabolism, and production of glucosylglycerols, a group of natural glucosides of biotechnological interest [J]. Biotechnol Adv, 2022, 59: 107964.

[18] 徐恺，李丽，付铭洋，等. 甘油葡萄糖苷 αGG 的制备方法及其研究进展 [J]. 工业微生物，2020, 50(4): 59-66.

[19] Tan X M, Du W, Lu X F. Photosynthetic and extracellular production of glucosylglycerol by genetically engineered and gel-encapsulated cyanobacteria [J]. Appl Microbiol Biotechnol, 2015, 99(5): 2147-2154.

[20] Ojima T, Saburi W, Yamamoto T, et al. Characterization of *Halomonas* sp. strain H11 alpha-glucosidase activated by monovalent cations and its application for efficient synthesis of alpha-D-glucosylglycerol [J]. Appl Environ Microbiol, 2012, 78(6): 1836-1845.

[21] Hirofumi N, Taro K, Katsuyuki O, et al. Synthesis of glycosyl glycerol by cyclodextrin glucanotransferases [J]. J Biosci Bioeng, 2003, 95(6): 583-588.

[22] Yamamoto T, Watanabe H, Nishimoto T, et al. Acceptor recognition of kojibiose phosphorylase from *Thermoanaerobacter brockii:* Syntheses of glycosyl glycerol and myo-inositol [J]. J Biosci Bioeng, 2006, 101(5): 427-433.

[23] Jeong J W, Seo D H, Jung J H, et al. Biosynthesis of glucosyl glycerol, a compatible solute, using intermolecular transglycosylation activity of amylosucrase from *Methylobacillus flagellatus* KT [J]. Appl Biochem Biotechnol, 2014,

173(4): 904-917.

[24] Goedl C, Sawangwan T, Mueller M, et al. A high-yielding biocatalytic process for the production of 2-*O*-(alpha-D-glucopyranosyl)-*sn*-glycerol, a natural osmolyte and useful moisturizing ingredient [J]. Angew Chem Int Ed Engl, 2008, 47(52): 10086-10089.

[25] Lei J P, Tang K X, Zhang T, et al. Efficient production of 2-*O*-alpha-D-glucosyl glycerol catalyzed by an engineered sucrose phosphorylase from *Bifidobacterium longum* [J]. Appl Biochem Biotechnol, 2022, 194(11): 5274-5291.

[26] Zhou J W, Jiang R N, Shi Y, et al. Sucrose phosphorylase from *Lactobacillus reuteri*: Characterization and application of enzyme for production of 2-*O*-alpha-D-glucopyranosyl glycerol [J]. Int J Biol Macromol, 2022, 209(Pt A): 376-384.

[27] Wei B, Xu H C, Cheng L Y, et al. Highly selective entrapment of his-tagged enzymes on superparamagnetic zirconium-based MOFs with robust renewability to enhance pH and thermal stability [J]. ACS Biomater Sci Eng, 2021, 7(8): 3727-3736.

[28] Yushkova E D, Nazarova E A, Matyuhina A V, et al. Application of immobilized enzymes in food industry [J]. J Agric Food Chem, 2019, 67(42): 11553-11567.

[29] Arcus V L, Van M W, Pudney C R, et al. Enzyme evolution and the temperature dependence of enzyme catalysis [J]. Curr Opin Struct Biol, 2020, 65: 96-101.

[30] Cerdobbel A, De Winter K, Desmet T, et al. Sucrose phosphorylase as cross-linked enzyme aggregate: Improved thermal stability for industrial applications [J]. Biotechnol J, 2010, 5(11): 1192-1197.

[31] De Winter K, Soetaert W, Desmet T. An imprinted cross-linked enzyme aggregate (iCLEA) of sucrose phosphorylase: Combining improved stability with altered specificity [J]. Int J Mol Sci, 2012, 13(9): 11333-11342.

[32] Bolivar J M, Luley-Goedl C, Leitner E, et al. Production of glucosyl glycerol by immobilized sucrose phosphorylase: Options for enzyme fixation on a solid support and application in microscale flow format [J]. J Biotechnol, 2017, 257: 131-138.

[33] Xu H C, Wei B, Liu X J, et al. Robust enhancing stability and fructose tolerance of sucrose phosphorylase by immobilization on Ni-NTA functionalized agarose microspheres for the biosynthesis of 2-α-glucosylglycerol [J]. Biochemical Engineering Journal, 2022, 180: 108362.

[34] Xu H C, Liang H. Chitosan-regulated biomimetic hybrid nanoflower for efficiently immobilizing enzymes to enhance stability and by-product tolerance [J]. Int J Biol Macromol, 2022, 220: 124-134.

[35] Lima P C, Gazoni I, De Carvalho A M G, et al. beta-Galactosidase from *Kluyveromyces lactis* in genipin-activated chitosan: An investigation on immobilization, stability, and application in diluted UHT milk [J]. Food Chem, 2021, 349: 129050.

[36] Jose L, Lee C, Hwang A, et al. Magnetically steerable Fe_3O_4@Ni^{2+}-NTA-polystyrene nanoparticles for the immobilization and separation of His6-protein [J]. European Polymer Journal, 2019, 112: 524-529.

[37] De Andrade B C, Gennari A, Renard G, et al. Synthesis of magnetic nanoparticles functionalized with histidine and nickel to immobilize His-tagged enzymes using beta-galactosidase as a model [J]. Int J Biol Macromol, 2021, 184: 159-169.

[38] He J, Sun S S, Zhou Z, et al. Thermostable enzyme-immobilized magnetic responsive Ni-based metal-organic framework nanorods as recyclable biocatalysts for efficient biosynthesis of *S*-adenosylmethionine [J]. Dalton Trans, 2019, 48(6): 2077-2085.

[39] Liang H, Jiang S H, Yuan Q P, et al. Co-immobilization of multiple enzymes by metal coordinated nucleotide hydrogel nanofibers: Improved stability and an enzyme cascade for glucose detection [J]. Nanoscale, 2016, 8(11): 6071-6078.

[40] Li C F, Jiang S H, Zhao X Y, et al. Co-immobilization of enzymes and magnetic nanoparticles by metal-

nucleotide hydrogelnanofibers for improving stability and recycling [J]. Molecules, 2017, 22(1): 179.

[41] Liu Y, Zhang Y M, Li X J, et al. Self-repairing metal-organic hybrid complexes for reinforcing immobilized chloroperoxidase reusability [J]. Chem Commun, 2017, 53(22): 3216-3219.

[42] Liang H, Liu B W, Yuan Q P, et al. Magnetic iron oxide nanoparticle seeded growth of nucleotide coordinated polymers [J]. ACS Appl Mater Interfaces, 2016, 8(24): 15615-15622.

[43] Jiao M Z, Li Z J, Li X L, et al. Solving the H_2O_2 by-product problem using a catalase-mimicking nanozyme cascade to enhance glycolic acid oxidase [J]. Chemical Engineering Journal, 2020, 388: 124249.

[44] Sun N, Jia Y, Wang C, et al. Dopamine-mediated biomineralization of calcium phosphate as a strategy to facilely synthesize functionalized hybrids [J]. J Phys Chem Lett, 2021, 12(41): 10235-10241.

[45] Franceus J, Desmet T. Sucrose phosphorylase and related enzymes in glycoside hydrolase family 13: Discovery, application and engineering [J]. Int J Mol Sci, 2020, 21(7): 2526.

第十章

高纯度光甘草定和甘草次酸制备工艺

甘草作为一味古老的植物药，在中国古代医药典籍中多有记载，至今已有几千年的使用历史。截至目前，甘草中已分离得到多种黄酮类化合物、三萜皂苷类化合物以及多糖成分。光甘草定和甘草次酸是甘草中的两种主要活性物质，具有独特的化学和生理活性，如美白、抗菌、抗炎、抗氧化、抗癌等，在医药、食品、保健品和化妆品行业具有广阔的应用前景。因此深入研究光甘草定和甘草次酸的制备工艺，探索大规模高纯度的生产工艺路线是十分有必要的。本章内容将主要介绍光甘草定和甘草次酸的绿色制备工艺，以及本书著者团队关于这两种物质纳米复合物的研究。

第一节 光甘草定和甘草次酸简介

一、光甘草定简介

1．光甘草定的结构和化学性质

光甘草定是一种广泛存在于甘草根茎中的黄酮类活性物质[1]，分子量为324.37，其结构式如图10-1所示。光甘草定的纯品为无色晶体，一般产品呈黄白色粉末状。光甘草定易溶于甲醇、乙醇、乙二醇、丙酮、乙酸乙酯及二氯甲烷，难溶于水。常温下性质稳定，高温下酚羟基间容易发生反应而失活。因此，光甘草定的分离提取温度一般不超过50℃。

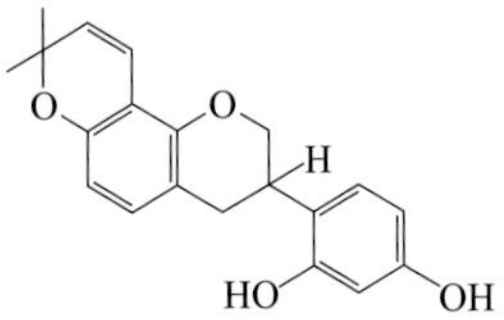

图10-1
光甘草定的结构式

2．光甘草定的药理作用

光甘草定具有多种生物活性，如美白、抗炎、抗氧化、抗病毒、植物雌激素活性等。

（1）美白活性　作为天然美白剂，光甘草定能深入皮肤内部并保持高活性，有效抑制黑色素生成过程中多种酶的活性。例如，Yokota 等[2]通过实验证明了光甘草定能够有效减轻由 UVB 诱导的棕色豚鼠背部皮肤色素沉着和 B16 小鼠黑色素瘤细胞黑色素合成，可特异性地降低酪氨酸酶活性。此外，张琳[3]在体外蘑菇酪氨酸酶活性研究中发现，光甘草定对单酚酶和二酚酶活性都有抑制作用，并且 IC_{50} 值低于曲酸和维生素 C，显示出更强的抗酪氨酸酶活性。

（2）抗炎作用　光甘草定通过抑制多种炎症因子来发挥其抗炎活性。例如，Li 等[4]的实验证实光甘草定可以抑制促炎因子 IL-6、IL-1β、IL-17A、IL-22、IL-23 的表达，在小鼠牛皮癣模型中发挥抗炎的治疗作用。Gopinathan 等[5]发现光甘草定可以减轻小鼠烟曲霉菌角膜炎的炎症评分，通过使炎症细胞因子（HMGB1、IL-1β、TNF-α）和模式识别受体（TLR4、Dectin-1）的表达量下调来发挥抗炎作用。

（3）抗氧化作用　光甘草定是一类性能优良的天然抗氧化剂[6-8]，由于其环上的酚羟基可作为活性自由基的接受体，减缓自动氧化链反应的传递速度，从而起到抗氧化的效果[9]。同时光甘草定还具有清除氧自由基的能力，使对氧化敏感的生物大分子（低密度脂蛋白、DNA 和细胞壁等）免受自由基氧化损伤[10]。木合布力·阿布力孜等[11]以肝脏微粒体中的细胞色素 P450/NADPH 氧化系统作为体外抗氧化实验模型，以银杏叶提取物 EGB761 为阳性对照物，证实了光甘草定抑制自由基的能力。Chin 等[12]也报道了光甘草定和其同系物的强抗氧化能力。

（4）植物雌激素活性　光甘草定的雌激素活性是由于其结构和亲脂性与雌二醇相似而体现出来的[13]。研究人员已在多个模型上证明光甘草定是雌激素受体（ER）的弱配体，与雌二醇竞争性结合 ER，能够增加肌酸激酶（CK）的活性，刺激相应组织的生长[14,15]。Somjen 等[16]也报道了光甘草定作为雌性激素，能刺激 DNA 在人体血管细胞中的合成，从而降低心脏病发病率。因此光甘草定作为雌激素能对骨骼和心脏等产生有利的影响，预防与雌激素缺乏相关的疾病[17]。

二、甘草次酸简介

1. 甘草次酸的结构和化学性质

甘草次酸（glycyrrhetinic acid，GA）是从甘草中提取出的一种五环三萜类化合物。甘草次酸是甘草酸的苷元，可以通过分解甘草酸获得甘草次酸[18]。甘草次酸纯品为白色结晶粉末，分子式为 $C_{30}H_{46}O_4$，分子量为 470.69，结构式如图 10-2 所示。甘草次酸可溶于乙醇、吡啶、氯仿、乙酸等，难溶于水[19]。

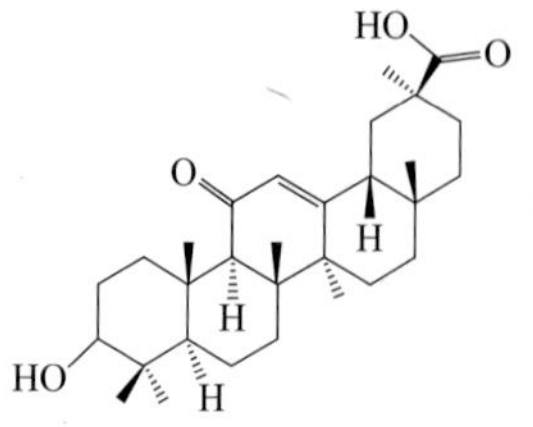

图10-2
甘草次酸的结构式

2．甘草次酸的药理作用

甘草次酸具有许多药理活性，例如抗氧化、抗炎、抗菌、和抗肿瘤等作用[20]。

（1）抗氧化作用　抗氧化为抗氧化自由基的简称，过量的自由基会攻击生物大分子，对细胞造成损伤，诱导有害物质的产生，从而引起人类的衰老以及癌症等多数疾病[21]。因此，近年来抗氧化成分的发现备受关注。研究表明，甘草次酸能够清除超氧阴离子自由基和羟基自由基，且对自由基的清除能力呈现剂量依赖性[21]。此外，还有研究表明，甘草次酸通过上调抗氧化酶（SOD/GSH-Px）的活性，对紫外线诱导的小鼠光老化细胞起到保护作用[22]。

（2）抗炎作用　炎症是躯体对于外界刺激的一种防御行为，常表现为红、肿、热、痛和功能障碍，有研究表明，甘草次酸具有抗炎作用，可用于炎症的治疗[23]。甘草次酸的结构类似于肾上腺皮质激素，能通过抑制促炎基因的表达和抑制炎性因子的产生而表现出抗炎作用。例如：研究人员探究了在脂多糖诱导产生炎症的小胶质细胞模型中甘草次酸的体外抗炎作用。结果表明，甘草次酸能减少一氧化氮合酶、环氧合酶-2、白细胞介素IL-1β和白细胞介素IL-6等的产生，调节细胞中促炎基因的表达，从而达到抑制炎症的效果[24]。此外，Suat等[25]证明了甘草次酸对C57BL/6小鼠实验性过敏性脑脊髓炎的治疗作用，甘草次酸治疗后，显著逆转了过敏性脑脊髓炎引起的氧化组织学和免疫学改变。

（3）抗菌作用　Long等[26]使用甘草次酸治疗皮肤和软组织被感染的小鼠，结果表明，在高浓度下，甘草次酸对金黄色葡萄球菌具有杀伤作用，在亚致死剂量下，甘草次酸可抑制金黄色葡萄球菌在体外和体内毒力基因的表达。Salari等[27]从200例成人牙周炎标本中分离出牙周致病菌和嗜二氧化碳菌，发现适当浓度的甘草次酸对两种菌具有良好的抑菌效果，这也为甘草次酸在牙膏、漱口水等配方中的应用提供了借鉴。

（4）抗肿瘤作用　研究发现，甘草次酸具有抗肿瘤作用，甘草次酸及其衍生物可以通过诱导肿瘤细胞凋亡、抑制肿瘤细胞多药耐药等多种途径来发挥其抗癌作用，对皮肤癌、卵巢癌、乳腺癌、胃癌、肝癌、结肠癌等肿瘤细胞均有抑制效果[28]。邱润丰[29]的研究发现，甘草次酸通过抑制 P13K/AKT、STAT3、p38 及 NF-kB 信号通路，抑制了肠癌细胞的增殖，同时抑制了肠癌细胞的侵袭转移。Zheng 等[30]制备了甘草次酸改性的 pH 敏感聚合物胶束，并评估了静脉注射胶束后对肝癌荷瘤小鼠的影响，结果证明该胶束可靶向作用于肿瘤细胞并增强细胞穿透能力，发挥甘草次酸的肝细胞癌治疗作用。

第二节
光甘草定绿色制备关键技术

一、光甘草定的提取工艺

目前常用的光甘草定提取方法包括溶剂提取法、超高压提取法、离子液体萃取法和超声提取法等[31]。

1. 溶剂提取法

溶剂提取法是根据中草药中各成分在溶剂中的溶解性质不同，将有效成分从药材组织内提取出来。该方法不仅操作简便，成本低廉，而且有利于大规模工业化生产[32]。选择的溶剂应对有效成分溶解度大，对杂质溶解度小，并且不能与植物的成分起化学变化。同时，溶剂要经济、易得、沸点适中、浓缩方便，并且使用安全。已知常用来提取光甘草定的溶剂有二氯甲烷、甲醇、乙醇、丙酮、乙酸乙酯等。赛力曼•哈得尔等[33]运用溶剂提取法提取光甘草定的研究表明，使用二氯甲烷得到的光甘草定提取物中光甘草定的含量少，而运用甲醇和乙醇提取时，光甘草定的提取量较大且效果类似。本书著者团队也对甘草中光甘草定的提取工艺进行了探究，考察了不同有机溶剂对光甘草定的提取率。采用了水、乙醇、甲醇、丙酮、乙酸乙酯和二氯甲烷这几种常见溶剂进行了尝试，根据实验结果以及考虑产物的安全性和提取工艺的经济成本，最终选择乙酸乙酯作提取溶剂[34]。

2. 超高压提取法

超高压提取法是利用超过 100MPa 的流体静压力对溶剂和中药的混合物进行作用，保压一段时间后开始卸压，然后再进行分离纯化，从而达到提取的目的。随着超高压技术的发展，它开始被应用于植物中有效成分的提取[35]。与传统工艺相比，超高压提取法具有提取率高、耗时短、能耗低、常温操作等特点，减少了活性成分的损失[36]，并且在密闭环境中进行，确保了整个过程不发生污染，更加绿色环保。研究人员采用超高压技术提取光果甘草中甘草酸、光甘草定两种活性成分[35]，通过正交试验优化得到超高压最佳提取条件为提取溶剂 60% 乙醇、提取压力 500MPa、提取时间 3min、料液比 1∶40（g/mL），在该条件下甘草酸和光甘草定的提取率分别达到 49.84mg/g 和 1.05mg/g。

3．离子液体萃取法

离子液体作为一种新型的绿色功能溶剂，满足了绿色化学的各种要求，在分离领域得到了广泛的应用。例如，在天然活性成分的提取中，通过改变阴离子和阳离子的组成，可以得到理想的离子液体，从而实现离子液体对目标产物的专一性提取[37]。因此，在天然活性成分的分离提取中，使用离子液体可以实现对少量天然活性成分的高选择性分离纯化。研究人员使用离子液体法从光果甘草中提取光甘草定[38]，选择 70% 浓度的乙醇溶液、控制溶剂比 1∶15（g/mL）、温度在 65℃、提取 40min，首次提取光甘草定的得率能够控制在 2.56‰。

4．超声提取法

超声提取法是通过超声波破坏药材细胞，增加药材与溶剂的接触，从而提高提取率[31]。由于中草药成分大多为细胞内产物，提取时往往需要将细胞破碎，而现有的机械或化学方法有时难以获得理想的效果，所以超声破碎在中草药的提取中已显示出明显的优势。与传统的回流提取、索氏提取法比较，超声提取时无需加热，避免了高温对有效成分的破坏。此外，超声提取法提取率高，溶剂用量少，可有效降低成本，提高经济效益[39]。

鉴于以上特点，本书著者团队以超声提取法作为光甘草定的提取方法。通过单因素试验对光甘草定的超声提取工艺进行了优化，考察了液料比、提取时间、超声功率、超声温度和提取次数对提取效果的影响。在单因素试验的基础上，选择液料比、提取时间和超声功率三因素为变量，光甘草定提取率为响应值，进行响应面分析。采用三因素三水平的响应面分析法，依据回归分析优化超声波提取工艺，确定最佳提取光甘草定工艺条件。根据响应面方程预测超声提取光甘草定的最佳条件为：液料比 23∶1（mL/g）提取两次，提取温度 45℃，提取时间 24min，超声功率 500W，预测光甘草定的提取率为 0.272%。随后根据拟合函数，利用 Design Expert 软件绘制响应面的三维图，以研究各个自变量对因变量的影响。从图 10-3 可以看出液料比对超声辅助提取光甘草定的影响最为显著，表现为曲面较陡峭。通过以上研究，本书著者团队确定了超声提取法提取光甘草定的最佳工艺条件，而且这种方法提取速度快、时间短、收率高并且无需加热，有望用于光甘草定的工业化大规模生产。

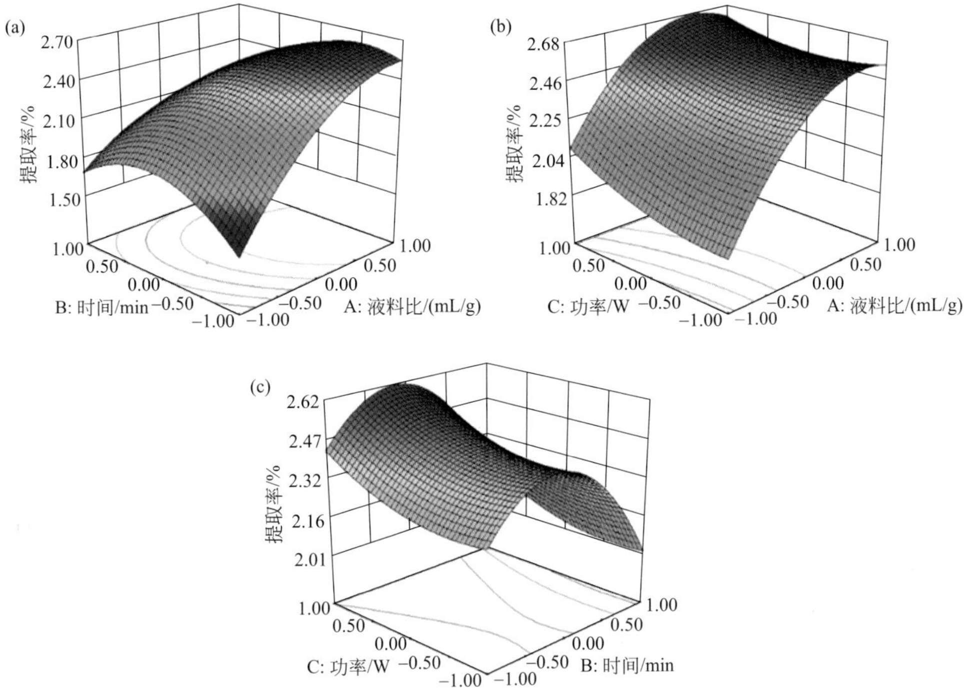

图10-3　提取率对各因素的响应面：（a）液料比与提取时间，（b）液料比与超声功率，（c）提取时间与超声功率的响应面

二、光甘草定的分离纯化工艺

制备高纯度光甘草定常用的分离纯化方法有大孔树脂法、膜分离法、硅胶法、固相萃取法、色谱分离法等。

1．大孔树脂法

大孔吸附树脂是一类有机高聚物吸附剂，是吸附作用和筛选作用相结合的分离材料。大孔树脂的吸附作用是由于范德华力或产生氢键的结果，而筛选作用则是由树脂本身的多孔性结构所决定[40]。大孔树脂分为非极性、中极性和极性三大类，根据分离物质极性的大小，选择与之相适应的树脂达到分离与纯化的目的。同时，大孔树脂具有成本低、效率高、选择性好、容量高等优点。近几年，大孔吸附树脂广泛应用于天然活性成分（如皂苷、黄酮、内酯、生物碱、多酚等大分子化合物）的提取分离[41-46]。有研究人员选用 D101 型大孔树脂分离光果甘草中的光甘草定，先用低浓度乙醇溶液洗脱除去杂质，再用高浓度乙醇进行洗脱。在最优分离纯化条件下，洗脱物中光甘草定含量可高达约 45%，光甘草定回收率为 67.79%[47]。

本书著者团队在参考上述文献和预实验的基础上，研究了 5 种常见的大孔吸附树脂对光甘草定的吸附分离特性，最终选择 HPD100 树脂来分离纯化目标产物。随后，以到达 5% 穿透点的吸附量为指标，研究了上样液浓度和流速对树脂吸附性能的影响，最终确定上样液浓度为 0.5mg/mL，流速为 3BV/h。此外，洗脱过程主要是乙醇对被吸附的光甘草定的解吸过程，所以洗脱液浓度和流速也是影响大孔树脂分离纯化光甘草定的重要因素。本书著者团队以纯度和回收率为指标，研究了洗脱液浓度和流速的影响。根据实验结果，最终选用 40% 和 50% 乙醇作为洗脱液分步洗脱光甘草定，洗脱流速为 7BV/h。随后将两步洗脱液进行合并，其中光甘草定的纯度达到了 32.2%，产品回收率达到了 79.7%。图 10-4 为大孔树脂分离前后的光甘草定色谱图，可以看出 HPD100 树脂对光甘草定具有良好的分离纯化效果。

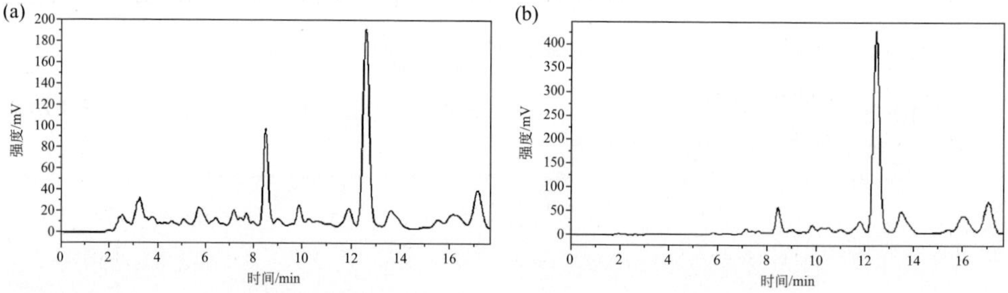

图10-4　大孔树脂分离前提取液色谱图（a）和采用HPD100纯化后的色谱图（b）比较

2．膜分离法

膜分离作为一种新型分离技术，具有能耗低、效率高、绿色无污染等特点，根据膜孔径大小和分离物质不同，液体分离膜可分为超滤（UF）膜、纳滤（NF）膜和反渗透（RO）膜三种[48]。超滤膜主要利用自身孔径进行物理筛分，由于孔径较大，只能截留悬浮颗粒、生物细胞、细菌和生物大分子等物质。反渗透膜则由于小孔致密的膜结构，主要利用溶解 - 扩散机理实现分离。纳滤膜介于超滤膜和反渗透膜之间，孔径主要分布在 0.5 ～ 2nm，截留分子量为 150 ～ 2000，具有截留多价离子和有机小分子的能力[49]。此外，纳滤膜在水环境中膜表面还具有带电性，这些表面电荷和自身孔径使纳滤膜具有筛分效应和 Donnan 效应两种特性。筛分效应，是指膜孔径为纳米级，可以选择性截留分子直径大于纳米级孔径的溶质。Donnan 效应又称电荷效应，是指带负电的膜与溶液中盐分的阴离子之间的电斥力作用，从而选择性地截留带有正电荷的多价正离子，提高脱盐率[50]。由于纳滤膜操作压力低，分离效率高和精准分离等特点，已广泛应用在食品加工、废水、水软化及制药等工业生产过程中[49]。鉴于以上特点，本书著者团队对树脂 50% 乙醇解吸液进行了纳滤浓缩实验，考察了溶质浓度及溶剂浓度对截留率和通量的影响。发现纳滤膜 NF90 对光甘草定的 50% 乙醇溶液有着很好的截留性能。光甘草定浓度为 0.1mg/mL 时，NF90 纳滤膜截留率达到了 98%，有较好的截留效果，说明纳滤膜可以应用于光甘草定溶液的浓缩精制中，为异黄酮的纯化提供了一条新的思路。

3．硅胶法

硅胶的主要成分是二氧化硅，化学性质稳定，仅溶于强碱和氢氟酸，具有丰富的孔隙结构，吸附性能强，能吸附多种物质[51-53]。硅胶色谱是根据物质在硅胶上的吸附力不同而使物质分离，一般情况下极性较大的物质易被硅胶吸附，极性较弱的物质不易被硅胶吸附，整个色谱过程即是吸附、解吸、再吸附、再解吸的过程[54]。硅胶色谱主要用于石油产品的精制、脱除芳烃物质或用于中草药有效成分的分离提纯、高纯度物质的制备等。赛力曼•哈得尔等[33]对以前的光甘草定提取分离工艺进行了优化，采用硅胶柱色谱法、制备薄层色谱法和溶剂重结晶法纯化获得光甘草定纯品，简化了操作流程。Okada 等[55]用二氯甲烷提取光甘草定，经过正相硅胶色谱和反相硅胶色谱连续分离后，用苯 - 正己烷结晶，得到了光甘草定晶体。Belinky 等[56]用丙酮提取光果甘草中的光甘草定，经过多次提取后，通过两次正相硅胶柱色谱分离得到光甘草定纯品。

4．固相萃取法

固相萃取是近年发展起来的一种样品预处理技术，由液固萃取和液相色谱技术相结合发展而来，主要用于样品的分离、纯化和浓缩[57,58]。固相萃取技术溶剂消耗量少、对样品污染小、预处理时间短，可以提高分析物的回收率，更有效地将分析物与干扰组分分离。因其操作简单、省力，已被广泛应用在医药、食品、环境、商检、化工等领域[59]。图 10-5 为固相萃取流程示意图。

鉴于固相萃取法的优点，本书著者团队采用正相硅胶作为固相萃取柱的填料，选用正己烷：乙酸乙酯 =8∶1、4∶1、2∶1 和 1∶1（*v/v*）溶液连续洗脱来确定最优的洗脱剂比例。结果表明，正己烷：乙酸乙酯 =2∶1（*v/v*）洗脱液洗脱光甘草定的效果较好，产品回收率和纯度都较高。考虑到操作的简便程度，固相萃取选用正己烷：乙酸乙酯 =4∶1（*v/v*）除杂，正己烷：乙酸乙酯 =2∶1（*v/v*）洗脱，最终得到产品纯度为 35.2%，回收率为 76.2%。

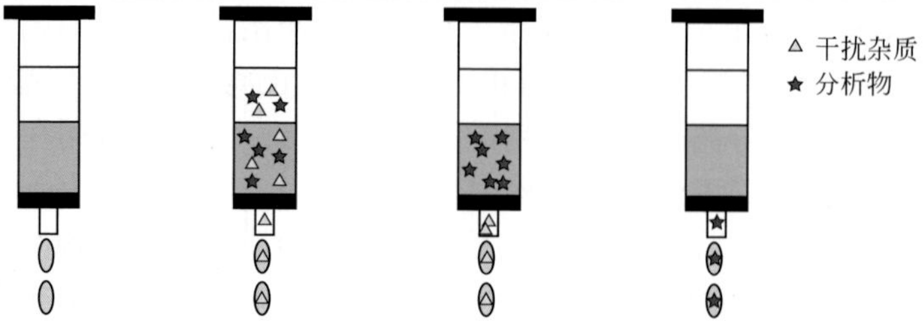

图10-5　固相萃取流程示意图[59]

5．制备型高效液相色谱法

制备型高效液相色谱法是通过高负载、高分离度的制备柱来实现组分分离，其处理量大、效率高、重现性好，能根据被分离物质的性质配备不同的检测器[60]。Zhuang 等[61]使用制备型液相色谱，以 C_{18} 柱为固定相，乙腈 - 水为流动相，从淫羊藿粗提液中成功分离出 18 种高纯度黄酮类化合物，而该系统整个分离时间仅为 20h，周期较短，可为从其他天然产物中分离复杂组分提供有效借鉴。本书著者团队采用制备色谱对光甘草定粗提物进行纯化分离，综合考虑有机流动相的分离效率和经济成本，选用了 70% 的甲醇 - 水体系作为制备色谱的流动相，流速为 10mL/min，最终光甘草定的回收率和纯度均可以达到 90% 以上。图 10-6 是纯化前后的光甘草定分析型色谱图。

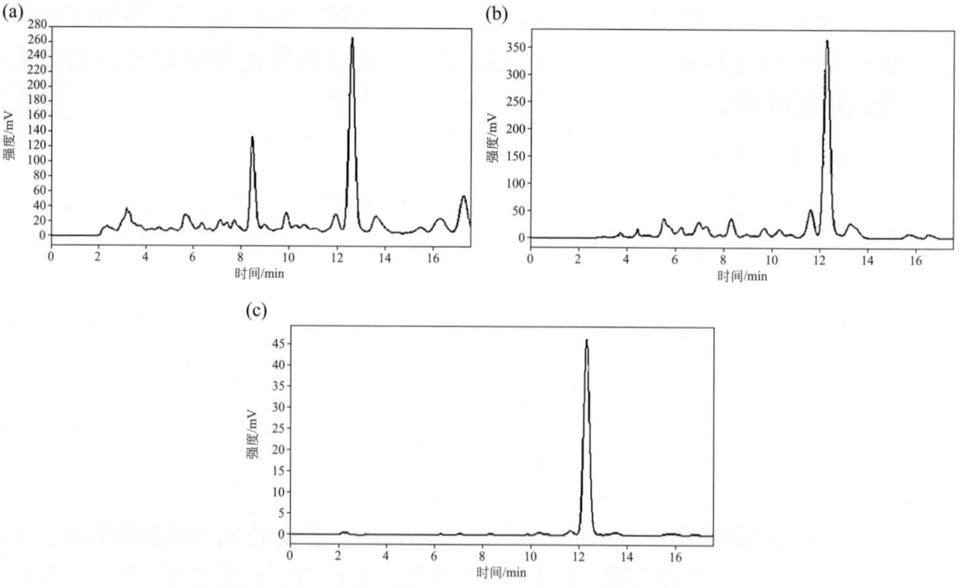

图10-6　光甘草定的粗提物（a）和固相萃取（b）、制备色谱（c）纯化后的谱图

6. 高速逆流色谱法

高速逆流色谱法是一种利用混合物中各组分在两液相间分配系数的差异，由移动相形成液滴通过作为固定相的液柱来实现混合物分离的技术[62]。该法分离过程仅取决于目标物的溶解性能，不存在样品损失或变性，具有持续高效、回收率高和分离量大等优点。该法分离时聚四氟乙烯管中的固定相不需要载体，避免了柱色谱法分离时酚羟基与固体载体产生不可逆吸附难以洗脱的缺点[63]。因此，其被广泛地应用于植物化学成分的分离、制备和定量分析[64]。本书著者团队采用高速逆流色谱对光甘草定粗提液进行了分离纯化，溶剂体系为正己烷-乙酸乙酯-甲醇-水（5∶6∶3∶2），流动相流速为0.5mL/min，转速为1800r/min，固定相的保留率为53%，光甘草定的保留时间为55min。最后收集产品纯度为61.2%，收率为84.6%，其中收集光甘草定的最高纯度可达到90.4%。图10-7为分离后样品的色谱图。本书著者团队采用高速逆流色谱来分离纯化光甘草定，克服了固相载体带来的样品吸附、损失、污染、失活等问题，分离方法简单，时间较短，而且产品纯度较高，提供了一种简便实用的制备甘草异黄酮类化学成分的方法。

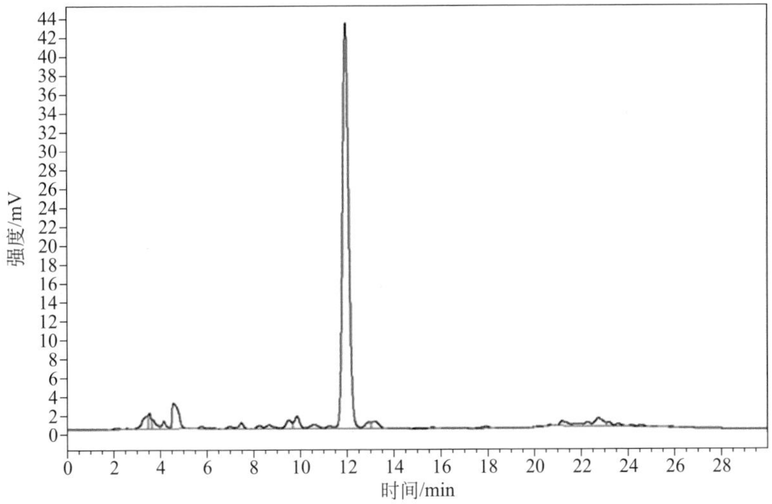

图10-7 高速逆流色谱分离纯化后光甘草定色谱图

三、光甘草定纳米复合物的制备

根据前文介绍，已知光甘草定具有多种有益的生物活性，是一种利用价值极高的天然活性物质。但是由于光甘草定在水中的溶解度极低，容易受光照和氧气等因素的影响，极大限制了其在各个行业中的运用。

已知包合技术能解决这一瓶颈难题，使得光甘草定能够得到更好的应用。本书著者团队采用湿法中的饱和溶液法，以乙醇为溶液，用羟丙基-β-环糊精（HP-β-CD）对光甘草定进行包合[65]。为了达到最佳的包埋效果，对主客比、装载温度、装载时间、搅拌速率等参数进行了考察。在单因素实验的基础上，选择对光甘草定包埋率影响较大的因素，分别取适宜的水平进行均匀设计实验，以包埋率为指标，筛选出较优的包埋工艺参数。此外，利用相溶解度法测定了包结常数，还利用紫外、红外光谱，差示热分析，扫描电镜等方法对包合物进行验证研究。最后，还测定了光甘草定包埋后的增溶倍数。通过均匀实验确定最佳包埋工艺为：光甘草定与HP-β-CD以摩尔比1∶2，包合时间2h，温度50℃时，包封率为80%。对包合物进行了红外光谱、X射线晶体衍射、扫描电镜、热重分析等表征，证实了包合物的形成［图10-8（a）~（d）］。

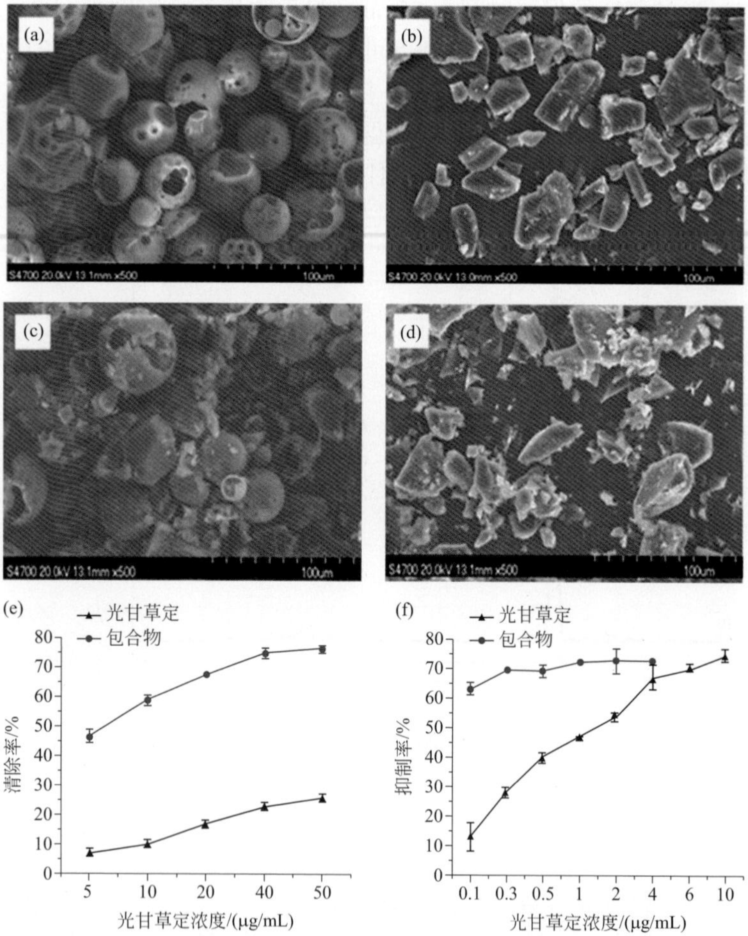

图10-8　（a）~（d）HP-β-CD，光甘草定，物理混合物，光甘草定/HP-β-CD包合物的扫描电子显微镜图像；（e）游离光甘草定和包合物的DPPH自由基清除能力；（f）游离光甘草定和包合物的酪氨酸酶抑制活性

经过包合后，光甘草定的溶解度提高了 69.2 倍。此外，与游离的光甘草定相比，包合物的自由基清除能力和酪氨酸酶抑制活性都得到了大幅提高［图 10-8（e）、（f）］。

药物递送系统（DDS）也可以改善药物在水相中的分散性，通过封装来保护药物，并且促进细胞对药物的摄取。类沸石咪唑骨架材料 -8（ZIF-8）由 Zn^{2+} 和二甲基咪唑（2-MIM）通过原位自组装构成，具有毒性小且生物相容性好的特点。特别是 ZIF-8 在酸性条件下易发生崩解，可以作为 pH 刺激 DDS 的载体材料。本书著者团队采用晶种生长的方式制备了 ZIF-8 载药系统来负载光甘草定，成功制备了 Gla-ZIF-8 纳米复合物，并对其形态和性能进行了表征，对包埋前后药物分子的结构特征和生物活性进行了研究。制备的 Gla-ZIF-8 的包封率为 98.67%，尺寸大小约为 3μm，具有梭形或十字交叉花状的结构。进一步地，通过 UV、TEM、SEM、Zeta 电位、FTIR、XRD、TGA 等表征手段证明了光甘草定被装载入 ZIF-8 中［图 10-9（a）］。此外，Gla-ZIF-8 表现出 pH 可控的药物释放行为，且 Gla-ZIF-8 抑制黑色素生成的能力明显增强。与此同时，Gla-ZIF-8 显示出比游离光甘草定更好的体外抗氧化能力和胞内抗氧化活性［（图 10-9（b）、（c）］。这两种策略都为光甘草定的生物应用提供了新的途径。

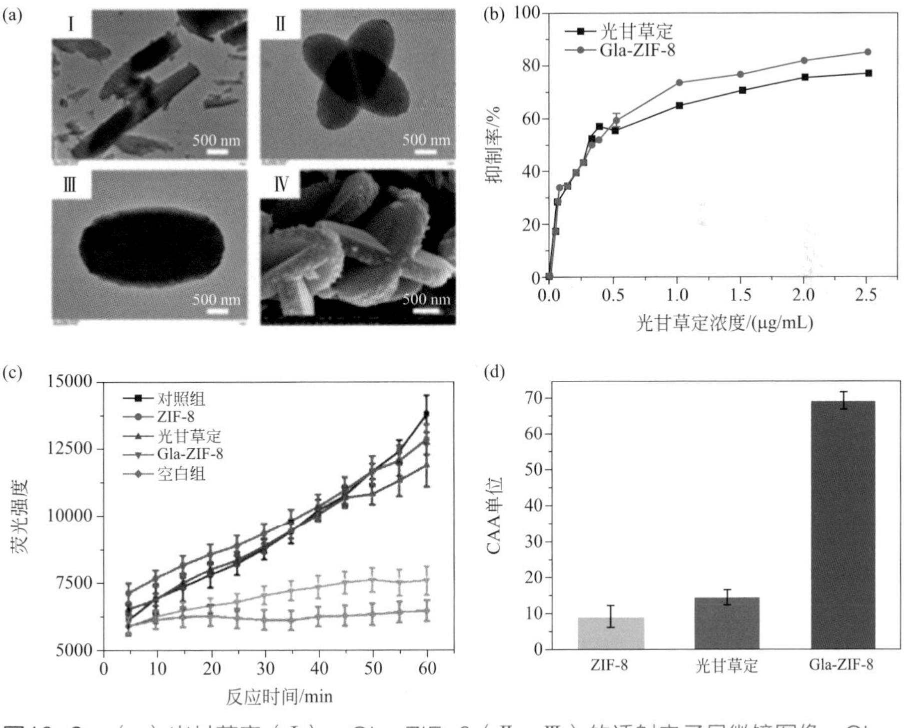

图10-9 （a）光甘草定（Ⅰ）、Gla-ZIF-8（Ⅱ，Ⅲ）的透射电子显微镜图像，Gla-ZIF-8（Ⅳ）的扫描电子显微镜图像；（b）游离光甘草定和Gla-ZIF-8的酪氨酸酶抑制活性；（c）药物的DCF荧光动力学曲线；（d）CAA值

第三节
酶法制备甘草次酸关键技术

一、甘草次酸的制备方法

1．传统酸解法

有机物被酸分解或聚合物遇酸分子量降低的过程称为酸解。酸解所用的酸可以是无机酸或有机酸，属于不可逆放热反应。甘草次酸的传统制备工艺是以甘草酸为原料，在高温条件下通过酸解法制得。例如在盐酸催化的作用下进行水解，结束反应冷却后将固液混合物过滤，随后经沉淀洗涤干燥得到甘草次酸粗粉，并用氯仿重溶，再经过一次过滤、浓缩，最后经活性炭脱色后使用重结晶精制得到纯度较高的甘草次酸[66]。还有研究人员将甘草酸溶于甲醇或乙醇等有机溶剂，将过滤分离后得到的滤液浓缩干燥，并在盐酸或磷酸等的催化下，通过添加醋酸水解得到乙酰化甘草次酸。然后用八倍体积的水或甲醇稀释样品，加入氨水调 pH 为 11 后进行回流水解，冷却到室温后加入盐酸析出甘草次酸，甘草次酸粗品用活性炭脱色后重结晶，终产物纯度高达 97%[67]。

2．生物转化法

生物转化法是外源化学物质在机体内进行一系列化学反应生成新的化合物，实际上是通过生物体内产生的酶完成催化反应。随着近些年生物技术不断发展，与反应条件剧烈的化学法相比，生物转化法成为了应用更加广泛的化合物制备方法。生物转化法有很多优势，如选择性强，反应条件温和，转化速率快，设备简单，收率高，能耗低，污染低等。最初甘草次酸的生物法制备是以甘草酸作为底物，经优化确定了实验室摇瓶、发酵罐以及后续小试中试扩大的各项工艺参数，在实验室条件实现了 78.62% 的转化率。经对发酵液进行一步膜分离除杂和浓缩后，再使用大孔树脂纯化，最终得到了纯度 98.97% 的甘草次酸[68]。发酵法制备甘草次酸的过程中主要是由于菌体所表达的葡萄糖醛酸酶的催化作用。因此，北京理工大学王国敬[69]在大肠埃希菌中构建表达了 β- 葡萄糖醛酸酶，以其作为催化剂开展了高效酶解甘草酸制备甘草次酸的工艺，对产物分离进行了研究，并对于酶的最适反应条件和稳定性进行了探究。通过优化酶与甘草酸加入比例、搅拌转速等条件，甘草酸转化率达到 96.4%，重结晶精制后甘草次酸纯度 96.9%。

二、葡萄糖醛酸酶简介

β- 葡萄糖醛酸酶（*β*-glucuronidase，*β*-GUS）是糖苷水解酶（glycoside hydrolases，GH）的一个小分支，主要作用于底物的糖苷键，通过水解产生一系列具有药理和生理活性的衍生物。*β*- 葡萄糖醛酸酶广泛存在于微生物尤其是细菌体内，在上世纪八十年代左右，还被用于判断大肠埃希菌的存在与否，以此作为检测饮用水及食品等相关行业卫生的标准。*β*- 葡萄糖醛酸酶在调节外来生物和内源性化合物的葡萄糖醛酸化过程中也发挥重要作用，并参与各种脊椎动物组织中的碳水化合物代谢 [70-73]。

甘草酸是由五环三萜皂苷 GA 作为苷元，经由 *β*- 葡萄糖醛酸苷键连接两分子葡萄糖醛酸作为配体组成。GUS 可以特异性断裂这种糖苷键，在甘草酸的生物转化过程中起着至关重要的作用 [74-77]。在过去的几十年中，研究人员筛选了许多可以催化水解甘草酸的微生物菌株。目前已经分离出的一些微生物菌株可以将甘草酸水解为单葡萄糖醛酸甘草次酸（GAMG）或甘草次酸。最初人们研究了使用 *Cryptococcus magnus* MG-27 将甘草酸水解为 GAMG。然而，没有更多关于这种菌株特征的后续报告 [78]。随着研究的深入，一些栖息在人类肠道中的细菌也被证明了对甘草酸有水解作用 [75,79]。在 1998 年，研究人员从种植甘草的土壤中筛选出以甘草酸为碳源的黑曲霉和大肠埃希菌。这些菌株可以将甘草酸先转化为 GAMG，然后转化为甘草次酸 [80]。Wang 等对来自三种真菌的 GUS（来自 *P.purpurogenum* Li-3 的 PGUS、来自 *A.terreus* Li-20 的 AtGUS 和来自 *A.ustus* Li-62 的 Au GUS）水解甘草酸的模式进行了比较研究，发现 Au GUS 能够直接将甘草酸水解为甘草次酸 [81]。

本书著者团队基于上述研究，使用 NCBI 数据库，通过同源序列比对手段筛选出两种分别来自伯氏曲霉（KAE8374379.1）和假单胞菌（KFY40603.1）的葡萄糖醛酸酶。使用基因工程手段在大肠埃希菌中构建了 pET28a-AbGUS 以及 pET28a-KFY 质粒用于蛋白表达。通过蛋白电泳证明了来自伯氏曲霉的葡萄糖醛酸酶获得了可溶性表达。接下来使用甘草酸为底物验证了葡萄糖醛酸酶的催化活性和水解模式。该酶能够高效将甘草酸转化为甘草次酸，水解时大多数直接断裂内侧葡萄糖醛酸苷键，反应完成时甘草酸转化率高达 91.4% 且只有 6.8% 的甘草酸会转化为不完全水解的副产物 GAMG（图 10-10）。这种高催化活性和高水解特异性在甘草次酸的大规模制备中具有重要意义。

尽管这种使用游离酶催化水解甘草酸制备甘草次酸的方式具有反应条件温和、特异性强等诸多优点，但是游离酶稳定性较差，反应结束后酶无法回收，这些问题使酶解制备的大规模工业应用存在挑战，因此还需要对酶制剂进行深入的研究。

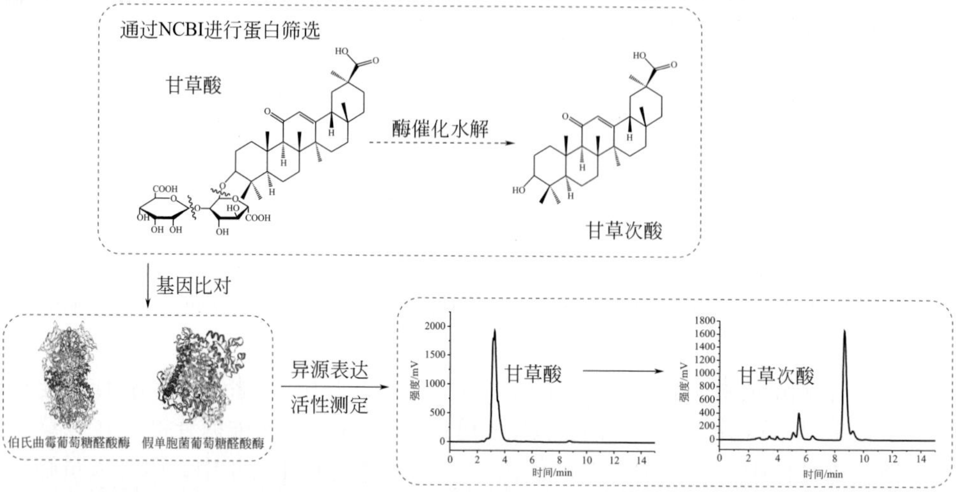

图10-10 葡萄糖醛酸酶的挖掘与催化甘草酸性能研究

三、固定化酶催化制备甘草次酸

由于游离酶催化稳定性不好和操作回收率有限而导致其在工业生产中不能大规模应用[82]。在过去的几年中，固定化酶已被证明是一种简便有效的策略，可以提高酶的活性、稳定性和选择性，从而成功地应用于生化工业实践中[83]。它指的是用物理或化学手段，将游离酶封锁在固体材料或限制在一定区域内进行活跃的、特有的催化作用，并且可回收，可长时间使用的一种技术[84]。自 1916 年首次报道酶固定化以来，已经有很多固定化载体被广泛用于酶固定化，包括聚合物基质、纳米材料、多孔材料、微囊和磁性材料等[85-89]。尽管将酶固定后部分改善了它们的操作稳定性，但面对严峻的环境挑战，大多数工业酶仍然遭受浸出、酶变性以及传质和传热效率受到限制等问题，从而不可避免地丧失了其催化活性，并且成本极高[90]。近年来，开发新颖的固定基质和简便的技术仍然至关重要。

金属 - 有机框架（MOFs）材料是一种多孔载体，它们由一种或多种金属离子通过配位键和有机配体相连形成，是一种很有前途的酶固定化载体，目前已报道的 MOFs 有两千多种[91,92]。用于组装 MOFs 的金属离子通常是过渡金属、*p* 嵌段元素、碱土金属和锕系元素，而常用的有机连接剂包括羧酸盐、胺、硝酸盐、磷酸盐和磺酸盐等[93]。近年来，MOFs 作为酶固定化的新型支撑基质引起了越来越多的关注，这归因于其独特的性质，包括可调节的超高孔隙率、高比表面积和孔体积，以及在某些环境中相对较高的化学、热、机械稳定性[94,95]。值得一提的是，由于酶在高度有序的框架保护下结构难以发生改变，因此介孔 MOFs 和酶的组合在极苛刻的条件下表现出增强的稳定性，如在高温、强酸强碱和有机试剂存在的环境中仍然具备高催化活性[96-98]。一些由过渡金属及其配体形成的具有特异性吸附的 MOFs 由于其高选择性和简易的固定化操作，近年来被广泛研究。

为了解决酶法制备甘草次酸的过程中游离酶稳定性差、无法简单回收利用的问题，本书著者团队致力于研究出一种优异的固定化酶制剂，制备了一种具有高选择性固定化和良好可再生性的磁性锆基 MOFs（Fe_3O_4@UiO66）固定化载体。通过使用对苯二甲酸和氯化锆作为配体，使用共沉淀法一步合成了具有良好的磁响应和规则多孔形态的固定化载体。同时其表面的锆元素使得载体能够从细胞裂解液中特异性固定具有 His 标签的蛋白。固定化酶具有更优异的 pH 和温度适应范围，在 pH 值为 3.5 至 8.0 或 60℃下储存 2h 后，其活性保留超过 85%。此外，创新性地使用二硫苏糖醇对磁性纳米粒子进行了再生，蛋白解吸率高达 92%，可再生的磁性载体在重复使用 6 次后仍能有效吸附目标蛋白。这是一种高效的、可再生的一步纯化固定化 His 标签蛋白的载体。固定化葡萄糖醛酸酶在催化甘草酸制备甘草次酸时显示了优异的活性和稳定性，在纳米技术和生物催化的工业应用中显示出广阔的前景[99]（图 10-11）。

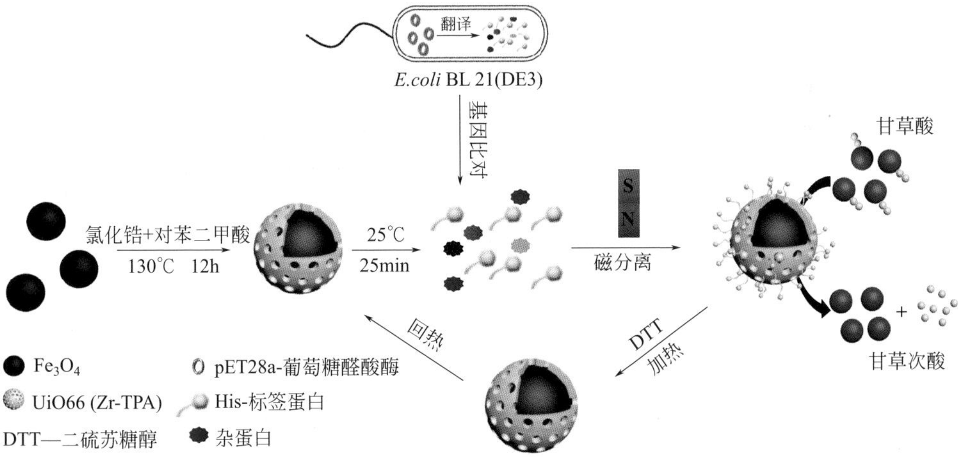

图10-11 磁性MOFs固定化酶制备甘草次酸

在上述磁性 MOFs 固定化酶制备甘草次酸的研究中发现，固定后酶对副产物葡萄糖醛酸的耐受有了明显提升，为了验证这是否是普适性现象，本书著者团队决定采用其他的固定化方式对蛋白进行固定从而验证。另外，磁性 MOFs 载体尽管不需要复杂的合成手段，但是仍需要高温加热，制备较为复杂，且固定过程中仍然存在少量的蛋白损失。这不利于固定化酶制剂的大规模制备。而交联酶聚集体作为一种无载体固定方法，在大多数情况下保持了很高的酶活性，受到越来越多的关注。与传统的载体固定化酶相比，无载体交联酶生物催化体系具有明显的优点，如催化剂比表面积高、催化活性高、在极端条件和有机溶剂中操作稳定性良好、成本显著降低等[100]。

无载体固定化酶的制备无需额外固体材料，可将蛋白酶直接交联得到。目前，无载体固定化酶主要有 4 类：交联酶、交联酶晶体、交联喷雾干燥酶和交联酶聚集体（CLEAs）[101]。与游离酶相比，CLEAs 表现出突出的操作稳定性、工业生产力和可重复使用性。到目前为止，CLEAs 在脂肪酶、纤维二糖异构酶、*β*-半乳糖苷酶、*β*- 葡萄糖苷酶和淀粉酶等单酶固定化中的应用已经得到了很好的证明。然而，在某些情况下，CLEAs 在被过滤或离心回收时是非常脆弱的。回收过程中的机械阻力或产生的细小颗粒会使任何多孔过滤器崩溃。其次，小的孔隙率可能会导致高扩散限制[102]。考虑到上述缺陷，磁性交联酶聚集体（MCLEAs）已经成为当前的研究重点[103,104]，主要是由于 Fe_3O_4 带来的超顺磁性能，MCLEAs 更容易被分离，对质量传递的限制也更少[105-107]。

本书著者团队基于所筛选出的能够高效催化甘草酸水解为甘草次酸的葡萄糖醛酸酶，设计了一种以羧基功能化 Fe_3O_4 为磁芯的新型 MCLEAs（图 10-12）。首先使用碳二亚胺修饰来加强酶和羧基功能化的 Fe_3O_4 之间的相互作用，这一手段有效地提高了活性。接下来，用戊二醛作为交联剂制备了 MCLEAs，所得固定化

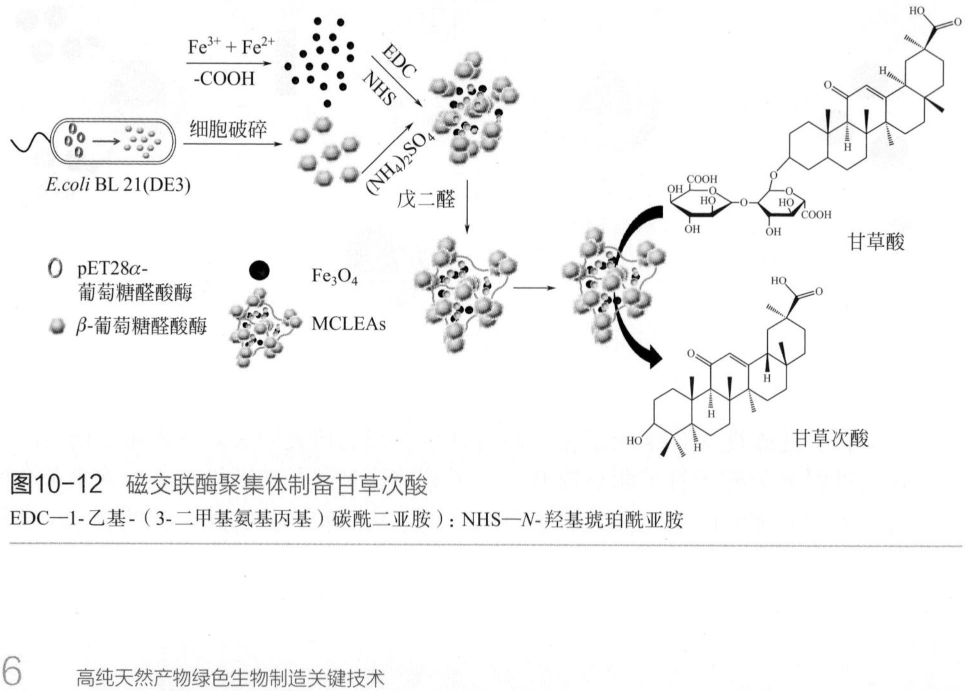

图10-12　磁交联酶聚集体制备甘草次酸

EDC—1-乙基-（3-二甲基氨基丙基）碳酰二亚胺）：NHS—*N*-羟基琥珀酰亚胺

AbGUS 的最佳温度从 40℃提高到 55℃，并具有更好的耐热、耐酸碱能力和优异的储存稳定性。此外，MCLEAs 也拥有优异的重复使用性，6 次循环后 MCLEAs 的催化活性保持在 63.3%，是 CLEAs 的 3.55 倍。值得一提的是，MCLEAs 对葡萄糖醛酸的耐受性比游离酶提高了 221.5%，这一优异的特性使得其能够用于在高底物和高副产物浓度下制备甘草次酸。拉曼光谱分析表明，聚集和交联增加了蛋白质的有序结构，这解释了 MCLEAs 形成后酶的稳定性增强从而提升葡萄糖醛酸耐受性的机制。因此，所构建的 MCLEAs 带来了一种良好的酶固定化策略，这些优点也可能是解决除甘草次酸外使用其他天然糖苷制备高价值的不溶性苷元过程中出现的严重副产物抑制的有效办法。

四、一锅法提取水解甘草酸制备甘草次酸

近几十年来，酶水解因其特异性高、转化率高、反应条件环保等特点而受到越来越多的关注 [81,108-110]。本书著者团队设计了多种固定化酶制剂以实现甘草次酸的高效绿色制备工艺。然而，酶水解过程中通常需要相对纯净的化合物甘草酸或其盐作为底物。因此，在酶解前需要先完成甘草酸的提取。这导致大部分工艺中水解和提取是多重反应，可能会影响产量，增加工业生产成本。甘草酸是一种典型的弱酸化合物，广泛采用稀氨法或稀氨醇法提取 [111-113]。然而，挥发性氨在提取过程中容易扩散到大气中，造成严重的环境污染。同时，提取后大量的含碱废液也给后续处理带来了很大的挑战。虽然已经开发了一些新的提取天然活性化合物的方法，如深共晶溶剂提取 [114,115]、过热水提取 [116]、酶辅助提取 [117] 和超声辅助提取 [118] 等，但复杂性和较高的操作成本仍然限制了这些方法在实验室的研究。

工艺集成是制备天然活性化合物的理想方法，不仅可以简化工艺流程，而且回收率更高，成本更低 [119-123]。与传统方法相比，工艺集成避免了多道工序，获得了较高的收率和纯度。通过设计新的综合工艺，缩短了反应过程，提高了经济效益。这些改进极大地支持了生物活性成分的高效制备。

本书著者团队设计了一种基于离子液体两相体系同时提取和酶解甘草酸的新方法，以低环境成本高效制备甘草次酸（图 10-13）。最佳萃取剂为 20%（*v/v*）的 1- 丁基 -3- 甲基咪唑六氟磷酸盐（BMIM-PF6）/ 醋酸盐缓冲液。采用单因素优化和响应面法对提取条件进行优化：料液比为 1∶37、温度为 41.2℃、转速为 171r/min、提取时间为 64min，甘草酸提取率最高为 74.36%，平均得率为 120.53mg/10g 甘草（理论收率的 52.7%），大大高于传统方法。值得一提的是，一锅循环法的二氧化碳排放量显著低于传统法。因此，一锅同时提取和酶解法可以方便、低碳地制备天然活性化合物，具有广泛的工业应用潜力。

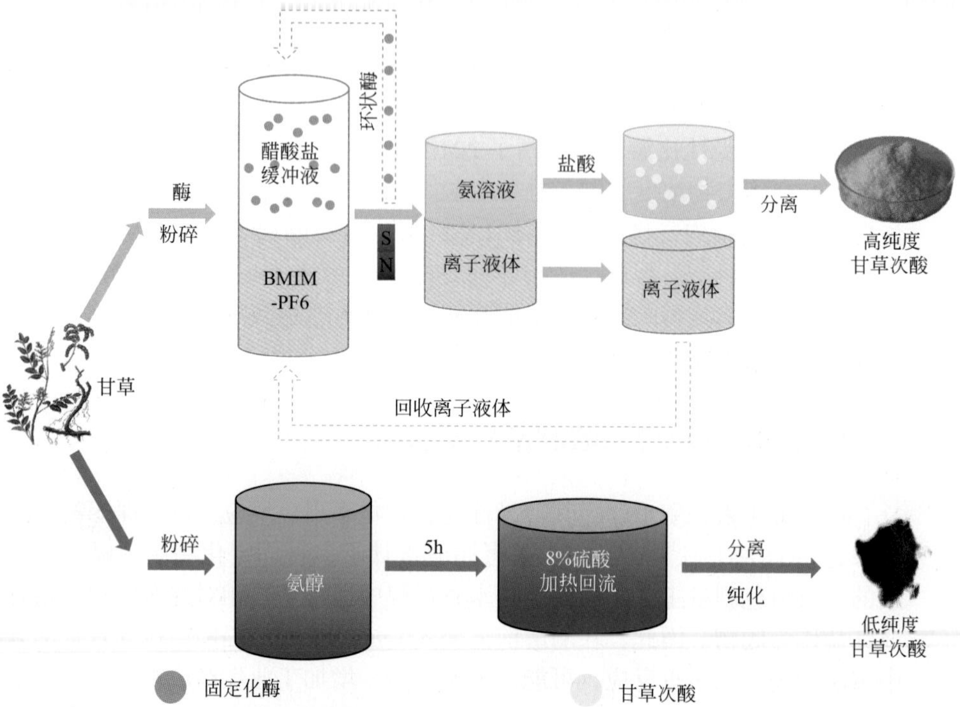

图10-13 一锅法同时提取水解甘草酸制备甘草次酸

五、甘草次酸纳米复合物的制备

甘草次酸是一种具有优异的生理药理活性的药物。然而，其在水溶液中具有高疏水性和低溶解度以及 pH 依赖性溶解度。这导致了甘草次酸的生物利用度较低，限制了其临床应用。因此，采用适当的策略增加甘草次酸的溶解度将大大提高它的生物利用度，增强甘草次酸治疗疾病的临床疗效。

固体分散体已成为提高难溶性药物溶解度的有效策略之一。药物可以分散在具有更高孔隙率、更小粒径和改进润湿性的聚合物中 [124]。聚乙烯基己内酰胺 - 聚醋酸乙烯酯 - 聚乙二醇接枝共聚物（soluplus®）是一种无细胞毒性的两亲增溶剂、吸收剂和渗透剂，可用作固体分散体配方中的载体 [125,126]。soluplus® 的双功能特性使其能够作为固体溶液的基质聚合物，并增加不溶性药物的溶解度 [127-129]。L- 精氨酸 [130] 和组氨酸、赖氨酸共同为碱性氨基酸，是最通用的氨基酸之一。它可以用作小分子量赋形剂，与药物发生特定的分子相互作用以产生无定形物质，从而有助于提高不溶性药物的溶解度。其辅助提高溶解度及溶解率的方式原理多种多样，包括与药物成盐形成的静电相互作用[131]；用作 pH 修饰剂，操纵“pH”以提高药物在溶解剂型微环境中的溶解度；形成共晶混合物；控制形态和预防沉淀、晶体生长和药物晶体的聚集[132]。

本书著者团队开发了一种口服给药的新配方，通过共溶剂蒸发使甘草次酸和 L- 精氨酸反应形成盐，然后加入具有两亲化学结构的聚合物溶剂 soluplus®（SD）以制备固体分散体 GA-SD（图 10-14）。甘草次酸：L- 精氨酸：soluplus®=1∶1∶1，包合温度 25℃，包合时间 1h，搅拌速率 500r/min。所制备的胶束具有良好的稳定性，6 天内粒径稳定在 65nm 左右，其在 pH=6、7、8 时未有 18β-GA 析出。同时，将其在室温下不避光放置 2 个月后，18β-GA 仍保有 90.2% 的留存率。通过 LPS 刺激 RAW267.5 细胞模拟细胞炎症模型，TPA（三苯胺）诱导的小鼠耳水肿模型和乙醇诱导的胃溃疡模型验证 GA-SD 的抗炎活性。结果表明，GA-SD 的酰胺键和盐的形成大大提高了甘草次酸的溶解度。使用 HPLC 法测得其溶解度为 37.6mg/mL，增长了 5680 倍。GA-SD 有效提高游离甘草次酸在体内外的抗炎作用，且 GA-SD 对肝肾功能无明显影响，无明显组织毒性，生物安全性好。制备成纳米复合物以后，其抗炎效果急剧上升，和地塞米松几乎持平甚至更佳。上述结果证明了通过与 soluplus® 的结合获得的纳米复合物在抗炎方面具备很高的治疗潜力。作为一种安全有效的固体分散体，GA-SD 是一种很有前景的抗炎口服制剂，为其他生物利用度低的口服候选药物提供了一些参考。

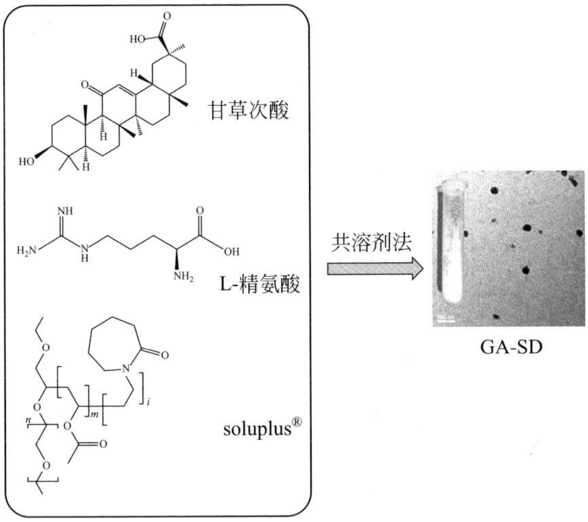

图10-14 甘草次酸-soluplus®纳米复合物的制备[133]

第四节
小结与展望

光甘草定和甘草次酸是甘草中的两种主要活性成分，其中光甘草定为疏水性黄酮类成分，具有美白、抗菌、抗氧化等作用，广泛应用在医药、食品和化妆品等行业；甘草次酸为三萜类成分，具有抗炎、抗癌、抗病毒、免疫调节等作用，广泛应用在医药、化妆品、烟草等行业。本章以光甘草定和甘草次酸的绿色制备为中心，系统地介绍了两类物质的结构、性质、药理活性和制备工艺，并分享了本书著者团队在相关领域的研究成果。

本书著者团队主要采用了溶剂提取法和超声提取法从光果甘草中获得光甘草定，确立了从光果甘草中提取光甘草定的最佳条件。用乙酸乙酯作溶剂，超声波提取液料比 23∶1（mL/g），提取两次，提取温度 45℃，提取时间 24min，超声功率 500W。该条件下提取光甘草定的提取率为 0.269%。为获得高纯度的光甘草定，本书著者团队分别采用了大孔树脂法、膜分离法、固相萃取法、制备型高效液相色谱法和高速逆流色谱法对光甘草定粗提物进行了纯化分离。首先确定了最佳树脂 HPD100，优化了吸附与解吸附工艺条件：上样液浓度为 0.5mg/mL，流速为 3BV/h，以 2BV 的 40% 和 50% 乙醇分步洗脱。在此工艺条件下，光甘草定的回收率为 79.7%，纯度为 32.2%。对树脂 50% 乙醇洗脱液进行了纳滤浓缩实验，发现纳滤膜 NF90 对光甘草定的 50% 乙醇溶液有着很好的截留性能，为光甘草定的浓缩精制提供了一条新的思路。采用固相萃取和反相制备型高效液相色谱分离纯化光甘草定，纯度提高到 35.2%。随后，采用高速逆流色谱分离光甘草定粗品，收集产品纯度为 61.2%，收率为 84.6%，其中收集光甘草定的最高纯度为 90.4%。

本书著者团队采用了生物转化法来制备甘草次酸，挖掘出一株来自伯氏曲霉的葡萄糖醛酸酶（KAE8374379.1）。该酶能够高效地将甘草酸转化为甘草次酸，反应完成时甘草酸转化率高达 91.4% 且基本不生成不完全水解的副产物。随后，本书著者团队制备了一种具有高选择性固定化和良好可再生性的磁性锆基 MOFs（Fe_3O_4@UiO66）固定化载体来固定该酶，固定化酶具有更优异的 pH 和温度适应范围，在催化甘草酸制备甘草次酸时显示了优异的活性和稳定性。此外，基于葡萄糖醛酸酶，本书著者团队设计了一种以羧基功能化 Fe_3O_4 为磁芯的新型 MCLEAs，具有更好的耐热、耐酸碱能力和优异的储存稳定性，同时还具有优异的重复使用性，对葡萄糖醛酸的耐受性也比游离酶提高了 221.5%。这些优异的特性使得其能够用于在高底物和高副产物浓度下制备甘草次酸。随后，本书著者团队设计了一种基于离子液体两相体系同时提取和酶解甘草酸的新方法，以低环境成本高效制备甘草次酸。采用单因素优化和响应面法对提取条件进行优化：料液比为 1∶37、温度为 41.2℃、转速为 171r/min、提取时间为 64min，甘草酸提取率最高为 74.36%，平均得率为 120.53mg/10g 甘草（理论收率的 52.7%），大大高于传统方法。一锅同时提取和酶解法可以方便、低碳地制备天然活性化合物，具有广泛的工业应用潜力。

此外，为了克服光甘草定的水不溶性，本书著者团队还制备了两种水溶性光甘草定纳米复合物，提高了光甘草定的抗酪氨酸酶活性和胞内抗氧化性，为光甘草定的生物应用提供了一条新的途径，显示出巨大的应用潜力。同时，本书著者团队采取抗溶剂法和包合法制备了甘草次酸纳米复合物，它是一种有前途的抗炎口服制剂，为其他生物利用度低的口服候选药物提供了一些参考。

参考文献

[1] Simmler C, Pauli G F, Chen S N. Phytochemistry and biological properties of glabridin [J]. Fitoterapia, 2013, 90: 160-184.

[2] Yokota T, Nishio H, Kubota Y, et al. The Inhibitory Effect of Glabridin from Licorice Extracts on Melanogenesis and Inflammation [J]. Pigment Cell Research, 1998, 11(6): 355-361.

[3] 张琳. 光甘草定检测、提取、纯化及其抑制酪氨酸酶活性的研究 [D]. 洛阳：河南科技大学，2011.

[4] Li P, Li Y, Jiang H, et al. Glabridin, an isoflavan from licorice root, ameliorates imiquimod-induced psoriasis-like inflammation of BALB/c mice [J]. International Immunopharmacology, 2018, 59: 243-251.

[5] Gopinathan U, Ramakrishna T, Willcox M, et al. Enzymatic, Clinical and Histologic Evaluation of Corneal Tissues in Experimental Fungal Keratitis in Rabbits [J]. Experimental Eye Research, 2001, 72(4): 433-442.

[6] Wang W, Yang Y, Tang K. Selective extraction of glabridin from Glycyrrhiza glabra crude extracts by sulfobutylether- β -cyclodextrin in a ternary extraction system [J]. Process Biochemistry, 2023, 129: 1-10.

[7] Lv J, Liang H, Yuan Q, et al. Preparative Purification of the Major Flavonoid Glabridin from Licorice Roots by Solid Phase Extraction and Preparative High Performance Liquid Chromatography [J]. Separation Science and Technology, 2010, 45(8): 1104-1111.

[8] 阳天舒，韩晓乐，孙嘉彬，等. 光甘草定醇质体制备及其生物活性评价 [J]. 中草药，2020, 51(18): 4646-4653.

[9] Arora. A, Nari M, Strasburg G. Antioxidant activities of isoflavones and their biological metabolites in a liposomal system [J]. Archives of Biochemistry and Biophysics, 1998, 356(2): 133-141.

[10] 贾倩倩，张维靖，徐白璐. 光甘草定对 DNA 氧化损伤的保护作用 [C]// 中国化学会第十二届全国天然有机化学学术会议，昆明：2018.

[11] 木合布力•阿布力孜，热娜•卡斯木，马淑燕，等. 甘草中光甘草定的提取和抗氧化活性研究 [J]. 天然产物研究与开发，2007, 19(4): 4.

[12] Chin Y W, Jung H A,Liu Y, et al. Anti-oxidant Constituents of the Roots and Stolons of Licorice (*Glycyrrhiza*

glabra) [J]. Journal of Agricultural and Food Chemistry, 2007, 55(12): 4691-4697.

[13] Ota M, Xu F, Li Y L, et al. Comparison of chemical constituents among licorice, roasted licorice, and roasted licorice with honey [J]. Journal of Natural Medicines, 2018, 72(1): 80-95.

[14] Poh M S W, Yong P V C, Viseswaran N, et al. Estrogenicity of glabridin in Ishikawa cells [J]. PLoS One, 2017, 10(3): e0121382.

[15] Boonmuen N, Gong P, Ali Z, et al. Licorice root components in dietary supplements are selective estrogen receptor modulators with a spectrum of estrogenic and anti-estrogenic activities [J]. Steroids, 2016, 105: 42-49.

[16] Somjen D, Knoll E, Vaya J, et al. Estrogen-like activity of licorice root constituents: Glabridin and glabrene, in vascular tissues in vitro and in vivo [J]. Journal of Steroid Biochemistry and Molecular Biology, 2004, 91(3): 147-155.

[17] Arezou A, Khosro P, Sahar B, et al. Ethyl Acetate Extract of Licorice Root (*Glycyrrhiza glabra*) Enhances Proliferation and Osteogenic Differentiation of Human Bone Marrow Mesenchymal Stem Cells [J]. Iranian Journal of Pharmaceutical Research, 2018, 17(3):1057-1067.

[18] 陈静. 甘露糖化胆固醇配体修饰甘草次酸脂质体的肝靶向研究 [D]. 广州：广州中医药大学，2018.

[19] Wei Y, Zhang J, Zhou Y, et al. Characterization of glabridin/hydroxypropyl-beta-cyclodextrin inclusion complex with robust solubility and enhanced bioactivity [J]. Carbohydrate Polymers, 2017, 159: 152-160.

[20] 李晴. 甘草次酸纳米颗粒联合铁疗法提高癌症免疫治疗 [D]. 长春：吉林大学，2022.

[21] 贺建荣，张琰，程建峰，等. 黄芪总黄酮、黄芪多糖、甘草次酸及阿魏酸清除氧自由基作用的研究 [J]. 中国美容医学，2001, 10(3): 191-193.

[22] Kong S Z, Chen H M, Yu X T, et al. The protective effect of 18beta-glycyrrhetinic acid against UV irradiation induced photoaging in mice [J]. Experimental Gerontology, 2015, 61: 147-155.

[23] 郑艳，胡汉昆. 甘草次酸与甘草酸二铵抗炎护肝作用的实验研究 [J]. 中国药师，2012, 15(5): 2.

[24] Yu J Y, Ha J Y, Kim K M, et al. Anti-inflammatory activities of licorice extract and its active compounds, glycyrrhizic acid, liquiritin and liquiritigenin, in BV2 cells and mice liver [J]. Molecules, 2015, 20(7): 13041-13054.

[25] Suat K, Osman C, Asli T, et al. The beneficial effects of 18β-glycyrrhetinic acid on the experimental autoimmune encephalomyelitis (EAE) in C57BL/6 mouse model [J]. Immunopharmacology & Immunotoxicology, 2018, 20(7): 9.

[26] Long D R, Mead J, Hendricks J M, et al. 18beta-Glycyrrhetinic acid inhibits methicillin-resistant *Staphylococcus aureus* survival and attenuates virulence gene expression [J]. Antimicrobial Agents and Chemotherapy, 2013, 57(1): 241-247.

[27] Salari M H, Kadkhoda Z. In vitro antibacterial effects of glycyrrhetinic acid on periodontopathogenic and capnophilic bacteria isolated from adult periodontitis [J]. Clinical Microbiology and Infection, 2010, 9(9):987-988.

[28] 张丽娟，喻红梅，张勇，等. 甘草次酸纳米粒的制备、表征及其抗肿瘤活性研究 [J]. 中国药房，2020, 31(13): 1589-1594.

[29] 邱润丰. 18β- 甘草次酸在结直肠癌细胞增殖、侵袭、迁移中的作用及其机制的研究 [D]. 杭州：浙江大学，2017.

[30] Zheng Y, Shi S, Liu Y, et al. Targeted pharmacokinetics of polymeric micelles modified with glycyrrhetinic acid and hydrazone bond in H22 tumor-bearing mice [J]. Journal of Biomaterials Applications, 2019, 34(1):141-151.

[31] 朱惠，邵国泉，王文建. 甘草中提取光甘草定的研究进展 [J]. 化学工程与装备，2018, (9): 280-281.

[32] 樊金玲，张琳，朱文学，等. 响应面法优化提取光甘草定工艺的研究 [J]. 中国食品学报，2012, 12(4): 72-76.

[33] 赛力曼•哈得尔，李宏智，木合布力•阿布力孜，等. 新疆甘草黄酮类成分光甘草定的制备工艺改进 [J]. 亚太传统医药，2008, 4(9): 27-29.

[34] 徐岩，张清溪，袁其朋，等. 响应面法优化超声提取光果甘草中光甘草定的工艺研究 [J]. 食品科技，

2009, 34(12): 235-239.

[35] 范丽，段文娟，王晓，等. 超高压同时提取光果甘草中甘草酸和光甘草定的研究 [J]. 食品科技，2013, 38(12): 214-218.

[36] 曾亮，罗理勇，官兴丽. 超高压提取茶叶内含物工艺优化 [J]. 食品科学，2011, 32(6): 85-88.

[37] 李雪琴，郭瑞丽. 疏水性离子液体萃取光甘草定 [J]. 化学研究与应用，2013, 25(2): 169-173.

[38] 戴先芝. 离子液体提取分离光甘草定成分的研究 [J]. 化工管理，2016, (7): 202-203.

[39] 吕姣. 光甘草定与甘草酸的联合提取、分离纯化研究 [D]. 北京：北京化工大学，2010.

[40] 刘志祥，曾超珍. 大孔树脂法纯化苦丁茶总黄酮的研究 [J]. 时珍国医国药，2009, 20(9): 2183-2184.

[41] Ribeiro M, Silveira D, Ferreira Dias S. Selective adsorption of limonin and naringin from orange juice to natural and synthetic adsorbents [J]. European Food Research and Technology, 2002, 215(6): 462-471.

[42] Scordino M, Mauro A D, Passerini A, et al. Adsorption of Flavonoids on Resins: Hesperidin [J]. Journal of Agricultural and Food Chemistry, 2003, 51: 6998-7004.

[43] Scordino M, Mauro A D, Passerini A, et al. Adsorption of Flavonoids on Resins: Cyanidin 3-Glucoside [J]. Journal of Agricultural and Food Chemistry, 2004, 52: 1965-1972.

[44] Aehle E, Raynaud Le Grandic S, Ralainirina R, et al. Development and evaluation of an enriched natural antioxidant preparation obtained from aqueous spinach (*Spinacia oleracea*) extracts by an adsorption procedure [J]. Food Chemistry, 2004, 86(4): 579-585.

[45] Seeram N, Lee R, Hardy M, et al. Rapid large scale purification of ellagitannins from pomegranate husk, a by-product of the commercial juice industry [J]. Separation and Purification Technology, 2005, 41(1): 49-55.

[46] Silva E, Pompeu D, Larondelle Y, et al. Optimisation of the adsorption of polyphenols from *Inga edulis* leaves on macroporous resins using an experimental design methodology [J]. Separation and Purification Technology, 2007, 53(3): 274-280.

[47] 敖明章，石月，王晶. D101 型大孔树脂分离纯化甘草光甘草定工艺研究 [C]// 全国药用植物及植物药学术研讨会 , 2010.

[48] Paul M, Jons S D. Chemistry and fabrication of polymeric nanofiltration membranes: A review [J]. Polymer, 2016, 103: 417-456.

[49] 徐天男. 利用纳滤膜分离精制饱和卤水的研究 [D]. 福州：福州大学，2020.

[50] 彭辉. 操作因素对纳滤膜分离性能的影响 [D]. 成都：四川大学，2005.

[51] 赵华杰，钱明辉，王根女，等. 硅胶层析柱分离红桔油中的萜烯与含氧化合物 [J]. 香料香精化妆品，2018, (4): 12-16.

[52] Da'na E. Adsorption of heavy metals on functionalized-mesoporous silica: A review [J]. Microporous and Mesoporous Materials, 2017, 247:145-157.

[53] 时水洪. 果胶改性硅胶的制备及其吸附性能研究 [D]. 上海：东华大学，2016.

[54] 黄汉昌. β- 榄香烯的分离及其脂质体的制备研究 [D]. 天津：天津大学，2006.

[55] Okada K, Tamura Y, Yamamoto M, et al. Identification of antimicrobial and antioxidant constituents from licorice of Russian and Xinjiang origin. [J]. Chemical and Pharmaceutical Bulletin, 1989, 37(9):22528-22530.

[56] Belinky P A, Aviram M, Mahmood S, et al. Structural Aspects of The Inhibitory Effect of Glabridin on LDL Oxidation [J]. Free Radical Biology and Medicine, 1998, 24(9):1419-1429.

[57] Płotka-Wasylka J, Szczepańska N, dela Guardia M, et al. Modern trends in solid phase extraction: New sorbent media [J]. Trends in Analytical Chemistry, 2016, 77: 23-43.

[58] Calderilla C, Maya F, Leal L O, et al. Recent advances in flow-based automated solid-phase extraction [J].

Trends in Analytical Chemistry, 2018, 108: 370-380.

[59] 陈柏森. 分散固相萃取结合超高效液相色谱测定水产品中的渔药 [D]. 吉林：吉林化工学院，2022.

[60] Li Z, Dai Z, Jiang D,et al. Bioactivity-guided separation of antifungal compounds by preparative high-performance liquid chromatography [J]. Journal of Separation Science, 2021, 44: 2382-2390.

[61] Zhuang L, Ding Y, Ma F, et al. A novel online preparative high-performance liquid chromatography system with the multiple trap columns-valve switch technique for the rapid and efficient isolation of main flavonoids from *Epimedium koreanum* Nakai [J]. Journal of Separation Science, 2021, 44(2): 656-665.

[62] 王尉，杜宁，周晓晶，等. 高速逆流色谱技术在天然产物研究方面的应用 [J]. 现代科学仪器，2010, (4): 123-128.

[63] 姜文倩，韩伟. 高速逆流色谱技术及其在天然产物分离中的应用 [J]. 机电信息，2017, (2): 36-43.

[64] Zhang Q, Vander Klift E J C, Janssen H G, et al. An on-line normal-phase high performance liquid chromatography method for the rapid detection of radical scavengers in non-polar food matrixes [J]. Journal of Chromatography A, 2009, 1216(43):7268-7274.

[65] Wei Y, Zhang J, Zhou Y, et al. Characterization of glabridin/hydroxypropyl-β-cyclodextrin inclusion complex with robust solubility and enhanced bioactivity [J]. Carbohydrate Polymers, 2017, 159: 152-160.

[66] 刘钢，刘祎春，刘成敏. 甘草次酸钾及其生产工艺和用途 [P]. CN1359904A. 2002-07-24.

[67] 高颖，李绍白，李冲，等. 一种甘草次酸的制备方法 [P]. CN101817867B. 2010-05-27.

[68] 杜锐. 生物法耦合膜技术制备甘草次酸的研究 [D]. 武汉：湖北工业大学，2008.

[69] 王国敬. 酶法制备甘草次酸及其分离工艺设计 [D]. 北京：北京理工大学，2016.

[70] Gehrmann M C, Opper M, Sedlacek H H, et al. Biochemical properties of recombinant human β-glucuronidase synthesized in baby hamster kidney cells [J]. Biochemical Journal, 1994, 301(3): 821-828.

[71] Jain S, Drendel W B, Chen Z W, et al. Structure of human beta-glucuronidase reveals candidate lysosomal targeting and active-site motifs [J]. Nature Structural Biology, 1996, 3(4): 375-381.

[72] Chilke A M. In situ kinetics of renal beta-glucuronidase in teleost, *Labeo rohita* (Hamilton) [J]. Fish Physiology and Biochemistry, 2010, 36(4): 911-915.

[73] Aich S, Delbaere L T J, Chen R. Expression and Purification of *Escherichia coli* β-Glucuronidase [J]. Protein Expression and Purification, 2001, 22(1): 75-81.

[74] Wang C, Guo X X, Wang X Y, et al. Isolation and characterization of three fungi with the potential of transforming glycyrrhizin [J]. World Journal of Microbiology and Biotechnology, 2013, 29(5): 781-788.

[75] Akao T. Hasty effect on the metabolism of glycyrrhizin by *Eubacterium* sp. GLH with *Ruminococcus* sp. PO1-3 and *Clostridium innocuum* ES24-06 of human intestinal bacteria [J]. Biological & Pharmaceutical Bulletin, 2000, 23(1): 6-11.

[76] Nurizzo D, Nagy T, Gilbert H J, et al. The structural basis for catalysis and specificity of the *Pseudomonas cellulosa* alpha-glucuronidase, GlcA67A [J]. Structure, 2002, 10(4): 547-556.

[77] Nutt A, Sild V, Pettersson G, et al. Progress curves—a mean for functional classification of cellulases [J]. European Journal of Biochemistry, 1998, 258(1): 200-206.

[78] Kuramoto T, Ito Y, Oda M, et al. Microbial Production of Glycyrrhetic Acid 3-*O*-Mono-β-D-Glucuronide from Glycyrrhizin by *Cryptococcus magnus* MG-27 [J]. Bioscience, Biotechnology, and Biochemistry, 1994, 58(3): 455-458.

[79] Kim D H, Lee S W, Han M J. Biotransformation of Glycyrrhizin to 18β-Glycyrrhetinic Acid-3-*O*-β-D-glucuronide by *Streptococcus* LJ-22, a Human Intestinal Bacterium [J]. Biological & Pharmaceutical Bulletin, 1999, 22(3): 320-322.

[80] Yu H, Wu S, Jin F. Modification of Glycyrrhizin Glucuronide by Enzyme to Increasing Its Sweetness

(Ⅱ)-Purification and Characterization of Glucuronidases [J]. Food and Fermentation Industries, 1999, 25(4): 5-12.

[81] Wang X, Liu Y, Wang C, et al. Properties and structures of β-glucuronidases with different transformation types of glycyrrhizin [J]. RSC Advances, 2015, 5(84): 68345-68350.

[82] Xia H, Li Z, Zhong X, et al. HKUST-1 catalyzed efficient in situ regeneration of NAD+ for dehydrogenase mediated oxidation [J]. Chemical Engineering Science, 2019, 203: 43-53.

[83] Vaghari H, Jafarizadeh-Malmiri H, Mohammadlou M, et al. Application of magnetic nanoparticles in smart enzyme immobilization [J]. Biotechnology Letters, 2016, 38(2): 223-233.

[84] Bilal M, Zhao Y P, Rasheed T, et al. Magnetic nanoparticles as versatile carriers for enzymes immobilization: A review [J]. International Journal of Biological Macromolecules, 2018, 120: 2530-2544.

[85] Liang S, Wu X L, Xiong J, et al. Metal-organic frameworks as novel matrices for efficient enzyme immobilization: An update review [J]. Coordination Chemistry Reviews, 2020, 406: 24.

[86] Jochems P, Satyawali Y, Diels L, et al. Enzyme immobilization on/in polymeric membranes: Status, challenges and perspectives in biocatalytic membrane reactors (BMRs) [J]. Green Chemistry, 2011, 13(7): 1609-1623.

[87] Cao S, Xu P, Ma Y, et al. Recent advances in immobilized enzymes on nanocarriers [J]. Chinese Journal of Catalysis, 2016, 37(11): 1814-1823.

[88] Fried D I, Brieler F J, Froeba M. Designing Inorganic Porous Materials for Enzyme Adsorption and Applications in Biocatalysis [J]. Chemcatchem, 2013, 5(4): 862-884.

[89] Zhao X S, Bao X Y, Guo W P, et al. Immobilizing catalysts on porous materials [J]. Mater Today, 2006, 9(3): 32-39.

[90] Kim J, Grate J W, Wang P. Nanostructures for enzyme stabilization [J]. Chemical Engineering Science, 2006, 61(3): 1017-1026.

[91] Bellusci M, Guglielmi P, Masi A, et al. Magnetic Metal-Organic Framework Composite by Fast and Facile Mechanochemical Process [J]. Inorganic Chemistry, 2018, 57(4): 1806-1814.

[92] He J, Sun S, Zhou Z, et al. Thermostable enzyme-immobilized magnetic responsive Ni-based metal-organic framework nanorods as recyclable biocatalysts for efficient biosynthesis of *S*-adenosylmethionine [J]. Dalton Transactions, 2019, 48(6): 2077-2085.

[93] Mehta J, Bhardwaj N, Bhardwaj S K, et al. Recent advances in enzyme immobilization techniques: Metal-organic frameworks as novel substrates [J]. Coordination Chemistry Reviews, 2016, 322: 30-40.

[94] Tranchemontagne D J, Mendoza Cortés J L, O'Keeffe M, et al. Secondary building units, nets and bonding in the chemistry of metal-organic frameworks [J]. Chemical Society Reviews, 2009, 38(5): 1257-1283.

[95] Liu X, Qi W, Wang Y, et al. A facile strategy for enzyme immobilization with highly stable hierarchically porous metal-organic frameworks [J]. Nanoscale, 2017, 9(44): 17561-17570.

[96] Li P, Chen Q, Wang T C, et al. Hierarchically Engineered Mesoporous Metal-Organic Frameworks toward Cell-free Immobilized Enzyme Systems [J]. Chem, 2018, 4(5): 1022-1034.

[97] Gkaniatsou E, Sicard C, Ricoux R, et al. Enzyme Encapsulation in Mesoporous Metal-Organic Frameworks for Selective Biodegradation of Harmful Dye Molecules [J]. Angewandte Chemie - International Edition, 2018, 57(49): 16141-16146.

[98] Li P, Modica J A, Howarth A J, et al. Toward Design Rules for Enzyme Immobilization in Hierarchical Mesoporous Metal-Organic Frameworks [J]. Chem, 2016, 1(1): 154-169.

[99] Wei B, Xu H, Cheng L, et al. Highly Selective Entrapment of His-Tagged Enzymes on Superparamagnetic Zirconium-Based MOFs with Robust Renewability to Enhance pH and Thermal Stability [J]. ACS Biomaterials Science & Engineering, 2021, 7(8): 3727-3236.

[100] Roessl U, Nidetzky J, Nidetzky B. Carrier-free immobilized enzymes for biocatalysis [J]. Biotechnology Letters, 2010, 32: 341-350.

[101] Cui J D, Jia S R. Optimization protocols and improved strategies of cross-linked enzyme aggregates technology: Current development and future challenges [J]. Critical Reviews in Biotechnology, 2015, 35(1): 15-28.

[102] Garcia-Galan C, Berenguer-Murcia A, Fernandez-Lafuente R, et al. Potential of Different Enzyme Immobilization Strategies to Improve Enzyme Performance [J]. Advanced Synthesis & Catalysis, 2011, 353(16): 2885-2904.

[103] Farhan L O, Mehdi W A, Taha E M, et al. Various type immobilizations of Isocitrate dehydrogenases enzyme on hyaluronic acid modified magnetic nanoparticles as stable biocatalysts [J]. International Journal of Biological Macromolecules, 2021, 182: 217-227.

[104] Murguiondo C, Mestre A, Méndez Líter J A, et al. Enzymatic glycosylation of bioactive acceptors catalyzed by an immobilized fungal β-xylosidase and its multi-glycoligase variant [J]. International Journal of Biological Macromolecules, 2021, 167: 245-254.

[105] Bedade D K, Muley A B, Singhal R S. Magnetic cross-linked enzyme aggregates of acrylamidase from *Cupriavidus oxalaticus* ICTDB921 for biodegradation of acrylamide from industrial waste water [J]. Bioresource Technology, 2019, 272: 137-145.

[106] Amaral-Fonseca M, Kopp W, Giordano R D, et al. Preparation of Magnetic Cross-Linked Amyloglucosidase Aggregates: Solving Some Activity Problems [J]. Catalysts, 2018, 8(11):496.

[107] Sheldon R A. CLEAs, Combi-CLEAs and 'Smart' Magnetic CLEAs: Biocatalysis in a Bio-Based Economy [J]. Catalysts, 2019; 9(3):261.

[108] Li Q, Jiang T, Liu R, et al. Tuning the pH profile of beta-glucuronidase by rational site-directed mutagenesis for efficient transformation of glycyrrhizin [J]. Applied Microbiology and Biotechnology, 2019, 103(12): 4813-4823.

[109] Feng X, Liu X, Jia J, et al. Enhancing the thermostability of β-glucuronidase from *T. pinophilus* enables the biotransformation of glycyrrhizin at elevated temperature [J]. Chemical Engineering Science, 2019, 204: 91-98.

[110] Huang S, Feng X, Li C. Enhanced production of beta-glucuronidase from *Penicillium purpurogenum* Li-3 by optimizing fermentation and downstream processes [J]. Frontiers of Chemical Science and Engineering, 2015, 9(4): 501-510.

[111] Yu L, Jin W, Li X, et al. Optimization of Bioactive Ingredient Extraction from Chinese Herbal Medicine Glycyrrhiza glabra: A Comparative Study of Three Optimization Models. [J]. Evidence-based Complementary and Alternative Medicine, 2018, 2018: 6391414.

[112] Mukhopadhyay M, Panja P. A novel process for extraction of natural sweetener from licorice (*Glycyrrhiza glabra*) roots [J]. Separation and Purification Technology, 2008, 63(3): 539-545.

[113] Pan X, Liu H, Jia G, et al. Microwave-assisted extraction of glycyrrhizic acid from licorice root [J]. Biochemical Engineering Journal, 2000, 5(3): 173-177.

[114] Suresh P S, Singh P P, Anmol, et al. Lactic acid-based deep eutectic solvent: An efficient green media for the selective extraction of steroidal saponins from *Trillium govanianum* [J]. Separation and Purification Technology, 2022, 294: 121105.

[115] Cai C Y, Li F F, Liu L L, et al. Deep eutectic solvents used as the green media for the efficient extraction of caffeine from Chinese dark tea [J]. Separation and Purification Technology, 2019, 227: 115723.

[116] Shabkhiz M A, Eikani M H, Bashiri Sadr Z, et al. Superheated water extraction of glycyrrhizic acid from licorice root [J]. Food Chemistry, 2016, 210: 396-401.

[117] Giahi E, Jahadi M, Khosravi Darani K. Enzyme-assisted extraction of glycyrrhizic acid from licorice roots using heat reflux and ultrasound methods [J]. Biocatalysis and Agricultural Biotechnology, 2021, 33: 101953.

[118] Charpe T W, Rathod V K. Extraction of glycyrrhizic acid from licorice root using ultrasound: Process intensification studies [J]. Chemical Engineering and Processing-Process Intensification, 2012, 54: 37-41.

[119] Li Y b, Wang J l, Zhong J J. Enhanced recovery of four antitumor ganoderic acids from *Ganoderma lucidum* mycelia by a novel process of simultaneous extraction and hydrolysis [J]. Process Biochemistry, 2013, 48(2): 331-339.

[120] Liu F, Li Y B, Li M, et al. Enhanced Recovery of Resveratrol and Emodin from *Polygonum cuspidatum* by a Simultaneous Extraction and Acid Hydrolysis Process [J]. Journal of Process Engineering, 2016, 16(6): 7.

[121] Boyadzhiev L, Dimitrov K, Metcheva D. Integration of solvent extraction and liquid membrane separation: An efficient tool for recovery of bio-active substances from botanicals [J]. Chemical Engineering Science, 2006, 61(12): 4126-4128.

[122] Fan Y V, Varbanov P S, Klemeš J J, et al. Process efficiency optimisation and integration for cleaner production [J]. Journal of Cleaner Production, 2018, 174: 177-183.

[123] Meyer F, Johannsen J, Liese A, et al. Evaluation of process integration for the intensification of a biotechnological process [J]. Chemical Engineering and Processing - Process Intensification, 2021, 167: 108506.

[124] Vasconcelos T, Sarmento B, Costa P. Solid dispersions as strategy to improve oral bioavailability of poor water soluble drugs [J]. Drug Discovery Today, 2007, 12(23): 1068-1075.

[125] Basha M. Soluplus®: A novel polymeric solubilizer for optimization of carvedilol solid dispersions: Formulation design and effect of method of preparation [J]. Powder Technology, 2014, 237: 406-414.

[126] Linn M, Collnot E M, Djuric D, et al. Soluplus as an effective absorption enhancer of poorly soluble drugs in vitro and in vivo [J]. European Journal of Pharmaceutical Sciences, 2012, 45(3): 7.

[127] Zi P, Zhang C, Ju C, et al. Solubility and bioavailability enhancement study of lopinavir solid dispersion matrixed with a polymeric surfactant - Soluplus [J]. European Journal of Pharmaceutical Sciences, 2019, 133: 12.

[128] Bergonzi M C, Vasarri M, Marroncini G, et al. Thymoquinone-Loaded Soluplus-Solutol HS15 Mixed Micelles: Preparation, In Vitro Characterization, and Effect on the SH-SY5Y Cell Migration [J]. Molecules, 2020, 25(20): 4707.

[129] Zhu C, Gong S, Ding J, et al. Supersaturated polymeric micelles for oral silybin delivery: The role of the Soluplus-PVPVA complex [J]. Acta Pharmaceutica Sinica B, 2019, 9(1): 10.

[130] Löbmann K, Grohganz H, Laitinen R, et al. Amino acids as co-amorphous stabilizers for poorly water soluble drugs—Part 1: preparation, stability and dissolution enhancement [J]. European Journal of Pharmaceutics & Biopharmaceutics Official Journal of Arbeitsgemeinschaft Für Pharmazeutische Verfahrenstechnik E V, 2013, 85(3): 8.

[131] Joyce A, Pierre Edouard D, David L, et al. The effect of cyclodextrin complexation on the solubility and photostability of nerolidol as pure compound and as main constituent of cabreuva essential oil [J]. Beilstein Journal of Organic Chemistry, 2017, 13(13): 9.

[132] Bian X, Jiang L, Gan Z, et al. A Glimepiride-Metformin Multidrug Crystal: Synthesis, Crystal Structure Analysis, and Physicochemical Properties [J]. Molecules, 2019; 24(20):3786.

[133] Wang H, Li R, Rao Y, et al. Enhancement of the Bioavailability and Anti-Inflammatory Activity of Glycyrrhetinic Acid via Novel Soluplus®-A Glycyrrhetinic Acid Solid Dispersion [J]. Pharmaceutics, 2022, 14(9): 1797.

第十一章

典型芳香环植物功能因子的异源生物合成

典型芳香环植物功能因子通常是通过分离提取等手段从相应植物的组织中提取而来，然而植物存在生长周期长、组织中功能性成分含量少以及受气候影响严重等问题，极大地限制了典型芳香环植物功能因子的大规模应用[1]。本世纪以来，随着代谢工程及合成生物学的蓬勃发展，构建微生物细胞工厂，利用可再生生物质资源生产各种高附加值产物受到了广泛关注。可再生生物质资源因具有来源广泛、价格低廉等优势可作为生产原料加以利用而成为全球研究的热点。利用微生物将生物质转化为化石替代产品或高附加值产品，旨在缓解资源短缺、环境污染严重的巨大压力。在过去的几十年中，随着代谢工程与合成生物学的蓬勃发展，多种复杂的天然产物或非天然化合物实现了生物合成，但是，由于缺乏合成途径的认知、关键酶未被开发、甚至很多非天然化合物没有天然合成途径等原因，导致大部分的高附加值化合物无法实现生物合成。因此要达到异源生物合成典型芳香环植物功能因子的目的，本书著者团队需要解决的问题包括高效酶的鉴定与开发、廉价可再生底物的高效利用和生物合成途径的高效表达等问题。

芳香环植物功能因子在结构上是苯环上的氢被其他取代基取代的一类芳香族化合物。此类化合物广泛存在于植物如蔬菜、豆类、咖啡、茶以及红酒中[1]。芳香环植物功能因子具有非常广泛的药理作用，如防治癌症、骨质疏松和心血管病[2]，保护皮肤、大脑和心脏以及具有抗氧化、抗炎症、抗衰老和抗菌活性等诸多生物活性[3-5]，因此，芳香环植物功能因子在近年来受到了广泛关注。然而，这些化合物在自然资源中极低的含量严重限制了它们的大规模应用。最近几十年，利用代谢工程手段来生物合成一些芳香环植物功能因子取得了非常大的成果，如利用微生物生产丹参酸[6]、咖啡酸[7]和没食子酸[8]的产量都已达到克级。然而，还有很多重要的芳香环植物功能因子由于未知的天然生物合成途径或已知途径中缺乏已知功能的酶，目前还严重依赖化学方法合成或植物提取[9,10]。

本书著者团队近些年在异源生物合成典型芳香环植物功能因子方面取得了卓越的进展，其中熊果苷、红景天苷和 5- 羟基色氨酸的生物合成的实现，为其他典型芳香环植物功能因子的生物合成奠定了基础。

第一节
典型芳香环植物功能因子简介

一、芳香环植物功能因子的合成途径

许多细菌可以自然合成芳香环植物功能因子[1]。合成芳香环植物功能因子的途径，被称为莽草酸途径。在莽草酸途径中，葡萄糖经中心代谢途径合成磷酸烯醇式丙酮酸（PEP）和赤藓糖 -4- 磷酸（E4P）。这两种化合物在酶催化下形成 3- 脱氧 -D- 阿拉伯糖基 -7- 磷酸（DAHP），在经过几步反应后形成分支酸。从分支酸开始，该途径分成几条支路，以形成多种芳香族化合物，包括苯丙氨酸、酪氨酸、色氨酸、叶酸等。到目前为止，莽草酸途径已被用于合成多种芳香环植物功能因子，其中一些已经商业化。目前，已经可以用发酵法生产 3 种芳香族氨基酸：苯丙氨酸、酪氨酸、色氨酸。这些氨基酸主要用作食品和饲料添加剂、医药中间体、甜味剂的前体。莽草酸、莽草酸途径中的中间代谢物，是合成神经氨酸酶抑制剂（达菲）重要的起始原料。达菲已经被批准用于预防流感。

莽草酸途径的 7 种酶最初是通过对细菌的研究而被发现，主要是大肠埃希菌和鼠伤寒沙门氏菌。虽然在原核和真核生物中，这些酶的底物和产物，也就是莽草酸途径的中间体是相同的，但有时原核和真核生物在酶的一级结构和性质上却存在很大差异。分支酸是莽草酸途径的最终产物，也是三种芳香族氨基酸以及很多植物次级代谢产物合成的前体。莽草酸途径的中间代谢物也可以作为次级代谢产物合成的起始点。很明显，莽草酸途径对于许多具有商业价值的化合物的生物合成至关重要。

二、莽草酸途径

莽草酸途径（shikimic acid pathway），又称分支酸途径，是微生物体内最重要的合成芳香族化合物的途径，该途径最主要的功能是为微生物提供芳香族氨基酸，因此，该途径适合被用来生产各种芳香族化合物及其衍生物[11-13]。

莽草酸途径的两个起始底物磷酸烯醇式丙酮酸（phosphoenolpyruvic acid,

PEP）和赤藓糖-4-磷酸（erythrose 4-phosphate，E4P）分别来自糖酵解途径（glycolysis pathway）和戊糖磷酸（PPP）途径，随后经过六步反应生成分支酸（图11-1）。首先，PEP和E4P在3-脱氧-D-阿拉伯糖基-7-磷酸合酶（DAHP合酶）的作用下生成3-脱氧-D-阿拉伯糖基-7-磷酸（DAHP）和磷酸，3-脱氢奎宁酸合酶（3-dehydroquinate synthase，蛋白质名称AroB，由*aroB*编码）催化DAHP环化生成3-脱氢奎宁酸（DHQ）[14]。DHQ通过3-脱氢奎宁酸脱水酶（3-dehydroquinate dehydratase）的脱水作用生成3-脱氢莽草酸（3-dehydroshikimate，3-DHS）。接着，3-DHS在莽草酸脱氢酶（shikimate 5-dehydrogenase）的作用下生成莽草酸（shikimate），该过程消耗NADPH，生成$NADP^+$。莽草酸由莽草酸激酶（shikimate kinase）催化，消耗一个ATP生成莽草酸-3-磷酸（shikimate 3-phosphate，S3P）[15]。S3P与PEP经由5-烯醇丙酮酰莽草酸-3-磷酸合酶（5-enolpyruvylshikimate 3-phosphate synthase）生成5-烯醇丙酮酰莽草酸-3-磷酸（5-enolpyruvylshikimate 3-phosphate，EPSP）和磷酸，这个过程是一步可逆反应，同时消耗了第二个PEP。最后，EPSP经过分支酸合酶的催化生成分支酸（chorismate synthase），该过程需要核黄素作为辅酶。接下来进入芳香族氨基酸合成途径，分支酸生成预苯酸（prephenic acid），进而生成三种芳香族氨基酸：酪氨酸、苯丙氨酸和色氨酸[15-17]。其中，莽草酸是抗流感药物达菲的关键有效成分，而分支酸是酚酸、黄酮类、芪类及香豆素类的关键前体[18]。

与TCA循环和PPP途径一样，莽草酸途径也受到菌体的严格调控，DAHP合酶和莽草酸合酶是该途径的关键酶，DAHP合酶受到了酪氨酸、苯丙氨酸和色氨酸的反馈抑制，而DAHP合酶和莽草酸合酶都受到转录调节蛋白TyrR的负调节（图11-1）。在构建苯丙氨酸的高产菌株过程中，引入了解除反馈抑制的酶，实现了高产苯丙氨酸[19,20]。另外，目前的研究中为了达到高产芳香族化合物的目的，过表达莽草酸途径中的关键酶基因如过表达*aroL*基因，解除*aroG*的反馈抑制（$aroG^{fbr}$），同时过表达上游途径的生成PEP和E4P的关键酶PEP合成酶基因*ppsA*和转酮醇酶基因*tktA*来高产芳香族化合物，Lin等利用这个策略通过莽草酸途径生产了500mg/L香豆素[21]。2017年，Shen等利用这个策略，在过表达同源基因*ubiC*（编码分支酸裂解酶）的同时引入熊果苷合成所需的外源基因，成功地将熊果苷的产量由54.7mg/L提高到了4.2g/L[22]。另外，经过改造莽草酸途径，工程大肠埃希菌在有氧条件下可以生产41g/L原儿茶酸[23]。这些研究都说明了莽草酸途径在经过优化后，可以达到很高的碳通量，是非常有前途的生产芳香族化合物的平台途径。

莽草酸途径的7种酶最初是通过对细菌的研究而被发现，主要是大肠埃希菌和鼠伤寒沙门氏菌。这些酶的逐级催化形成了一系列重要的中间代谢物，为其他次级代谢产物的合成提供了起点。很明显，莽草酸途径对于典型芳香环植物功能因子的生物合成至关重要。因此有必要对莽草酸途径中的酶进行详细了解。

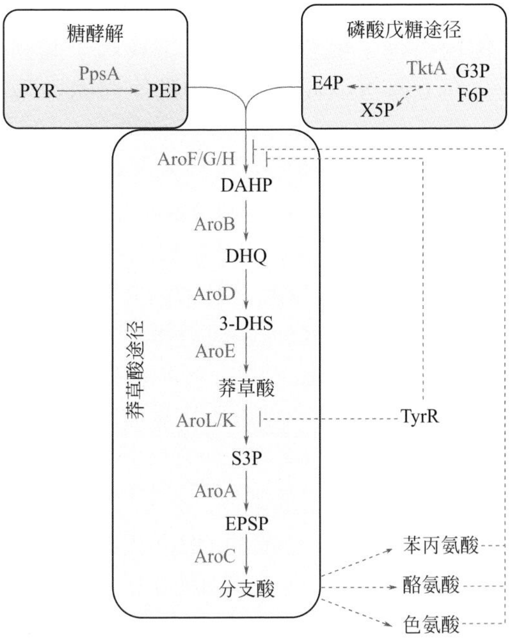

图11-1 莽草酸代谢途径

PYR—丙酮酸；PEP—磷酸烯醇式丙酮酸；E4P—赤藓糖-4-磷酸；G3P—3-磷酸甘油醛；F6P—6-磷酸果糖；X5P—5-磷酸木酮糖；DAHP—3-脱氧-D-阿拉伯糖基-7-磷酸；PpsA—磷酸烯醇式丙酮酸合酶；TktA—转酮酶；AroF/G/H—磷酸-2-脱氢-3-脱氧庚酸醛缩酶；AroB—3-脱氢奎宁酸合酶；DHQ—3-脱氢奎宁酸；AroD—3-脱氢奎尼酸脱水酶；3-DHS—3-脱氢莽草酸；AroE—莽草酸脱氢酶；AroL/K—莽草酸激酶；S3P—莽草酸-3-磷酸；AroA—3-磷酸莽草酸1-羧基乙烯基转移酶；EPSP—5-烯醇丙酮酰莽草酸-3-磷酸；AroC—分支酸合酶；TyrR—HTH型转录调节蛋白

三、莽草酸途径中的酶

莽草酸途径的第一步反应是PEP和E4P的缩合反应，产生DAHP和磷酸。DAHP的结构通过几种不同的化学合成方法得到证实。精细结构证实DAHP是1-羧基-2-脱氧-D-葡萄糖-6-磷酸。DAHP的合成是由DAHP合成酶催化的。该酶首先从大肠埃希菌中发现，并且首次从微生物中得到纯化。研究得最透彻的DAHP合成酶来自大肠埃希菌。野生大肠埃希菌表达三种反馈抑制敏感的DAHP合成酶的同工酶：酪氨酸敏感、苯丙氨酸敏感以及色氨酸敏感。它们分别由基因 *aroF*、*aroG* 和 *aroH* 表达，在大肠埃希菌基因组中分散存在[24]。大肠埃希菌DAHP合成酶是一个金属蛋白，活性受到螯合剂的抑制。体外酶活分析表明几种二价金属离子能够满足活性需求。内源酶的金属离子的成分会随生长条件发生变化。在某些条件下，DAHP合成酶可以是含铜酶，但是铁或者锌极有可能是体内条件下的首选离子。金属离子起到催化作用，也可能起到调节结构作用。在Cys-X-X-His基序中的半胱氨酸残基是金属离子的部分结合位点[25]。

大肠埃希菌DAHP合成酶受到转录抑制调控以及蛋白水平的反馈抑制调控。苯丙氨酸和酪氨酸敏感的同工酶的活性可以被大约0.1mmol/L相应的氨基酸完全抑制。相反，色氨酸敏感的同工酶的活性仅受到色氨酸的部分抑制[26,27]。这种部分抑制明显保证了在培养基中色氨酸、酪氨酸以及苯丙氨酸过量的情况下分支酸的充分供应，用于其他芳香化合物的合成。通过分析抗反馈抑制突变酶的结构，已经证实了酶变构部位的氨基酸残基[28-30]。这些位点似乎与酶的活性位点有部分重叠，这与动力学数据相符[31,32]。最近研究表明酿酒酵母中的DAHP合成酶也存在活性位点和变构位点重叠的现象[33]。

莽草酸途径的第二步反应是DAHP磷酸基团的消除，产生3-脱氢奎宁酸（DHQ）。该反应是由DHQ合成酶催化。大肠埃希菌的DHQ合成酶的活性需要二价金属离子[34]；钴是活性最高的金属离子，但是体内使用的金属离子可能是锌离子[35]。有证据表明多肽链上存在两处功能不同的金属离子结合位点[36]。DHQ合成酶受到其中一个底物无机磷酸的激活。虽然DHQ合成酶催化的反应是氧化还原中性的，但是该酶还需要催化量的NAD来发挥活性。DAHP转化成DHQ通过DAHP环氧和7位碳原子的交换进行，由磷酸酯键的断裂驱动。该反应包括氧化、磷酸的 β- 消除、还原、开环以及分子内的醇醛缩合。这一复杂反应的机制由Bartlett和Knowles及其合作者阐明。该酶的真实底物很明显是吡喃形式的DAHP。植物的DHQ合成酶从绿豆（*Phaseolus mungo*）和豌豆（*Pisum sativum*）[37]中得到纯化。细菌和植物酶的一级结构通过相应DNA序列的翻译得到[38,39]。

莽草酸途径的第三步反应，DHQ脱水形成3-脱氢莽草酸（3-DHS）是由DHQ脱水酶催化。DHQ脱水酶存在两种类型：Ⅰ型和Ⅱ型。一些细菌，例如大肠埃希菌[40]含有Ⅰ型酶，而其他一些菌，例如腔隙链霉菌（*Streptomyces coelicor*）[41]，螺旋菌（*Mycobacterium tuberculosis*）[42]或者幽门螺杆菌（*Helicobacter pylori*[43]）含有Ⅱ型酶。Ⅰ型DHQ脱水酶催化顺式消除，Ⅱ型催化反式消除。机制上的不同反映在蛋白的结构上；Ⅰ型和Ⅱ型之间没有序列相似性，这是趋同进化为数不多的例子。两种酶的晶体均已得到[44,45]。衍射数据的分析或许可以解释两种酶催化机制本质上的区别。

研究最透彻的Ⅰ型 DHQ 脱水酶来自大肠埃希菌[46]。该酶是含有分子量为 27kDa 的亚单位的二聚体。反应通过席夫碱机制发生，其中 Lys-170 作为氨基供体。亚胺中间体已经通过电喷雾质谱直接观察到。除了 Lys-170，其他活性位点残基包括 His-143、Met-205 和 Arg-213。该酶氨基末端跟 DHQ 合成酶的一段区域具有相似性，推断可能是底物结合位点的一部分。莽草酸途径的酶似乎都有一个 VDL 基序。酿酒酵母Ⅱ型酶是含有分子量 16kDa 亚单位的 12 聚体。活性位点包含 Arg-23、Tyr-28、一个 His 和一个 Trp，但是没有 Lys 残基。反应不存在亚胺中间体，排除了形成席夫碱的可能。一些真菌同时含有Ⅰ型和Ⅱ型 DHQ 脱水酶。在这些生物中，Ⅰ型被认为在莽草酸途径中起合成代谢的作用，而Ⅱ型起分解代谢的作用，用于降解含量丰富的植物代谢物奎宁酸。相反，醋酸钙不动杆菌（*Acinetobacter calcoaceticus*）含有分解代谢的Ⅰ型和合成代谢的Ⅱ型DHQ脱水酶。嗜甲基拟无枝酸菌（*Amycolatopsis methanolica*）的 DHQ 脱水酶同时行使合成和分解功能[47]。

莽草酸途径的第四步反应是 3-DHS 还原形成莽草酸。大肠埃希菌中，该反应由 $NADP^+$ 依赖的莽草酸脱氢酶催化，该酶分子量约为 29kDa[48]。一些微生物含有吡咯喹啉醌依赖的莽草酸脱氢酶。在植物中，莽草酸途径的第三和第四步是由双功能的 DHQ 脱水酶 - 莽草酸脱氢酶催化。从豌豆（*Pisum sativum*）已经纯化得到了分子量为 59kDa 的酶。大肠埃希菌含有两种莽草酸激酶：同工酶Ⅰ和Ⅱ都是分子量为 19.5kDa 的单体酶，但是两者只有 30% 的序列相似性[49,50]。在体外活性测试中，两种酶都可以在芳香族氨基酸合成中发挥功能，同工酶Ⅱ对应莽草酸的 K_m 值为 200μmol/L ；而Ⅰ对应的 K_m 比Ⅱ大 100 倍。因此，在体内同工酶Ⅰ可能根本不是莽草酸途径中的酶，它可能在细胞分裂过程中发挥作用[51]。Ⅱ型莽草酸激酶与底物形成复合物的三维结构已经得到高精度解析[52]。在催化过程中，该酶的构象似乎发生了较大变化。

莽草酸途径的第五步反应引入了第二个 PEP。PEP 与莽草酸 -3- 磷酸（S3P）缩合产生 EPSP 和无机磷酸。这一可逆反应由 EPSP 合成酶催化，该酶为分子量为 48kDa 的单体酶。该酶从原核和真核生物中均得到纯化，大肠埃希菌的 EPSP 合成酶已经得到结晶。X 射线衍射分析表明其具有两个结构域，活性位点位于两个结构域的交叉部分[53]。酶与底物复合物的结构也已通过核磁共振得到[54]。

莽草酸途径的第六步也是最后一步反应是 EPSP 的磷酸基团的反式 -1,4 消除，产生分支酸[55]。在该反应中，引入了苯环中三个双键中的第二个。该反应由分支酸合成酶催化，虽然该反应是氧化还原中性的，但是需要还原核黄素作为辅酶。在这一点上与 DHQ 合成酶有些类似。在分支酸合成酶催化过程中，还原核黄素明显参与到反应机制中[56]。核黄素与酶的二元复合物以及核黄素 - 酶 - 底物的三元复合物已经得到详细鉴定[57]。动力学分析表明核黄素反应中间物在 EPSP 结合以后形成。核黄素反应中间物在 EPSP 转化成分支酸，磷酸从酶上释放之后分解。

莽草酸途径的所有中间代谢物都是潜在的通向其他代谢途径的分支点[58]。DAHP 推测是某些抗生素芳香环部分的前体。DHQ 可以转化成奎宁酸、植物抗毒素以及紫外线保护剂的合成前体。一些生物可以以 DHQ 作为单一碳源，将其通过 3,4-DHBA 转化成三羧酸循环的中间代谢物。莽草酸是奎宁酸的直接降解产物，且该反应是可逆的。S3P 和 EPSP 是一些抗生素环己烷羧酸基团的合成前体。

四、莽草酸途径的代谢调控

为了提高芳香族化合物的产量，需要运用基因工程技术对菌株进行改造。例如，在苯丙氨酸的生产中，最重要的步骤是莽草酸途径的第一个和最后一个步骤。然而，苯丙氨酸对这些酶（DAHP 合成酶、分支酸变位酶 / 预苯酸脱水酶）具有强烈的抑制作用[31]。因此，抗反馈抑制的突变酶被用于苯丙氨酸生产[29,59]。此外，*aroG* 和 *pheA* 的表达水平受到转录阻遏物 TyrR 的控制[60]，因此敲除编码 TyrR 的基因也会提高苯丙氨酸的产量[61]。最近的一些研究对中心代谢途径也进行了改造，以增强前体 PEP 和 E4P 的供应[62-64]。这些改造包括转酮酶（*tktA*）和 PEP 合酶基因（*pps*）的过表达[65]、敲除 PEP 丙酮酸羧化酶基因（*ppc*）[66]、敲除或过度表达碳存储调节基因（*csrA* 或 *csrB*）[67,68]，将 PEP 依赖的糖磷酸转移酶系统（PTS）换成半乳糖透性酶（GALP）和葡萄糖激酶（GLK）系统[69,70]或运动发酵单胞菌的葡萄糖促进系统（GLF，GLK）[65]。这些修饰可以组合使用，以提高芳香族化合物的生产。

通过引入同源 / 外源基因扩展莽草酸途径，已经被用于生产多种芳香族化合物。通过表达 *ubiC* 编码的分支酸裂解酶和 *aroF* 编码的 DAHP 合酶，已经实现了在大肠埃希菌中[71]和恶臭假单胞菌（*Pseudomonas putida*）中生产对羟基苯甲酸[72,73]。在这个策略中，葡萄糖合成 PEP 和 E4P，形成分支酸，然后转化成对羟基苯甲酸并释放丙酮酸。利用溶剂耐受的恶臭假单胞菌 S12 已实现了从葡萄糖到苯酚的生产[68]。在这项研究中，通过引入酪氨酸裂解酶基因，高产酪氨酸的恶臭假单胞菌 S12 菌株被改造成了苯酚的生产菌株。通过引入 *pal* 基因编码的双功能酶、苯丙氨酸 / 酪氨酸解氨酶以及来源于红冬孢酵母的丙氨酸解氨酶基因，也已成功将高产芳香族氨基酸的恶臭假单胞菌 S12 菌株改造成肉桂酸（CA）[74]和香豆酸（4HCA）[75]的生产菌株。构建的菌株能脱去苯丙氨酸或酪氨酸的氨基，产生丰富的 CA 或 4HCA。将来源于植物乳杆菌（*Lactobacillus plantarum*）的 4HCA 脱羧酶基因导入 4HCA 的高产菌株实现了由葡萄糖合成对羟基苯乙烯（4HSTY）[76]。酪氨酸高产的大肠埃希菌作为宿主菌株从葡萄糖生产 4HCA 和 4HSTY 也已成功实现 [77-79]。最近，通过在高产苯丙氨酸的大肠埃希菌菌株中同时过表达拟南芥的 PAL2 编码的基因和酿酒 FDC1 编码的基因实现了生物基苯乙烯（STY）的生产 [72]。

第二节
熊果苷异源生物合成

熊果苷是对苯二酚的糖基化产物，由于糖苷键构型不同分为 α- 熊果苷和 β- 熊果苷，结构式见图 11-2。β- 熊果苷是一种天然化合物，存在于可食用浆果、咖啡和茶中。熊果苷具有温和、安全、可以抑制酪氨酸酶活性的生物活性 [80]，以及抗炎、抗菌、抗氧化和抗肿瘤等特性，被应用在化妆品行业以及医药领域中 [81]。在 2001 年以前，由于对苯二酚可以改变细胞膜的结构使黑色素细胞坏死，因此对苯二酚具有美白功效，被广泛应用于美白产品中 [82]。然而，后续研究表明，长期接触对苯二酚会增加患癌风险，2001 年后，该成分禁止在化妆品中使用 [83]。作为对苯二酚的糖苷化合物，熊果苷具备相同的美白特性，并且在大量的安全性及有效性研究中受到了好评 [84]。因此，近几十年熊果苷在化妆品市场一直占据着重要的地位，许多国际知名品牌，如资生堂、雪肌精等公司均出品了熊果苷的系列美白产品。目前熊果苷年市场需求量达到 700 吨，价格 800 元 / 千克。综上所述，如何高效获取 β- 熊果苷得到科研人员广泛关注，本文主要介绍应用合成生物学技术实现 β- 熊果苷的高效生物合成。

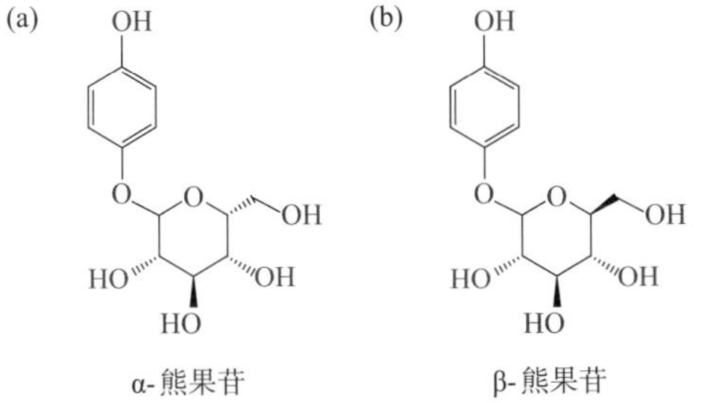

图11-2
熊果苷结构式

一、熊果苷的生物活性

天然产品，特别是来自植物的次生化合物，是一个巨大的增值化学品资源库，由于其生物活性，如抗疟疾、抗肿瘤、抗凝血、抗炎、抗氧化和抗衰老等，可以潜在地用于制药、营养品和化妆品行业[85-88]。天然产物的复杂性和多样性可以通过糖基化、甲基化、羟基化和预炔化来扩展[89]。其中，糖基化是由葡萄糖基转移酶催化的反应，将一个糖单元转移到各自的受体。糖基化的天然化合物已在自然界被广泛发现，如葡萄糖苷酸、天麻素和花青素[90-92]。糖基化总是能改善物理和生物特性，如可溶性、生物利用度、稳定性和生物活性[93]。例如，引入一个额外的葡萄糖基以生成槲皮素 -3-*O*- 葡萄糖苷，增加了槲皮素的稳定性[94]。通过将水杨酸糖基化为水杨酸 2-*O*-*β*-D- 葡萄糖苷，可以增强水杨酸的生物活性，显示出更高的抗炎活性[95]。*β*- 葡萄糖醛酸来自五倍子酸，与五倍子酸相比，它具有抗氧化、抗菌和额外的紫外线光保护活性[96,97]。

熊果苷主要存在于熊果、小麦和梨等植物中[98]。它是一种皮肤美白和脱色剂，因为它能够抑制酪氨酸酶，阻止黑色素的合成[99,100]。此外，它还具有抗氧化、抗微生物和抗炎活性[101-103]。作为一种温和、安全和有效的药剂，它已被广泛用于医疗和化妆品行业[103]。植物提取是获得熊果苷的主要方法，然而，它受到复杂过程和低产量的影响[104]。合成熊果苷的化学方法也不可取，因为催化效率低，选择性差。近年来，由于许多功能性葡萄糖基转移酶的确定，酶催化成为一种流行的方法。例如，在 0.55U/mL 纯化的右旋糖苷酶的催化下，从 49.5g/L 的对苯二酚（HQ）中产生了 544mg/L 的熊果苷[105]。用表面固定的转葡萄糖苷酶进行全细胞生物转化，在高细胞密度的大肠埃希菌中，从 200g/L 葡萄糖中产生 21g/L 熊果苷[106]。尽管实现了高滴度，但这种方法对纯化的酶和碳源的需求巨大，不具有成本效益。因此，直接从可再生碳源进行熊果苷的生物生产将提供一个有希望和有吸引力的替代方法。然而，到目前为止，还没有相关工作的研究文章报道，可能是由于人们对其在植物中的原生生物合成途径了解不够。

为了实现熊果苷的生物合成，首先需要合成 HQ。HQ 的结构与对羟基苯甲酸（*p*-HBA）非常相似，后者是微生物中泛醌的常见中间体。因此，*p*-HBA 是一个非常有前景的异源生产 HQ 的前体。在以前的研究中，一个黄素腺嘌呤二核苷酸依赖的 4- 羟基苯甲酸 -1- 羟化酶（MNX1）从近平滑念珠菌 CBS604 纯化出来[107]。体外表征表明，这种酶具有很高的活性，可将多种 *p*-HBA 衍生物转化为相应的 HQ。熊果苷的生成也需要葡萄糖基转移酶对 HQ 进行糖基化。许多葡萄糖基转移酶已被报道采用二糖，特别是蔗糖或麦芽糖作为葡萄糖基供体[105,106,108]。然而，这些底物是相对昂贵的。此前，来自蛇根木（*Rauvolfia serpentina*）的基于尿苷二磷酸葡萄糖（UDPG）的氢醌葡萄糖基转移酶（熊果苷合成酶，AS）被纯化和表征，它能够接受来自葡萄糖的 UDPG 作为葡萄糖基供体，生成熊果苷 [109]。基于此，本书著者团队在大肠埃希菌中构建了一条新的熊果苷生物合成的人工途径（图 11-3）。首先，通过体外酶分析和体内喂养实验验证了来自近平滑念珠菌（*C. parapsilosis*）CBS604 的 4- 羟基苯甲酸 -1- 羟化酶 MNX1 和来自蛇根木（*R. serpentina*）的熊果苷合成酶 AS 的活性。这两种酶在大肠埃希菌菌株 BW25113/F′ 中过度表达，从葡萄糖中产生 54.71mg/L 熊果苷。然后，改变碳通量的方向以提高前体的可用性，成功地将熊果苷的滴度提高到 3.29g/L，与最初的生产者相比，提高了 60 倍。此外，葡萄糖浓度的优化使产量提高了 27.33%，在摇瓶中达到 4.19g/L。与最初的生产者相比，这一滴度代表了 77 倍的增长。这项工作证明了从葡萄糖中重新生产熊果苷的新型高效生物合成途径，为熊果苷的大规模微生物合成铺平了道路 [22]。

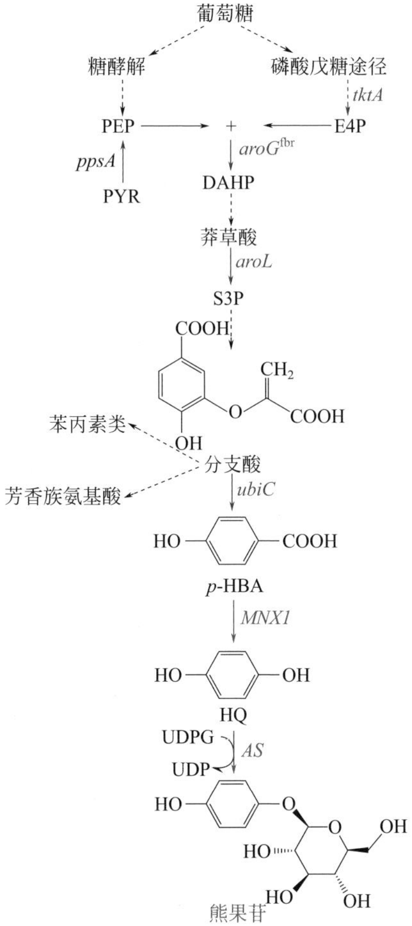

图11-3

一个新的人工途径用于熊果苷的从头生物合成

PEP—磷酸烯醇式丙酮酸；E4P—赤藓糖-4-磷酸；PYR—丙酮酸；DAHP—3-脱氧-D-阿拉伯糖基-7-磷酸；S3P—莽草酸-3-磷酸；*p*-HBA—对羟基苯甲酸；HQ—对苯二酚；*tktA*—编码转酮酶；*ppsA*—编码磷酸烯醇式丙酮酸合成酶；*aroG*^{fbr}—编码磷酸-2-脱氢-3-脱氧庚酸醛缩酶的抗反馈抑制突变体；*aroL*—编码莽草酸激酶II；*ubiC*—编码胆碱酯酶；*MNX1*—编码4-羟基苯甲酸-1-羟化酶；*AS*—编码熊果苷合成酶

二、熊果苷生物合成途径设计及关键酶的表征

熊果苷的生物合成，涉及两个酶的步骤：*p*-HBA 脱羧为对苯二酚，随后对苯二酚糖基化为熊果苷。作为大肠埃希菌的一个关键中间体，*p*-HBA 参与泛醌和其他萜类 - 醌的生物合成[110,111]。MNX1 酶是来自近平滑念珠菌（*C. parapsilosis*）CBS604 的一种黄蛋白单加氧酶，可以催化 4- 羟基苯甲酸及其衍生物氧化脱羧为相应的对苯二酚[107]。然而，这种酶在美国国立生物技术信息中心的数据库中仍被注释为假想蛋白。本书著者团队重新定性并采用这种酶在本书著者团队设计的途径中生成 HQ。第二种酶，来自蛇根木（*R. serpentina*）的 AS，能够将 HQ 转化为熊果苷。它对 HQ 的特异性最高（100%），对其他 HQ 类似物的活性很低（低于 10%）[109]。考虑到它对 HQ 的底物特异性，它是构建本书著者团队设计的途径的理想酶。在这项工作中，本书著者团队将 MNX1 和 AS 编码的基因引入大肠埃希菌，用于从头生产熊果苷（图 11-3）。

为了评估 MNX1 和 AS 的活性，它们被表达并从大肠埃希菌 BL21（DE3）中纯化至均匀，用于体外酶的检测。如表 11-1 所示，MNX1 对 *p*-IIBA 表现出高活性，K_m 值为（0.63±0.08）mmol/L，K_{cat} 值为（8.152±0.39）min^{-1}。这一结果表明，MNX1 可能对 *p*-HBA 转化为 HQ 具有高度活性。对于熊果苷合成酶，AS 的 K_m 值较低，为（0.43±0.12）mmol/L，K_{cat} 值较低，为（0.023±0.002）min^{-1}，这表明 AS 对 HQ 有很高的底物亲和力，但催化效率可能较低。有趣的是，当 *p*-HBA 作为 AS 的底物时，没有形成可检测的产物，支持其对 HQ 的高底物特异性。

表 11-1　MNX1 和 AS 的动力学参数

酶	底物	K_m/(mmol/L)	K_{cat}/min^{-1}	(K_{cat}/ K_m)/[mL/(mol · min)]
MNX1	对羟基苯甲酸	0.63±0.08	8.152±0.39	12.94
AS	对苯二酚	0.43±0.12	0.023±0.002	0.054

为了验证这两种酶在大肠埃希菌细胞中的体内功能，本书著者团队进行了喂养实验。根据以前的报告，*p*-HBA 和 HQ 对大肠埃希菌都有毒性。因此，本书著者团队首先测试了大肠埃希菌细胞对 *p*-HBA 和 HQ 的耐受性[112,113]。结果显示，即使是 1g/L 的 *p*-HBA 也能使大肠埃希菌细胞生长减少 25.7%，并且抑制效果以剂量依赖的方式增加［图 11-4（a）］。关于 HQ，大肠埃希菌似乎更耐受。超过 2g/L 的 HQ 对细胞生长有明显的影响［图 11-4（b）］。因此，在接下来的喂养实验中，两种底物都以逐步的方式喂养到培养物中，以减少对细胞的毒性。此外，

本书著者团队测试了熊果苷对大肠埃希菌的毒性。当添加不同浓度的熊果苷（从0g/L 到 8g/L）时，大肠埃希菌的生长没有明显差异，这表明熊果苷对大肠埃希菌的毒性更小。

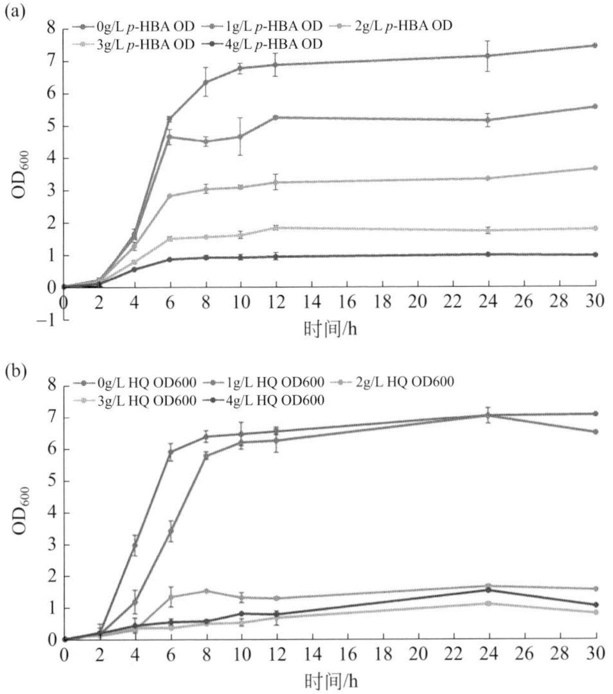

图11-4 大肠埃希菌对*p*-HBA和HQ的耐受性

p-HBA—对羟基苯甲酸；OD—光密度

为了评价熊果苷合成酶 AS 在体内的效率，将生产途径转移到大肠埃希菌 BW25113/F′ 中，并添加 3g/L HQ。在 30h 内，2.37g/L HQ 为底物生产了 6.62g/L 熊果苷，摩尔转换率为 100%［图 11-5（a）］。同理，也确定了 MNX1 的体内催化效率。如图 11-5（b）所示，在 9h 内产生了 1.70g/L 的 HQ，消耗了 2.41g/L 的 *p*-HBA。摩尔转化率达到了 88.5%。由于 HQ 的毒性，细胞不能转化更多的 *p*-HBA。因此，本书著者团队将含有 MNX1 和 AS 编码基因的质粒 pSXL92 引入大肠埃希菌 BW25113/F′，以解除 HQ 的毒性。如图 11-5（c）所示，从 3.26g/L 的 *p*-HBA 中合成了 5.84g/L 的熊果苷，摩尔转换率为 91%。这些结果表明，MNX1 和 AS 在大肠埃希菌中表达时都有足够的效率。

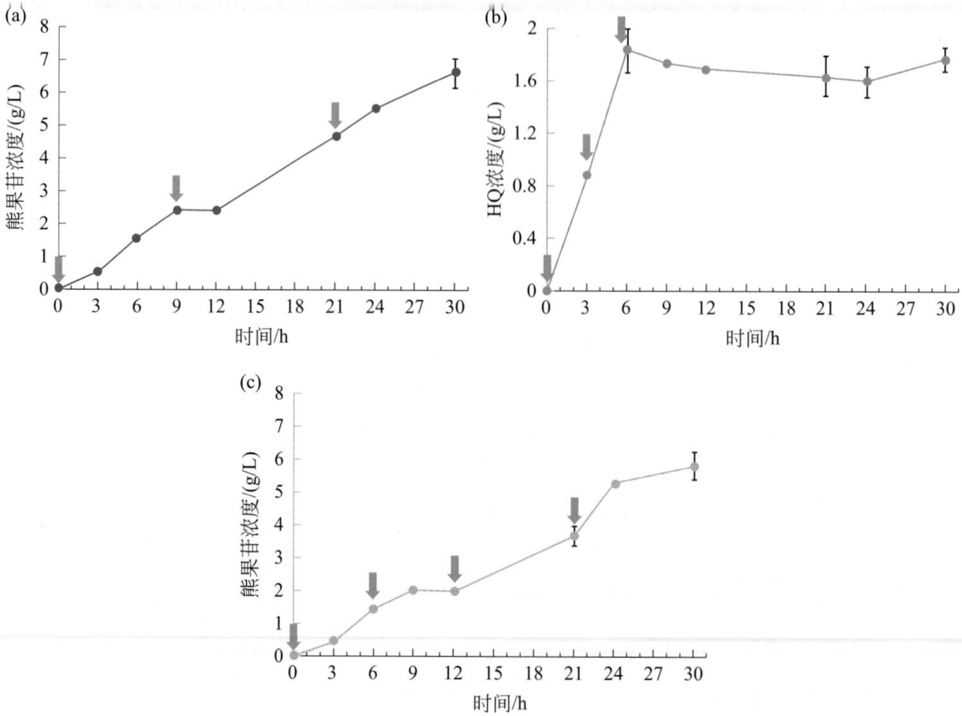

图11-5　不同底物的全细胞生物转化实验：（a）通过喂食HQ从全细胞生物转化实验中产生熊果苷；（b）通过喂食*p*-HBA由全细胞生物转化实验产生HQ；（c）通过喂食*p*-HBA从全细胞生物转化实验中产生熊果苷

注：绿色箭头表示补料时间点，每次将1g/L底物加入培养物中。所有数据点均来自三个独立的实验报告，为平均值±标准差。

三、熊果苷从头合成

接下来，本书著者团队利用经过充分评估的MNX1和AS构建熊果苷的生物合成途径。将完整途径表达在SXL92中，实现熊果苷的从头生产。作为对照，将空质粒pZE12-luc转化到大肠埃希菌菌株BW25113/F′中，产生菌株SXL0。这两个菌株在含有20g/L葡萄糖的M9Y培养基中培养。如图11-6所示，菌株SXL92在48h内（诱导后）产生了54.7mg/L熊果苷，而在对照菌株SXL0中没有观察到生产。这些结果表明，人工熊果苷的生物合成途径在大肠埃希菌中是有效的。然而，熊果苷的滴度与喂养实验相差甚远，这可能是由于野生型大肠埃希菌中的前体*p*-HBA供应不足。

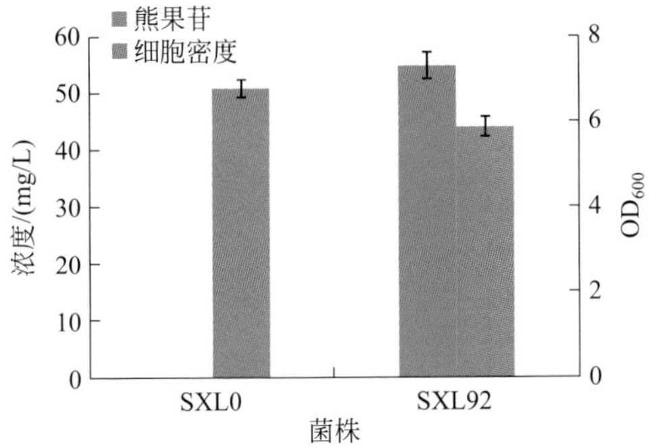

图11-6 从葡萄糖中从头生物合成熊果苷

注：含有空质粒pZE12-luc的菌株SXL0用作阴性对照。表达pSXL92的菌株SXL92用作熊果苷生产者。诱导时间点为0h。所有数据点均来自三个独立的实验并报告为平均值±标准差。

四、通过将碳通量转入熊果苷生物合成途径实现熊果苷的高水平生产

为了将更多的碳通量转入*p*-HBA和所设计的途径，通过过度表达来加强莽草酸途径酶和酪氨酸裂解酶的活性。为此，本书著者团队采用了pCS-APTA，一种含有*aroL*、*ppsA*、*tktA*和*aroG*^{fbr}（*aroG*的抗反馈抑制突变体）等基因的产生胆碱酯的质粒来提高胆碱酯的滴度[114]。随后，构建了质粒pSC1，用于过度表达大肠埃希菌原生胆碱酯酶（UbiC，由*ubiC*编码），以促进胆碱酯酶转化为*p*-HBA[90,115]。这两个质粒被引入BW25113/F′，生成SXL93。菌株SXL93在含有20g/L葡萄糖的M9Y培养基中培养，并诱导其生产*p*-HBA。将空质粒pCS27和pZE12-luc导入BW25113/F′，形成对照菌株SXL1。如图11-7（a）所示，*p*-HBA的最大滴度达到230.17mg/L，而对照菌株没有*p*-HBA的积累。这些结果表明，过量表达*aroL*、*ppsA*、*tktA*和*aroG*^{fbr}和*ubiC*能有效提高*p*-HBA的产量。

在此基础上，本书著者团队首先在菌株SXL93中过度表达MNX1（pSXL100），得到菌株SXL94。SXL94在含有20g/L葡萄糖的M9Y培养基中生长，并诱导生成HQ。如图11-7（b）所示，SXL94在48h内（诱导后）产生了540.23mg/L HQ。达到的HQ的高滴度表明，MNX1的高效率提供了强大的驱动力，使更多的碳通量重新进入这个人工途径。此外，*p*-HBA和HQ的毒性可能限制了它们的过度生产。接下来，本书著者团队将MNX1和AS引入菌株SXL93，生成菌株SXL95。值得注意的是，菌株SXL95中熊果苷的滴度在24h内迅速增加到2.34g/L，并在48h内（诱导后）再次轻微增加。最大滴度达到3.29g/L，葡萄糖被完全消耗［图11-7（c）］。与初始菌株SXL92的熊果苷滴度（54.71mg/L）相比，提高了60倍，这表明进入莽草酸途径的碳通量的提高对提高熊果苷滴度

有明显的积极作用。然而，本书著者团队认为它还可以进一步提高，因为喂养实验产生了 5.84g/L 的熊果苷。

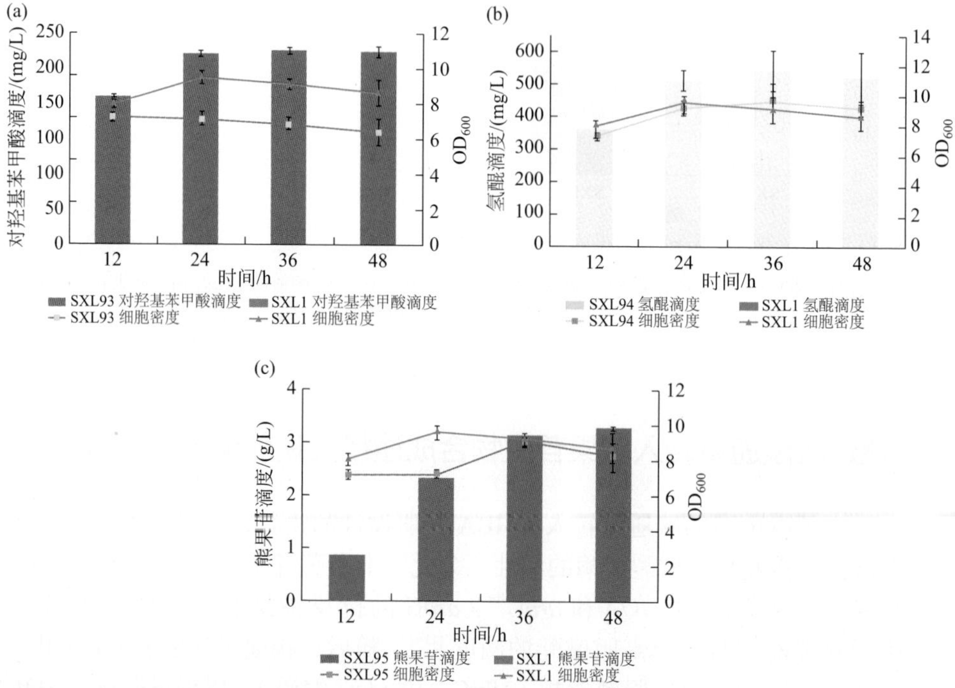

图11-7 设计莽草酸途径以提高 *p*-HBA、HQ和熊果苷的产量，含有空质粒pCS-27和pZE12-luc的菌株SXL1用作阴性对照：（a）菌株SXL93含有pCS-APTA和pSC1以产生 *p*-HBA；（b）菌株SXL94携带pCS-APTA和pSXL100以产生HQ；（c）菌株SXL95表达pCS-APTA和pSXL101以产生熊果苷

注：所有数据点均来自三个独立的实验并报告为平均值±标准差。

五、熊果苷生物合成的培养条件优化

本书著者团队的最佳生产菌株 SXL95 在发酵过程中消耗了所有 20g/L 的葡萄糖。考虑到葡萄糖不仅是细胞生长的碳源，也是生产熊果苷的底物，提高葡萄糖浓度可能会进一步提高熊果苷的产量。因此，本书著者团队在 M9Y 培养基中进行了不同葡萄糖浓度的摇瓶实验。值得注意的是，在培养基中加入 30g/L 的葡萄糖，熊果苷的滴度进一步增加了 27.33%，在 48h 内（诱导后）达到 4.19g/L（图 11-8）。这一产量比原始菌株的产量高 77 倍。当加入 20g/L 和 40g/L 葡萄糖时，滴度分别达到 3.28g/L 和 4.13g/L（图 11-8）。这表明葡萄糖浓度的增加可以进一步提高熊果苷的滴度，在摇瓶实验中，30g/L 的葡萄糖是熊果苷生产的最佳条件。此外，本书著者团队观察到与 48h 相比，72h 结束时产量略有下降（图 11-8）。本书著者团队还测量了 SXL95 和 SXL1 的发酵液的 pH 值变化。培养 72h 后，与 SXL1（从 6.8 到 4.4）相比，SXL95 培养物的 pH 值仅从 6.8 略微下降到 5.8，这可能是由于更多的碳通量被转移到熊果苷生物合成途径，而不是像本书著者团队观察到的生成醋酸。此外，本书著者团队还探索了熊果苷在发酵条件下的稳定性。由于当熊果苷仍由细胞产生时测量其降解是不可行的，本书著者团队采用 SXL1 作为测试菌株来估计熊果苷在生产条件下的稳定性。当发酵开始时补充了 5.8g/L 的熊果苷，在培养 72h 后，5.2g/L 的熊果苷保留在培养基中。这一结果表明，在本书著者团队的熊果苷生产中，熊果苷的降解不是一个重要的问题。

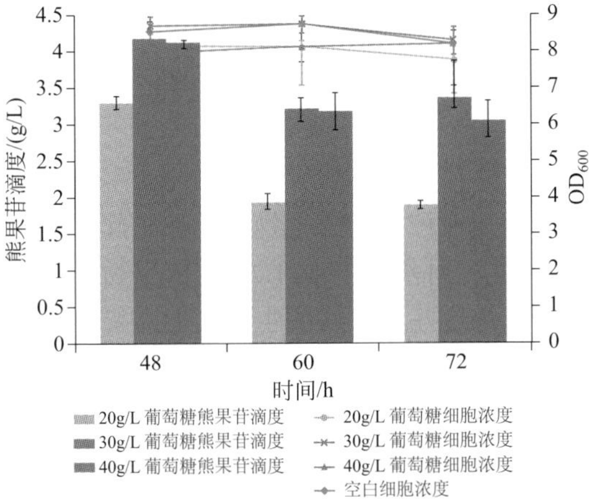

图11-8 熊果苷生产的栽培优化

注：含有 pCS-APTA 和 pSXL101 的菌株 SXL95 被用作熊果苷生产者。携带空质粒 pCS-27 和 pZE12-luc 的菌株 SXL1 用作阴性对照。所有数据点均来自三个独立的实验并报告为平均值±标准差。

第三节
红景天苷异源生物合成

来源于植物、动物以及微生物中的天然化合物，由于其广泛的生物活性以及分子多样性，自古以来就被应用于人类生活的方方面面。然而，由于生产技术的落后，严重限制了这些天然产物的供应。尽管可以依赖从植物、动物或者微生物中提取纯化，不过其产量却是受宿主群体总量的影响[116]。合成生物学和代谢工程的发展极大地增强了本书著者团队编辑微生物的能力，为高效生产具有生物活性和高价值的化学品提供替代方法，以取代化学合成和传统提取[117,118]。

在过去几十年的发展中，研究者们通过将来源于不同物种的起着不同作用的基因重组并转入到微生物宿主中，已经成功实现了许多高附加值化学药品的生物合成。在传统的方法中，这一生物合成过程被选择在单一的微生物宿主中完成[119]。不过，由于外源酶的来源与微生物宿主之间有着巨大的序列差异，因此单一的宿主所提供的微生物环境很可能无法满足生物合成途径中所有外源酶的功能性表达[117,120]。此外，在完成较长的生物途径时，单一的宿主需要合成更多的资源以促进外源酶表达，这将造成严重的代谢负担[117]（图 11-9）。还有研究表明，利用单一的宿主进行产物生产时，途径中间体的积累还有可能抑制宿主的生长和造成某些酶的活性降低[121,122]。近年来，为了解决这些问题，将多种微生物包含于同一特定环境中互相作用、共同生长的共培养技术已经被广泛应用[123,124]。

实际上，微生物的共生现象早就普遍存在于自然界中，个体微生物是很少单独生活在一个微小环境中的，通常会与其他种类的微生物生活在一起，在自然环境和生物圈中形成微生物群落[125]。因此，环境中 99% 以上的微生物都无法通过传统的培养技术成功培养，原因之一就是这些微生物的生存可能需要生态系统和群落中其他微生物提供的辅助代谢物或其他化学信号来维持[126]。所以共培养技术的广泛应用，也是自然界的选择。在现有的合成生物学共培养体系中，不同物种能通过交叉喂养营养物质，使系统实现从生物治理到生物生产的多种功能，并且更是生产出了在单一宿主中没有得到的如信息素、防御分子或与共生关联的多种代谢物等，从而开拓出更丰富的化学品生物合成途径[127,128]。而即使对于基因相同的细胞，多个亚群也可以分担生物合成劳动或隔离有毒中间体，如工程大肠埃希菌菌株，它们可以共培养而生产高价值的化学药品黄烷 -3- 醇、姜黄素和花青素等[124,129,130]。

红景天苷在治疗或预防脑缺血、疲劳、缺氧、神经性疾病以及抗衰老、抗癌等方面有着很好的治疗效果[131,132]。近年来，已经有许多研究实现了红景天苷的生物合成[133-136]。不过，虽然这些研究在红景天苷的工业化应用上取得了重大发展，但是仍然还存在一些问题，例如生产周期长、底物成本高等。因此为了实现红景天苷的高效生产，同时也为了验证本书著者团队设计的新型共培养体系的实用性，本书著者团队将红景天苷的生物合成途径划分到共培养的两个菌株中。在研究中，本书著者团队比较了红景天苷在研究所构建的三种共培养体系上的生产、生长以及种群比例变化情况，同时还进一步在 3L 发酵罐中进行了红景天苷的规模化生产。此外，为验证互利共生型菌株共培养在长期传代培养中的稳定性，本书著者团队对其进行了迭代培养。实验证明了本书著者团队设计的互利共生共培养体系在长期传代培养中依旧具有良好的稳定性和生产性能[137]。

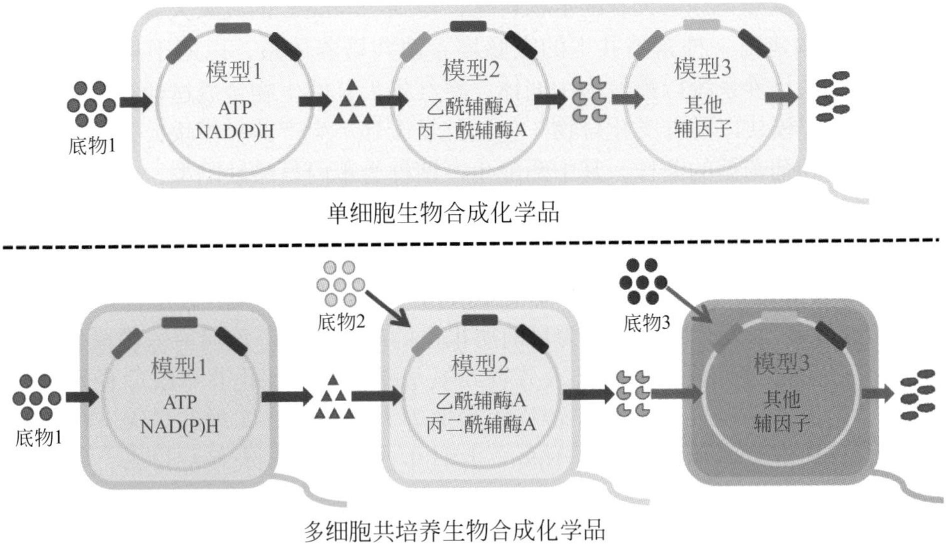

图11-9　共培养与单培养的对比

一、红景天苷的用途及生产方式

红景天苷化学名为对羟基苯乙基-β-D-葡萄糖苷，是名贵中药材红景天的主要有益成分。研究指出，红景天苷具有抗衰老、抗缺氧、抗炎、抗疲惫、防辐射等作用，能够抑制癌细胞繁殖周期以及生长，并在治疗结肠癌、胶质瘤、乳腺癌、膀胱癌以及肺癌等多种癌症中起着诱导癌细胞凋亡的作用[138]。目前，由于红景天苷在增强注意力、延缓机体衰老、增强免疫力、提高工作效率等方面的强大保健功效，已有多种品牌的红景天苷口服液上市；在抗衰老、抗氧化方面，相宜本草更是专门开发出“红景天美白套装”；而在肿瘤治疗方面，目前国内外已开展多项关于红景天苷在肺癌、肝癌、乳腺癌、膀胱癌等治疗上的临床研究[139]。

目前，通过化学合成或植物提取是红景天苷的主要来源，如橄榄和红景天等植物。不过，植物萃取效率低，并且受日益减少的植物资源的限制。而在化学合成方面，昂贵的底物、冗长的步骤以及严重的环境污染也限制着红景天苷的规模化生产。

近年来，微生物生物合成为生产源自植物的天然产品提供了一个可持续的、经济上可行的平台。在一个研究中，大肠埃希菌被用于红景天苷的生物转化。该研究通过表达芳香醛合成酶以及筛选来源于拟南芥的糖苷转移酶 UGT85A1，成功实现酪氨酸到红景天苷的生物转化，得到 288mg/L 的红景天苷产量。Liu 等[138]设计并构建出一种营养共生的大肠埃希菌共培养体系，以用于从头合成红景天苷。该共培养系统以酪醇为中间体，将红景天苷的生物合成途径划分为酪醇高效生产路径模块以及苷类化合物（包括红景天苷）生产路径模块，并分别构建出代谢木糖和葡萄糖的菌株。其中酪醇生产菌株为苯丙氨酸缺陷型，苷类化合物生产菌株为酪氨酸缺陷型。两种菌株相互补充酪氨酸和苯丙氨酸，形成了相对稳定的大肠埃希菌 - 大肠埃希菌共培养系统。最终，红景天苷产量比单培养提高 20 倍，在 3L 发酵罐中达到 6.03g/L。在之前的研究中[136]，研究者在酿酒酵母中实现了 26.55g/L 红景天苷的生产，为目前所报道的最高产量。该研究采用模块优化的策略，分别通过释放碳通量进入芳香族氨基酸通路、优化莽草酸途径及酪氨酸分支、阻断竞争路径以及糖苷转移酶筛选等方法，最终实现红景天苷的高产。不过，该研究总体生产时长达 168h，并且生产过程需要大量酵母膏，不利于红景天苷的规模化生产。

综上所述，目前的研究虽然已经为红景天苷的高效生产做出了贡献，但为实现工业化生产，更多的努力应该被聚焦于提高其单位生产效率和减低生产成本上。

二、共培养工程高效生物合成芳香环植物功能因子

由于细胞内大量酶的合成以及复杂的生物催化反应将消耗大量的 ATP、NAD（P）$^+$、NAD（P）H 和 CoA 等资源，因此，如果在单个细菌菌株中引入较长的生物合成途径可能会导致严重的代谢负担以及强烈的资源竞争压力。而相比之下，通过共培养技术将途径拆分为多个部分则可以分担代谢压力，使每个菌株都能正常生长并进行产物生产。此外，相比于单菌株，共培养对于诸如启动子、拷贝数以及核糖体结合位点等的优化将会更加简便，往往只需更改菌群接种比例即可实现。因此，基于这些诸多的优势，共培养技术在合成生物学中已经取得了巨大的成功。

在生物合成抗癌明星药物紫杉醇前体氧合紫杉烷的研究中，Zhou 等[140]通过大肠埃希菌 - 酿酒酵母共培养工程首次成功生产出氧合紫杉烷。在该研究中大肠埃希菌消耗葡萄糖，为酿酒酵母提供乙酸作为碳底物，而酿酒酵母消耗乙酸也将缓解大肠埃希菌所受到的反馈抑制，因此构建出一种互利共生的共培养关系。此

外，该研究充分利用不同微生物所特有的细胞环境对相关基因进行功能性表达。由于大肠埃希菌快速生长的特性，其被改造来快速生产紫杉二烯，而酿酒酵母具有先进的蛋白表达机制和丰富的胞膜，是细胞色素 P450s 表达的优先选择宿主，可以比较容易地将紫杉二烯氧化为目标化合物氧合紫杉烷。最终，通过该异种微生物的共培养工程，氧合紫杉烷被首次成功合成，为紫杉醇的工业化提供了可能。

在 3- 黄烷醇阿福豆素的生物合成过程中，Jones 等 [141] 将完整的六酶生物合成路径划分为两个不同的部分，并转入到两个大肠埃希菌（*E. coli*）菌株中进行共培养。该路径的划分是以生产路径中不同模块对不同辅因子的需求不同为基础的。其中第一个模块充分依赖丙二酰辅酶 A，而第二个模块依赖辅因子 NADPH。随后，Jones 等又分别对两个菌株进行基因编辑和启动子工程，分别提高了菌株性能和产物生产效率。最终 3- 黄烷醇阿福豆素产量比单培养提高 970 倍，达到 40.7mg/L 的产量。

Li 等 [142] 在研究线性迷迭香酸的生物合成时，设计出了一个包含三个经过代谢工程改造的大肠埃希菌共培养系统（咖啡酸模块、丹酚酸模块以及迷迭香酸模块）。在咖啡酸模块中，咖啡酸由三个酶催化 4- 羟基苯丙酮酸产生；在丹酚酸模块中，丹酚酸由分别负责羟基化和脱氢还原的两个酶催化 4- 羟基苯丙酮酸产生。而在迷迭香酸模块中，为了形成迷迭香酸，咖啡酰辅酶 A（由咖啡酸产生）和丹酚酸会在迷迭香酸合成酶的催化作用下被缩合成为迷迭香酸。该研究除了通过三个菌株共培养以最大程度减少代谢负担以及对上游碳通量的竞争外，还通过控制共培养菌株的亚群比例促进了每个独立模块的生物合成能力。通过模块化共培养策略，迷迭香酸的产量达到 172mg/L 的浓度，比单一培养高 38 倍。

Fang 等 [143] 为实现双去甲氧基姜黄素的生产，利用大肠埃希菌构建出一个以增加丙二酰辅酶 A 供应量为目的的共培养系统。研究通过测试四种不同的策略来增强细胞内丙二酰辅酶 A 的供应量，证明了引入丙二酰辅酶 A 合成酶和二羧酸载体蛋白的有效性。最终，在最优接种比例下，从头合成双去甲氧基姜黄素产量达 6.28mg/L，而单独培养未检测到产物。此外，丙二酰辅酶 A 是黄酮类化合物合成的关键前体，通过共培养策略增加其供应也应用于柚皮苷、翠菊苷等化合物的合成过程中 [144]。另外，除了对红景天苷的研究外，诸如白藜芦醇葡萄糖苷、芹黄素葡萄糖苷等糖苷类化合物的共培养生产都是通过以增加 UDP- 葡萄糖通量的目的来拆分生物合成途径的 [144,145]。

综上所述，共培养与单一培养相比，不仅可减少菌株的代谢负担，还将有助于提高底物的生物转化性能以及目标产物的产率 [144,146,147]。在未来，随着合成生物学的发展，共培养技术将会被更广泛应用，包括更复杂化合物的生产、混合底物的利用以及工业废物处理等方面。

三、共培养生物合成红景天苷路径设计

如图 11-10 生产路径，菌株通过莽草酸途径合成酪氨酸，之后酪氨酸在转氨酶 TyrB、酮酸脱羧酶 KDC 以及醛还原酶 ADH 的作用下被转化为酪醇，最后酪醇与一分子的 UDPG 被来源于拟南芥的糖苷转移酶 UGT85A1 催化为红景天苷。整个红景天苷生物合成途径一共需要表达 9 个酶（TktA、PpsA、AroG、TyrA、ARO10、ADH6、UGT85A1、PGM、GalU）。在本书著者团队设计中，如图 11-10 所示，上游菌株负责酪氨酸的生物合成，下游菌株负责将酪氨酸转化为红景天苷。其中，酪氨酸将通过转氨基作用生成 4-HPP 和谷氨酸，其不仅作为红景天苷生产的中间体，同时也是下游菌株的生长所需的氮源。这是生长和生产的耦联，生长将带动生产，同时生产也将驱动下游菌株生长。

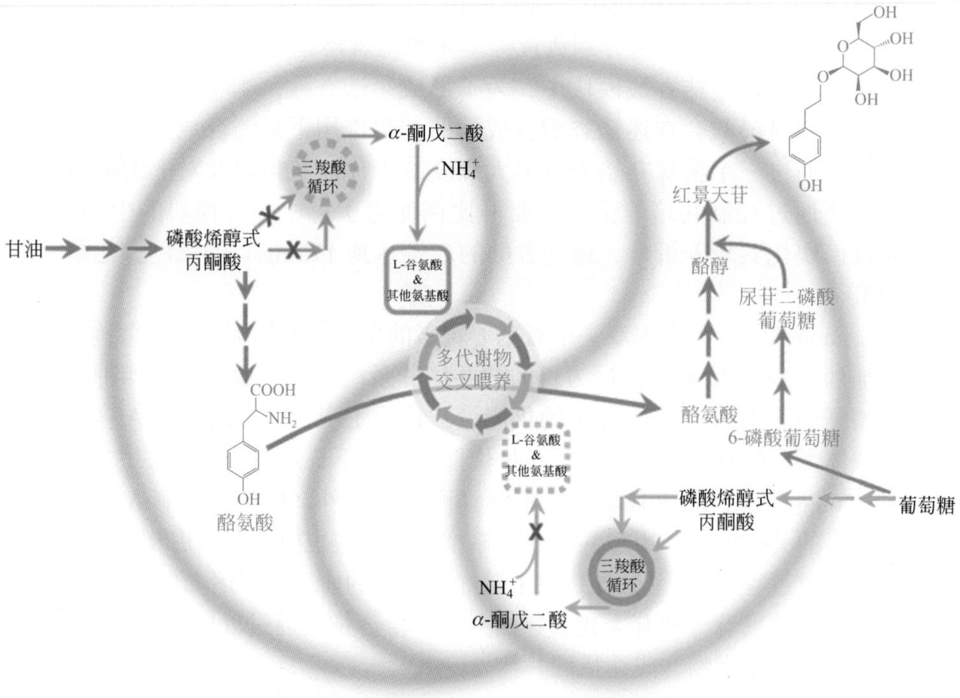

图11-10　大肠埃希菌-大肠埃希菌共培养利用葡萄糖和甘油生物合成红景天苷示意图

四、三种共培养生物合成红景天苷的比较

按图 11-10 所示，本书著者团队将红景天苷的生物合成途径分别划分到菌株 Bgly1 与 Bglc1、菌株 Bgly1 与 Bglc2、菌株 Bgly2 与 Bglc2 共三组共培养中，分别形成共培养生物合成红景天苷体系：中立型共培养 Bgly1-Tyr 与 Bglc1-Sal、偏利共生型共培养 Bgly1-Tyr 与 Bglc2-Sal、互利共生型共培养 Bgly2-Tyr 与 Bglc2-Sal。三种共培养均在三种接种比例之下进行生物发酵实验（上游菌株与下游菌株密度比为 4∶1、1∶1、1∶4）。

如图 11-11 所示，在中立型共培养 Bgly1-Tyr/Bglc1-Sal 中，随着菌株 Bgly1-Tyr 接种比例的减少，共培养体系的细胞密度随之呈现梯度降低。同时，菌株 Bgly1-Tyr 在共培养中的比例变化随接种比例的减少而呈现梯度递减，就算在初始接种比例达 80% 时，最终的比例依然仅 24% 左右，甚至当接种比例为 20% 时，最终的比例仅 12% 左右。说明中立型共培养不足够稳定，最终种群比例不仅需要靠初始接种比例调节，而且还总是处于弱势地位。

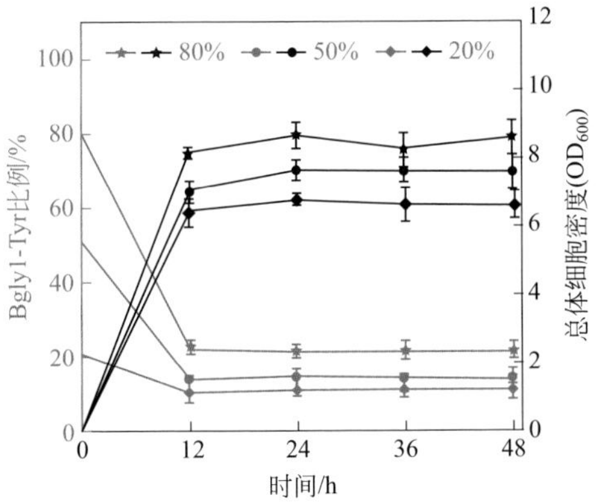

图11-11 中立型共培养生产红景天苷中菌株的生长和种群比例变化曲线

如图 11-12 所示，偏利共生型共培养生物合成红景天苷中菌株的生长和种群比例变化不再依赖初始的接种比例，本书著者团队发现虽然在三种接种比例之下细胞生长密度在 48h 开始趋近于一致，并且菌株 Bgly1-Tyr 的实时比例在三种接种比例下都占据优势地位，但共培养的种群比例仍随接种比例的变化呈现梯度变化。其中，菌株 Bgly1-Tyr 在接种比例达 80% 时，最后的实时比例为 90% 左右，而接种比例在 20% 时，最终的实时比例被调整到 70% 左右。同样的，该结果说明了偏利共生型共培养方式在长期的发酵过程中仍然不足够稳定。

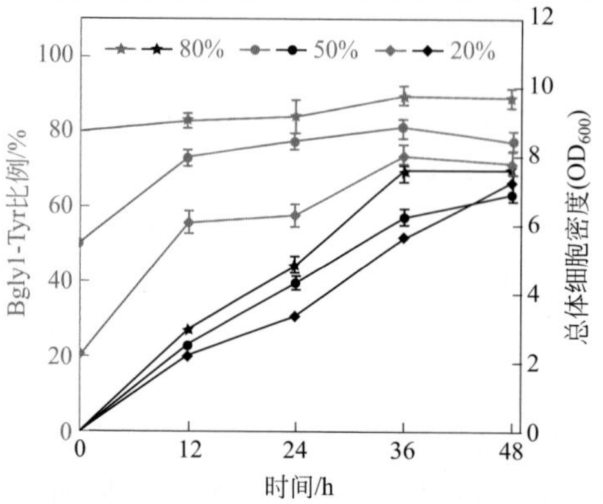

图11-12
偏利共生型共培养生产红景天苷中菌株的生长和种群比例变化曲线

如图 11-13 所示，在互利共生型共培养生物合成红景天苷（Bgly2-Tyr/Bglc2-Sal）中，共培养总体生长变得缓慢，直到 24h 之后才开始较快生长。本书著者团队推测这可能是由于代谢途径的引入增加了一些代谢负担，而互利共生的共培养菌株需要一定时间去彼此磨合适应。同时，根据菌株 Bgly2-Tyr 的种群比例变化，菌株 Bgly2-Tyr/Bglc2-Sal 不再依赖原始接种比例，三种接种比例下菌株 Bgly2-Tyr 的实时比例在 24h 之后开始趋近于 75%，并在 24h 之后固定于这一比例。这进一步证明 TCA 中间体与氨基酸的交叉喂养是一种稳定的互利共生关系，能够加强共培养体系的鲁棒性，最终实现共培养的稳定。

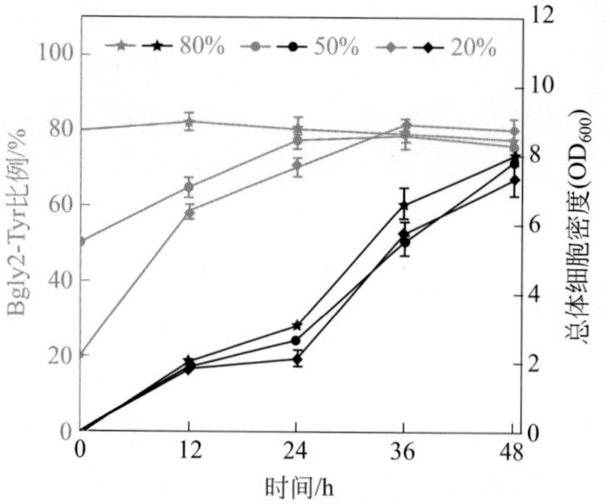

图11-13
互利共生型共培养生产红景天苷中菌株的生长和种群比例变化曲线

如图 11-14 所示，本书著者团队分析对比了在三种共培养下红景天苷的产量。在中立型共培养中，三种接种比例下所产生的红景天苷浓度随着菌株 Bgly1-Tyr 接种比例的减少而减少，呈现梯度变化，最高产量仅 683mg/L，而最低为 337mg/L。而在偏利共生型共培养中，在三种接种比例下，虽然所产生的红景天苷浓度随着菌株 Bgly1-Tyr 接种比例的减少而减少，但是整体产量却高出了许多，最高产量达

1276mg/L，而最低产量也达到了 759mg/L。其中，偏利共生型共培养生产红景天苷产量高于中立型共培养的原因，本书著者团队归纳为由于上游菌株占据优势地位，将产生更多的前体酪氨酸，最终导致红景天苷的高产。最后，在互利共生型共培养中，本书著者团队发现在三种接种比例下红景天苷的浓度非常接近，被维持在 1550mg/L 附近，并未与中立型和偏利共生型一样随着接种比例而变化。因此，该研究充分证明了本书著者团队所设计的互利共生型共培养体系的稳定性与应用性。

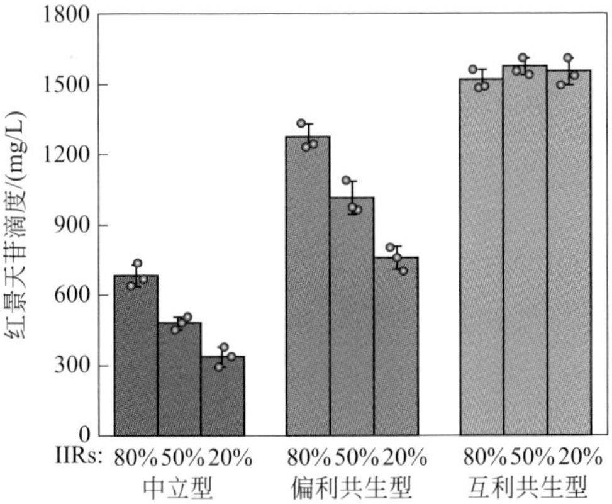

图11-14
在三种共培养体系下红景天苷的浓度对比

五、红景天苷的扩大生产

为了评估所设计的互利共生型共培养的可扩展性，本书著者团队在 3L 的生物反应器中进行互利共生型共培养生物合成红景天苷（Bgly2-Tyr/Bglc2-Sal）。本书著者团队以菌株 Bgly2-Tyr 50% 的初始接种比例在包含有 1L M9 培养基的生物反应器中进行平行扩大化生产。

如图 11-15 所示，菌株 Bgly2-Tyr 的比例在最初的 12h 内迅速下降到 30.3%，然后在 24h 内恢复到 73.2%，并保持稳定直到 48h。不过，最后在 84h 内比例轻微下降到 68.9%。对于前面 12h 内菌株 Bgly2-Tyr 占比的下降，可能的原因是种子液中的酵母膏还未被完全消耗，当将菌株 Bgly2-Tyr、Bglc2-Sal 各 50mL 的种子液接种于生物反应器后，菌株 Bglc2-Sal 快速摄取酵母膏中的有机氮源而生长，从而导致菌株 Bgly2-Tyr 占比下降。而当种子液中的酵母膏被完全消耗，菌株 Bgly2-Tyr 与 Bglc2-Sal 之间紧密的互利共生关系开始发挥作用，菌株 Bgly2-Tyr 占比恢复正常。同时，红景天苷在 84h 时持续增加到 12.52g/L，产率为 0.12g/g 总碳源，生产速率为 0.15g/（L/h）。与以前的共培养生产红景天苷研究 [138] 结果相比，研究的浓度和生产速率分别增加了一倍和两倍。而相对比于在酿酒酵母 [136] 中 168h 26.55g/L 的红景天苷产量和生产速率，研究的优势在于生产周期更短以及生产成本更低（发酵培养基不含昂贵的酵母膏与蛋白胨）。综上所述，这种互利共生型的共培养可以消除接种比例的干扰并在生物反应器水平上保持稳定，为共培养的工业应用铺平了道路。

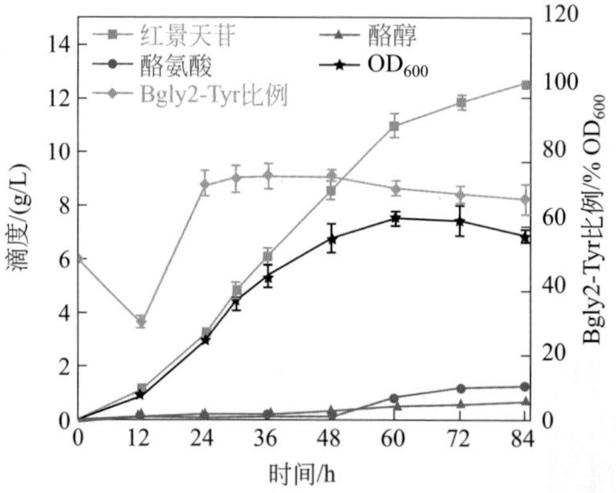

图11-15 互利共生型共培养（Bgly2-Tyr/Bglc2-Sal）规模化生物合成红景天苷

第四节 5-羟基色氨酸异源生物合成

5-羟基色氨酸（5-HTP）是一种天然的非蛋白质氨基酸，可以作为神经递质5-羟色胺的合成前体。实验表明5-HTP能有效治疗抑郁、失眠、慢性头疼以及肥胖。5-HTP的治疗效果归因于其能增加大脑中5-羟色胺的合成。5-HTP口服吸收好，而且很容易穿过血脑屏障。

目前，5-HTP主要从非洲植物种子加纳豆中提取。但是，这种方法受季节以及地域限制，年产量不高。虽然5-HTP的化学合成也有文献报道，但是步骤繁琐、收率很低，不具有大规模商业应用的价值。目前报道的5-HTP生物合成的唯一途径是以色氨酸为前体，经过色氨酸羟化酶催化合成5-HTP。但是，色氨酸羟化酶很不稳定，而且需要特殊的辅因子BH4。这些问题限制了该途径的工业化应用。为了克服这些问题，在研究中本书著者团队建立了一条5-HTP合成的人工途径。该途径利用了酶催化底物的非专一性以及前体引导的生物合成这一概念[148]。

一、5-HTP的用途及生产方法

5-羟色胺代谢的改变被认为是导致抑郁的重要生理因素[149]。中枢神经系统中5-羟色胺合成机制的紊乱是导致抑郁的病因[150]。通过口服5-羟色胺并不能有效治疗抑郁症，因为它不能通过血脑屏障。5-HTP 可以直接作为前体增加 5-羟色胺的合成。口服 5-HTP 可以很容易地通过血脑屏障，不需要任何转运载体。在中枢神经系统中，它可以被内源脱羧酶有效地转化成 5- 羟色胺。同时，口服 5-HTP 对于失眠、纤维肌痛、肥胖、小脑运动失调以及慢性头痛都有治疗效果 [151]。重要的是，5-HTP 的副作用很小。在大多数欧盟国家，5-HTP 作为处方药用于多种治疗目的；在北美其直接作为非处方营养补充剂出售。

由于通过化学反应羟化色氨酸选择性生成 5-HTP 比较困难，目前 5-HTP 的商业生产都是通过从非洲加纳豆中提取 [151]。原材料供应的地域性及季节性限制了其低成本生产以及广泛临床应用。在人和其他动物中，5-HTP 通过色氨酸羟化酶（T5H）转化色氨酸生成，接着转化成神经递质 5- 羟色胺。T5H 属于以四氢蝶呤作为辅因子的芳香族氨基酸羟化酶。该类酶还包括苯丙氨酸 -4- 羟基化酶和酪氨酸 -3- 羟基化酶。哺乳动物中的芳香族氨基酸羟化酶研究得比较清晰全面，因为它们跟很多人类疾病相关，例如帕金森综合征、神经精神疾病 [152]。动物来源的 T5H 不稳定，很难在微生物中获得高活性表达。最近的一项专利报道了在大肠埃希菌中表达截短的穴兔（*Oryctolagus cuniculus*）T5H1，转化色氨酸产生了 0.9mmol/L（198mg/L）的 5-HTP[153]。为了保证辅酶四氢蝶呤的供应，需要共表达动物四氢蝶呤合成途径以及其再生系统。然而，生产效率还是达不到放大应用的要求。本书著者团队在进行本研究之前在大肠埃希菌中重组并筛选了来自原核生物的苯丙氨酸 -4- 羟基化酶。然后，基于序列和结构的蛋白质工程显著改变了其底物偏好，允许色氨酸有效转化为 5-HTP[154]。针对目前 5-HTP 合成途径存在的问题，本书著者团队设计了如图 11-16 所示的新的合成途径。

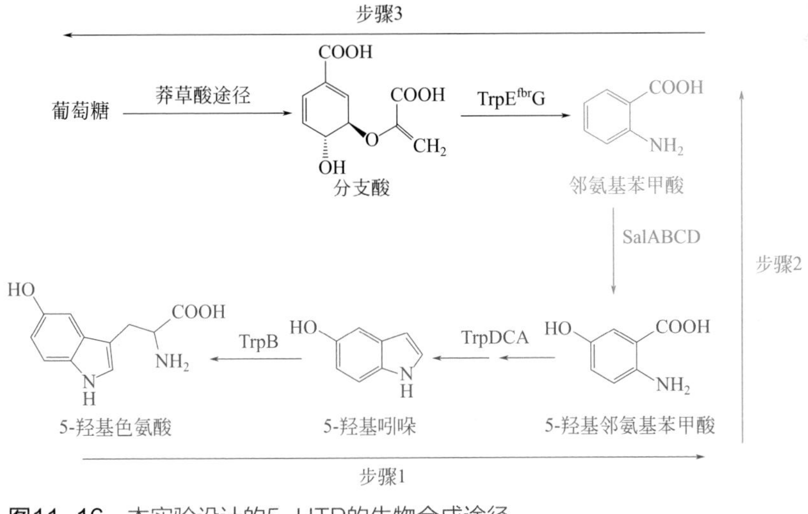

图11-16　本实验设计的5-HTP的生物合成途径

TrpE^{fbr}G—邻氨基苯甲酸合成酶（抗反馈抑制突变）；SalABCD—水杨酸-5-羟基化酶；TrpDCA 和 TrpB—大肠埃希菌自身色氨酸合成途径中的酶

二、转化5-羟基邻氨基苯甲酸生产5-HTP

途径构建的第一步是找到 5-HTP 合成的前体。在大肠埃希菌色氨酸合成途径中，邻氨基苯甲酸（AA）是色氨酸合成的前体，经过 5 步酶催化生成色氨酸，参与反应的酶包括 TrpDCBA。5-HTP 是色氨酸的类似物，其对应的前体是 5- 羟基邻氨基苯甲酸（5-HAA）。之前有文献报道，TrpDCBA 能够催化取代 AA 生成对应的取代色氨酸。为了进一步研究反应的细节，本书著者团队将生产途径转入 *tnaA* 和 *trpE* 双敲除菌株中。体内活性实验表明 TrpDCBA 可以转化 AA 以及 5-HAA 分别生成色氨酸和 5-HTP。该酶系统对 5-HAA 的活性为（151.37±2.93）μmol/（L•OD•h），大约是其天然底物 AA 活性（151.37±2.93）μmol/（L•OD•h）的 40%（图 11-17）。结果表明 5 位羟基的引入在一定程度上影响了酶的活性。

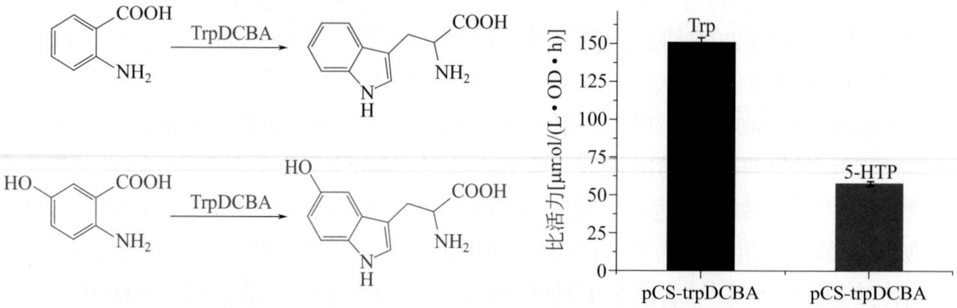

图11-17　TrpDCBA对天然底物AA（黑色）和非天然底物5-HAA（蓝色）的体内活性分析

Trp—色氨酸

注：菌株BW2（pCS-trpDCBA）用于体内活性分析；每个反应的产物列于柱子上方。

此外，本书著者团队向菌株 BW2（PCS-trpDCBA）的培养液中分几次添加 5-HAA。在 20h 内产生了（1102.43 ± 24.95）mg/L 的 5-HTP（图 11-18）。

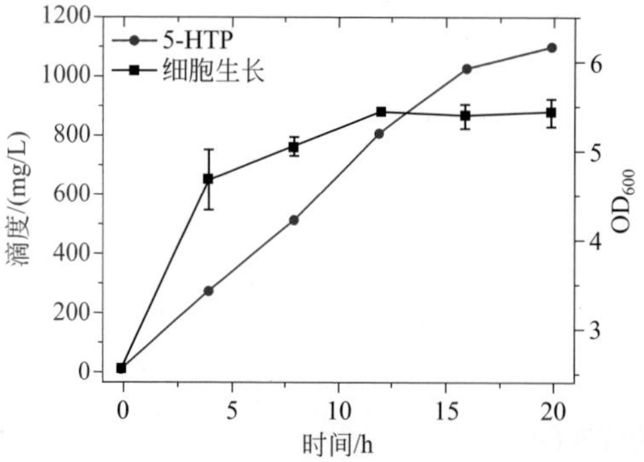

图11-18　生物转化5-HAA生成5-HTP：含有中拷贝质粒pCS-trpDCBA的菌株BW2

三、利用水杨酸-5-羟基化酶转化AA生成5-HAA

5-HTP 生物合成的第二步是进一步寻找 5-HAA 的合成前体。5-HAA 可以通过 AA 羟基化得到。但是目前还没有邻氨基苯甲酸 5- 羟基化酶的文献报道。然而，研究者分别从青枯菌属（*Ralstonia* sp.）U2 和铜绿假单胞菌（*P. aeruginosa*）JB2 中鉴定了两个水杨酸 -5- 羟基化酶（S5H）[155,156]。

该酶能够羟基化水杨酸生成龙胆酸，参与芳香族化合物的降解。水杨酸（邻羟基苯甲酸）和 AA 的结构十分相似，本书著者团队推断 S5H 很有可能羟基化 AA。为了验证这一假设，本书著者团队从罗尔斯通氏菌（*R. eutropha*）H16 菌株中克隆了一个新的 S5H 基因簇，命名为 *salABCD*。与之前报道的两个 S5H 不同，该基因簇位于基因组上，而不是内源质粒上。SalABC 与青枯菌属（*Ralstonia* sp.）菌株 U2 的对应蛋白具有较高的序列相似（57% ~ 75%）。

为了鉴定该基因簇以及测试 SalD 对酶活性的必要性，本书著者团队对两者进行酶活测定。体内活性测试表明 SalABCD 能够催化水杨酸生成龙胆酸，活性为（268.72±7.79）μmol/（L•OD•h）。本书著者团队接着测试了其对 AA 的活性。与预期一致，该酶系统也能转化 AA 生成 5-HAA，虽然活性略低［（216.06±2.02）μmol/（L•OD•h）］（图 11-19）。但是 SalABC 对 AA 的活性显著降低到了（16.75±2.06）μmol/（L•OD•h），证明 SalD 是 S5H 的必要组成部分。

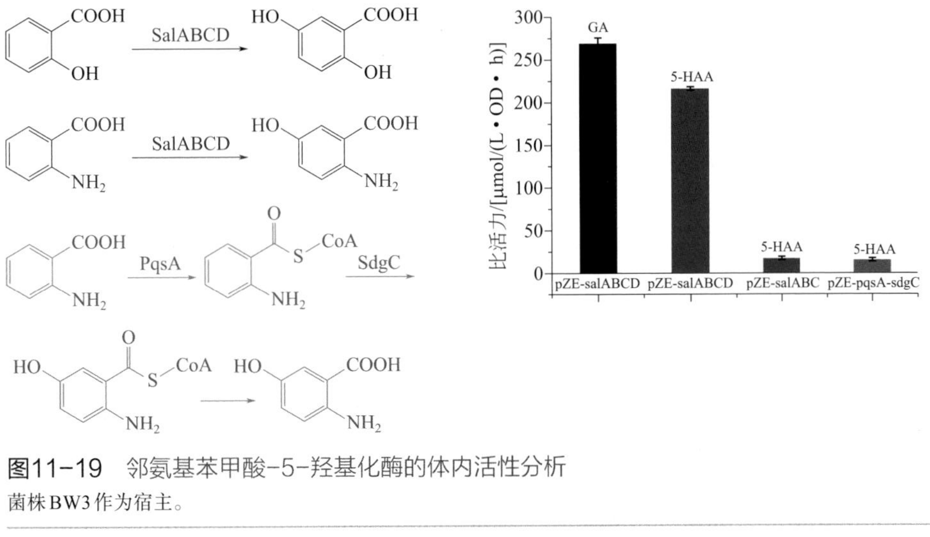

图11-19 邻氨基苯甲酸-5-羟基化酶的体内活性分析

菌株 BW3 作为宿主。

本书著者团队还测试了邻氨基苯甲酸 -CoA 合成酶（PqsA）和水杨酸 -CoA-5-羟基化酶（SdgC）。PqsA 参与铜绿假单胞菌（*P. aeruginosa*）胞外代谢产物 2,4- 二羟基喹啉的合成[157]。在链霉菌属（*Streptomyces* sp.）菌株 WA46 中 SdgC 参与水杨酸的降解[158]。体内活性分析表明 AA 可以被这两个酶顺次催化，产生 5-HAA。但是，与 SalABCD 相比，其活性很低（图 11-19）。本书著者团队接着向菌株 BW3 中连续添加 AA。12h，产生了（442.51±6.25）mg/L 的 5-HAA（图 11-20）。

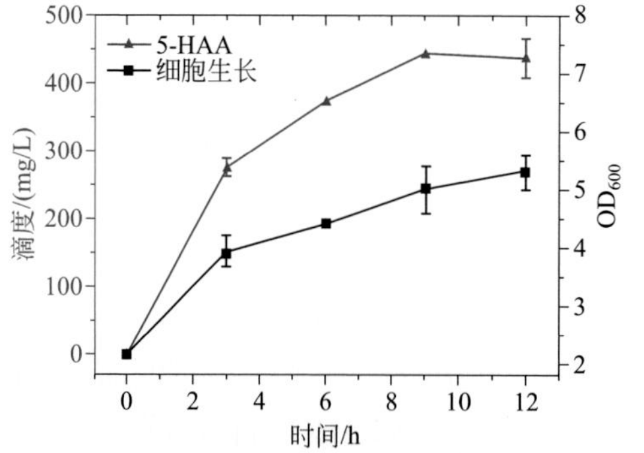

图11-20　生物转化AA生产5-HAA

四、5-HAA合成的模块化优化

5-HTP 生物合成的最后一步是将下游外源途径与大肠埃希菌自身代谢途径连接。在第三章中已经介绍了 AA 在大肠埃希菌中的生产，这里本书著者团队将 AA 的生产和转化途径合并，直接优化 5-HAA 生产。本书著者团队将 5-HAA 的合成途径分成 3 个模块。模块 1 是 SalABCD，催化 AA 生成 5-HAA；模块 2 是 $TrpE^{fbr}G$，转化分支酸形成 AA；模块 3 是 APTA，表达莽草酸途径的四个关键酶（AroL，PpsA，TktA，$AroG^{fbr}$），以增加莽草酸途径的通量。

模块化优化结果表明，当模块 1 在高拷贝质粒上（pZE-salABCD）、模块 2 在低拷贝质粒上（pSA-$trpE^{fbr}G$）时，5-HAA 的产量达到最高［（224.31±8.89）mg/L］（图 11-21）。引入模块 3 并没有增加产物的产量。另外，在所有情况下 AA 都有积累，说明即使用高拷贝质粒表达，模块 1 还是途径的限速步骤。

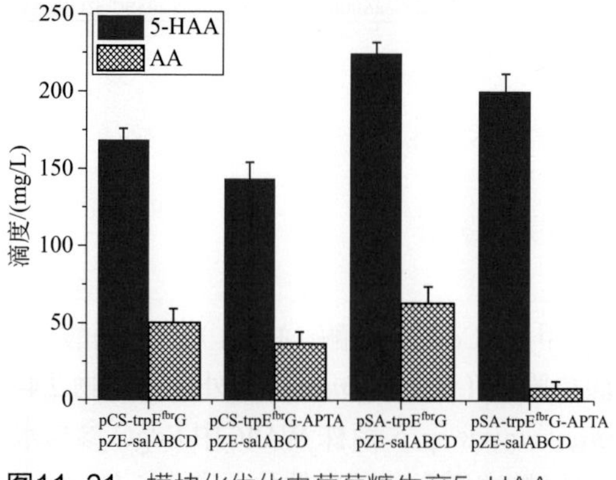

图11-21　模块化优化由葡萄糖生产5-HAA

五、5-HTP的生物合成

在实现了由葡萄糖生产 5-HAA 之后，本书著者团队将整个途径转入菌株 BW1 中，没有检测到 5-HTP 的积累，色氨酸产量却达到（205.14±6.71）mg/L。一个可能的原因是 TrpDCBA 对 AA 具有更高的亲和性及催化活性，AA 还未被羟化就转化成了色氨酸。另一个可能的原因是 TrpE 和 TrpD 可以形成异源四聚体以减少底物的扩散[159]。这一复合物的形成阻碍了 SalABCD 与底物 AA 的接触。

为了解决这一问题，本书著者团队采取了两步法进行 5-HTP 的生产。首先，使用菌株 BW3 以葡萄糖为碳源生产 5-HAA。然后将产生的 5-HAA 进一步转化成 5-HTP，最终产量可以达到（98.09±3.24）mg/L（图 11-22）。另外，还有（23.05±0.83）mg/L 的副产物色氨酸产生，过程中没有检测到 5- 羟基吲哚的积累。

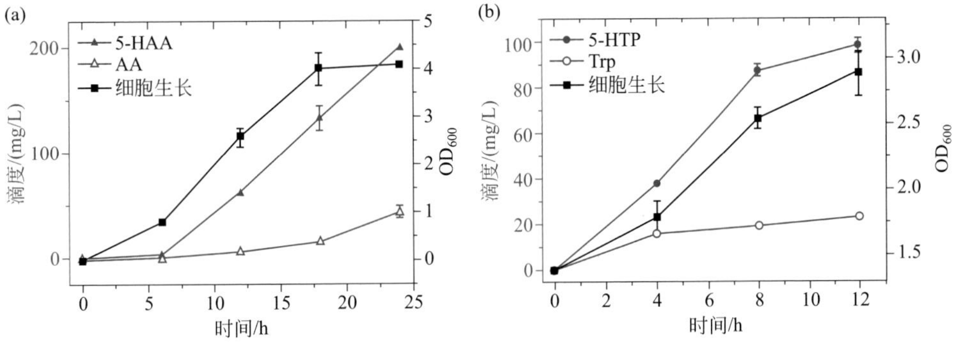

图11-22 两步法生产5-HTP：（a）利用菌株BW3（pZE-salABCD，pSA-trpE^{fbr}G）从葡萄糖生产5-HAA；（b）利用菌株BW2（pCA-trpDCBA，pSA-trpDCBA）转化5-HAA生产5-HTP

第五节
小结与展望

本书著者团队在大肠埃希菌中已经实现了多种芳香类化合物的生物合成，其中熊果苷、红景天苷和 5- 羟基色氨酸作为典型芳香环植物功能因子体现了本书著者团队在合成生物学和代谢工程领域的顶级理解，最终上述三种产物均实现了高水平的生物合成。目前，熊果苷和 5- 羟基色氨酸已经实现了工业化规模生产，红景天苷正在为了工业化生产做最后准备工作。具体结论和展望如下。

在这项工作中，本书著者团队开发了一个新的人工途径，以实现在大肠埃希菌中从葡萄糖中重新生产熊果苷。通过过度表达两个异源酶，即来自近平滑念珠菌（*C. parapsilosis*）CBS604 的 MNX1 和来自蛇根木（*R. serpentina*）的 AS，重建的途径从莽草属植物途径中扩展出来。由于这两个关键酶在大肠埃希菌中从未被验证过，本书著者团队通过测量它们的动力学参数和进行喂养实验来探索它们的催化能力。结果显示 MNX1 和 AS 都能非常有效地产生相应的产品，具有极高的摩尔转化率（MNX1 为 88.5%，AS 为 100%）。在大肠埃希菌中异源过度表达 MNX1 和 AS，加上莽草酸途径工程和培养基的优化，在摇瓶实验中能够有效地生产熊果苷，滴度超过 4g/L。观察到在本书著者团队构建的途径中没有任何中间产物的积累，表明 UbiC、MNX1 和 AS 的催化效率很高。具体来说，MNX1 和 AS 将有毒的 *p*-HBA 和 HQ 生物转化为无毒的熊果苷，在解毒过程中发挥了关键作用，并提供了强大的驱动力，将碳通量转为熊果苷的生物合成。事实证明，本书著者团队构建的途径中所采用的逐步增强策略有希望实现更高的熊果苷产量。

本书著者团队成功构建了以酪氨酸为中间体的共培养生物合成红景天苷路径，并证明了所设计的新型互利共生平台相比于中立型、偏利共生型共培养更具稳定性和生产性。研究实现了共培养从头生物合成红景天苷 1550mg/L 的摇瓶产量，并在规模化生产中进一步在 84h 内生产 12.52g/L 的红景天苷（相比于以前的共培养提高 1 倍），产率为 0.12g/g 总碳源，生产速率为 0.15g/（L•h）（相比于以前的共培养提高 2 倍）。此外，通过连续传代培养，本书著者团队又证明了所设计的互利共生共培养体系在长期发酵生产中的优良鲁棒性。在连续 10 天的连续传代中，共培养的生长和种群比例都维持在恒定的范围，而红景天苷的产量甚至随着传代次数的增加而略微增长。

本书著者团队还反向设计并验证了一条新的 5-HTP 的生物合成途径。该途径利用相关酶松散的底物选择性，并且避免了使用不稳定的色氨酸 -5- 羟基化酶。首先，通过大肠埃希菌自身的 TrpDCBA 催化，实现了由 5- 羟基邻氨基苯甲酸（5-HAA）生产 5-HTP。接着，利用一个新的水杨酸 -5- 羟基化酶转化非天然底物 AA 生成 5-HAA。然后，本书著者团队实现了由葡萄糖合成 5-HAA，并进行了模块化优化。最后，通过途径整合，采用两阶段培养策略实现了 5-HTP 的生物合成。

大幅度提高熊果苷生物合成滴度，降低工业化生产成本。虽然本书著者团队研究的熊果苷项目已经实现了工业化生产，但是认为还可以通过进一步增加 *p*-HBA 的可用性来提高熊果苷的产量，增加核心竞争力，如破坏苯丙氨酸、酪氨酸和色氨酸的生物合成途径来加强莽草酸途径 [160]。除此之外，从实验室到工业规模的大型生物合成过程中，菌株的性能通常会下降，出现产量波动大、得率低、生产效率低、抗生素依赖、成本高等问题。为此，本书著者团队认为之后可以通过在宿主菌株基因组中整合熊果苷的生物合成路径的方式提高目的基因在菌株中的遗传稳定性、摆脱质粒对抗生素的依赖性、缓解菌株的代谢负担、减少细胞间拷贝数和表达水平的差异性、增加工程菌中异源代谢物的产量，从而使菌株更适合工业规模的生产。

微生物共培养在自然界广泛存在，在保证人类健康以及维持自然生态平衡方面起着至关重要的作用。此外，相比于单培养，微生物共培养的优势正在日渐凸显，尤其是在生物合成复杂化合物方面。因此，对共培养成员之间相互交流机制的研究将有助于更好地推动共培养技术以及合成生物学的发展。虽然本书著者团队成功开发了大肠埃希菌 - 大肠埃希菌的稳定互利共生共培养体系，但是对于其机制的研究还比较少，仅仅通过代谢组学分析了具体的交叉喂养物质。此外，在未来，不同物种之间的稳定的互利共生共培养应该被进一步开发以满足更多高价值化合物的合成。

虽然本书著者团队已经实现了 5-HTP 的大规模工业生产，但是为了进一步提高 5-HTP 的产量，将来还需要通过调节基因拷贝数、mRNA 稳定性、启动子强度和 RBS 结合效率等手段对菌株及途径做进一步改造和优化。除此之外，本书著者团队构建的该途径还可以用于 5- 羟基吲哚的生产。

参考文献

[1] Del Rio D, Rodriguez-Mateos A, Spencer J P, et al. Dietary (poly) phenolics in human health: Structures, bioavailability, and evidence of protective effects against chronic diseases[J]. Antioxid Redox Signal, 2013, 18(14): 1818-1892.

[2] Scalbert A, Johnson I T, Saltmarsh M. Polyphenols: Antioxidants and beyond[J]. The American Journal of Clinical Nutrition, 2005, 81(1): 215-217.

[3] Afaq F, K Katiyar S. Polyphenols: Skin photoprotection and inhibition of photocarcinogenesis[J]. Mini Reviews in Medicinal Chemistry, 2011, 11(14): 1200-1215.

[4] Bhullar K S, Rupasinghe H. Polyphenols: Multipotent therapeutic agents in neurodegenerative diseases[J]. Oxidative Medicine and Cellular Longevity, 2013, 2013: 891748.

[5] Li A N, Li S, Zhang Y J, et al. Resources and biological activities of natural polyphenols[J]. Nutrients, 2014, 6(12): 6020-6047.

[6] Yao Y F, Wang C S, Qiao J J, et al. Metabolic engineering of *Escherichia coli* for production of salvianic acid A via an artificial biosynthetic pathway[J]. Metabolic Engineering, 2013, 19: 79-87.

[7] Huang Q, Lin Y H, Yan Y J. Caffeic acid production enhancement by engineering a phenylalanine over - producing *Escherichia coli* strain[J]. Biotechnology and Bioengineering, 2013, 110(12): 3188-3196.

[8] Chen Z Y, Shen X L, Wang J, et al. Rational Engineering of *p*-Hydroxybenzoate Hydroxylase to Enable Efficient Gallic Acid Synthesis via A Novel Artificial Biosynthetic Pathway[J]. Biotechnology and Bioengineering, 2017, 114(11): 2571-2580.

[9] Li W, Wang C. Biodegradation of gallic acid to prepare pyrogallol by *Enterobacter aerogenes* through substrate

induction[J]. BioResources, 2015, 10(2): 3027-3044.

[10] Wang J, Shen X L, Rey J, et al. Recent advances in microbial production of aromatic natural products and their derivatives[J]. Applied Microbiology and Biotechnology, 2018, 102(1): 47-61.

[11] Báez Viveros J L, Osuna J, Hernández-Chávez G, et al. Metabolic engineering and protein directed evolution increase the yield of L-phenylalanine synthesized from glucose in *Escherichia coli*[J]. Biotechnology and Bioengineering, 2004, 87(4): 516-524.

[12] Ikeda M. Towards bacterial strains overproducing L-tryptophan and other aromatics by metabolic engineering[J]. Applied Microbiology and Biotechnology, 2006, 69(6): 615.

[13] Sprenger G A. From scratch to value: Engineering *Escherichia coli* wild type cells to the production of L-phenylalanine and other fine chemicals derived from chorismate[J]. Applied Microbiology and Biotechnology, 2007, 75(4): 739-749.

[14] Metzler DE. Biochemistry: The Chemical Reactions of Living Cells[M]. Academic Press, 2003: 1950.

[15] Herrmann K M, Weaver L M. The shikimate pathway[J]. Annual Review of Plant Biology, 1999, 50(1): 473-503.

[16] Goerisch H. On the mechanism of the chorismate mutase reaction[J]. Biochemistry, 1978, 17(18): 3700-3705.

[17] Kast P, Tewari Y B, Wiest O, et al. Thermodynamics of the conversion of chorismate to prephenate: Experimental results and theoretical predictions[J]. Journal of Physical Chemistry B, 1997, 101(50): 10976-10982.

[18] Dewick P M. Medicinal natural products: A biosynthetic approach[M]. John Wiley & Sons, 2002.

[19] Kikuchi Y, Tsujimoto K, Kurahashi O. Mutational analysis of the feedback sites of phenylalanine-sensitive 3-deoxy-D-arabino-heptulosonate-7-phosphate synthase of *Escherichia coli*[J]. Applied and Environmental Microbiology, 1997, 63(2): 761-762.

[20] Nelms J, Edwards R, Warwick J, et al. Novel mutations in the *pheA* gene of *Escherichia coli* K-12 which result in highly feedback inhibition-resistant variants of chorismate mutase/prephenate dehydratase[J]. Applied and Environmental Microbiology, 1992, 58(8): 2592-2598.

[21] Lin Y H, Shen X L, Yuan Q P, et al. Microbial biosynthesis of the anticoagulant precursor 4-hydroxycoumarin[J]. Nature Communications, 2013, 4: 2603.

[22] Shen X L, Wang J, Wang J, et al. High-level *de novo* biosynthesis of arbutin in engineered *Escherichia coli* [J]. Metabolic Engineering, 2017, 42: 52-58.

[23] Li W S, Xie D M, Frost J W. Benzene-free synthesis of catechol: Interfacing microbial and chemical catalysis[J]. Journal of the American Chemical Society, 2005, 127(9): 2874-2882.

[24] Shumilin I A, Kretsinger R H, Bauerle R. Purification, crystallization, and preliminary crystallographic analysis of 3-deoxy-D-arabino-heptulosonate-7-phosphate synthase from *Escherichia coli*[J]. Proteins: Structure, Function, and Bioinformatics, 1996, 24(3): 404-406.

[25] Stephens C M, Bauerle R. Essential cysteines in 3-deoxy-D-arabino-heptulosonate-7-phosphate synthase from *Escherichia coli*. Analysis by chemical modification and site-directed mutagenesis of the phenylalanine-sensitive isozyme[J]. Journal of Biological Chemistry, 1992, 267(9): 5762-7.

[26] Akowski J P, Bauerle R. Steady-state kinetics and inhibitor binding of 3-deoxy-D-arabino-heptulosonate-7-phosphate synthase (tryptophan sensitive) from *Escherichia coli*[J]. Biochemistry, 1997, 36(50): 15817-22.

[27] Ray J M, Bauerle R. Purification and properties of tryptophan-sensitive 3-deoxy-D-arabino-heptulosonate-7-phosphate synthase from *Escherichia coli* [J]. Journal of Bacteriology, 1991, 173(6): 1894-901.

[28] Ger Y M, Chen S L, Chiang H J, et al. A single Ser-180 mutation desensitizes feedback inhibition of the phenylalanine-sensitive 3-deoxy-D-arabino-heptulosonate 7-phosphate (DAHP) synthetase in *Escherichia coli* [J]. Journal

of Biochemistry, 1994, 116(5): 986-90.

[29] Kikuchi Y, Tsujimoto K, Kurahashi O. Mutational analysis of the feedback sites of phenylalanine-sensitive 3-deoxy-D-arabino-heptulosonate-7-phosphate synthase of *Escherichia coli* [J]. Applied and Environmental Microbiology, 1997, 63(2): 761-2.

[30] Weaver L M, Herrmann K M. Cloning of an aroF allele encoding a tyrosine-insensitive 3-deoxy-D-arabino-heptulosonate 7-phosphate synthase[J]. Journal of Bacteriology, 1990, 172(11): 6581-4.

[31] Mccandliss R J, Poling M D, Herrmann K M. 3-Deoxy-D-arabino-heptulosonate 7-phosphate synthase. Purification and molecular characterization of the phenylalanine-sensitive isoenzyme from *Escherichia coli* [J]. Journal of Biological Chemistry, 1978, 253(12): 4259-65.

[32] Schoner R, Herrmann K M. 3-Deoxy-D-arabino-heptulosonate 7-phosphate synthase. Purification, properties, and kinetics of the tyrosine-sensitive isoenzyme from *Escherichia coli* [J]. Journal of Biological Chemistry, 1976, 251(18): 5440-7.

[33] Schnappauf G, Hartmann M, Kunzler M, et al. The two 3-deoxy-D-arabino-heptulosonate-7-phosphate synthase isoenzymes from *Saccharomyces cerevisiae* show different kinetic modes of inhibition[J]. Archives of Microbiology, 1998, 169(6): 517-24.

[34] Frost J W, Bender J L, Kadonaga J T, et al. Dehydroquinate synthase from *Escherichia coli*: Purification, cloning, and construction of overproducers of the enzyme[J]. Biochemistry, 1984, 23(19): 4470-5.

[35] Bender S L, Mehdi S, Knowles J R. Dehydroquinate synthase: The role of divalent metal cations and of nicotinamide adenine dinucleotide in catalysis[J]. Biochemistry, 1989, 28(19): 7555-60.

[36] Skinner M A, Gunel-Ozcan A, Moore J, et al. Dehydroquinate synthase binds divalent and trivalent cations: Role of metal binding in catalysis[J]. Biochemical Society Transactions, 1997, 25(4): S609.

[37] Pompliano D L, Reimer L M, Myrvold S, et al. Probing lethal metabolic perturbations in plants with chemical inhibition of dehydroquinate synthase[J]. Journal of the American Chemical Society, 1989, 111(5): 1866-1871.

[38] Millar G, Coggins J R. The complete amino acid sequence of 3-dehydroquinate synthase of *Escherichia coli* K12[J]. FEBS Letters, 1986, 200(1): 11-7.

[39] Bischoff M, Rosler J, Raesecke H R, et al. Cloning of a cDNA encoding a 3-dehydroquinate synthase from a higher plant, and analysis of the organ-specific and elicitor-induced expression of the corresponding gene[J]. Plant Molecular Biology, 1996, 31(1): 69-76.

[40] Deka R K, Kleanthous C, Coggins J R. Identification of the essential histidine residue at the active site of *Escherichia coli* dehydroquinase[J]. Journal of Biological Chemistry, 1992, 267(31): 22237-42.

[41] White P J, Young J, Hunter I S, et al. The purification and characterization of 3-dehydroquinase from *Streptomyces coelicolor*[J]. Biochemical Journal, 1990, 265(3): 735-8.

[42] Garbe T, Servos S, Hawkins A, et al. The Mycobacterium tuberculosis shikimate pathway genes: evolutionary relationship between biosynthetic and catabolic 3-dehydroquinases[J]. Molecular and General Genetics, 1991, 228(3): 385-92.

[43] Bottomley J R, Clayton C L, Chalk P A, et al. Cloning, sequencing, expression, purification and preliminary characterization of a type Ⅱ dehydroquinase from *Helicobacter pylori* [J]. Biochemical Journal, 1996, 319 (Pt 2): 559-565.

[44] Boys C W, Bury S M, Sawyer L, et al. Crystallization of a type Ⅰ 3-dehydroquinase from *Salmonella typhi* [J]. Journal of Molecular Biology, 1992, 227(1): 352-355.

[45] Gourley D G, Coggins J R, Isaacs N W, et al. Crystallization of a type Ⅱ dehydroquinase from *Mycobacterium tuberculosis* [J]. Journal of Molecular Biology, 1994, 241(3): 488-491.

[46] Duncan K, Chaudhuri S, Campbell M S, et al. The overexpression and complete amino acid sequence of *Escherichia coli* 3-dehydroquinase[J]. Biochemical Journal, 1986, 238(2): 475-483.

[47] Euverink G J, Hessels G I, Vrijbloed J W, et al. Purification and characterization of a dual function 3-dehydroquinate dehydratase from *Amycolatopsis methanolica* [J]. Journal of General Microbiology, 1992, 138(11): 2449-2457.

[48] Anton I A, Coggins J R. Sequencing and overexpression of the *Escherichia coli aroE* gene encoding shikimate dehydrogenase[J]. Biochemical Journal, 1988, 249(2): 319-326.

[49] Griffin H G, Gasson M J. The gene (*aroK*) encoding shikimate kinase Ⅰ from *Escherichia coli* [J]. DNA Sequence, 1995, 5(3): 195-197.

[50] Whipp M J, Pittard A J. A reassessment of the relationship between aroK- and aroL-encoded shikimate kinase enzymes of *Escherichia coli* [J]. Journal of Bacteriology, 1995, 177(6): 1627-1629.

[51] Vinella D, Gagny B, Joseleau-Petit D, et al. Mecillinam resistance in *Escherichia coli* is conferred by loss of a second activity of the AroK protein[J]. Journal of Bacteriology, 1996, 178(13): 3818-3828.

[52] Krell T, Coggins J R, Lapthorn A J. The three-dimensional structure of shikimate kinase[J]. Journal of Molecular Biology, 1998, 278(5): 983-997.

[53] Stallings W C, Abdel-Meguid S S, Lim L W, et al. Structure and topological symmetry of the glyphosate target 5-enolpyruvylshikimate-3-phosphate synthase: A distinctive protein fold[J]. Proceedings of the National Academy of Sciences of the United States of America, 1991, 88(11): 5046-5050.

[54] Hing A W, Tjandra N, Cottam P F, et al. An investigation of the ligand-binding site of the glutamine-binding protein of *Escherichia coli* using rotational-echo double-resonance NMR[J]. Biochemistry, 1994, 33(29): 8651-8661.

[55] Hawkes T R, Lewis T, Coggins J R, et al. Chorismate synthase. Pre-steady-state kinetics of phosphate release from 5-enolpyruvylshikimate 3-phosphate[J]. Biochemical Journal, 1990, 265(3): 899-902.

[56] Ramjee M N, Balasubramanian S, Abell C, et al. Reaction of (6R)-6-fluoroEPSP with recombinant *Escherichia coli* chorismate synthase generates a stable flavin mononucleotide semiquinone radical[J]. Journal of the American Chemical Society, 1992, 114(8): 3151-3153.

[57] Macheroux P, Petersen J, Bornemann S, et al. Binding of the oxidized, reduced, and radical flavin species to chorismate synthase. An investigation by spectrophotometry, fluorimetry, and electron paramagnetic resonance and electron nuclear double resonance spectroscopy[J]. Biochemistry, 1996, 35(5): 1643-1652.

[58] Bentley R. The shikimate pathway—a metabolic tree with many branches[J]. Critical Reviews in Biochemistry and Molecular Biology, 1990, 25(5): 307-384.

[59] Nelms J, Edwards R M, Warwick J, et al. Novel mutations in the *pheA* gene of *Escherichia coli* K-12 which result in highly feedback inhibition-resistant variants of chorismate mutase/prephenate dehydratase[J]. Applied and Environmental Microbiology, 1992, 58(8): 2592-2598.

[60] Pittard J, Camakaris H, Yang J. The TyrR regulon[J]. Molecular Microbiology, 2005, 55(1): 16-26.

[61] Berry A. Improving production of aromatic compounds in *Escherichia coli* by metabolic engineering[J]. Trends in Biotechnology, 1996, 14(7): 250-256.

[62] Bongaerts J, Kramer M, Muller U, et al. Metabolic engineering for microbial production of aromatic amino acids and derived compounds[J]. Metabolic Engineering, 2001, 3(4): 289-300.

[63] Ikeda M. Towards bacterial strains overproducing L-tryptophan and other aromatics by metabolic engineering[J]. Applied Microbiology and Biotechnology, 2006, 69(6): 615-626.

[64] Sprenger G A. From scratch to value: Engineering *Escherichia coli* wild type cells to the production of L-phenylalanine and other fine chemicals derived from chorismate[J]. Applied Microbiology and Biotechnology, 2007, 75(4): 739-749.

[65] Patnaik R, Liao J C. Engineering of *Escherichia coli* central metabolism for aromatic metabolite production with near theoretical yield[J]. Applied and Environmental Microbiology, 1994, 60(11): 3903-3908.

[66] Miller J, Backman K, O'connor M, et al. Production of phenylalanine and organic acids by phosphoenolpyruvate carboxylase-deficient mutants of *Escherichia coli* [J]. Journal of Industrial Microbiology, 1987, 2(3): 143-149.

[67] Tatarko M, Romeo T. Disruption of a global regulatory gene to enhance central carbon flux into phenylalanine biosynthesis in *Escherichia coli* [J]. Current Microbiology, 2001, 43(1): 26-32.

[68] Wierckx N J, Ballerstedt H, De Bont J A, et al. Engineering of solvent-tolerant *Pseudomonas putida* S12 for bioproduction of phenol from glucose[J]. Applied and Environmental Microbiology, 2005, 71(12): 8221-8227.

[69] Baez-Viveros J L, Osuna J, Hernandez-Chavez G, et al. Metabolic engineering and protein directed evolution increase the yield of L-phenylalanine synthesized from glucose in *Escherichia coli* [J]. Biotechnology and Bioengineering, 2004, 87(4): 516-524.

[70] Yi J, Draths K M, Li K, et al. Altered glucose transport and shikimate pathway product yields in *E. coli* [J]. Biotechnology Progress, 2003, 19(5): 1450-1459.

[71] Barker J L, Frost J W. Microbial synthesis of *p*-hydroxybenzoic acid from glucose[J]. Biotechnology and Bioengineering, 2001, 76(4): 376-390.

[72] Meijnen J P, Verhoef S, Briedjlal A A, et al. Improved *p*-hydroxybenzoate production by engineered *Pseudomonas putida* S12 by using a mixed-substrate feeding strategy[J]. Applied Microbiology and Biotechnology, 2011, 90(3): 885-893.

[73] Verhoef S, Ruijssenaars H J, De Bont J A, et al. Bioproduction of *p*-hydroxybenzoate from renewable feedstock by solvent-tolerant *Pseudomonas putida* S12[J]. Journal of Biotechnology, 2007, 132(1): 49-56.

[74] Nijkamp K, Van Luijk N, De Bont J A, et al. The solvent-tolerant *Pseudomonas putida* S12 as host for the production of cinnamic acid from glucose[J]. Applied Microbiology and Biotechnology, 2005, 69(2): 170-177.

[75] Nijkamp K, Westerhof R G, Ballerstedt H, et al. Optimization of the solvent-tolerant *Pseudomonas putida* S12 as host for the production of *p*-coumarate from glucose[J]. Applied Microbiology and Biotechnology, 2007, 74(3): 617-624.

[76] Verhoef S, Wierckx N, Westerhof R G, et al. Bioproduction of *p*-hydroxystyrene from glucose by the solvent-tolerant bacterium *Pseudomonas putida* S12 in a two-phase water-decanol fermentation[J]. Applied and Environmental Microbiology, 2009, 75(4): 931-936.

[77] Qi W W, Vannelli T, Breinig S, et al. Functional expression of prokaryotic and eukaryotic genes in *Escherichia coli* for conversion of glucose to *p*-hydroxystyrene[J]. Metabolic Engineering, 2007, 9(3): 268-276.

[78] Sariaslani F S. Development of a combined biological and chemical process for production of industrial aromatics from renewable resources[J]. Annual Review of Microbiology, 2007, 61: 51-69.

[79] Vannelli T, Wei Qi W, Sweigard J, et al. Production of *p*-hydroxycinnamic acid from glucose in *Saccharomyces cerevisiae* and *Escherichia coli* by expression of heterologous genes from plants and fungi[J]. Metabolic Engineering, 2007, 9(2): 142-151.

[80] Chen Y, Nielsen J. Biobased organic acids production by metabolically engineered microorganisms[J]. Current Opinion in Biotechnology, 2016, 37: 165-172.

[81] Xu F, Yuan Q P, Zhu Y. Improved production of lycopene and β-carotene by *Blakeslea trispora* with oxygen-vectors[J]. Process Biochemistry, 2007, 42(2): 289-293.

[82] Paddon C J, Westfall P J, Pitera D J, et al. High-level semi-synthetic production of the potent antimalarial artemisinin[J]. Nature, 2013, 496(7446): 528-532.

[83] Draelos Z D. Skin lightening preparations and the hydroquinone controversy[J]. Dermatologic Therapy, 2007,

20(5): 308-313.

[84] Akiu S, Suzuki Y, Asahara T, et al. Inhibitory effect of arbutin on melanogenesis - biochemical study using cultured B16 melanoma cells[J]. Nihon Hifuka Gakkai zasshi. Japanese Journal of Dermatology, 1991, 101(6): 609-613.

[85] Ajikumar P K, Xiao W H, Tyo K E, et al. Isoprenoid pathway optimization for taxol precursor overproduction in *Escherichia coli* [J]. Science, 2010, 330(6000): 70-74.

[86] Chemler J A, Fowler Z L, Mchugh K P, et al. Improving NADPH availability for natural product biosynthesis in *Escherichia coli* by metabolic engineering[J]. Metabolic Engineering, 2010, 12(2): 96-104.

[87] Lin Y H, Yan Y J. Biosynthesis of caffeic acid in *Escherichia coli* using its endogenous hydroxylase complex[J]. Microbial Cell Factories, 2012, 11(1): 1-9.

[88] Sun X X, Shen X L, Jain R, et al. Synthesis of chemicals by metabolic engineering of microbes[J]. Chemical Society Reviews, 2015, 44(11): 3760-3785.

[89] Pandey R P, parajuli P, Koffas M A, et al. Microbial production of natural and non-natural flavonoids: Pathway engineering, directed evolution and systems/synthetic biology[J]. Biotechnology Advances, 2016, 34(5): 634-662.

[90] Bai Y F, Yin H, Bi H P, et al. *De novo* biosynthesis of gastrodin in *Escherichia coli*[J]. Metabolic Engineering, 2016, 35: 138-147.

[91] Chen L, Xin X L, Lan R, et al. Isolation of cyanidin 3-glucoside from blue honeysuckle fruits by high-speed counter-current chromatography[J]. Food Chemistry, 2014, 152: 386-390.

[92] Hu Y, Liang H, Yuan Q P, et al. Determination of glucosinolates in 19 Chinese medicinal plants with spectrophotometry and high-pressure liquid chromatography[J]. Natural Product Research, 2010, 24(13): 1195-1205.

[93] Kren V, MartínkováL. Glycosides in medicine: "The role of glycosidic residue in biological activity" [J]. Current Medicinal Chemistry, 2001, 8(11): 1303-1328.

[94] Stahlhut S G, Siedler S, Malla S, et al. Assembly of a novel biosynthetic pathway for production of the plant flavonoid fisetin in *Escherichia coli*[J]. Metabolic Engineering, 2015, 31: 84-93.

[95] Ahmadi M K, Fang L, Moscatello N, et al. *E. coli* metabolic engineering for gram scale production of a plant-based anti-inflammatory agent[J]. Metabolic Engineering, 2016, 38: 382-388.

[96] Wang Q Q, Zhou K, Ning Y, et al. Effect of the structure of gallic acid and its derivatives on their interaction with plant ferritin[J]. Food Chemistry, 2016, 213: 260-267.

[97] Zhang J H, Li L, Kim S H, et al. Anti-cancer, anti-diabetic and other pharmacologic and biological activities of penta-galloyl-glucose[J]. Pharmaceutical Research, 2009, 26(9): 2066-2080.

[98] Carmen P, Vlase L, Tamas M. Natural resources containing arbutin. Determination of arbutin in the leaves of *Bergenia crassifolia* (L.) Fritsch. acclimated in Romania[J]. Notulae Botanicae Horti Agrobotanici Cluj-Napoca, 2009, 37(1): 129-132.

[99] Hori I, Nihei K I, Kubo I. Structural criteria for depigmenting mechanism of arbutin[J]. Phytotherapy Research: An International Journal Devoted to Pharmacological and Toxicological Evaluation of Natural Product Derivatives, 2004, 18(6): 475-479.

[100] Maeda K, Fukuda M. Arbutin: Mechanism of its depigmenting action in human melanocyte culture[J]. Journal of Pharmacology and Experimental Therapeutics, 1996, 276(2): 765-769.

[101] Bang S H, Han S J, Kim D H. Hydrolysis of arbutin to hydroquinone by human skin bacteria and its effect on antioxidant activity[J]. Journal of Cosmetic Dermatology, 2008, 7(3): 189-193.

[102] Ioku K, Terao J, Nakatani N. Antioxidative activity of arbutin in a solution and liposomal suspension[J]. Bioscience, Biotechnology, and Biochemistry, 1992, 56(10): 1658-1659.

[103] Lee H-J, Kim K-W. Anti-inflammatory effects of arbutin in lipopolysaccharide-stimulated BV2 microglial cells[J]. Inflammation Research, 2012, 61(8): 817-825.

[104] Parejo I, Viladomat F, Bastida J, et al. A single extraction step in the quantitative analysis of arbutin in bearberry (*Arctostaphylos uva-ursi*) leaves by high-performance liquid chromatography[J]. Phytochemical Analysis: An International Journal of Plant Chemical and Biochemical Techniques, 2001, 12(5): 336-339.

[105] Seo E S, Kang J, Lee J H, et al. Synthesis and characterization of hydroquinone glucoside using *Leuconostoc mesenteroides* dextransucrase[J]. Enzyme and Microbial Technology, 2009, 45(5): 355-360.

[106] Wu P H, Nair G R, Chu I M, et al. High cell density cultivation of *Escherichia coli* with surface anchored transglucosidase for use as whole-cell biocatalyst for α-arbutin synthesis[J]. Journal of Industrial Microbiology and Biotechnology, 2008, 35(2): 95.

[107] Eppink M, Boeren S A, Vervoort J, et al. Purification and properties of 4-hydroxybenzoate 1-hydroxylase (decarboxylating), a novel flavin adenine dinucleotide-dependent monooxygenase from *Candida parapsilosis* CBS604[J]. Journal of Bacteriology, 1997, 179(21): 6680-6687.

[108] Wu P H, Giridhar R, Wu W T. Surface display of transglucosidase on *Escherichia coli* by using the ice nucleation protein of *Xanthomonas campestris* and its application in glucosylation of hydroquinone[J]. Biotechnology and Bioengineering, 2006, 95(6): 1138-1147.

[109] Arend J, Warzecha H, Hefner T, et al. Utilizing genetically engineered bacteria to produce plant - specific glucosides[J]. Biotechnology and Bioengineering, 2001, 76(2): 126-131.

[110] Nichols B P, Green J M. Cloning and sequencing of *Escherichia coli ubiC* and purification of chorismate lyase[J]. Journal of Bacteriology, 1992, 174(16): 5309-5316.

[111] Siebert M, Severin K, Heide L. Formation of 4-hydroxybenzoate in *Escherichia coli*: Characterization of the *ubiC* gene and its encoded enzyme chorismate pyruvate-lyase[J]. Microbiology, 1994, 140(4): 897-904.

[112] Barker J L, Frost J W. Microbial synthesis of *p*-hydroxybenzoic acid from glucose[J]. Biotechnology and Bioengineering, 2001, 76(4): 376-390.

[113] Horita M, Wang D-H, Tsutsui K, et al. Involvement of oxidative stress in hydroquinone-induced cytotoxicity in catalase-deficient *Escherichia coli* mutants[J]. Free Radical Research, 2005, 39(10): 1035-1041.

[114] Lin Y H, Shen X L, Yuan Q P, et al. Microbial biosynthesis of the anticoagulant precursor 4-hydroxycoumarin[J]. Nature Communications, 2013, 4(1): 1-8.

[115] Pugh S, Mckenna R, Osman M, et al. Rational engineering of a novel pathway for producing the aromatic compounds *p*-hydroxybenzoate, protocatechuate, and catechol in *Escherichia coli*[J]. Process Biochemistry, 2014, 49(11): 1843-1850.

[116] Park S Y, Yang D, Ha S H, et al. Metabolic engineering of microorganisms for the production of natural compounds[J]. Advanced Biosystems, 2018, 2(1): 1700190.

[117] Wu G, Yan Q, Jones J A, et al. Metabolic Burden: Cornerstones in Synthetic Biology and Metabolic Engineering Applications[J]. Trends Biotechnol, 2016, 34(8): 652-664.

[118] Zhang R H, Li C Y, Wang J, et al. Microbial production of small medicinal molecules and biologics: From nature to synthetic pathways[J]. Biotechnology Advances, 2018, 36(8): 2219-2231.

[119] Jones J A, Wang X. Use of bacterial co-cultures for the efficient production of chemicals[J]. Current Opinion in Biotechnology, 2018, 53: 33-38.

[120] Pettit R K. Small-molecule elicitation of microbial secondary metabolites[J]. Microbial Biotechnology, 2011, 4(4): 471-478.

[121] Bhan N, Xu P, Koffas M A. Pathway and protein engineering approaches to produce novel and commodity

small molecules[J]. Current Opinion in Biotechnology, 2013, 24(6): 1137-1143.

[122] Artsatbanov V Y, Vostroknutova G N, Shleeva M O, et al. Influence of oxidative and nitrosative stress on accumulation of diphosphate intermediates of the non-mevalonate pathway of isoprenoid biosynthesis in corynebacteria and mycobacteria[J]. Biochemistry (Mosc), 2012, 77(4): 362-371.

[123] Dong P, Maddali M V, Srimani J K, et al. Division of labour between Myc and G1 cyclins in cell cycle commitment and pace control[J]. Nature Communications, 2014, 5: 4750.

[124] Roell G W, Zha J, Carr R R, et al. Engineering microbial consortia by division of labor[J]. Microbial Cell Factories, 2019, 18(1): 35.

[125] Stolyar S, Van Dien S, Hillesland K L, et al. Metabolic modeling of a mutualistic microbial community[J]. Molecular Systems Biology, 2007, 3: 92.

[126] Song H, Ding M Z, Jia X Q, et al. Synthetic microbial consortia: from systematic analysis to construction and applications[J]. Chemical Society Reviews, 2014, 43(20): 6954-6981.

[127] Jones J A, Toparlak O D, Koffas M A. Metabolic pathway balancing and its role in the production of biofuels and chemicals[J]. Current Opinion in Biotechnology, 2015, 33: 52-59.

[128] Arora D, Gupta P, Jaglan S, et al. Expanding the chemical diversity through microorganisms co-culture: Current status and outlook[J]. Biotechnology Advances, 2020, 40: 107521.

[129] Johnston T G, Yuan S F, Wagner J M, et al. Compartmentalized microbes and co-cultures in hydrogels for on-demand bioproduction and preservation[J]. Nature Communications, 2020, 11(1): 563.

[130] Faust K, Raes J. Microbial interactions: From networks to models[J]. Nature Reviews Microbiology, 2012, 10(8): 538-50.

[131] Panossian A, Wikman G, Sarris J. Rosenroot (Rhodiola rosea): Traditional use, chemical composition, pharmacology and clinical efficacy[J]. Phytomedicine, 2010, 17(7): 481-493.

[132] Chen X Z, Wu Y P, Yang T H, et al. Salidroside alleviates cachexia symptoms in mouse models of cancer cachexia via activating mTOR signalling[J]. Journal of Cachexia Sarcopenia & Muscle, 2016, 7(2):225-232.

[133] Bai Y F, Bi H P, Zhuang Y B, et al. Production of salidroside in metabolically engineered *Escherichia coli* [J]. Scientific Reports, 2014, 4: 6640.

[134] Chung D, Kim S Y, Ahn J H. Production of three phenylethanoids, tyrosol, hydroxytyrosol, and salidroside, using plant genes expressing in *Escherichia coli*[J]. Scientific Reports, 2017, 7(1): 1-8.

[135] Liu X, Li X B, Jiang J L, et al. Convergent engineering of syntrophic *Escherichia coli* coculture for efficient production of glycosides[J]. Metabolic Engineering, 2018, 47: 243-253.

[136] Liu H Y, Tian Y J, Zhou Y, et al. Multi-modular engineering of *Saccharomyces cerevisiae* for high-titre production of tyrosol and salidroside[J]. Microbial biotechnology, 2021, 14(6): 2605-2616.

[137] Li X L, Zhou Z, Li W N, et al. Design of stable and self-regulated microbial consortia for chemical synthesis[J]. Nature Communications, 2022, 13(1): 1554.

[138] Li J, Qiu Z, Zhao G R. Modular engineering of *E.coli* coculture for efficient production of resveratrol from glucose and arabinose mixture[J]. Synthetic and Systems Bio technology, 2022, 7(2): 718-729.

[139] Li X L, Chen Z Y, Wu Y F, et al. Establishing an artificial pathway for efficient biosynthesis of hydroxytyrosol[J]. ACS Synthetic Biology, 2018, 7(2): 647-654.

[140] Zhou K, Qiao K J, Edgar S, et al. Distributing a metabolic pathway among a microbial consortium enhances production of natural products[J]. Nature biotechnology, 2015, 33(4): 377-83.

[141] Jones J A, Vernacchio V R, Sinkoe A L, et al. Experimental and computational optimization of an *Escherichia*

coli co-culture for the efficient production of flavonoids[J]. Metabolic Engineering, 2016, 35: 55-63.

[142] Li Z H, Wang X N, Zhang H R. Balancing the non-linear rosmarinic acid biosynthetic pathway by modular co-culture engineering[J]. Metabolic Engineering, 2019, 54: 1-11.

[143] Fang Z, Jones J A, Zhou J, et al. Engineering *Escherichia coli* Co-Cultures for Production of Curcuminoids From Glucose[J]. Biotechnology Journal, 2018, 13(5): e1700576.

[144] Wang R F, Zhao S J, Wang Z T, et al. Recent advances in modular co-culture engineering for synthesis of natural products[J]. Current Opinion in Biotechnology, 2020, 62: 65-71.

[145] Chen T T, Zhou Y Y, Lu Y H, et al. Advances in heterologous biosynthesis of plant and fungal natural products by modular co-culture engineering[J]. Biotechnology Letters, 2019, 41(1): 27-34.

[146] Niu F X, He X, Wu Y Q, et al. Enhancing production of pinene in *Escherichia coli* by using a combination of tolerance, evolution, and modular co-culture engineering[J]. Frontiers in Microbiology, 2018, 9: 1623.

[147] Minami H, Kim J S, Ikezawa N, et al. Microbial production of plant benzylisoquinoline alkaloids[J]. Proceedings of the National Academy of Sciences, 2008, 105(21): 7393-7398.

[148] Sun X X, Lin Y H, Yuan Q P, et al. Precursor-directed biosynthesis of 5-hydroxytryptophan using metabolically engineered *E. coli*[J]. ACS Synthetic Biology, 2015, 4(5): 554-558.

[149] Byerley W F, Judd L L, Reimherr F W, et al. 5-Hydroxytryptophan: a review of its antidepressant efficacy and adverse effects[J]. Journal of Clinical Psychopharmacology, 1987, 7(3): 127-137.

[150] Turner E H, Loftis J M, Blackwell A D. Serotonin a la carte: Supplementation with the serotonin precursor 5-hydroxytryptophan[J]. Pharmacology & therapeutics, 2006, 109(3): 325-338.

[151] Birdsall T C. 5-Hydroxytryptophan: A clinically-effective serotonin precursor[J]. Alternative Medicine Review: A Journal of Clinical Therapeutic, 1998, 3(4): 271-280.

[152] Teigen K, Alan Mckinney J, Haavik J, et al. Selectivity and affinity determinants for ligand binding to the aromatic amino acid hydroxylases[J]. Current Medicinal Chemistry, 2007, 14(4): 455-467.

[153] Knight E M, Zhu J, Förster J, et al. Microorganisms for the production of 5-hydroxytryptophan[P]. WO 2013/127914A1. 2013-06-09.

[154] Lin Y H, Sun X X, Yuan Q P, et al. Engineering bacterial phenylalanine 4-hydroxylase for microbial synthesis of human neurotransmitter precursor 5-hydroxytryptophan[J]. ACS Synthetic Biology, 2014, 3(7): 497-505.

[155] Zhou N Y, Al-Dulayymi J, Baird M S, et al. Salicylate 5-hydroxylase from *Ralstonia* sp. strain U2: a monooxygenase with close relationships to and shared electron transport proteins with naphthalene dioxygenase[J]. Journal of Bacteriology, 2002, 184(6): 1547-1555.

[156] Hickey W, Sabat G, Yuroff A, et al. Cloning, nucleotide sequencing, and functional analysis of a novel, mobile cluster of biodegradation genes from *Pseudomonas aeruginosa* strain JB2[J]. Applied and Environmental Microbiology, 2001, 67(10): 4603-4609.

[157] Zhang Y-M, Frank M W, Zhu K, et al. PqsD Is responsible for the synthesis of 2,4-dihydroxyquinoline, an extracellular metabolite produced by *Pseudomonas aeruginosa*[J]. Journal of Biological Chemistry, 2008, 283(43): 28788-28794.

[158] Ishiyama D, Vujaklija D, Davies J. Novel pathway of salicylate degradation by *Streptomyces* sp. strain WA46[J]. Applied and Environmental Microbiology, 2004, 70(3): 1297-1306.

[159] Balderas-Hernández V E, Sabido-Ramos A, Silva P, et al. Metabolic engineering for improving anthranilate synthesis from glucose in *Escherichia coli*[J]. Microbial Cell Factories, 2009, 8(1): 1-12.

[160] Lin Y H, Sun X X, Yuan Q P, et al. Extending shikimate pathway for the production of muconic acid and its precursor salicylic acid in *Escherichia coli*[J]. Metabolic Engineering, 2014, 23: 62-69.

索引